W0396111

Microbes sans frontières

Philippe Sansonetti

Microbes sans frontières

Odile Jacob

© Odile Jacob, février 2024
3, rue Auguste-Comte, 75006 Paris

www.odilejacob.fr

ISBN : 978-2-4150-0763-8

Le Code de la propriété intellectuelle n'autorisant, aux termes de l'article L. 122-5, 2° et 3°a, d'une part, que les « copies ou reproductions strictement réservées à l'usage privé du copiste et non destinées à une utilisation collective » et, d'autre part, que les analyses et les courtes citations dans un but d'exemple et d'illustration, « toute représentation ou reproduction intégrale ou partielle faite sans le consentement de l'auteur ou de ses ayants droit ou ayants cause est illicite » (art. L. 122-4). Cette représentation ou reproduction, par quelque procédé que ce soit, constituerait donc une contrefaçon sanctionnée par les articles L. 335-2 et suivants du Code de la propriété intellectuelle.

À maman, partie seule,
sur la pointe des pieds, en mars 2020.
À Nicole et à tous les miens.
À mes mentors aujourd'hui disparus :
Agnès Ulmann, Yves-Achille Chabbert,
Léon Le Minor, Samuel B. Formal, Gérard Orth.
À mes élèves, collaboratrices et collaborateurs.
À Jean-François Chambon
qui m'a convaincu d'écrire cet ouvrage.

« L'outil principal de l'émancipation, c'est la science. »

Dr Georges CLEMENCEAU.

PROLOGUE

Des microbes et des hommes, pour le pire et pour le meilleur

Mars 2020 : à l'entame de ce texte, la situation sanitaire est incertaine. Nous affrontons la pire pandémie qui ait balayé la planète depuis la grippe espagnole, il y a un siècle. Après bien des hésitations, c'est le Covid-19 qui m'a décidé à écrire ce livre. Je l'avais souvent médité au cours d'une longue carrière de recherche, à l'Institut Pasteur et à l'Inserm, passée à déchiffrer la mécanique complexe des infections. Mes années d'enseignement de la microbiologie et des maladies infectieuses au Collège de France m'avaient permis d'approfondir ma réflexion et d'en élargir le champ. Dans l'ambiance irréelle du confinement, dans cette hystérie médiatique anxiogène, dans ces échanges quotidiens – souvent nocturnes – avec mes collègues médecins, réanimateurs, scientifiques, j'ai finalement pu commencer à raconter la relation tumultueuse de l'homme et des microbes sous toutes ses facettes, mauvaises et bonnes. Magie du temps de l'écriture, quand ce livre sera terminé, nous aurons, je l'espère, une idée plus claire de l'issue de ce drame humain et microbiologique.

L'histoire nous enseigne que lorsque la dynamique épidémique s'emballe, quelles que soient les barrières sanitaires qu'on lui oppose, la progression est inéluctable. Ce fut le cas des pandémies de choléra du XIXe siècle et de la grippe espagnole du début du XXe[1]. De cette dernière surtout, tant le Covid-19 lui ressemble avec sa transmission aérienne si efficace et ses formes cliniques essentiellement bénignes qui peuvent soudain tourner au drame. Ce pessimisme est conforté par une combinaison de mauvais augure : indifférence et légèreté de la population devant la menace, et volonté des autorités de se montrer rassurantes – « il faut continuer à vivre normalement, les masques sont inutiles... », nous dit-on. « Les autorités sont prêtes, les mesures sont prises », avait déclaré Casimir Périer, président du Conseil sous la monarchie de Juillet en 1832, juste avant que la seconde pandémie de choléra n'emporte 100 000 Français, dont 20 000 Parisiens, lui-même étant au nombre des victimes... Que sera le « génie évolutif » de Covid-19 ? eût interrogé Charles Nicolle, directeur de l'Institut Pasteur de Tunis et prix Nobel de médecine ou physiologie en 1928. « Il y aura toujours des maladies infectieuses, c'est un fait fatal. Un autre fait, aussi fatal, est que nous ne saurons jamais les dépister dès leur origine », écrivait-il dans *Le Destin des maladies infectieuses*, ouvrage pionnier et visionnaire publié en 1933, compilant ses leçons au Collège de France. Il jetait ainsi les bases du concept de maladies infectieuses émergentes et insistait d'emblée sur l'extrême difficulté qu'il y aurait à les dépister précocement, gage du succès de leur contrôle.

Il écrivait aussi : « La connaissance des maladies infectieuses enseigne aux hommes qu'ils sont frères et solidaires. Nous sommes frères parce que le même danger nous menace, solidaires parce que la contagion nous vient le plus souvent de nos semblables. » Qu'ajouter en ce temps de pandémie ? Près d'un siècle plus tard, on ne peut que reconnaître la pertinence des anticipations de Charles Nicolle : le progrès n'a pas arrêté l'apparition de nouvelles maladies infectieuses, il l'a même encouragée et l'homme est au cœur de ces catastrophes de santé publique, victime et responsable à la fois. Rassurons-nous, cependant, car la science, à n'en pas douter, sera au rendez-vous des vaccins et des traitements, comme elle l'a été à celui de l'identification ultrarapide du SARS-CoV-2 et à la mise au point de tests diagnostiques indispensables au contrôle de la progression pandémique. Le temps presse cependant et le temps scientifique est difficilement compressible.

Mais que sont les microbes, que serions-nous sans eux ? Nous ne serions pas, nous n'aurions donc pas à nous poser cette question existentielle. La relation homme-microbes est la plus complexe qui soit[2]. Nous prendrons dans cet ouvrage une définition large : ce sont des micro-organismes unicellulaires (une seule cellule). Ils comprennent d'abord les procaryotes (micro-organismes sans noyau organisé dont le génome est diffus dans l'ensemble du compartiment cellulaire), qui se divisent en deux branches, les bactéries et les archées.

Nous y inclurons aussi les eucaryotes unicellulaires (micro-organismes dont le génome est contenu dans un noyau séparé du reste du compartiment cellulaire par une membrane nucléaire). Ces eucaryotes unicellulaires contiennent également des organelles essentielles comme les mitochondries. Ils comprennent les champignons et des parasites unicellulaires comme les amibes ou les plasmodiales. Les eucaryotes sont la troisième branche de l'arbre du vivant. Nous inclurons enfin – au risque de faire sursauter les puristes – les virus, même s'ils n'ont pas d'autonomie réplicative et nécessitent un hôte procaryote (bactériophages) ou eucaryote (virus eucaryotes).

Les bactéries et les archées sont deux branches du vivant apparues les premières sur terre il y a 3 milliards et demi d'années, alors que les eucaryotes multicellulaires, nos très lointains ancêtres, comme l'hydre, apparurent il y a 800 millions d'années. Quant à *Homo sapiens*, son apparition est très « récente », entre 100 000 et 300 000 ans. Mettons donc immédiatement de côté notre anthropocentrisme car, outre le fait d'avoir été de loin les premiers occupants de la planète, les procaryotes représentent encore 20 % de la biomasse et 95 % de la diversité d'espèces qu'elle abrite. Sans eux donc, nous n'existerions pas en tant que ce que nous sommes, des créatures aérobies. En effet, l'oxygène atmosphérique augmenta brutalement, il y a 2,3 milliards d'années, du fait de changements de la composition minérale de la croûte terrestre et de la croissance massive de cyanobactéries marines, des bactéries et des algues unicellulaires capables, comme les plantes, d'utiliser l'énergie lumineuse (la photosynthèse). Les conséquences écologiques de cette oxygénation massive et toxique de l'atmosphère furent désastreuses pour le monde procaryote essentiellement anaérobie, particulièrement les archées, premiers représentants de la vie sur la planète, qui furent proches de l'extinction. Ce qui se passa à ce moment est un miracle de la nature sans la survenue duquel le monde eucaryote unicellulaire puis multicellulaire duquel devait à terme émerger l'embranchement des vertébrés mammifères, dont *Homo sapiens* est un des aboutissements, ne serait jamais apparu. Une autre vie multicellulaire complexe aurait-elle fini par émerger sans dioxygène (O_2), l'accepteur final d'électrons de la chaîne d'oxydoréduction respiratoire aérobie ? Qui sait ? Les bactéries anaérobies peuvent utiliser le fer ferrique (Fe^{+++}) – elles « respirent » le fer… –, les nitrates et d'autres composés organiques, et toutes ne sont pas extrêmement sensibles à l'oxygène. La réponse se trouve peut-être quelque part sur une lointaine planète. Difficile cependant de concevoir un système respiratoire offrant le rendement énergétique (production d'ATP) de la respiration du dioxygène indispensable à la vie d'un être multicellulaire complexe.

Alors, ce miracle de la nature ? Selon l'hypothèse de l'endosymbiose, la relation symbiotique de certaines archées avec des bactéries à métabolisme aérobie, donc capables de tolérer et respirer l'oxygène, aboutit à l'internalisation de ces dernières et à leur stabilisation sous forme de mitochondries générant des lignages eucaryotes animaux primitifs aérobies et de chloroplastes générant des lignages eucaryotes végétaux capables de photosynthèse. Cette endosymbiose fondatrice n'est qu'un exemple extrême de ce que nous devons aux microbes. Les mondes végétal, animal, l'homme dépendent d'écosystèmes microbiens complexes qui leur sont associés de façon stable en symbioses mutualistes (bénéficiaires pour les deux partenaires), incluant bactéries et archées (microbiome), champignons (mycome) et virus (virome). Un mot de sémantique : on utilise souvent indifféremment les mots « microbiote » et « microbiome ». Pour simplifier, le premier s'identifie au catalogue des espèces bactériennes présentes dans un écosystème donné. Le second a un sens plus large et embrasse l'ensemble des espèces bactériennes d'un écosystème, leurs gènes et fonctions biologiques. Exemple : l'intestin humain héberge un microbiote très diversifié et a établi une symbiose mutualiste étroite avec son microbiome. La reconnaissance de cette dépendance pour le développement, la santé et la maladie, au sein d'un écosystème microbien partagé, a donné lieu au concept « une seule santé » (*one health*) sur lequel nous reviendrons largement car il soutient une vision environnementale de plus en plus influente du déterminisme de la santé.

Le concept de symbiose fut établi par le savant allemand Anton de Bary au XIXe siècle, comme « l'association vivante d'espèces différentes » et « les règles de vie commune de plusieurs espèces »[3]. Elle fit émettre à Louis Pasteur et Émile Duclaux l'hypothèse selon laquelle la vie sans microbes serait impossible[4]. Nous verrons plus tard qu'ils n'avaient ni tout à fait raison, ni complètement tort.

Cependant, à quelques glorieuses exceptions près, dont Elie Metchnikoff, inventeur du concept de probiotiques, selon lequel certains microbes sont bénéfiques pour la santé humaine et animale et un déséquilibre du microbiote intestinal peut hâter le vieillissement[5], les « pères fondateurs » de la microbiologie et de l'immunologie, au tournant du XXe siècle, se focalisèrent sur ce qui était alors la perception du monde microbien par la société : les maladies infectieuses. Il y avait à cela de très bonnes raisons. Même si les microbes pathogènes pour l'homme représentent moins de 1 % de la diversité des espèces microbiennes, le fardeau qu'ils représentent pour la société est colossal.

La santé humaine a été menacée par les infections depuis la préhistoire. Au cours de l'essentiel de son évolution, l'espérance moyenne de vie de l'homme n'a jamais dépassé 25 ans. Ce n'est que depuis un siècle qu'elle a atteint 70 ans, voire plus dans les pays économiquement avancés. Ce résultat spectaculaire a largement résulté d'efforts concertés visant au contrôle des maladies infectieuses qui avaient jusqu'alors désespérément pesé sur l'humanité. Une fois que l'on a su reconnaître l'origine infectieuse des maladies, on est parvenu peu à peu à identifier les pathogènes en cause et à déchiffrer les mécanismes infectieux, ce qui ouvrait la voie au développement de la prévention par la combinaison de l'hygiène individuelle et collective et des vaccins, et au développement d'agents anti-infectieux efficaces. Malheureusement, ces avancées scientifiques décisives furent concurrencées par d'autres développements concomitants en rapport avec la modernisation des sociétés : changements climatiques, dégradation des écosystèmes, explosion de la population de la planète multipliée par 5 en un siècle (1,5 milliard au tournant du XXe siècle, 8 milliards depuis décembre 2022), urbanisation accélérée et développement massif des transports internationaux. Ainsi se sont télescopées deux tendances, l'une assurant le contrôle des maladies infectieuses, l'autre favorisant leur émergence et leur diffusion planétaire. C'est sur cette nouvelle ligne de front, particulièrement instable, qu'apparaissent des tensions sur le paradigme sanitaire hérité de la modernité du XXe siècle. Il nous avait fait croire que nous en avions terminé avec les maladies infectieuses. Il n'en est manifestement rien. C'est le « paradoxe microbiologique de l'anthropocène * ».

* Anthropocène : terme encore discuté pour sa tonalité provocatrice, mais qui finalement définit bien un concept et une réalité d'évidence croissante. Il définit la période durant laquelle l'influence d'*Homo sapiens* sur sa biosphère est devenue telle qu'elle représente une « force géologique » majeure.

Ces tensions ont des noms : antibiorésistance, « superbugs », infections nosocomiales, vieillissement, épidémies émergentes, sida, chikungunya, Zika, Ebola, etc., et maintenant Covid-19, mais aussi perte mémorielle de l'impact des maladies infectieuses sur les sociétés, impréparation aux crises sanitaires, pauvreté, hésitation vaccinale, dysbiose et épidémies postmodernes…

Parmi les dix principales menaces identifiées par l'OMS pour la santé globale en 2019 figuraient la pollution atmosphérique et le réchauffement climatique, l'insuffisance des soins primaires dans certaines régions, les maladies non transmissibles (cancers, diabète, maladies cardio-vasculaires), une pandémie grippale, les zones de vulnérabilité, de fragilité, de conflits (zones dépourvues d'accès aux soins de base), la méfiance à l'égard des vaccins, la résistance aux agents antimicrobiens, le virus Ebola et autres agents pathogènes émergents dangereux, la dengue, le VIH-sida[6]. Deux constats : six des menaces sont directement de nature infectieuse et les autres sont source d'infections ou d'extrême fragilité aux infections. L'ensemble des menaces sont des conséquences des activités et des comportements humains. Nous sommes au cœur du sujet…

PARTIE I

L'établissement du paradigme de santé publique du XXe siècle

CHAPITRE 1

Une brève histoire de l'invention de la médecine moderne

La santé publique est née de l'invention en Europe, à la fin du XVIIIe siècle, de la médecine moderne, et du « saut quantique » qu'elle subit dans la seconde moitié du XIXe siècle. Cette période a vu des esprits indépendants et visionnaires s'écarter de la pensée magique qui avait longtemps dominé l'interprétation de l'origine des maladies et de leur traitement et y appliquer une rationalité scientifique qui trouvait ses racines dans les siècles précédents. Entre autres dans le *Novum organum* de Francis Bacon au XVIIe siècle, chez les philosophes des Lumières du XVIIIe siècle puis chez les philosophes positivistes du XIXe siècle comme Auguste Comte. La rationalité scientifique caractéristique de cette révolution médicale s'appuyait sur deux révolutions préalables survenues au XVIIIe siècle : celle de la physique avec Newton et celle de la chimie avec Lavoisier. Paradoxalement, en dehors des progrès de la technique chirurgicale et de l'anatomie, c'est dans le domaine de l'épidémiologie et de la santé publique que l'on trouve au cours des siècles précédents les premiers soubresauts d'une modernité fondée sur les mathématiques.

Deux noms émergent. Le premier, John Graunt, est anglais (1620-1674). L'épidémiologie est née avec cet extraordinaire personnage dès la seconde moitié du XVIIe siècle. Le Royaume-Uni est alors aux prises avec les pires épidémies : peste, variole, typhus. L'année 1666 est marquée par deux drames à Londres : le Grand Incendie et la Grande Peste qui va causer le décès de 20 % de la population londonienne. John Graunt s'était de longue date plongé dans quarante ans de registres d'état civil des paroisses londoniennes, les *Bills of Mortality*. Il en tira un ouvrage de synthèse, *Natural and Political Observations Made Upon the Bills of Mortality*, considéré comme l'essai fondateur de la statistique démographique et de l'épidémiologie. Appliquant une analyse mathématique aux dates de naissance-baptême-décès disponibles, il déduisit les âges de décès et calcula pour la première fois un indice maintenant routinier dans l'appréciation de la santé des populations : l'espérance moyenne de vie. Ce faisant, il identifia des pics de mortalité, rapporta un pic au typhus en 1634, à la peste en 1665-1666. Il en conclut qu'une épidémie s'arrête non quand la maladie disparaît, mais lorsque le niveau de la mortalité revient au chiffre des « temps normaux ». Cet indice du « surcroît de mortalité » deviendra un paramètre clé du suivi des épidémies, assurant la transition entre démographie et épidémiologie, il reflète en effet à la fois l'impact médical et socio-économique d'une épidémie[1].

L'autre nom est celui du médecin, physicien et mathématicien suisse Daniel Bernoulli (1700-1782). Alors que le débat fait rage en France quant à la pertinence d'étendre la technique de variolisation introduite par Lady Wartley Montagu au Royaume-Uni, à son retour de Constantinople en 1721, Daniel Bernoulli, en 1760, dans une communication à l'Académie royale des sciences à Paris, démontre que malgré ses risques, la généralisation de la variolisation dans la population permettrait de gagner un peu plus de trois ans d'espérance de vie. Le travail de Bernoulli jetait ainsi les bases de la modélisation de l'impact des mesures de santé publique, introduisait les bases d'une évaluation objective du rapport bénéfice-risque d'une intervention et confortait ainsi le paramètre « espérance de vie » de son prédécesseur John Graunt, un siècle auparavant[2]. L'intervention de Bernoulli n'eut pas l'impact espéré en France, la perception du risque l'emporta. Mais dans ce domaine les choses allaient vite changer, du nouveau allait encore venir du Royaume-Uni avant la fin du siècle, marquant les débuts de la médecine moderne.

• 1796 : Edward Jenner invente le principe de la vaccination, protégeant l'homme en lui inoculant le principe de la variole bovine, ou vaccine. La course à l'éradication de la variole est lancée, elle se terminera en 1970, nous y reviendrons.

• 1799 : Xavier Bichat invente la méthode anatomopathologique, prépare les premières solutions de fixation et conservation des organes et tissus sains et malades et commence à décrire les altérations de ces derniers. L'Allemand Rudolf Virchow, en 1858 – l'observation microscopique s'étant améliorée – inventera la pathologie cellulaire : « Il n'est pas possible que l'on puisse faire remonter un tissu à autre chose qu'une cellule », écrivait-il.

• 1819 : à la suite des travaux de John Hunter et de son maître Pierre-Joseph Desault, René Laennec, dans son *Traité de l'auscultation médiate*, rapporte ses observations utilisant le stéthoscope qu'il avait inventé trois ans plus tôt. Il lance ainsi la méthode anatomoclinique dans le contexte de laquelle, en 1861, Paul Broca offrira la première localisation d'une fonction supérieure dans une aire du cerveau, par l'observation d'une lésion neurosyphilitique du lobe frontal gauche d'un patient aphasique récemment décédé. La découverte du « centre de la parole », l'« aire de Broca », mettait fin à la vision « holistique » du fonctionnement cérébral.

• 1817-1820 : on oublie souvent que les prémices de la chimie thérapeutique sont apparues aussi tôt, avec la mise au point de l'extraction et de la purification d'alcaloïdes de plantes à vertus thérapeutiques comme l'émétine, la strychnine et la quinine, par Joseph Pelletier et Joseph Caventou, à Paris, et de la morphine par Friedrich Wilhelm Adam Sertürner en Allemagne. A-t-on bien conscience que l'on peut traiter efficacement le paludisme et les douleurs viscérales violentes depuis deux cents ans ?

• 1848 : invention de l'asepsie par Ignace Semmelweis en Autriche, complétée par le développement et la vulgarisation de l'antisepsie par Joseph Lister au Royaume-Uni. Le traitement par le phénol des mains, des instruments chirurgicaux et des plaies chirurgicales fait passer de 60 à 15 % le taux de mortalité en chirurgie.

• 1848 : découverte de l'anesthésie générale à l'éther par Augustus Gould et William Horton aux États-Unis. D'autres produits plus fiables, dont le chloroforme, suivront rapidement. Dès 1850, asepsie, antisepsie et anesthésie conjugées ouvrent la voie à la chirurgie moderne.

• 1858 : John Snow invente l'épidémiologie investigatrice et interventionnelle à Londres à l'occasion d'une épidémie de choléra.

Le progrès médical aurait pu se poursuivre ainsi, incrémental et linéaire, mais une révolution s'était engagée, dans les esprits et les techniques, elle allait soutenir cette accélération, générer ce « saut quantique » qui survint au cours des trois dernières décennies du XIXe siècle et consolida la fondation de la médecine moderne. En filigrane de la dynamique de ces « trente glorieuses », une obsession hantait chaque protagoniste : la causalité. Trois avancées fondatrices et décisives émergent alors de ce bouillonnement.

• Une méthode révolutionnaire : la médecine expérimentale, mère de la physiologie et de la physiopathologie, introduite en France par François Magendie et son élève Claude Bernard. Intégrant méthodes anatomoclinique et anatomopathologique avec l'expérimentation animale, elle relie naturellement organe et fonction dans une perspective de causalité des maladies.

• Une invention spectaculaire : la radiologie. L'Allemand Wilhelm Röntgen, en découvrant les rayons X, révèle soudain sur l'homme vivant, sans invasion, l'anatomie du corps sain ou malade, appoint indispensable à l'application des méthodes anatomoclinique et pathologique. L'imagerie médicale naît en 1895, année du décès de Louis Pasteur.

Deux concepts de rupture imposés par Louis Pasteur : la biologie n'est autre qu'une chimie du vivant et les maladies, humaines, animales ou végétales, obéissent à un principe de causalité, impliquant *de facto* l'identification des agents étiologiques et de leurs effecteurs.

Entre 1870 et 1914, l'historien Charles Lichtenthaeler a recensé quatre-vingt-dix découvertes en sciences physiques, chimiques et biologiques, une centaine de nouvelles méthodes d'investigation clinique, une centaine de moyens thérapeutiques et pharmacologiques innovants.

À côté de la radiologie, la médecine de laboratoire prend une place croissante dans l'orientation diagnostique et la chirurgie prend son essor.

À cette époque, les maladies infectieuses résument à elles seules « les maladies », tant elles pèsent sur la vie et le destin des sociétés, directement ou indirectement, à l'occasion de crises alimentaires fragilisant les populations et souvent dues à des épizooties comme la peste bovine ou à des épidémies de maladies végétales comme le mildiou, qui affama la population irlandaise au milieu du XIXe siècle. Avec sa théorie des germes, Louis Pasteur, partant de ses travaux sur la fermentation, unifia les connaissances parcellaires récentes sur les agents pathogènes, imposa une vision holistique du monde des microbes, et devint l'inventeur d'une science nouvelle, la microbiologie, à partir de laquelle se construisit rationnellement le combat contre les maladies infectieuses[3].

Certes, dès 1674, à Delft, le Hollandais Antoni van Leeuwenhoek, ayant conçu un bijou « high-tech » – le premier microscope à lumière directe –, avait observé, dans différents échantillons mis en suspension dans une gouttelette d'eau, microbes, protozoaires et... spermatozoïdes. Examinant certains de ces prélèvements, par exemple ceux du tartre dentaire, il dessina, dans leur extraordinaire diversité, ces « animalcules » dont certains étaient animés de mouvement et donc, pour Leeuwenhoek, vivants... Ces observations pionnières d'un monde microscopique demeurèrent longtemps une curiosité de salon : il fallut attendre presque deux siècles pour que la science s'empare de ce monde microscopique. Même Charles Darwin n'y prêta qu'une attention polie. Pourtant, quel modèle de biologie de l'évolution il en aurait pu tirer ! Ayant observé qu'en croissant et se divisant dans des infusoirs, à bord de la Beagle, les micro-organismes ne changeaient pas de forme, il se borna à en prendre argument pour réfuter la théorie transformiste de Lamarck.

Ce sont donc les travaux de Louis Pasteur et de ses collaborateurs, particulièrement Émile Duclaux, sur la fermentation du vin et de la bière qui propulsèrent au premier plan ces « animalcules », devenus microbes, comme agents de processus chimiques fondamentaux.

John Lister le résuma avec une élégance toute britannique dès 1869 : « Quand les recherches de Pasteur eurent montré que l'atmosphère était septique, non à cause de l'oxygène mais du fait d'organismes minuscules qui s'y trouvent en suspension, j'eus l'idée qu'on pouvait éviter la décomposition de régions blessées sans supprimer l'air, en leur appliquant comme pansement une substance capable de détruire la vie des particules flottantes. »

La course était lancée. Elle est magistralement décrite par Jean-Marc Cavaillon dans son récent ouvrage *Le Mauvais Air*, où il rend hommage à tous ces « soldats de l'ombre » qui, derrière les « statues des commandeurs » le plus souvent cités, ont pris part activement à la révolution[4]. De 1871 à 1901, on isole et identifie les agents des maladies majeures de l'époque : charbon (Pellender, Davaine, culture par

Koch), lèpre (Hansen), blennorragie (Neisser), méningite cérébro-spinale (Weichselbaum), typhoïde (Eberth), paludisme (Laveran), staphylocoque et streptocoque (généralement attribué à Pasteur), pneumocoque (Klein, Chester), tuberculose (Koch), diphtérie (Klebs, Löffler), tétanos (Nicolaier, Kitasato), choléra (Papini, Koch), peste (Yersin), dysenterie (Shiga), maladie du sommeil (Bruce).

À côté de Pasteur et des pasteuriens, avec une redoutable efficacité, Robert Koch et ses disciples se réservent la part du lion dans cette course à l'étiologie des maladies infectieuses.

Cependant, de la microbiologie naissante, Louis Pasteur faisait déjà émerger une nouvelle science : la vaccinologie. Le principe d'atténuation active des germes à des fins vaccinales est une autre expression de cette rationalité structurante de la médecine moderne. En contribuant à la santé animale par la vaccination contre le charbon et le choléra des poules, à la santé humaine par la vaccination antirabique, il promeut avant la lettre le concept « une seule santé » qui domine aujourd'hui le débat sur la relation complexe de l'homme et des microbes dans un écosystème planétaire partagé avec la faune et la flore.

Louis Pasteur attire de brillants esprits, parfois non conformistes. Il fonde aussi avec Émile Roux en 1889 le cours de « microbie technique », devenu « grand cours » qui initiera à la microbiologie fondamentale et clinique des générations de médecins, pharmaciens, vétérinaires et biologistes.

Une autre science nouvelle émerge de la microbiologie : l'immunologie.

Si Paul Ehrlich, en Allemagne, découvre les anticorps et est considéré comme le père de l'immunité humorale, Elie Metchnikoff, savant ukrainien qui a rejoint Louis Pasteur, découvre la phagocytose et est donc considéré comme le père de l'immunité cellulaire.

Sous l'aile d'Elie Metchnikoff, le Belge Jules Bordet invente encore une nouvelle science, la sérologie, à partir de ses travaux déchiffrant les mécanismes de la bactériolyse par l'action conjuguée des anticorps et de l'alexine vite rebaptisée complément. La culture et l'identification bactérienne étaient balbutiantes et certains micro-organismes demeuraient incultivables, comme le tréponème responsable de la syphilis. Avec l'invention du test de déviation du complément, Jules Bordet crée pour des décennies, au-delà de la syphilis, un pilier du diagnostic des maladies infectieuses et auto-immunes. Jules Bordet n'en reste pas là. De retour en Belgique, avec son collègue Octave Gengou, il découvre en 1900 le bacille responsable de la coqueluche, longtemps appelé « bacille de Bordet-Gengou », aujourd'hui *Bordetella pertussis.* Point marquant cependant, dès 1906, Bordet et Gengou réussissent à cultiver le bacille qui est extrêmement exigeant pour sa croissance et très sensible au stress oxydant. Ils réussissent de manière rationnelle à élaborer, sur une base d'amidon de pomme de terre, un milieu de croissance qui persiste quasi inchangé. La conception de ce « milieu de Border-Gengou » fait de ses auteurs les pionniers de la « culturomique », cette science contribuant à « cultiver l'incultivable ».

Dès la fin du siècle, tout est prêt pour que débute l'aventure du contrôle des maladies infectieuses. L'école pasteurienne et d'autres écoles européennes, particulièrement en Allemagne, se lancent dans l'aventure. Excepté les travaux pionniers de Paul Ehrlich ayant abouti à un dérivé arsenical, le Salvarsan puis le Néosalvarsan, qui offrent enfin un traitement efficace et relativement peu toxique de la syphilis (nous y reviendrons tant ils sont exemplaires d'une science nouvelle issue de la chimie biologique introduite par Louis Pasteur et Émile Duclaux : la chimie thérapeutique), les débuts du contrôle des maladies infectieuses sont très « immunologiques ».

Émile Roux, médecin qui va contribuer à consolider la dimension médicale des travaux pasteuriens, découvre en 1888 avec Alexandre Yersin la toxine diphtérique. Celle-ci avait été subodorée quelques années auparavant par Loeffler, le découvreur du bacille diphtérique, mais Roux et Yersin purifient ce que l'on peut considérer comme le premier principe actif – on ne parlait pas encore de molécule – d'un agent pathogène. Influencé par les travaux d'Émile von Behring, pionnier de la sérothérapie, Émile Roux fait de la sérothérapie antidiphtérique une arme efficace dans le traitement de la diphtérie qui sauvera des milliers de patients, en particulier des enfants. Émile Duclaux, qui succède à Louis Pasteur à la direction du nouvel Institut Pasteur en 1895, créera en 1901 sur le campus un hôpital dédié à la prise en charge des maladies infectieuses, particulièrement la diphtérie. De la paillasse au lit du malade, la médecine moderne naissante prenait sa dimension appliquée, translationnelle dirait-on aujourd'hui. La même année Émile Duclaux inaugurait sur ce même campus un bâtiment de chimie biologique.

D'un côté de la rue, les étables où l'on immunisait les chevaux pour la sérothérapie, de l'autre, ce bâtiment où se mettaient en place les éléments d'une chimie thérapeutique qui permettrait, trois décennies plus tard, de développer un sulfamide. Avec les travaux en cours d'Alexandre Fleming, le traitement des maladies infectieuses allait prendre une autre dimension. En effet, il apparut assez tôt que la sérothérapie ne pourrait à elle seule assurer le traitement des maladies infectieuses. Elle tendait même, par son caractère exclusif, à retarder l'innovation thérapeutique anti-infectieuse. Hormis le traitement de la diphtérie et du tétanos, voire du botulisme, maladies partageant une physiopathologie commune dominée par la production par les pathogènes responsables de puissantes toxines, les infections à pyogènes répondaient mal, voire pas du tout, à la sérothérapie. Ce fut très clair durant la Première Guerre mondiale. Par pyogène, on entend des bactéries responsables d'infections aiguës ou chroniques d'organes ou de tissus où elles engagent une destruction purulente : pneumonies, pyélonéphrites, abcès variés, méningites bactériennes, septicémies. Il fallait innover. Le temps des antibiotiques et des vaccins était venu.

Terminons cette brève histoire par une citation de Jules Bordet : « L'un des grands services que chaque science peut rendre à nos recherches, c'est de nous inviter, en servant d'introduction, à la quitter pour sa voisine. »

CHAPITRE 2

Le triomphe de la santé publique : grandeur et servitudes

Le « triomphe » de la santé publique au XXe siècle reposa avant tout sur la dynamique qui porta la révolution médicale, la rationalité scientifique devenant progressivement la matrice du progrès et de l'émancipation de la société. En France, dans les dernières décennies du XIXe siècle, la jeune IIIe République, radicale, libérale et fortement anticléricale, dont avaient accouché la honteuse défaite militaire de 1870 et la Commune, initia dans la douleur un chantier sans précédent : la construction d'un enseignement universel obligatoire, gratuit et laïc. Il n'est donc guère étonnant de lire sous la plume du médecin Georges Clemenceau, radical et anticlérical notoire, cette sentence lapidaire : « L'outil principal de l'émancipation, c'est la science. » Émancipation des valeurs de l'Ancien Régime, du bonapartisme qui venait pour la seconde fois de conduire le pays au bord du gouffre et… de l'Église. L'emprise de cette dernière sur la société persistait et s'était même renforcée, encouragée par Pie IX, un pape de combat, réactionnaire, dont le fameux *Syllabus* interdisait aux catholiques les chemins de la modernité.

L'État s'appuie sur l'instituteur et le médecin pour promouvoir le progrès

Dans cette sociologie électrique, dans cette lutte idéologique sans merci, deux alliés objectifs émergèrent : l'instituteur et le médecin, sous la houlette de l'État s'imposant en garant de l'éducation et de la santé des petits Français. Un rôle jusqu'alors largement tenu par l'Église. L'inéluctable « séparation de l'Église et de l'État » était en marche et ces deux alliés se retrouvaient en première ligne de ce chamboulement des consciences conduit à marche forcée, non sans conflits douloureux au sein même des familles. Le « hussard noir de la République » et le « hussard blanc de la faculté » remplaçaient le curé dans un pays encore largement rural, conservateur et pratiquant. L'État s'érigeait donc en « médecin du corps », se substituant au prêtre, « médecin de l'âme ». La rationalité scientifique s'imposait peu à peu sur la spiritualité dans la gouvernance des hommes, mais tous les hommes ne pouvaient se résoudre à cette substitution qu'ils ressentaient comme une atteinte à leur liberté et pour qui la rationalité scientifique comme matrice sociétale ne pouvait prétendre se substituer à la spiritualité religieuse, même si l'État, par la loi de 1905, en garantissait la pratique privée. À cela s'ajoutait une autre atteinte à la spiritualité, celle véhiculée par la mosaïque de langues vernaculaires et de patois qui s'enracinaient dans la diversité historique et culturelle des territoires. La République « une et indivisible », au-delà de l'ordonnance de Villers-Cotterêts de 1539 qui imposait la langue française pour les actes de justice, imposait maintenant l'apprentissage et la pratique du français à tous les enfants scolarisés. Ce traumatisme affleure toujours dans certaines régions. Mes grands-parents me racontaient avec une émotion encore palpable les petites et grandes vexations subies par les enfants qui osaient parler leur langue corse à l'école. Ils fustigeaient cet État français lointain et jacobin qui effaçait les identités, un argument qui demeure comme une toile de fond des revendications indépendantistes. À l'inverse, l'instituteur, le maître d'école ou maître tout court, acquérait un prestige énorme auprès des enfants et des familles : droit, juste, civique, érudit, il portait – quasi messianique – des valeurs universelles qui ne pouvaient laisser indifférent, d'autant qu'il n'était pas avare de son temps pour aider les familles à maîtriser les contraintes bureaucratiques que l'administration leur imposait de façon croissante. Le médecin, savant, maintenant capable de guérir, disponible jour et nuit, éduquant les familles à l'hygiène et à la prévention, acquérait, lui aussi, un prestige incontestable. Dans *La Gloire de mon père*, Marcel Pagnol décrit avec humour ce pouvoir nouveau et cette place inédite prise par l'instituteur dans la société. Dans *Knock*, Jules Romain raille déjà les dérives de ce nouveau pouvoir médical, confirmant par là même sa réalité.

Cette dualité d'un ancien monde imprégné de spiritualité religieuse et de culture vernaculaire et d'un nouveau monde laïc, scientifique et normatif est variablement assumée par les populations. Elle demeurera une zone de tension au sein de la République, une cicatrice jamais totalement refermée, prête à se rouvrir dès que l'État est amené à renforcer son empreinte sur la population, mettant à l'épreuve sa crédibilité et la confiance des citoyens. Une mémoire collective à laquelle peuvent se heurter des politiques volontaristes, telles que celles imposées par la mise en place des contraintes individuelles et collectives de la santé publique. Cette toile de fond sociologique est assez propre à l'histoire de France et alimente de fortes différences comportementales en comparaison d'autres pays européens.

Si l'on fait un bond dans le temps, en dépit d'efforts d'information et de pédagogie, les déterminants et les exigences de la santé demeurent souvent mal connus et mal compris de nos contemporains. D'éminents philosophes comme Michel Foucault s'attelèrent à en disséquer les mécanismes fondamentaux et même à développer des visions critiques, comme celle de « biopouvoir » des États sur les corps[5]. Poussés à l'extrême, ces concepts raniment le vieux débat familier dénonçant l'idéologie hygiéniste totalitaire, les violations inacceptables de la liberté individuelle. Éternel débat qu'il est important de respecter, à l'interface sensible entre individuel et collectif, mais à l'issue duquel il faut trancher, d'autant que le monde moderne fait croître le poids des comportements individuels sur le collectif, N'oublions pas non plus que le débat reste le plus souvent centré sur des préoccupations de citoyens de pays nantis.

La lutte contre les maladies infectieuses : de l'« hygiène publique » à la « santé publique »

Quoi qu'il en soit, si les pères fondateurs de la microbiologie, de l'immunologie, de la vaccinologie et de l'infectiologie revenaient aujourd'hui, ils ne pourraient qu'observer l'extraordinaire impact de leurs découvertes sur le bien-être de la société : application globale de l'hygiène (habitat et voirie urbaine fonctionnels, égouts, sanitaires, eau potable, hygiène alimentaire, bucco-dentaire, hospitalière, etc.), développement phénoménal de la recherche biomédicale, académique et industrielle, soutenant la découverte de nouveaux antibiotiques et de nouveaux vaccins. Dès 1953, le virologue et immunologiste australien Sir Mcfarlane Burnet, codécouvreur de la tolérance immunitaire, prix Nobel de médecine ou physiologie en 1960, déclarait l'« élimination virtuelle des maladies infectieuses comme facteur essentiel de la vie de la société[6] ». Ce constat était certes pertinent pour les populations des « pays à hauts revenus ». Cette réalité médicale s'y traduisit cependant, dans les décennies suivantes, en un fait sociologique dans lequel les populations ont largement perdu la perception des risques individuels et collectifs des maladies infectieuses, affectant ainsi l'acceptation des contraintes de santé publique qu'elles imposent pour leur prévention et leur contrôle. Comment d'ailleurs ne pas s'habituer à une situation qui, en l'espace d'un siècle, a permis de doubler l'espérance de vie des Français et de réduire de façon spectaculaire la mortalité infantile, c'est-à-dire le taux de mortalité des enfants de moins de 1 an, qui a été divisée par quarante… ?

Sir Mcfarlane Burnet oubliait cependant la situation sanitaire dramatique des populations vivant dans les régions défavorisées de la planète, ce que l'on commençait à appeler le « tiers-monde » et que l'on désigne aujourd'hui par le terme technocratique de « régions à bas ou moyens revenus ». Même aujourd'hui, dans les régions les plus déshéritées, la mortalité infantile reste à des niveaux dix à vingt fois supérieurs à ceux de nos pays nantis.

À ce stade, peut-on mieux cerner ce concept de santé publique ? On a parlé d'abord d'« hygiène publique ». Le glissement sémantique est intéressant. « L'hygiène publique, qui est l'art de conserver la santé aux hommes réunis en société, est appelée à recevoir un grand développement et à fournir de nombreuses applications au perfectionnement de nos institutions » : cette formulation fondatrice fut publiée dans le premier numéro des *Annales d'hygiène publique et de médecine légale* en 1829. En 1832, dans ce même journal, lors du désastre sanitaire causé en France par la seconde pandémie de choléra, Louis René Villermé écrivit : « Quand les maladies sont développées, elles sont plus souvent mortelles chez les indigents que chez les gens aisés. » Elle était donc aussi sociale, cette hygiène publique. La tuberculose qui flamberait dans la seconde moitié du XIXe siècle, allant jusqu'à représenter 50 % des décès chez les adultes au sein du prolétariat urbain issu de la révolution industrielle, devait en donner une douloureuse illustration. On oublie souvent aujourd'hui que la tuberculose fut probablement la pire des pandémies et qu'elle est loin d'être éteinte dans les régions défavorisées de la planète.

La tuberculose fut au centre des préoccupations des pères fondateurs, depuis la découverte du bacille de Koch, la mise en place des premiers dispensaires d'hygiène sociale initiée dès le milieu du XIXe siècle en Allemagne – le premier en France étant créé à Lille en 1901 par Albert Calmette –, le développement des sanatoriums, jusqu'au BCG de Calmette et Guérin en 1921.

Avec le choléra et la fièvre typhoïde, la tuberculose fut le stimulus qui déclencha la révolution sanitaire.

Cette prise de conscience de l'importance de l'hygiène publique se concrétisa par les grands travaux de salubrité urbaine, l'émergence d'une politique plus globale, l'« hygiène publique » glissant progressivement vers la « santé publique », concept plus large visant au dépistage et à la prévention des maladies – incluant la vaccination –, à l'identification des modes de vie et des environnements influençant négativement la santé, voire encourageant à l'utilisation de certains traitements.

Au fond, au-delà de la médecine clinique émergente, l'hygiène publique s'imposait d'emblée comme étant à la fois naturaliste et culturelle, médicale et politique[7].

La France en retard ?

Les pères fondateurs noteraient cependant avec étonnement que les autorités politiques françaises ne furent pas toujours à l'heure des grands rendez-vous de la santé publique, en comparaison d'autres puissances européennes. La France ne fut pas, et de loin, le premier pays à se doter d'un organisme central de santé publique, contrairement au Royaume-Uni qui installa, dès 1848, un General Board of Health. Il fallut en effet attendre 1886 pour que fût créée en France une sous-direction du ministère de l'Intérieur chargée de « l'assistance et de l'hygiène » et ce n'est qu'en 1902, sous la présidence du Conseil de

Waldeck-Rousseau puis de Combes, que le gouvernement se dota enfin d'un arsenal législatif global qui comprenait d'ailleurs l'obligation de la vaccination antivariolique, alors que le premier *Vaccination Act* remontait à 1853 au Royaume-Uni. Comment expliquer ces retards qui ne peuvent simplement être mis sur le compte de carences des politiques de l'époque ? Le mal est sans doute profond et perdure en France : c'est celui, culturellement enraciné, de la primauté du curatif sur le préventif. La médecine française, en particulier l'École de médecine de Paris, étincelait et attirait de nombreux médecins et chirurgiens étrangers. Pour autant, les disciplines comme la médecine préventive et plus largement la santé publique demeuraient dans l'ombre, voire étaient franchement soumises au mépris et à l'arrogance de ces grands maîtres de cliniques médicales et chirurgicales, ceux qui deviendraient plus tard les « grands patrons ». La santé publique en France, contrairement au Royaume-Uni et à l'Allemagne, demeurait une discipline mineure, victime de la désaffection des étudiants les plus brillants. L'hôpital émergeant de son statut de mouroir, devenu centre de diagnostic, de traitement et de formation des étudiants en médecine – éventuellement aux dépens de la faculté –, s'imposait comme le centre de la galaxie médicale pour le meilleur, bien sûr, mais aussi pour le pire d'une santé publique pour laquelle les grands noms médicaux ne parlaient pas à l'oreille des politiques, trop heureux qu'ils étaient de bénéficier de toute la lumière et des moyens qui l'accompagnaient. Ce décalage, même s'il tend à diminuer, perdure. La pandémie de Covid-19 a montré à quel point les sciences qui composent la santé publique étaient essentielles dans la prise en charge d'une crise sanitaire de grande ampleur. Plus encore, elle est complémentaire de l'hôpital car une prévention globale bien conduite réduit la charge hospitalière.

Dans ce contexte, nos pères fondateurs verraient en effet à quel point les sociétés modernes, en dépit du progrès social, sanitaire et économique, continuent à souffrir de maux comme l'obésité, le tabagisme, l'alcoolisme, les accidents domestiques et de la voie publique, et certains cancers – d'abord et avant tout des maux de société. Ils verraient donc à quel point la santé publique moderne doit se projeter dans une dimension collective, avec l'objectif affiché d'améliorer l'état de santé global de la population. Elle a intégré pour cela de nombreuses sciences : épidémiologie d'abord, mais aussi démographie, socio-anthropologie, écologie, environnement, économie de la santé et économie tout court. Nos pères fondateurs apprécieraient combien le concept de personnalisation d'une santé fondée sur la triade génétique, mode de vie et environnement permet d'intégrer dans la même équation le fait individuel, c'est-à-dire la médecine, et le fait global, c'est-à-dire la santé publique, et ils observeraient à quel point cette dernière est devenue structurante des politiques, comme prédit en 1829. Le concept s'est finalement – et bien tardivement – cristallisé en novembre 1986 sous la forme de la *Charte d'Ottawa* qui tentait de donner une définition exhaustive et de fait un peu « alambiquée » de la santé publique : « La promotion de la santé a pour but de donner aux individus davantage de maîtrise de leur propre santé et davantage de moyens pour l'améliorer. Pour parvenir à un état de complet bien-être physique, mental ou social, l'individu ou le groupe doit pouvoir identifier et réaliser ses ambitions, satisfaire ses besoins et évoluer avec son milieu ou s'y adapter… L'altruisme, la vision globale et l'écologie fondent les stratégies de promotion de la santé. » Une refondation de l'« hygiénisme » qui avait prévalu à la fin du XIXe siècle et au début du XXe. Vaste programme.

Développement de l'épidémiologie

Sans l'épidémiologie, la santé publique serait aveugle. L'épidémiologie est le pilote des politiques de santé publique. Pour bien la définir, citons Alain-Jacques Valleron : c'est « la science qui étudie les variations de fréquence des maladies dans les groupes humains et recherche les déterminants de ces variations. Elle vise en particulier la recherche des causes des maladies et l'amélioration de leurs traitements et moyens de prévention[8] ». Elle est née des mathématiques et de la statistique, nous avons déjà insisté sur les travaux pionniers de John Graunt au XVIIe siècle et de Daniel Bernoulli un siècle plus tard.

Au milieu du XIXe siècle, à Londres, John Snow fit faire un autre saut quantique à l'épidémiologie en l'amenant au stade investigatif, analytique et interventionnel à l'occasion d'une épidémie de choléra sévissant en 1855 dans un quartier de Londres. Son approche innovante permit à la fois l'identification de la pompe publique source de l'eau contaminée et l'arrêt de l'épidémie, en obtenant des autorités – avec difficulté – que le levier de la pompe soit démonté, la rendant ainsi inutilisable. Au-delà des symboles, un grand pas était franchi. Dans cette même période, Louis René Villermé donnait à l'épidémiologie une dimension sociale et fondait la « médecine du travail » dans les usines de tissage et les mines.

Par essence multidisciplinaire, l'épidémiologie a rapidement développé ses aspects descriptifs grâce à la connaissance croissante des maladies, à l'identification devenue possible de ses agents étiologiques, en particulier infectieux, et de ses aspects analytiques, grâce à l'intégration croissante des mathématiques et de la statistique, puis de l'informatique et maintenant de l'intelligence artificielle. Grâce à la mise en place, dès les années 1970, de grandes cohortes, comme la grande enquête de Framingham aux États-Unis visant à identifier les facteurs de risque des maladies cardio-vasculaires, l'épidémiologie est devenue « la science de l'estimation du risque », pour reprendre le titre de la leçon inaugurale d'Arnaud Fontanet à la chaire de santé publique au Collège de France[9]. Elle a su intégrer la biologie dans ses aspects les plus modernes comme la génomique humaine et microbienne. Elle est de ce fait l'élément intégrateur de l'approche moderne de l'évaluation du risque, combinant la recherche de traits de sensibilité génétique individuels – *genome-wide association studies* – à une maladie, et celle du contexte de comportement individuel et environnemental dans lequel se pense aujourd'hui la maladie dans une perspective de précision et de personnalisation. Dans le domaine des maladies infectieuses, l'introduction des outils de la génomique microbienne, en particulier bactérienne et virale, a permis un double bang encore impensable lorsque fut découvert en 1983 le VIH, après des approches de virologie classique nécessitant culture et identification morphologique par microscopie électronique. Aujourd'hui, séquençage de nouvelle génération et bio-informatique permettent une identification moléculaire rapide de pathogènes, même inconnus. Le VIH aurait été identifié en quelques semaines, voire quelques jours, comme le fut récemment le SARS-CoV-2 grâce à ces méthodes révolutionnaires. Ces approches permettent aussi le séquençage parallèle de centaines, voire de milliers de génomes microbiens, apportant une précision exceptionnelle aux enquêtes de contamination, au suivi de l'évolution du génome du micro-organisme au cours d'une épidémie, sans attendre des changements phénotypiques du micro-organisme en cause. Cette « nouvelle épidémiologie » a malgré tout un problème : la gestion des big data, donc les coûts. De ce fait, elle ne sort pas toujours gagnante des arbitrages budgétaires...

Deux autres éléments de précision s'y sont encore plus récemment ajoutés : le développement d'algorithmes mathématiques permettant, dans les phases très précoces d'une épidémie, de modéliser des scénarios prédictifs de la dynamique d'évolution de cette épidémie naissante. Cette précision devient un paramètre décisionnel indispensable aux acteurs de santé publique en charge de la gestion du risque épidémique[10]. L'autre élément de précision apporté est l'intégration croissante des sciences humaines et sociales dans l'épidémiologie, en particulier l'anthropologie. Elle donne lieu à ce que l'on peut appeler une « épidémiologie qualitative (MRQ) », c'est-à-dire intégrant des marqueurs, voire des paramètres parfois inattendus de comportement humain dans les facteurs de risque considérés[11]. Cette connaissance socio-anthropologique est tout aussi essentielle lorsque l'épidémiologie devient interventionnelle, par exemple à l'occasion de la mise en place de mesures prophylactiques visant à contrôler l'extension d'un événement épidémique émergent afin d'en identifier la nécessité et de la justifier auprès des populations touchées[12]. La science épidémiologique aura été, dans toutes ses dimensions, le socle de la réponse sur lequel s'est bâti le contrôle de Covid-19. Cette pandémie lui aura donné ses lettres de noblesse auprès de la population et la place qu'elle mérite au sein des sciences biomédicales. Espérons, pour le futur qu'elle contribue à attirer les jeunes vers la santé publique.

CHAPITRE 3

Immuniser toute la planète : les succès de la vaccination sans frontières

La généralisation progressive de la vaccination devenue universelle serait indubitablement considérée par nos pères fondateurs comme une *success story* : éradication de la variole (1979), grâce à un vaccin inventé à la fin du XVIIIe siècle ; éradication en cours de la poliomyélite, avec un petit bémol sur lequel nous reviendrons ; élimination des principales infections transmissibles de l'enfance. Élimination dans de nombreux pays de la diphtérie, du tétanos, de la rage, des formes sévères de tuberculose pédiatrique et de leurs prolongements chez l'adulte, de la coqueluche, du trio rougeole (encore que…), oreillons, rubéole, et de l'hépatite B. Élimination possible des diarrhées à rotavirus et des infections à papillomavirus (HPV) oncogènes sexuellement transmises responsables de l'essentiel des cancers du col cervical et de nombreuses tumeurs buccales et anales chez la femme comme chez l'homme. Possible élimination d'un groupe d'infections bactériennes invasives mortelles à *Streptococcus pneumoniae* (pneumocoque), *Neisseria meningitidis* (méningocoque) et *Haemophilus influenzae* b.

Afin de faire profiter l'ensemble des populations de la planète des vaccinations, en particulier du Programme élargi de vaccination (PEV) chez l'enfant dans les pays à bas revenus, dès le début des années 1990 des programmes innovants de partenariats public-privé (PPP) ont été établis, associant gouvernements, industriels du vaccin, organisations non gouvernementales, fondations, alliances comme GAVI (Global Alliance for Vaccine and Immunization). La coordination en est essentiellement assurée par l'OMS.

Il est important d'analyser les éléments du succès de la vaccination universelle qui aura émergé comme meilleure intervention en santé publique par son rapport coût-efficacité incomparable et aura de ce fait été structurante pour la consolidation du paradigme de santé publique élaboré durant le XXe siècle : mêmes vaccins, mêmes dosages, même nombre de doses pour tous, réduisant massivement le nombre de cas individuels et permettant au mieux l'établissement d'une immunité collective réduisant le portage du pathogène, bloquant sa circulation, protégeant la minorité de sujets non vaccinés et permettant éventuellement d'envisager l'élimination des maladies concernées, voire leur éradication. L'aspect global de la vaccination et son impact sur la santé ont été largement traités dans un ouvrage récent[13]. L'immunité collective correspond au moment d'une épidémie où un pourcentage suffisant de la population a développé une immunité contre l'agent infectieux responsable telle que ce dernier cesse de circuler, l'ensemble de la population étant ainsi protégé, même les sujets n'ayant pas été infectés. Ce concept dérive de la modélisation d'épidémies de diphtérie développée par Wade H. Frost aux États-Unis dans les années 1920-1930. Il fait de Frost un des pères de l'épidémiologie modélisatrice. De l'immunité protectrice induite par une infection naturelle, le concept d'immunité collective a été élargi à la protection globale induite par la vaccination. Ce concept est manié à l'envi à l'occasion de la pandémie de Covid-19, d'autant que les perspectives de disposer de vaccins dans le temps de la pandémie combinent infection naturelle et vaccination dans la construction d'une éventuelle immunité collective contre le SARS-CoV-2. Cela mérite donc un retour sur les travaux de Frost[14]. Il postulait que face à un pathogène épidémique, une population se divise en trois catégories : sujets sensibles (S), infectés (I), résistants (R). Le pathogène a un taux de reproduction de base R_0, qui reflète le nombre de sujets S qui peuvent être infectés par un seul individu I. L'épidémie s'arrête quand la proportion d'individus S tombe au-dessous de la réciproque $1/R_0$. Lorsque survient cet état, un individu I devrait infecter en moyenne moins d'un individu S, on est alors sous le seuil épidémique. On peut ainsi calculer le taux de la couverture vaccinale nécessaire pour atteindre l'immunité collective : il est de $1 - 1/R_0$. Ce qui est vrai pour la diphtérie le sera-t-il pour le Covid-19 ? Restons prudent à ce stade, l'immunité protectrice contre la diphtérie porte sur la toxine diphtérique qui est génétiquement invariable, ce qui n'est pas le cas des coronavirus.

La vaccination universelle a donc des exigences, ne serait-ce que par l'objectif visé – le Graal consistant à atteindre l'immunité collective. En effet, cet objectif nécessite qu'une forte proportion de la population soit vaccinée et qu'une immunité durable s'établisse. La couverture vaccinale théorique nécessaire au contrôle d'une maladie transmissible épidémique, en fonction des modélisations de Frost, se calcule, nous l'avons vu, par la simple équation : $1 - 1/R_0$. Le taux de reproduction est particulièrement élevé dans le cas de maladies à transmission aérienne comme la tuberculose ($R_0 = 10$) ou la rougeole ($R_0 = 12$ à 18). Pour cette dernière, le taux de la couverture vaccinale visant à maintenir une immunité collective est d'environ 95 % pour la première des deux injections : on mesure ainsi l'exigence que représente le principe de vaccination universelle, alors même que le vaccin contre la rougeole est très efficace et protège pour la vie du fait de la forte induction de populations de cellules B et T « mémoires[15] ». À ce compte, la rougeole pourrait être éliminée, et son virus pourrait même être éradiqué. C'est ainsi que l'OMS a annoncé il y a une dizaine d'années : « L'éradication de la rougeole représente une occasion sans précédent de lutter contre la maladie et d'accélérer le développement et doit être menée dans le contexte d'un renforcement des programmes de vaccination systématique[16]. » À l'échelle de la planète, nous n'y sommes pas encore et les turbulences de la pandémie de Covid-19 n'y contribuent guère.

Nos pères fondateurs constateraient néanmoins à quel point la vaccinologie a constamment progressé au cours du siècle écoulé : nature et mode de préparation des vaccins, nature des adjuvants que l'on est amené à y ajouter dans certains cas et réalisation des études cliniques dont les effectifs et la rigueur de réalisation se sont considérablement élargis afin de préciser mieux encore sécurité et efficacité avant l'enregistrement et la mise sur le marché. Sans parler du suivi en phase 4, c'est-à-dire les études cliniques « en vraie vie », après mise sur le marché, visant à mieux préciser le niveau et la durée de la protection obtenus et à assurer un suivi de pharmacovigilance pour dépister des effets secondaires qui, du fait de leur rareté, ne seraient pas apparus au cours des études de phases 1 à 3. On parle dans ces cas de « signaux faibles ».

En parallèle, la gamme des vaccins disponibles s'est régulièrement accrue ces trente dernières années avec, en moyenne, un nouveau vaccin annuel. Tous n'ont cependant pas vocation à être inclus dans le programme élargi de vaccination des enfants.

Évolution des vaccins

Les évolutions dans la conception des vaccins ont été spectaculaires, dépassant souvent le concept fondateur pasteurien de l'atténuation. Trois catégories nouvelles sont ainsi apparues.

Les vaccins « sous-unités » ne sont plus constitués de micro-organismes totaux inactivés selon la méthode pasteurienne, mais contiennent des molécules constitutives des bactéries ou des virus concernés. Ces molécules sont choisies pour deux raisons principales. Elles sont fortement immunogènes, donc susceptibles de stimuler une réponse protectrice chez l'individu vacciné, en particulier de hauts titres d'anticorps neutralisants des pathogènes, car ces molécules sont clés dans leur virulence. Un exemple typique est celui des adhésines bactériennes, c'est-à-dire des fibrilles de surface permettant à la bactérie de se lier à un récepteur cellulaire, donc de coloniser les tissus cibles du pathogène. Ce peut être aussi des toxines purifiées, inactivées chimiquement, ou maintenant génétiquement. Le concept de vaccins sous-unités remonte en fait à 1926 avec la mise au point par Gaston Ramon, à l'Institut Pasteur, des vaccins associés diphtérie-tétanos constitués des toxines diphtérique et tétanique chimiquement atténuées : les anatoxines. C'est maintenant l'association caractéristique réalisée dans les vaccins contre la coqueluche : adhésines et toxine coqueluche (PTx) atténuée. Ces vaccins sous-unités ont remplacé dans les années 1980 les anciens vaccins contenant des bactéries totales inactivées qui étaient très protecteurs, mais souvent mal tolérés (fièvres, parfois convulsions) et tendaient à entretenir une méfiance vis-à-vis des vaccins. Ces vaccins ont gagné en simplification moléculaire et en tolérance, mais ont perdu en immunogénicité. Ils nécessitent donc l'adjonction de molécules adjuvantes et des rappels, à l'adolescence et à l'âge adulte, qui ne sont malheureusement que rarement effectués, d'où de petites épidémies chez les jeunes adultes exposés à la coqueluche comme les professionnels de santé.

Dans les décennies récentes, d'autres innovations vaccinales sont apparues dans le cadre des vaccins sous-unités, en particulier les vaccins polyosidiques conjugués. Ces vaccins sont dédiés à la prévention d'infections bactériennes dues à des micro-organismes pathogènes colonisant la sphère ORL, mais donnant lieu à des infections invasives sévères, en particulier septicémies, pneumonies et méningites, éventuellement mortelles ou laissant des séquelles neurologiques graves. Les bactéries responsables sont le pneumocoque (*Streptococcus pneumoniae*), particulièrement pathogène chez le nourrisson et les sujets âgés, le méningocoque (*Neisseria meningitidis*) chez l'enfant et l'adolescent et *Hemophilus influenzae* chez le nourrisson et l'enfant Elles ont en commun d'être dotées d'une capsule polyosidique faite de polymères de sucres complexes définissant des sérotypes. Ces capsules offrent à ces bactéries la capacité d'échapper à la phagocytose par les polynucléaires neutrophiles et donc de survivre dans le sang et dans les organes infectés. La seule manière d'assurer cette phagocytose et l'élimination de ces bactéries avant qu'elles ne diffusent dans la circulation sanguine est d'induire une réponse humorale comportant de hauts titres d'anticorps qui, se fixant sur la capsule, assurent la fixation et l'activation du complément qui entraîne la destruction bactérienne (bactériolyse) et le recrutement des polynucléaires neutrophiles qui possèdent à leur surface des récepteurs pour les anticorps et le complément. Cette reconnaissance et cet attachement permettent la phagocytose des bactéries désignées par la présence des anticorps et du complément activé à leur surface. C'est l'opsonisation et l'opsono-phagocytose. Compte tenu de la rapidité d'évolution, parfois fulgurante, de ces infections, en l'absence d'immunité vaccinale préalable, le traitement antibiotique, s'il n'est pas administré à temps, peut échouer à en enrayer l'infection avec risque de décès ou de séquelles invalidantes. Le pneumocoque, par exemple, est la première cause de pneumonie chez les personnes âgées, en particulier en tant qu'agent de surinfection bactérienne de la grippe. Le pneumocoque est une étiologie très fréquente des quelque 6 000 décès de personnes âgées dus annuellement à la grippe.

Dès les années 1950, on commença à développer des vaccins capsulaires à partir de ces polyosides extraits de leurs espèces bactériennes d'origine, mais ils étaient peu immunogènes chez les jeunes enfants du fait d'une immaturité de leur système immunitaire à reconnaître les sucres. Au tout début des années 1980, on comprit la nature de cette inefficacité de reconnaissance et l'on montra que si ces antigènes polyosidiques étaient présentés par les cellules présentatrices d'antigènes – cellules dendritiques ou lymphocytes B –, les lymphocytes responsables de la reconnaissance de ces antigènes, grâce à leur activation par des antigènes protéiques, permettaient aussi reconnaissance et réponse aux polyosides[17]. Sur ces bases furent mis au point les vaccins « polyosidiques conjugués » associant le polyoside capsulaire d'intérêt à une protéine porteuse (*carrier*), le plus souvent l'anatoxine diphtérique ou tétanique, particulièrement immunogènes[18]. Cet exemple montre à quel point, contrairement à de fréquentes affirmations, les vaccins sont issus d'une stratégie rationnelle se fondant sur des découvertes clés de la recherche fondamentale en biologie.

Des vaccins comme le vaccin pneumocoque qui préviennent une forte proportion d'infections graves nécessitant l'utilisation d'antibiotiques diminuent *de facto* l'utilisation de ces antibiotiques à l'hôpital comme en ville. Il en est de même pour le vaccin rougeole car les complications graves les plus fréquentes de cette maladie sont des pneumopathies bactériennes dont certaines justifient éventuellement l'hospitalisation en unité de soins intensifs et l'utilisation d'antibiotiques. L'usage excessif d'antibiotiques est à la base de la sélection de pathogènes résistants. En permettant de diminuer leur usage, les vaccins protègent contre l'extension du phénomène d'antibiorésistance et protègent *de facto* les antibiotiques. Nous reviendrons largement sur l'antibiorésistance.

Vaccins et adjuvants

Les vaccins sous-unités nécessitent souvent d'être associés à un adjuvant afin d'optimiser la réponse immunitaire et d'atteindre des « corrélats de protection », c'est-à-dire des titres sériques d'IgG spécifiques connus pour être corrélés à un état de protection. Ces adjuvants ne sont en règle générale pas nécessaires pour les vaccins constitués de micro-organismes entiers inactivés ou de micro-organismes vivants de virulence atténuée, car ils contiennent des composants structuraux naturellement adjuvants[19].

Parlons donc des adjuvants. Leur nature, leur mode d'action semblent souvent mystérieux aux non-spécialistes, alimentant des débats parfois enflammés sur leur possible toxicité. Les sels d'aluminium sont les plus connus et sans doute encore actuellement les plus utilisés. Ils adsorbent les antigènes vaccinants et en retardent la libération au site d'injection. Ils orientent la réponse immunitaire vers le mode Th2, c'est-à-dire la stimulation d'une réponse anticorps, surtout IgG, mais aussi IgE, ces dernières pouvant entraîner, bien que très rarement, des réactions allergiques. Les sels d'aluminium sont localement pro-inflammatoires par l'activation de l'immunité innée non spécifique, en particulier l'« inflammasome », un système cellulaire de perception de signaux de danger entraînant la libération rapide de cytokines pro-inflammatoires comme l'interleukine 1. Cela explique l'induration locale et parfois le pic de fièvre occasionnés par les vaccins « adjuvantés ». Cette inflammation est l'expression de la réponse immunitaire innée dont la qualité et l'intensité stimulent efficacement la production d'anticorps. Ils stimulent peu les réactions Th1, la composante cellulaire de l'immunité. Un rapport de l'Académie nationale de pharmacie publié en 2016 a conclu à la bonne tolérance globale des sels d'aluminium, et à l'absence de lien de causalité entre les vaccins adjuvantés par les sels d'aluminium et une maladie inflammatoire chronique assez mal définie, la myofasciite à macrophages, maladie très rare, ne remettant donc pas en cause le rapport bénéfice-risque des vaccins adjuvantés, d'autant que curieusement 95 % des cas de cette maladie ont été identifiés en France par un seul groupe[20]. Le phosphate de calcium, moins pro-inflammatoire, a été utilisé comme substitut des sels d'aluminium, mais souffre d'une faible capacité adjuvante. On a utilisé également les liposomes, émulsions de protéines dans des couches lipidiques. Ils ralentissent la diffusion de l'antigène, mais leurs effets adjuvants demeurent modestes. De nouveaux adjuvants basés sur des émulsions sont plus prometteurs, par exemple des émulsions d'huile dans l'eau. Ce sont notamment les squalènes dont le composant lipidique est la vitamine D (MF59), ou la vitamine E (AS03). Ces squalènes entraînent un très bon recrutement des cellules présentatrices d'antigènes au site vaccinal et auraient un effet de stimulation de type Th2 et Th1. Ils seraient de ce fait particulièrement bien adaptés aux vaccins antiviraux car la réponse cellulaire est essentielle à l'éradication des virus de l'organisme. Ils ont montré une très bonne efficacité dans la vaccination antigrippale où ils augmentent les titres d'anticorps, les réponses cellulaires et facilitent la reconnaissance d'antigènes éloignés. La saponine (AS02) a en ce moment le vent en poupe. C'est un puissant adjuvant entraînant surtout une réponse anticorps. Il fait partie des progrès récents dans la vaccination des personnes âgées dont on a souligné l'insuffisante efficacité. Un vaccin récent contre le virus varicelle-zona (VZV) destiné à la prévention du zona des personnes âgées dont le caractère hyperalgique fait la gravité est adjuvanté par AS02, de même que le vaccin candidat RTS,S contre le paludisme[21].

Des vaccins adaptés à leurs cibles

De la même façon, aux vaccins antiviraux classiques conçus sur le modèle pasteurien de l'inactivation ou de l'atténuation ont progressivement succédé des vaccins sous-unités, voire des vaccins dits « viraux recombinants non réplicatifs ». Plusieurs vaccins classiques continuent cependant à structurer la vaccination contre les grandes endémies virales. C'est le cas de la vaccination contre la poliomyélite – vaccin parentéral antipolio Salk (VPI) – ou du vaccin contre la grippe saisonnière, constitués de virus inactivés. C'est aussi le cas des vaccins vivants de virulence atténuée par passages successifs en cultures cellulaires comme le vaccin oral antipolio Sabin (OPV) et les vaccins rougeole, oreillons et rubéole. Une nouvelle génération de vaccins viraux vivants atténués rationnellement est apparue avec les vaccins contre le rotavirus, administrés oralement, qui ont permis une diminution considérable de la morbidité et de la mortalité dues aux diarrhées pédiatriques dans les régions défavorisées, particulièrement en Afrique et en Asie du Sud-Est.

Les vaccins viraux de nouvelle génération sont donc pour l'essentiel des vaccins sous-unités. Ils sont représentés par le vaccin contre l'hépatite B, premier vaccin où la protéine constitutive, l'antigène HBs, est issue du génie génétique. D'autres vaccins de cette nature, comme le vaccin HPV dirigé contre les génotypes oncogènes des papillomavirus responsables de cancers génitaux, sont constitués de protéines produites par génie génétique et assemblées en VLP (*virus-like particles*), c'est-à-dire en assemblages mimant la structure virale, augmentant ainsi leur immunogénicité. Ces vaccins sous-unités viraux nécessitent éventuellement d'être adjuvantés.

Plus récemment, le vaccin Ebola est apparu comme un nouveau modèle. Il est constitué du virus murin vivant de la stomatite vésiculeuse, totalement non pathogène chez l'homme, au sein duquel est intégrée la séquence codant la glycoprotéine de surface du virus Ebola. Ce vaccin représente un nouveau paradigme de vaccins viraux recombinants non réplicatifs qui a montré la voie au développement accéléré de vaccins au cours d'émergences épidémiques, voire pandémiques. C'est ce modèle qui a été codéveloppé par le Jenner Institute de l'Université d'Oxford et la firme AstraZeneca pour la vaccination contre le Covid-19. Ce vaccin recombinant utilise un adénovirus de chimpanzé, non réplicatif chez l'homme et exprimant la protéine de spicule S du SARS-CoV-2.

Enfin, la pandémie de Covid-19 est marquée par l'émergence largement inattendue chez l'homme de vaccins basés sur l'ARN messager (ARNm) codant pour la protéine S (spicule) du SARS-CoV-2. Cette première vaccinale vaut que l'on s'y arrête, car son succès dans la protection contre le Covid-19 pourrait représenter un tournant en vaccinologie, au moins pour les pandémies virales émergentes.

En soutien du développement de vaccins innovants, des techniques récentes ont été développées, dérivées de la recherche fondamentale, afin de découvrir les antigènes vaccinants optimaux et éventuellement de les reconstruire à partir d'approches qualifiées de « biologie synthétique ». En voici les exemples principaux qui viennent en appui de la vaccinologie de demain, sachant que la vaccination ARN messager que nous verrons dans le prochain chapitre est aussi un exemple typique de biologie synthétique.

Les avancées récentes en génomique microbienne permettent en effet d'espérer, devant un nouveau pathogène en émergence, l'identification – éventuellement rapide – du ou des antigènes protecteurs. La vaccinogénomique permet, grâce à la combinaison de la séquence du génome de plusieurs isolats bactériens ou viraux responsables d'événements épidémiques, d'identifier des séquences dont l'analyse montre la conservation et la stabilité, le positionnement de surface possible de certaines protéines. L'utilisation du sérum de sujets convalescents permet d'identifier celles de ces protéines qui sont les plus immunogènes, de cloner leurs gènes et de les produire en masse pour immuniser des animaux d'expérience et sélectionner ainsi les plus efficaces en matière d'immunité et de protection, qui pourront constituer un candidat vaccin[22]. Un exemple est le récent vaccin contre le méningocoque de sérotype B qui n'a pas pu adopter le modèle des vaccins polyosidiques conjugués car la capsule de ce sérotype B est riche en acides sialiques qui partagent des antigènes avec le système nerveux central, créant donc des risques de réactions neurologiques auto-immunes.

Comme tous les antigènes vaccinants ne sont pas protéiques et peuvent être polyosidiques, un autre progrès récent en vaccinologie est la capacité de synthétiser des antigènes polyosidiques chimiquement définis[23]. Ces approches récemment validées permettent d'espérer la production d'antigènes polyosidiques microbiens dans leur état natif, c'est-à-dire sans altération due à leur extraction et à leur purification, éventuellement à leur détoxification, diminuant leur immunogénicité. Ce concept est intéressant car, lié à celui de vaccinogénomique, il permet d'espérer des vaccins dont la qualité et la pureté moléculaire atteindront celle des médicaments.

Une autre contribution spectaculaire à la découverte d'antigènes vaccinants consiste à immortaliser *in vitro* les lymphocytes B de sujets convalescents de la maladie contre laquelle un vaccin s'avère nécessaire. Parmi ces lymphocytes B immortalisés, certains vont pouvoir être identifiés comme produisant une IgG – dite monoclonale – capable de neutraliser *in vitro* le processus infectieux en neutralisant la capacité d'interaction pathogène-cellule. Une fois identifié et amplifié, non seulement ce lymphocyte B va produire une IgG neutralisante utilisable en sérothérapie, mais il est aussi capable d'identifier sur le pathogène l'antigène protecteur dit « natif », c'est-à-dire tel qu'il est vu *in vivo* par le système immunitaire. Cette approche rapide (trois à quatre mois), combinée à la vaccinogénomique, représente un puissant atout face aux futures émergences et pour le développement de vaccins contre des pathogènes connus pour lesquels on n'est pas parvenu jusqu'à présent à identifier des antigènes protecteurs[24].

Le directeur général de l'OMS déclarait récemment : « Pour sauver des vies, nous devons faire en sorte que chacun puisse bénéficier des vaccins – ce qui signifie investir dans la vaccination et dans des soins de santé de qualité auxquels tout le monde a droit. » Au-delà de cette déclaration frappée du sceau du bon sens, on relève un retard indéniable dans l'application globale du Programme élargi de vaccination des enfants des pays à PIB faible. À noter qu'en 2015, une trentaine de pays n'avaient pas encore éradiqué par la vaccination le tétanos néonatal et que la vaccination contre la rougeole patine, même dans les pays du Nord. Enfin, la pandémie de Covid-19, depuis 2020, affecte gravement la dynamique des politiques sanitaires mondiales.

Le cahier des charges est donc loin d'être rempli, même si les progrès ont été spectaculaires. La métaphore de la Reine rouge de Lewis Carroll s'applique ici parfaitement : « Il faut courir encore plus vite pour ne pas reculer car le sol défile sous nos pieds… »

CHAPITRE 4

ARN messager superstar : de la biologie moléculaire à la médecine moléculaire *

La vaccination ARN messager (ARNm) est une autre démonstration d'un fait incontournable : il n'est pas d'avancée médicale décisive sans découverte fondatrice en biologie fondamentale, voire au-delà. Le temps entre les deux événements est cependant imprévisible. L'ARNm fut en effet découvert en 1961 conjointement, voire collaborativement, par des chercheurs de l'Institut Pasteur à Paris, particulièrement François Gros, François Jacob et Jacques Monod et des chercheurs américains comme Sidney Brenner et Jim Watson[25]. Cette découverte fondamentale révélait la pièce manquante entre gène et protéine. Ce messager hypothétique et élusif qui apparaissait sur les schémas avec un point d'interrogation était bien une molécule d'ARN, mais si labile qu'il fallut appliquer des techniques héroïques de marquage radioactif (*pulse-chase*) pour la mettre en évidence chez la bactérie modèle *Escherichia coli.* Cette labilité, donc cette courte durée de vie de la molécule d'ARNm, est biologiquement logique, car la persistance des ARNm « transcrits » à partir de l'ADN serait une catastrophe pour la cellule qui verrait s'accumuler un excès de protéines de toutes natures « traduites » à partir de leurs ARNm respectifs. La cellule dispose donc de complexes enzymatiques, les RNAses, chargées de dégrader ces

* Ce chapitre est adapté d'un article à paraître dans le *Comptes rendus. Biologies* (Académie des sciences) écrit par Philippe Sansonetti en hommage à François Gros.

ARNm au fur et à mesure de leur traduction en protéines sur les ribosomes.

Confirmant le fameux adage de Jacques Monod selon lequel « ce qui est vrai pour *Escherichia coli* l'est aussi pour l'éléphant », l'ARNm fut rapidement identifié dans les cellules eucaryotes.

Très vite les enzymes de restriction, capables de couper l'ADN en des séquences spécifiques[26], furent aussi identifiés chez *E. coli*, ce qui permit, à la suite de l'article fondateur de Paul Berg à Stanford, l'émergence du « génie génétique[27] ». L'année suivante, Herbert Boyer et Stanley Cohen, respectivement à UCSF et à Stanford, introduisirent dans un plasmide – un élément circulaire autoréplicatif indépendant du chromosome bactérien – un gène de grenouille, puis introduisirent cette construction d'ADN recombinant dans *E. coli* qui, en se divisant, assura la réplication du plasmide, assortie de l'expression du gène de batracien dans les bactéries[28]. Le clonage génétique était né ! Le tournant scientifique était spectaculaire, mais d'emblée, Paul Berg s'alarma des conséquences du clonage de gènes eucaryotes dans des procaryotes et de leur possible dissémination accidentelle dans la nature. Il demanda un moratoire sur le clonage génétique qu'une partie de la population, surtout aux États-Unis à cette époque, assimilait à une pratique d'apprenti sorcier. Une controverse s'éleva et dès 1975, de nombreux généticiens moléculaires se réunirent à Asilomar, jugèrent les risques « maîtrisables » et proposèrent des règles de sécurité encadrant ces techniques, sans pour autant en interdire la pratique. Cette même année, Philippe Kourilsky et François Rougeon à l'Institut Pasteur, et Bernard Mach à Genève, établirent les conditions du clonage de l'ARNm[29], permettant ainsi un accès direct à la séquence codante, évitant en particulier de « jongler » avec les processus d'épissage.

De la biologie moléculaire à la médecine moléculaire : nouveaux paradigmes scientifiques et thérapeutiques

Ainsi, de bactérie modèle en cellule eucaryote, la biologie moléculaire était née et offrait un corpus de connaissances et de techniques sur la base duquel la médecine put, elle aussi, devenir moléculaire.

Les débuts furent surtout biotechnologiques, mais non moins impressionnants. Dès 1976, Herbert Boyer créait Genentech, la première « biotech », un nouveau paradigme qui « ringardisait » une partie de l'industrie classique du médicament et offrait à la recherche académique de pointe la possibilité de prendre sa place dans l'innovation thérapeutique. Ce n'était qu'un début et l'on verrait vite fleurir ces nouvelles pousses dans lesquelles s'investissaient une masse de capitaux à faire pâlir l'Europe, qui avait pourtant été un moteur essentiel de la révolution de la génétique moléculaire. J'étais aux États-Unis à cette époque et tout chercheur ambitieux voulait monter sa « biotech ». Beaucoup le faisaient, car l'argent coulait à flots, parfois au mépris et au détriment de leur recherche académique. Mais le modèle était révolutionnaire et l'on en oubliait volontiers les excès. La France frileuse, manquant de flair et de fonds, engoncée dans le carcan administratif de son modèle de recherche, fut plus lente à décoller, malgré l'exception toujours là pour confirmer la règle : la création de Transgène, dès 1979 à Illkirch, par Pierre Chambon et Philippe Kourilsky[30].

Le premier objectif de Genentech était le clonage des hormones clés du métabolisme humain dont la production restait classique, par extraction à partir des organes producteurs animaux, voire parfois humains.

En 1977, le gène de l'insuline de rat fut cloné dans *E. coli*[31], premier pas vers le clonage du gène humain et l'apparition sur le marché, en 1982, de la première insuline humaine produite par des bactéries, court-circuit extraordinaire par rapport à la lourdeur et aux coûts de la production classique d'insuline à partir d'extraits de pancréas de porc. Progrès biotechnologique, certes, mais aussi progrès médical car l'utilisation d'insuline humaine limitait la production d'auto-anticorps anti-insuline chez les patients, certains d'entre eux se trouvant de ce fait en situation de diabète insulino-résistant. L'hormone de croissance suivit rapidement. Ces applications médicales dont la pertinence était évidente firent beaucoup pour dédiaboliser l'image du génie génétique dans l'esprit de la population.

D'autres contributions décisives suivirent et bientôt se profila un modèle de coopération entre « biotechs » et Big Pharma, où les premières assumaient un rôle croissant de « tête chercheuse » et les secondes commençaient à se désengager de la recherche d'amont pour se concentrer sur les phases précliniques, la production sécurisée des molécules candidates, les études cliniques puis la production de masse pour le marché – certaines acquéraient tout simplement la « biotech » pour bénéficier de l'exclusivité de son produit.

Le tournant fut pris aussi pour les vaccins en 1990 avec la production par génie génétique de l'antigène HBs du virus de l'hépatite B en cellules d'ovaire de hamster (CHO), à la suite des travaux de l'équipe de Pierre Tiollais à l'Institut Pasteur, et en levures aux États-Unis.

Dans la dernière décennie du XXe siècle, un nouvel horizon de la médecine moléculaire devait s'ouvrir. Il ne s'agissait plus de remplacer une hormone déficiente en injectant cette hormone produite par génie génétique. Il s'agissait maintenant de « réparer le patient » dans son propre génome, lui offrant la possibilité de produire de nouveau une molécule dont l'expression ou la fonction était perdue du fait d'une mutation. De nombreuses maladies, plus ou moins rares dans la population, étaient candidates pour la « thérapie génique » : mucoviscidose, hémophilie, drépanocytose, maladies neuromusculaires, déficits immunitaires congénitaux, celles du moins dont le gène était identifié.

Une des premières thérapies géniques fut réalisée à l'hôpital Necker à Paris dans le groupe d'Alain Fischer chez un enfant atteint d'un déficit immunitaire combiné sévère (SDICS) lié au chromosome X[32]. Les cellules souches hématopoïétiques de l'enfant avaient été infectées par un rétrovirus porteur du gène réparateur, puis réinjectées au jeune patient, obtenant une réparation soutenue du déficit immunitaire. Cette réalisation confirmait la faisabilité de l'approche. Malheureusement, les suites furent marquées chez certains patients, en France et dans d'autres pays, par la survenue d'une leucémie, indiquant que le gamma-rétrovirus vecteur utilisé s'était intégré au sein du promoteur d'un gène promoteur de tumeur et l'activait de manière incontrôlée. Ces accidents sporadiques refroidirent un temps l'enthousiasme suscité par la thérapie génique que l'on qualifiera de « thérapie ADN », c'est-à-dire impliquant directement le génome. L'irruption à partir de 2000 de la capacité de séquencer le génome humain – une autre étape clé de l'évolution de la médecine moléculaire[33] – a permis d'éclaircir la nature des événements d'intégration du vecteur rétroviral dans des sites inappropriés et d'y remédier.

L'émergence de la thérapie ARN

Néanmoins, dès le début des années 1990, des chercheurs avaient considéré le développement d'une approche alternative à la thérapie ADN : la thérapie ARN. Plus précisément la transcription *in vitro* de l'ARNm (IVT). Ils commencèrent à en explorer le potentiel thérapeutique sur des œufs de grenouille, des lignées cellulaires en culture et sur la souris. En bref, une séquence génétique d'ADN était synthétisée *in vitro* en alignant les codons nécessaires au codage d'une protéine d'intérêt et cet ADN synthétique était transcrit en culture cellulaire en un ARNm susceptible d'être traduit en la protéine d'intérêt après introduction dans le cytoplasme d'une cellule cible. Ce type d'approche illustrait la montée en puissance d'une autre révolution en biologie moléculaire : la « biologie synthétique ». Par rapport à la thérapie ADN, la thérapie ARN ou IVT-ARNm avait l'avantage de s'effectuer hors du noyau, prévenant tout risque d'intégration génomique inappropriée, et permettait de programmer directement la cellule cible pour la production de la protéine attendue dans la durée de vie de l'ARNm.

Elle présentait cependant des obstacles théoriques et pratiques non négligeables. Tout d'abord une biodisponibilité catastrophique, car non seulement l'ARNm a une durée de vie inférieure à 5 minutes dans le sérum du fait de la présence de ribonucléases, mais il ne peut quasiment pas pénétrer dans les cellules. Cette labilité et cette inaccessibilité au cytoplasme cellulaire se doublent, à supposer que les deux premiers problèmes soient résolus, d'une activité fortement pro-inflammatoire de l'ARNm qui, en tant qu'ARN simple brin, est reconnu par des senseurs dédiés de l'immunité innée comme les Toll-like Receptors 7 et 8 (TLR7 et 8) et divers autres senseurs présents dans le cytoplasme de la cellule.

Activés par l'ARNm, les senseurs TLR7, 8 et autres activent les voies NF-*kappa*B responsables de la transcription des gènes des principales cytokines pro-inflammatoires et IRES responsables de la transcription des gènes des interférons de type 1, molécules pro-inflammatoires et premières barrières de la réponse aux infections virales.

À cette activité pro-inflammatoire de l'ARNm affectant son utilisation en clinique, il faut ajouter le fait que l'ARNm, une fois dans le cytoplasme, est rapidement dégradé par un système élaboré de RNAses, des complexes enzymatiques fonctionnellement couplés à la traduction protéique. Pour toutes ces raisons, le démarrage fut difficile et les travaux initiaux, au tournant des années 2000, portèrent essentiellement sur l'immunothérapie personnalisée du cancer dans des conditions où la gravité de la situation justifiait l'acceptation de certaines limitations. Ces travaux menés par des chercheurs comme Ugur Sahin, Ozlem Tureci et Christoph Huber en Allemagne amenèrent en 2008 à la création de BioNTech à Mayence, qui commença à diversifier sa palette d'activités, y intégrant en particulier la conception de vaccins ARNm contre des maladies infectieuses, et la thérapie IVT-ARNm de maladies rares, revenant aux idées initiales de faire produire la protéine normale manquante par le patient, ce qui est la base de cette approche. D'autres compagnies misant sur l'ARNm se lancèrent dans l'aventure à cette même époque, comme Moderna aux États-Unis. BioNTech établit un partenariat avec l'américain Pfizer en 2017. Les « grandes manœuvres » étaient en route, mais les obstacles techniques demeuraient. C'est alors qu'apparaît Katalin Karikó, un personnage inattendu qui avait rejoint BioNTech en 2009, apportant un bagage d'expertise considérable qui va contribuer à mettre l'approche IVT-ARNm sur les rails du développement industriel que l'on connaît maintenant. Biochimiste formée en Hongrie, elle se spécialise très tôt dans l'ARNm, en développant la synthèse *in vitro* avec l'objectif d'une administration/traduction protéique *in vivo*. Katalin Karikó va longtemps ramer à contre-courant d'une communauté scientifique qui ne croyait pas à l'ARNm comme outil thérapeutique efficace du fait des limitations que nous avons soulignées. Faute de moyens, elle rejoint les États-Unis en 1985 : Philadelphie, à Temple University puis à l'University of Pennsylvania, mais son travail là aussi suscite peu d'intérêt et elle rappelle avec humour qu'elle n'a bénéficié d'aucun soutien financier du NIH, l'agence fédérale de la recherche en santé aux États-Unis.

Sa rencontre avec Drew Weissman, un immunologiste d'un laboratoire voisin, va néanmoins marquer un tournant. Joignant leurs forces, ils vont contourner plusieurs des limitations de l'ARNm dans son utilisation en vaccination ou en thérapeutique, donnant un second souffle à l'approche IVT-ARNm.

Ils attaquent de front les principaux obstacles techniques, en particulier l'activité pro-inflammatoire de l'ARNm, qui sera réduite en combinant une purification avancée de la molécule, éliminant des composés contaminants accumulés au cours des étapes de préparation : ADN, ARN double brin eux aussi très inflammatogènes. Surtout ils remplacent les résidus d'uridine des codons des ARNm par des pseudo-uridines, comme on trouve dans les ARN ribosomaux. Ils ne changent pas la fidélité de lecture des codons, mais sont moins reconnus par les senseurs TLR7 et 8. Moderna développera une approche alternative utilisant le fait que le code génétique est dégénéré et que certains codons sans uridine peuvent coder pour un même acide aminé. La présence des pseudo-uridines augmente par ailleurs l'efficacité de traduction des ARNm modifiés, surtout si on y associe des modifications de la coiffe 5' de la molécule d'ARNm et que l'on allonge sa queue polyA 3'. En un mot, la « traductibilité » de l'ARNm était optimisée. Mes sincères excuses aux non-aficionados…

Ces avancées furent décisives et participèrent à l'établissement d'une chaîne de préparation optimisée des ARNm vaccinants à laquelle s'ajoutèrent la mise en place, en amont, de plateformes de synthèse de gènes performantes et d'un coût abordable et, en aval, de méthodes assurant un accès efficace des molécules d'ARNm au cytoplasme cellulaire après injection intramusculaire. L'amélioration des formulations galéniques a reposé sur la capture des molécules d'ARNm vaccinant au sein de nanoparticules lipidiques (NPL) qui les protègent de la dégradation par les ribonucléases tissulaires, et assurent l'association à la membrane cellulaire suivie de fusion et libération de l'ARNm dans le compartiment cytoplasmique, offrant un accès direct aux ribosomes pour la traduction de la protéine d'intérêt[34], en l'occurrence la protéine de spicule (S) du SARS-CoV-2.

L'avenir dira si cette approche novatrice offre des plateformes permettant de produire des vaccins efficaces, stables, bien tolérés et abordables afin de vacciner au plus tôt dans le temps d'une pandémie. Si c'était le cas, ce serait une révolution, au regard du temps habituellement nécessaire pour produire des vaccins – temps scientifique (conception, études précliniques, études cliniques, production et distribution) et temps administratif (enregistrement, feu vert des agences de régulation nationales et internationales).

Au-delà de l'extraordinaire rapidité de développement de vaccins rendus disponibles dans le temps d'une pandémie, l'œil critique de nos pères fondateurs noterait néanmoins que la nature de l'antigène protecteur dominant du SARS-CoV-2 était connue dès la découverte du virus car il avait été identifié à partir du SARS-CoV dès 2003, à la suite de l'épidémie de SRAS. Une partie du chemin avait donc été faite et une partie importante du « temps scientifique » put être économisée.

Ce bémol passé, reste une méthodologie qui ne recouvre sans doute pas toutes les facettes de la vaccinologie, mais qui offre une rapidité, une flexibilité, une versatilité, une fiabilité que n'ont pas nécessairement les vecteurs viraux utilisés pour les vaccins recombinants viraux qui n'ont clairement pas tenu la longueur dans l'impitoyable compétition qui s'est jouée à l'occasion de la pandémie de Covid-19. Nous y reviendrons dans de prochains chapitres.

À noter, et à porter à l'attention de nos dirigeants : soixante ans se sont écoulés entre la découverte de l'ARNm et le premier vaccin humain à ARNm. Et le 2 octobre 2023, le prix Nobel de physiologie ou de médecine est attribué à Katalin Karikó et Drew Weissman. Les promesses de la recherche fondamentale peuvent se concrétiser à bien long terme…

CHAPITRE 5

De la « chimie biologique » aux antibiotiques : naissance de la « chimie thérapeutique »

Les pères fondateurs avaient très tôt – dès la cause infectieuse des maladies établie – envisagé une « antisepsie », donc des « antiseptiques ». Joseph Lister, chirurgien britannique féru des travaux de Louis Pasteur, appliqua dès 1869 ce concept à la prévention des infections opératoires, préconisant le lavage préopératoire des blouses et instruments chirurgicaux, ainsi que le traitement de la plaie chirurgicale par une solution de phénol. La mortalité postopératoire baissa de 60 à 15 %. Jointe à l'anesthésie mise au point depuis 1846, la chirurgie moderne pouvait se déployer, mais on était encore loin du compte car le phénol était trop toxique pour être administré aux patients autrement que sur la peau. Ces considérations n'avaient pas effleuré Donald Trump lorsqu'il proposa, dans un rare éclair de génie, d'injecter de l'eau de Javel aux patients atteints de Covid-19.

Il fallait bien sûr des produits détruisant les microbes sans détruire les patients. Il fallait ce que l'on appela des « antibiotiques ». Louis Pasteur avait montré que des processus chimiques étaient à la base des processus biologiques. Il fallait concevoir une nouvelle science, ce fut la « chimie biologique » source de la « chimie thérapeutique ou médicinale ».

Le chemin fut difficile, après des siècles d'errance dans l'utilisation de métaux lourds comme le mercure et l'arsenic dans le traitement de maladies qui s'avérèrent être infectieuses, comme la syphilis.

Difficile à tel point qu'Emil von Behring, étonnamment fataliste, écrivait au tournant du siècle que l'on pouvait « considérer comme un axiome que les tissus de l'organisme humain sont plus sensibles à l'égard des désinfectants que n'importe quelle bactérie connue et qu'avant qu'un antiseptique ait des chances de tuer des bactéries dans le sang, l'hôte lui-même est tué ». Même un immense savant, premier prix Nobel de médecine pour la mise au point de la sérothérapie antidiphtérique, peut se tromper… La sérothérapie d'Emil von Behring et Émile Roux était le précurseur de la thérapie anti-infectieuse et c'est dans l'ombre de cette sérothérapie que se développa la chimie thérapeutique des petites molécules, matrice de la « biopharmaceutique ». L'histoire de la thérapeutique anti-infectieuse allait dès lors être marquée par cette dualité.

Le pessimisme de Behring était toutefois surprenant. En effet, comme brièvement mentionné au chapitre 1, dès 1820, deux pharmaciens-chimistes français, Pierre-Joseph Pelletier et Joseph Caventou, grâce à la mise au point de l'extraction du principe actif de certaines plantes – les alcaloïdes – par des solvants doux, annonçaient l'extraction, la purification et la présentation sous forme de poudre dosable de deux médicaments : la strychnine, un neurostimulant obtenu à partir de la noix vomique, et la quinine, puissant antipaludéen obtenu à partir du quinquina[35]. C'est une double révolution fondatrice de la thérapeutique. Tout d'abord elle la fait sortir de l'ère des décoctions de plantes, fondements de la médecine traditionnelle et néanmoins source de ces molécules. Ensuite, elle permet l'administration du produit de manière reproductible à une dose active et non toxique, selon le principe de Paracelse, car la plupart des alcaloïdes sont de puissants poisons. Ce sera le cas de la quinine qui va devenir pour un siècle le traitement du paludisme – la chloroquine ne sera en effet découverte qu'en 1934. Le succès fut tel en Europe que Pelletier créa une usine de fabrication. Première start-up de l'histoire ? Sans vouloir faire de mauvais esprit, la quinine fut un allié efficace des puissances colonisatrices comme la France en Afrique et l'Angleterre en Inde. Les armées colonisatrices n'auraient pu progresser dans les régions infestées de malaria et les colons n'auraient pu s'y établir sans ce traitement salvateur. Passons… Lyautey affirmait que, en Algérie, « le principal obstacle qu'ont dû vaincre soldats et colons, c'est la maladie, le paludisme ». Dès 1834, l'utilisation de la quinine fut imposée aux armées en Algérie. C'est là qu'Alphonse Laveran, médecin militaire à Constantine, découvrit en 1880 le protozoaire responsable du paludisme, ce qui lui valut le premier prix Nobel français de physiologie ou de médecine en 1907[36]. Curieuse histoire que celle du paludisme où le traitement fut mis au point avant la découverte du parasite causal… Elle vaut que l'on s'y arrête car elle illustre les mécanismes de la difficile acceptation d'un principe nouveau, allant à contresens de principes dont l'acceptation avait elle-même été difficile et parfois polémique. Ce quart de siècle séparant la découverte de sa récompense traduit essentiellement le scepticisme de la communauté des sciences médicales. Beaucoup étaient encore « aéristes », fidèles aux miasmes, surtout pour une maladie du mauvais air comme la *mal' aria*. Quant aux « contagionnistes », à leurs yeux, une bactérie eût été tellement plus satisfaisante. Un « protozoaire endoglobulaire », comme l'observait Laveran sur les frottis sanguins de ses patients, était-ce une hypothèse bien sérieuse ?

La force d'Alphonse Laveran, dans son approche du paludisme, fut d'être médecin avant d'être microbiologiste. Il le dit très bien lors de son discours de remise du prix Nobel à Stockholm en novembre 1907 : « Avant moi, de nombreux observateurs avaient cherché sans succès à découvrir l'agent du paludisme. J'aurais également échoué si je m'étais contenté d'examiner l'air, l'eau ou le sol comme on l'avait fait jusqu'alors. En réalité, j'ai pris comme bases de mes recherches l'anatomie pathologique et l'étude du sang palustre *in vivo*. » Remarquable cytologiste, il observa sur des préparations de sang frais de patients en phase fébrile ces fameux corps pléiomorphes et pigmentés modifiant l'aspect des hématies. À la périphérie de ces dernières, il compléta ses observations en décrivant l'existence de filaments grêles, animés et transparents au sujet desquels il écrivait que « la nature parasitaire ne laissait pas place au doute ». Il montra aussi que ces parasites disparaissaient chez les patients traités par le sulfate de quinine. Mais beaucoup doutaient encore, même d'éminents pasteuriens comme Émile Duclaux n'admettaient pas que l'on puisse échapper au dogme pasteurien, vite établi, de la nécessité de cultiver un micro-organisme pour en prouver la responsabilité. Ce furent les maîtres eux-mêmes, Louis Pasteur et Camillo Golgi en Italie, qui pesèrent de tout leur poids afin que cette découverte inédite soit acceptée. La marque du génie scientifique est peut-être la capacité de s'affranchir des dogmes que l'on a soi-même contribué à établir…

La chimie thérapeutique devient moléculaire

La chimie thérapeutique est née de la chimie d'extraction. Il lui manquait cependant une dimension analytique et de synthèse. On pataugea à tenter de synthétiser sans succès la quinine, mais on apprit beaucoup. À la fin du siècle, la chimie thérapeutique acquit enfin cette dimension que l'on peut appeler aujourd'hui moléculaire. Jointe à la physiologie, dont l'étude expérimentale avait été initiée par François Magendie et Claude Bernard, la pharmacologie moderne naissait. Le concept d'une interaction moléculaire de type clé-serrure entre enzyme et substrat fut proposé par Emil Fischer en Allemagne dès 1894, ouvrant la voie à la notion d'interactions moléculaires spécifiques[37]. Concept rapidement complété par Paul Ehrlich inventant la notion de récepteur accommodant spécifiquement une petite molécule chimique (un ligand), assurant ainsi sa reconnaissance par sa cible cellulaire. Il en était de même pour la reconnaissance des antigènes par une famille particulière de récepteurs qu'Ehrlich baptiserait « anticorps ». Les progrès devenaient substantiels, en particulier dans le domaine de la chimie des colorants, mais dans le domaine des antibiotiques la révolution était aussi en marche.

En 1908, dans son laboratoire de Francfort, Paul Ehrlich partit d'une multitude de dérivés chimiques de l'atoxil, un sel d'arsenic assez toxique, connu pour ses propriétés parasiticides du trypanosome responsable de la maladie du sommeil. Il sélectionna le « composé 606 » par criblage de ses molécules candidates dans un modèle de souris infectées par un spirochète animal proche de *Treponema pallidum,* l'agent de la syphilis découvert cinq ans auparavant. Ce « *hit* », pour emprunter la terminologie moderne, devint un « *lead* » après démonstration de sa capacité bactéricide et curative et, *a priori*, de sa faible toxicité dans un modèle de syphilis du lapin causée par *T. pallidum.* Pour la première fois en médecine, la recherche offrait ce *magic bullet* ou mieux, et dans ses propres termes, cette *therapia sterilisans magna* – Ehrlich était un latiniste émérite – capable de détruire un pathogène tout en préservant son hôte. L'arsphénamine ou Salvarsan était né. Il s'avéra néanmoins relativement toxique chez l'homme après quelques mois d'utilisation. Ehrlich, très affecté, reprit ses synthèses chimiques et 300 composés plus tard produisit une variante hydrosoluble, le Néosalvarsan, qui s'avéra bien toléré. S'il ne fut pas appelé à une longue carrière, car vingt ans plus tard Alexander Fleming découvrait la pénicilline, le Néosalvarsan fut néanmoins une révolution. Il offrait une vraie solution thérapeutique à une maladie qui fut le sida du XIXe siècle. Première « chimiothérapie », le (Néo)Salvarsan ouvrait tout simplement l'ère de l'industrie du médicament[38]. En 2008, j'eus l'honneur d'être invité à Berlin pour célébrer le centième anniversaire du prix Nobel de Paul Ehrlich qu'il avait partagé avec le pasteurien Elie Metchnikoff. Mon ami Stephan Kaufmann, professeur à l'Institut Max-Planck de biologie infectieuse, m'y présenta le cahier de laboratoire qu'il avait récemment acquis, dans lequel Ehrlich dessinait consciencieusement les molécules successivement synthétisées, jusqu'au « composé 606 » et au-delà... Moment d'émotion partagée.

L'invention des sulfamides, une histoire franco-allemande

Continuons dans la modernité. En 1895, le père fondateur, Louis Pasteur, disparaît. Lui succède à la direction de l'Institut Pasteur Émile Duclaux, éminent chimiste et microbiologiste, autant qu'humaniste, ardent dreyfusard et cofondateur de la Ligue des droits de l'homme. Très vite après le décès de Pasteur, grâce à deux généreuses donatrices, madame Lebaudy et la baronne de Hirsch, Duclaux acquiert une grande parcelle de terrain entre ce qui est aujourd'hui la rue du Docteur-Roux et la rue de Vaugirard dans le XVe arrondissement de Paris. Ce n'était à cette époque qu'un faubourg. Homme de vision, il y fait construire deux bâtiments : un hôpital pour l'isolement et le traitement des maladies infectieuses, car patients et recherche devaient être rapprochés. « De la paillasse au lit du malade » était déjà le mot d'ordre. C'est dans cet hôpital que seront menés avec succès les premiers essais de sérothérapie antidiphtérique. L'autre bâtiment est inauguré en 1900 et baptisé, comme inscrit sur son fronton : « Chimie biologique ». Diastase (activités enzymatiques) et fermentation microbienne étaient les deux grandes thématiques de lancement de ce bâtiment. Il abritait même une école de brasserie qui fut fermée en 1914[39]. Sous la direction de Duclaux, puis d'Ernest Fourneau, chimiste venu de Rhône-Poulenc, les chercheurs du bâtiment de chimie biologique – aujourd'hui bâtiment

Duclaux – allaient se lancer sur des thématiques médicales et, par la même occasion, dans une compétition franco-allemande effrénée. Les Allemands tirèrent les premiers en 1932, chez IG Farben à Wuppertal. L'époque était aux colorants et à l'exploration de leurs multiples fonctions chimiques et biologiques. Dans le laboratoire de microbiologie de Gerhard Domagk, on observa qu'un colorant de synthèse, le Prontosil, permettait à des souris infectées par 100 fois la dose létale d'une bactérie pathogène de survivre, alors que 100 % des souris contrôles non traitées mouraient. Le Prontosil est une molécule composée d'un domaine colorant et d'un domaine sulfamide. On pensa que le colorant portait l'activité bactéricide, on ne se posa guère plus de questions et l'on commença des études cliniques. Trois ans plus tard, dans le service de chimie thérapeutique de l'Institut Pasteur dirigé par Ernest Fourneau, un groupe improbable de chercheurs se forme : Jacques et Thérèse Tréfouël, Federico Nitti, Daniel Bovet et Constantin Levaditi. Médecins, pharmaciens, chimistes, microbiologistes, suisse, émigré italien, réfugié roumain. Un seul objectif : comment marche le Prontosil ? Ils finirent par montrer que c'était en fait la fraction sulfamidée qui était responsable de l'activité bactéricide et que le Prontosil était une « promolécule » devant être hydrolysée, scindée en ses deux composants dans les tissus de l'animal ou de l'individu infecté pour libérer son composant actif, le p-aminophénylsulfamide, qu'ils synthétisèrent seul afin de pouvoir administrer la molécule active. Survint alors le « miracle d'Henri » : une première médicale « de la paillasse au lit du malade ». Las de guérir des souris infectées par des streptocoques et des plaies cutanées humaines surinfectées, il fallait bien un jour changer de dimension. Ce fut fait le 1er mai 1937 : Henri, 8 ans, est admis en urgence à l'hôpital de l'Institut Pasteur. Il est inconscient, fébrile et présente tous les symptômes d'une méningite cérébrospinale, avec son liquide céphalorachidien « eau de riz » à la ponction lombaire. Le sérum antiméningocoque reste sans effet, l'enfant s'enfonce dans un profond coma, il est mourant. La culture revient au bout de quarante-huit heures : streptocoque bêta-hémolytique et non méningocoque. René Martin, chef de service et ses assistants baissaient les bras lorsque l'infirmière en chef, sœur Bernadette, interrogea : « Et si l'on utilisait le traitement de monsieur Tréfouël ? » Elle avait une petite réserve de Septoplix. « Pourquoi pas, au point où l'on en est ? Un gramme et demi de sulfamides par jour ! » Au deuxième jour,

Henri reprend progressivement conscience, au cinquième jour la fièvre a décroché, au septième jour il est apyrétique avec quelques céphalées résiduelles et une réaction allergique vite résolue. Il remange. Il sortira au quinzième jour. Ses parents l'emmenèrent à Lourdes. Réflexe plus que nécessité… Ce fut néanmoins Domagk qui reçut le prix Nobel en 1939 « pour la découverte des effets antibactériens du Prontosil ». Le régime nazi lui interdit cependant d'aller le recevoir à Stockholm et il fut pour cela emprisonné par la Gestapo. Hitler n'avait pas supporté que Carl von Ossietzky, un farouche opposant au régime nazi, reçoive en 1936 le prix Nobel de la paix pour ses courageuses publications dénonçant le réarmement clandestin de l'Allemagne dans son journal, *Die Weltbühne*. Cela lui avait valu un procès en haute trahison. Plus de prix Nobel pour les citoyens du Reich, avait décidé le Führer.

Les sulfamides eurent une belle carrière, sauvèrent des vies, guérirent d'innombrables cas de blennorragie gonococcique. Un miracle, car les traitements antérieurs par sondage-drainage antiseptique – particulièrement durant la Grande Guerre qui avait vu une explosion des MST – étaient aussi inhumains que peu efficaces, voire dangereux car ils créaient des sténoses (rétrécissements) de l'urètre. L'étoile des sulfamides pâlit cependant après la Seconde Guerre mondiale en raison d'accidents d'intolérance : lithiases urinaires par formation de cristaux dans les calices rénaux, accidents allergiques cutanés sévères, voire aplasies médullaires. Ce qui était accepté dans une période où le rapport bénéfice-risque était en faveur des sulfamides, en l'absence de tout autre traitement antibiotique, ne l'était plus car à cette même période une molécule révolutionnaire faisait son apparition. Les bactéries devenaient aussi très vite résistantes au fur et à mesure qu'augmentait la consommation des sulfamides, mais cela est une autre histoire, nous y reviendrons.

Cette période vit les débuts de l'industrie pharmaceutique en Europe avec la création de grandes compagnies comme Bayer en Allemagne, Rhône-Poulenc en France et bien d'autres. C'est ce modèle industriel qui prévalut jusque dans les années 1980. Un modèle fondé sur la chimie thérapeutique. Dans le cas des antibiotiques, la combinaison de découverte de molécules naturelles et leur modification par la chimie fut particulièrement efficace avant que la révolution de la biologie moléculaire n'enclenche la révolution des biothérapies dont nous reparlerons.

La pénicilline et les antibiotiques

Mais revenons à notre molécule révolutionnaire. Elle avait un nom depuis sa découverte en 1928 par Alexander Fleming au St Mary's Hospital de Londres, mais il fallut plus de douze ans et des efforts inimaginables de chimie thérapeutique pour qu'elle devienne une réalité moléculaire et un médicament.

L'histoire de la découverte de la pénicilline est archiconnue, non seulement du fait du tournant qu'elle a représenté dans le traitement des maladies infectieuses, mais aussi car on se plaît à la présenter comme l'exemple du rôle de la sérendipité en sciences. Plutôt que de longues explications, reprenons la définition imagée des Anglo-Saxons : « La sérendipité, c'est chercher une aiguille dans une meule de foin et y trouver la fille du fermier. » En bref, Alexander Fleming nota l'apparition d'un halo d'inhibition de croissance autour d'une colonie de moisissure ayant contaminé une culture de staphylocoque sur une boîte de Pétri et conclut que cette moisissure produisait une substance diffusant dans la gélose qui inhibait la croissance de la bactérie. Il identifia cette moisissure comme *Penicillium notatum*. L'effet bénéfique des moisissures sur les plaies infectées était connu depuis l'Antiquité chinoise, grecque et arabe et leur utilisation s'était perpétuée au fil des siècles jusqu'à ce que différents chercheurs, Lister, Roberts et Tyndall en Angleterre, Pasteur, Joubert et Duchesne en France et Tiberio en Italie, montrent à la fin du XIXe siècle que les *Penicillium* stérilisaient la croissance microbienne dans différents milieux, mais on parlait alors de « compétition ». Dès 1924 cependant, Gratia et Dath en Belgique évoquent l'existence d'une « toxine[40] ». Le génie de Fleming fut d'avoir l'idée, grâce à la culture sur gélose, que le principe actif du *Penicillium* devait être une substance diffusible. En collaboration avec un chimiste il concentra cette substance qu'il nomma pénicilline. Dans les années qui suivirent, Fleming distribua largement la culture de *P. notatum* à la communauté internationale, mais ne parvint pas à extraire et produire une forme stable de la molécule. À la lecture de l'historiographie moderne de la médecine, l'étoile de Fleming tend à pâlir au profit d'un Français travaillant à l'Institut Rockefeller dans le laboratoire d'Avery, René Dubos, un microbiologiste de l'environnement qui dès 1927 fit une importante découverte. Il découvrit la gramicidine, une molécule antimicrobienne qui n'aura pas un avenir fulgurant, bien qu'altérant la synthèse de la paroi bactérienne. Mais il dépassa le concept d'antagonisme bactérien et introduisit à la fois un concept et une méthode de travail qui va demeurer jusqu'à nos jours : isoler, purifier et produire en grande quantité. C'est grâce à l'exemple de Dubos que se développèrent les travaux de Florey et Chain à Oxford et de Waksman à Rutgers University aux États-Unis.

Ici encore la chimie thérapeutique emporta la décision, mais il fallut attendre 1939. À l'Université d'Oxford, à la Sir William Dunn School of Pathology, Howard Florey, chercheur australien, à la tête d'une équipe composée d'Ernst Chain, un chercheur juif allemand émigré, et Norman Heatley, seul Anglais du groupe, génie du système D, vont réussir, en pleine guerre, au prix d'efforts incroyables, se battant contre l'absence de ressources financières, d'équipement et de réactifs – parfois même se battant entre eux –, à purifier la pénicilline sous forme stable. Ils appliquèrent au surnageant de culture la lyophilisation, connue depuis 1935, afin de constituer un résidu sec dissous dans le méthanol, dilué dans l'eau, puis relyophilisé à basse température et pH neutre. Le tour était joué, la pénicilline était stabilisée, sous forme de poudre. Dès mai 1940, elle guérissait des souris infectées expérimentalement par des streptocoques et des staphylocoques, et dès février 1941 elle faillit sauver un agent de police londonien septicémique qui malheureusement mourut faute d'une quantité suffisante de la poudre blanche.

La pénicilline était prête, elle était surtout active sur les bactéries à Gram positif, mais aussi sur les méningocoques, les gonocoques et le bacille de la coqueluche. En 1941, Florey et Hartley partirent aux États-Unis pour convaincre l'industrie pharmaceutique américaine de produire la pénicilline. Le Royaume-Uni, seul, en guerre totale contre l'Allemagne et le Japon, avait d'autres soucis et son industrie s'intéressait à un autre genre de poudre… Merck, dans le New Jersey, se « laissa tordre le bras » comme on dit là-bas et Heatley se déchaîna. En mars 1942 survint le « miracle d'Anne Miller ». Cette femme de 33 ans était hospitalisée au centre hospitalier de New Haven dans le Connecticut. Elle souffrait depuis un mois d'une endométrite grave à streptocoque, à la suite d'une fausse couche. Fièvre supérieure à 40 °C, délire, dénutrition, douleurs locales épouvantables, chirurgie, drainage, sulfamides, rien n'y avait fait et l'issue fatale à court terme faisait peu de doute. Tel était le quotidien précaire de la génération de nos grands-parents, ne l'oublions surtout pas à l'heure où se profile la crise de l'antibiorésistance. Le médecin d'Anne, proche d'abandonner, se rappela soudain un récent patient ami de Florey. Ce dernier pressa le comité fédéral en charge de l'utilisation des nouvelles chimiothérapies et 5,5 grammes de pénicilline furent délivrés pour le traitement, l'équivalent du contenu d'une petite cuillère... Imaginez ! La poudre est filtrée au lit de la patiente, on n'a aucune idée des doses, ni du mode optimal d'injection. On improvise. Une dose, pas d'intolérance, une deuxième dose, toujours pas d'intolérance et surtout la température décroche légèrement, puis une dose toutes les quatre heures et le lendemain la patiente est apyrétique et guérira rapidement de son endométrite à streptocoque gravissime. Anne Miller mourut à l'âge de 90 ans. Ignace Semmelweis aurait adoré. C'était un tournant pour la médecine.

Ce dont Fleming avait rêvé mais n'avait pu réaliser, Chain et son équipe l'avaient fait. L'histoire est magnifiquement racontée par Éric Lax dans *The Mould in Dr Florey's Coat*. Au point que le critique littéraire du *New York Times* qualifia le récit de « peut-être l'histoire scientifique la plus excitante depuis qu'une pomme tomba sur la tête de Newton ». Parole de critique...

Le 4 septembre 1945, Fleming déclarait dans son discours de réception à l'Académie nationale de médecine à Paris : « J'ai été gratifié d'avoir inventé la pénicilline. Aucun homme n'aurait pu inventer la pénicilline car elle a été produite, de temps immémorial, par la nature et par une certaine moisissure. » La même année, Fleming, Florey et Chain reçurent le prix Nobel, bel hommage à la chimie thérapeutique plutôt qu'à la sérendipité.

Actinomycine, clavacine, streptothricine, streptomycine, néomycine, griséine, fradicine, candidine, et d'autres... Au moins huit nouveaux antibiotiques en neuf ans, de 1940 à 1948, dont un, la streptomycine, va changer le destin des patients tuberculeux en offrant la première molécule active sur *Mycobacterium tuberculosis,* le bacille de la tuberculose. Elle avait son vaccin, le BCG, elle avait enfin son antibiotique. On pouvait soudain prévenir et guérir la tuberculose. Ce bond en avant, cette soudaine efflorescence de nouvelles molécules, est dû à un homme, Selman Waksman, dont les parents avaient fui les pogroms de Kiev pour se réfugier aux États-Unis, même si on tend aujourd'hui à attribuer à Albert Shatz, étudiant du laboratoire de Waksman, la découverte de la streptomycine. Ce fut un tournant décisif, car au-delà d'un antituberculeux, elle ouvrait le spectre d'activité relativement étroit de la pénicilline vers de nombreuses bactéries à Gram négatif comme *Escherichia coli* et les entérobactéries en général, dont le bacille de la peste. Elle était le chef de file de la grande famille à venir des aminosides et pouvait d'ailleurs être associée à la pénicilline afin d'obtenir un effet synergique sur des infections graves à bactéries à Gram positif comme les streptocoques responsables d'endocardites chroniques.

Un formidable progrès médical, mais venu trop tard pour Gustav Mahler

Guérir les endocardites avant leurs complications mortelles avait été un rêve caressé trente-cinq ans auparavant par André Chantemesse lorsqu'il reçut en 1911 à l'Institut Pasteur un couple célèbre : Gustav Mahler et son épouse Alma. Gustav Mahler était épuisé par sa traversée de New York à Cherbourg, amaigri, fébrile et essoufflé, en insuffisance cardiaque avancée. Quelques semaines plus tôt, un médecin new-yorkais réputé, Emmanuel Libman, avait diagnostiqué une endocardite maligne et les hémocultures avaient confirmé l'existence d'un streptocoque. Mahler souffrait depuis l'enfance d'angines à répétition, avait présenté une chorée et un rhumatisme articulaire aigu. L'auscultation cardiaque était typique d'une insuffisance mitrale. L'altération scléreuse progressive de cette valve cardiaque, en réponse à ces maladies streptococciques récurrentes, était l'environnement rêvé d'implantation de streptocoques buccaux libérés dans la circulation sanguine à l'occasion de soins dentaires ou d'angines. Désarmé, Libman conseilla à Mahler de traverser l'Atlantique pour aller consulter à l'Institut Pasteur. C'était dans ce sens que se faisait la recherche d'avis médicaux à l'époque... Ce fut André Chantemesse, médecin et biologiste, expert de la fièvre typhoïde, qui examina Mahler, pratiqua une hémoculture et convoqua le couple quelques jours plus tard pour l'informer des résultats. Le couple se présenta de nouveau à l'Institut Pasteur et fièrement André Chantemesse brandit le résultat de l'hémoculture : un streptocoque ! – « Eh bien, docteur Chantemesse, quand commençons-nous le traitement dont m'a parlé le professeur

Libman à New York ? » demanda Alma. « Nous pouvons proposer la sérothérapie antistreptococcique mise au point dans notre institut, j'y mets beaucoup d'espoir », répondit Chantemesse. Mahler fut hospitalisé dans sa clinique à Neuilly, le traitement mis en route sans succès. Un cardiologue viennois, le professeur Franz Chovsteck, fut appelé à la rescousse. Il ne fit que confirmer le diagnostic et surtout prononça à haute voix et sans ambages, devant le patient et son épouse atterrés, un pronostic extrêmement défavorable. Alma Mahler écrivit dans les jours qui suivirent une terrible diatribe stigmatisant l'impuissance de la médecine, l'arrogance et la suffisance des médecins… Si injuste que ce fût, c'était la triste réalité. Le couple mythique rejoignit Vienne par l'Orient-Express. Mahler décéda quelques semaines après. Trente ans plus tard, quelques grammes de pénicilline auraient sans doute permis à Mahler de terminer sa dixième symphonie… André Chantemesse mourut en mars 1919 de la grippe espagnole. La vie était dure au temps des maladies infectieuses : elles n'épargnaient personne, les célébrités du monde des arts et de la médecine pas plus que les autres[41].

Mais revenons à Waksman : ce que nous lui devons essentiellement, et qui sans doute lui valut le prix Nobel en 1952, est d'abord une méthode très efficace de découverte de nouveaux antibiotiques. Il appliqua l'approche de Dubos – qui s'était arrêté à la gramicidine – à l'identification et la production de nouveaux antibiotiques très novateurs dont la source était essentiellement des bactéries du sol. Waksman s'intéressa en particulier au genre *Streptomyces* devenu dans ses mains une source prolifique. C'est cette « plateforme » – comme on dit aujourd'hui – de microbes telluriques qui permit à Waksman de réaliser un véritable saut quantique dans la diversification de la famille alors bien étroite des antibiotiques.

Nos pères fondateurs constateraient que les antibiotiques étaient rapidement devenus un outil incontournable du progrès médical pour traiter les infections bactériennes ou les prévenir chez les patients immunodéprimés ou devant subir des actes chirurgicaux à haut risque de surinfection bactérienne. Pour simplifier, un monde soudain privé d'antibiotiques serait un monde sans réanimation périnatale, voire sans réanimation tout court, sans greffes d'organes et de moelle, sans traitement chimiothérapique des cancers, des lymphomes et des leucémies, sans traitement immunosuppresseur possible des maladies auto-immunes, sans pose de prothèses articulaires. Tous les défis qui sont le quotidien de la médecine d'aujourd'hui devraient être revus dans leurs ambitions, une infection pouvant ruiner en un court laps de temps les efforts des équipes médicales et les promesses de techniques et de médicaments innovants. Les antibiotiques doivent être utilisés avec pertinence et parcimonie. Il est urgent de cesser de les galvauder.

CHAPITRE 6

De l'« âge d'or » à la « panne » des antibiotiques

La saga des antibiotiques est exemplaire de la force et des fragilités du progrès médical. Elle illustre à quel point *Homo sapiens* sait à la fois inventer les outils de sa survie et les dilapider dans la plus grande inconscience par paresse, manque de rigueur et vénalité. Elle illustre aussi l'extraordinaire capacité du monde microbien, vite oubliée dans l'euphorie initiale. Les alertes sur le risque de l'antibiorésistance émergèrent très tôt. « Quand le miracle antibiotique vire au cauchemar » titrait dès 1956 un article d'Yves-Achille Chabbert et René Martin depuis l'observatoire privilégié que représentait l'Institut Pasteur[42]. La résistance aux antibiotiques est-elle inéluctable ? se demandaient, inquiets, Martin, le clinicien, et cette figure de la microbiologie que fut Yves-Achille Chabbert.

De la découverte des antibiotiques à l'invention de l'antibiothérapie

Les antibiotiques sont des molécules capables au minimum d'inhiber la croissance des bactéries, c'est la *bactériostase*, qui se mesure classiquement sur un antibiogramme reflétant la concentration minimale inhibitrice (CMI). Un antibiotique peut aussi tuer les bactéries, c'est la *bactéricidie*, qui se mesure dans un tube à essai par la concentration minimale bactéricide (CMB). Deux antibiotiques associés peuvent être additifs, voire mieux, synergiques. Cette synergie d'association est souvent recherchée dans le traitement des infections sévères. Elle réduit par ailleurs, si elle est bactéricide, le risque de sélection de mutants bactériens résistants. Certaines associations d'antibiotiques, inversement, peuvent être antagonistes et les familles à ne pas associer sont généralement connues ou si nécessaire peuvent se tester sur antibiogramme.

Qu'est-ce qu'un antibiogramme ? Une technique de routine permettant de reconnaître la sensibilité ou la résistance d'une bactérie aux antibiotiques. On cultive celle-ci sur une boîte de Pétri sur laquelle sont déposés des disques de buvard de la taille d'un confetti, imbibés chacun d'un antibiotique différent. L'antibiotique diffuse dans la gélose selon un gradient. Les bactéries vont s'arrêter de croître au sein de ce gradient à un niveau correspondant à la CMI de l'antibiotique sur la bactérie. Plus le halo d'inhibition de la croissance bactérienne autour du disque aura un diamètre large, plus la bactérie sera sensible, donc la CMI faible. Inversement si le halo est de petit diamètre, voire si la culture bactérienne vient au contact du disque, la CMI est très élevée et cela marque la résistance à l'antibiotique étudié. De ce diamètre, on peut déduire sur des abaques si la bactérie répondra ou non à l'antibiotique. Il ne suffisait donc pas de disposer d'antibiotiques, encore fallait-il apprendre à les utiliser judicieusement. Choix, associations, durée, surveillance des traitements : tout était à inventer, l'antibiothérapie, au-delà de la découverte de nouveaux antibiotiques, devenait une science à part entière. Elle eut aussi ses pionniers[43]. J'ai eu le privilège de commencer ma carrière scientifique à l'Institut Pasteur dans le laboratoire d'Yves-Achille Chabbert, qui fut un des artisans de la microbiologie clinique et plus précisément contribua de manière magistrale à la mise au point des techniques de base du choix et du suivi des traitements antibiotiques, telles que nous les avons brièvement décrites. Dès les années 1950, il avait contribué aux protocoles permettant la guérison des endocardites à streptocoques, particulièrement à l'ajustement des doses des associations d'antibiotiques de l'époque, la pénicilline et la streptomycine, afin de maintenir dans le sang des patients des concentrations antibiotiques bactéricides seules capables d'éradiquer les bactéries nichées dans les végétations des valves cardiaques. Il fut aussi rapidement en première ligne pour traquer l'apparition de bactéries antibiorésistantes et identifier le support génétique de ces résistances. C'était un homme d'une compétence, d'une originalité de pensée et d'un goût de l'enseignement qui n'avaient d'égaux que son humour et sa modestie. Son laboratoire était une ruche bourdonnante où se retrouvaient les spécialistes français et internationaux de l'antibiothérapie, dont Jacques Acar qui fut un de mes autres modèles. Chabbert créa d'ailleurs à l'Institut Pasteur le premier enseignement au monde d'antibiothérapie.

L'« âge d'or » des antibiotiques

Toutes les grandes familles d'antibiotiques furent découvertes et développées dans une période d'une cinquantaine d'années entre 1935 et 1985. Plus de 150 molécules innovantes appartenant à 15 familles chimiques originelles ! Depuis lors, seulement deux nouvelles familles entre 1990 et 2010 et rien de solide en vue, nous y reviendrons. La première période est généralement considérée comme l'« âge d'or » des antibiotiques, C'est dans cette même période que s'est progressivement enrichi l'arsenal de médicaments antituberculeux et que se sont formalisés des protocoles thérapeutiques de plus en plus courts et efficaces. D'abord la streptomycine, dès les années 1940, avec cependant des limites dans l'efficacité, dans la survenue de résistances et surtout par la survenue d'un effet secondaire, l'ototoxicité irréversible, une surdité s'installant à l'occasion de traitements administrés au long cours. Il devint vite évident que d'autres médicaments étaient indispensables et que la maladie nécessiterait une association d'antimicrobiens. L'isoniazide (INH), un dérivé de l'acide isonicotinique, était connu depuis le début du siècle, mais son activité antituberculeuse ne fut reconnue que dans les années 1950 et il devint alors le complément indispensable de la streptomycine. Je me souviens encore, jeune externe, de signer les ordonnances de sortie de patients tuberculeux : INH, streptomycine, vitamine D – probable réminiscence du temps des sanatoriums –, traitement pour six mois, radio de thorax et audiogramme de contrôle dans trois mois. Heureusement, ce traitement encore héroïque s'enrichit dès la fin des années 1960 de l'éthambutol, puis rapidement de la pyrazinamide et enfin de la rifampicine, le seul de ce nouveau groupe à ne pas être spécifique des infections mycobactériennes, mais remarquablement actif car se concentrant très efficacement dans les phagolysosomes, le compartiment de dégradation des microbes dans les macrophages. Vers le milieu des années 1970, on disposa donc d'un spectre de molécules efficaces et combinables sous forme de trithérapie contre la tuberculose. Juste à temps, car l'arrivée de la pandémie de sida la décennie suivante allait faire de nouveau flamber la tuberculose.

Mais revenons un instant à l'âge d'or pour résumer cette saga et observer la diversité des cibles bactériennes des grandes familles d'antibiotiques[44] :

• 1925-1940 : sulfamides. Les Allemands et les Français avaient beaucoup misé sur ces molécules issues de la chimie devenue thérapeutique. Si leurs débuts furent spectaculaires, leur utilisation massive a rapidement débouché sur des résistances et ils furent vite détrônés par la pénicilline et ses dérivés.

• 1940-1990 : bêta-lactamines (pénicillines, leurs dérivés hémisynthétiques, céphalosporines et carbapénèmes), aminoglycosides (streptomycine et ses dérivés), antibiotiques polypeptidiques comme la colistine. Les deux premières familles furent sans doute les tremplins et demeurent les piliers de l'antibiothérapie du fait de leur activité bactéricide et synergique et de la versatilité de leurs noyaux moléculaires de base, qui ont permis à l'hémisynthèse chimique de concevoir des dérivés sans cesse innovants avec élargissement ou changement de spectre d'activité, et capacité de recouvrer une activité bactéricide alors que la molécule d'amont l'avait perdue.

La colistine, découverte au Japon dans les années 1950, est fortement bactéricide sur les pathogènes à Gram négatif en s'intégrant dans leur membrane lipidique et y formant des pores. Elle est cependant néphrotoxique, ce qui la fit vite passer au second plan. Dans la crise actuelle de la multirésistance, elle tend néanmoins à reprendre sa place en antibiotique « de dernier recours ».

Après la pénicilline de base et ses dérivés hémisynthétiques apparurent les céphalosporines puis les carbapénèmes. Ces développements successifs répondirent essentiellement à un effet de course aux armements entre des bactéries exprimant de nouvelles enzymes pénicillinases, puis céphalosporinases capables de mettre hors-jeu la dernière molécule, et l'industrie pharmaceutique s'activant pour produire des molécules de nouvelle génération résistantes aux enzymes précédentes, c'est ainsi que l'on arriva aux carbapénèmes, dont nous reverrons le destin. Les bêta-lactamines et leurs dérivés sont bactéricides, donc très efficaces car leurs cibles, avec des variantes, sont les enzymes de biosynthèse du peptidoglycane auxquelles elles se lient et qu'elles inactivent. Le peptidoglycane est un squelette de polyosides liés par des ponts peptidiques formant un réseau très dense qui constitue la paroi, en fait l'exosquelette bactérien. Ce squelette ne pouvant plus se régénérer, la bactérie va se lyser après division car elle se trouve incapable de synthétiser sa paroi.

Les aminoglycosides ont en commun la capacité de se fixer sur la sous-unité 30S du ribosome bactérien, c'est-à-dire sur la petite sous-unité du ribosome sur laquelle est lu et traduit en protéine l'ARNm. L'arrêt de la synthèse protéique ainsi obtenue devrait être bactériostatique car n'entraînant pas nécessairement de mécanisme de destruction du corps bactérien comme les bêta-lactamines. Pour des raisons encore mal définies, les aminoglycosides sont néanmoins bactéricides et leur association aux bêta-lactamines présente une puissante action synergique sur les grands pathogènes à Gram positif et négatif qui a sauvé la vie de millions de patients atteints d'infections gravissimes.

• 1940-1960 : chloramphenicol, tétracyclines, macrolides, glycopeptides. Ces familles d'antibiotiques furent des progrès majeurs, offrant des alternatives aux traitements par bêta-lactamines ou aminoglycosides, mais limités par des activités essentiellement bactériostatiques, des spectres d'activité limités et des antagonismes d'association, en particulier avec les bêta-lactamines, par une certaine toxicité, comme celle du chloramphénicol sur l'hématopoïèse, entraînant des aplasies médullaires qui l'ont fait rapidement passer au second plan. À noter néanmoins la puissance des glycopeptides comme la vancomycine, qui reste un choix alternatif déterminant pour le traitement des « grands » pathogènes à Gram positif comme le staphylocoque et les entérocoques.

• 1960-1970 : streptogramines, lincosamides. Comme les précédents, ces antibiotiques n'ont pas nécessairement pris le devant de la scène, mais occupent des niches essentielles comme les lincosamides, de mode d'action proche des macrolides, bloquant la synthèse des protéines en se fixant sur la sous-unité 50S du ribosome, très actifs sur les pathogènes à Gram positif comme les staphylocoques, particulièrement ceux devenus résistants à la méthicilline (MRSA), et les bactéries anaérobies comme les bactéroïdes qui sont fréquents lors de suppurations pleuro-pulmonaires ou abdominales.

• 1960-1980 : triméthoprime et quinolones. Toutes deux sont de petites révolutions, car comme initialement les sulfamides, elles sont le fruit de la chimie thérapeutique.

La triméthoprime est exemplaire d'une chimie thérapeutique ciblant de façon rationnelle une voie métabolique essentielle à la croissance bactérienne. C'est un inhibiteur de la tétra-hydrofolate-réductase, une enzyme de synthèse de la vitamine B9 nécessaire à la biosynthèse des bases purine, pyrimidine et des protéines. La triméthoprime, en dépit de l'originalité de son concept, a vu rapidement son impact se limiter du fait de la survenue facile de mutations entraînant la résistance. Elle a donc été surtout utilisée en association à un sulfamide, la sulfaméthoxasole, et est restée pour l'essentiel une indication de niche, en particulier dans le traitement des infections urinaires, qui représentent néanmoins un pourcentage très élevé d'infections en ville, à l'hôpital et chez les personnes âgées.

Les quinolones, puis les fluoroquinolones ont constitué en quelques années une grande famille d'antibiotiques de synthèse, partant d'une molécule initiale, l'acide nalidixique, découverte en 1962 et rapidement mise sur le marché, en particulier pour le traitement des infections urinaires. 10 000 brevets déposés en une vingtaine d'années, la greffe d'un radical fluor sur la molécule de base augmentant l'accès aux tissus et organes d'un facteur 200 et propulsant ce qui était un antibiotique « de niche » pour des infections urinaires et intestinales à des antibiotiques de premier plan, bactéricides, couvrant un large spectre de pathogènes à Gram positif et négatif, donc des infections d'organes graves comme les pyélonéphrites, les prostatites et les pneumonies. Le mode d'action en est par ailleurs très original, puisque c'est une des rares molécules antibiotiques qui, bloquant la machinerie de réplication de l'ADN, empêche très efficacement la croissance bactérienne. Les fluoroquinolones sont donc en première ligne de l'antibiothérapie et doivent être préservées en ne les utilisant que lorsque la gravité de l'infection rend leur usage indispensable. Les dérives actuelles dans sa prescription sont impardonnables.

Cette série d'antibiotiques a produit un maillage extraordinaire de capacités de traitement : quel que soit l'organe, le pathogène, la gravité, il existe généralement une solution.

La « panne » des antibiotiques

Nos pères fondateurs noteraient avec inquiétude que cette parenthèse miraculeuse en matière de découverte soutenue de nouvelles molécules enrichissant ce maillage, et offrant toujours une alternative à un échec thérapeutique, s'est malheureusement refermée.

Ils comprendraient que l'extension de l'antibiorésistance est devenue plus rapide que l'innovation en antibiothérapie et que devant un tel péril, ces précieuses molécules ne devraient pas être galvaudées.

1990-2010 : lipopeptides cycliques et linézolide apparaissent néanmoins sur le marché. Les premiers, comme la daptomycine, sont des molécules cationiques qui dépolarisent la membrane plasmique bactérienne et inhibent de ce fait fonctions de transport et métabolisme. Ces molécules sont surtout actives sur les pathogènes à Gram positif et réservées aux infections sévères d'autant qu'elles présentent du fait de leur mode d'action une certaine toxicité.

Le linézolide est un dérivé de synthèse d'une petite molécule cyclique, l'oxazolidine. Il a un spectre restreint aux bactéries à Gram positif, mais garde néanmoins une activité bactériostatique sur les staphylocoques MRSA et les entérocoques résistants à la vancomycine. Il est donc réservé au traitement des infections graves dues à ce type de pathogènes. Il agit en bloquant la synthèse des protéines en se fixant à la sous-unité 50S du ribosome bactérien.

La parcimonie avec laquelle ces deux familles d'antibiotiques sont actuellement utilisées traduit bien l'inquiétude générale.

Une sentence de notre père fondateur Louis Pasteur, pour remédier à cette panne ?

« Quand je perds une heure de travail, il me semble que je commets un vol envers l'humanité ».

PARTIE II

Tensions socio-économiques, médicales et sociologiques sur le paradigme de santé publique du XXe siècle

CHAPITRE 7

Fin du miracle et émergence d'un nouveau paradigme ?

Premiers vaccins, premiers antibiotiques, tout cela en à peine un demi-siècle et en dépit des deux pires conflits qu'ait connus l'humanité. Ce vertige continua dans la seconde moitié du XXe siècle, le progrès ne semblait pas avoir de limites, de nouveaux vaccins élargissant la gamme des maladies infectieuses couvertes par la vaccination universelle, ce que l'on commença à appeler le « programme élargi de vaccinations ». Nouveaux antibiotiques plus efficaces, à spectre plus large, élargissement des agents anti-infectieux aux champignons, aux virus, découverte de nouveaux antiparasitaires, sérothérapie revisitée utilisant des anticorps monoclonaux. Un optimisme compréhensible cacha sans doute des signaux pourtant bien visibles. Les maladies infectieuses n'étaient certes plus « un facteur essentiel de la vie de la société », pour reprendre les termes de Sir Macfarlane Burnet, au moins dans les pays nantis, mais de là à affirmer, selon la formule généralement prêtée à William H. Stewart, Surgeon General (secrétaire d'État à la Santé) des États-Unis en 1969, que « le temps est venu de refermer le livre des maladies infectieuses et de déclarer gagnée la guerre contre les pestilences », il y avait un gouffre. *Natura enim non patitur vacuum* : la nature a horreur du vide…

En effet, dès la fin des années 1940, avant même que la pénicilline atteigne le marché, il devint évident, pour Fleming comme pour les utilisateurs des sulfamides, que la mise à disposition de chaque nouvel antibiotique était rapidement sanctionnée par l'apparition – quel que soit le temps nécessaire – de microbes résistants et une bonne partie de l'innovation en antibiothérapie, en particulier la mise au point de molécules « hémisynthétiques », c'est-à-dire des molécules naturelles secondairement modifiées par la chimie biologique, fut justifiée par le besoin de rendre aux molécules originelles leur activité bactéricide perdue.

Mais ce n'était pas tout. Au-delà de cette antibiorésistance apparue dès les années 1950, d'autres signaux négatifs, plus ou moins puissants, commencèrent à se succéder. En 1976 émergeaient deux maladies emblématiques, montrant d'emblée que nulle région ne serait épargnée. À Yambuku, petit village isolé au plus profond de la forêt zaïroise – maintenant République démocratique du Congo –, une brutale épidémie de fièvre hémorragique causée par un nouvel agent pathogène, le virus Ebola, décimait la population du village et le personnel de son hôpital. Cette fièvre hémorragique n'était pas la première, il y avait eu la fièvre jaune, mais elle frappait par sa violence et son taux de mortalité très élevé[1]. Cette même année, une épidémie brutale frappa un hôtel de Philadelphie à l'occasion d'une réunion d'anciens combattants célébrant le bicentenaire de l'indépendance des États-Unis. Parmi ces « légionnaires » et le personnel de l'hôtel, 182 personnes furent frappées quasi simultanément par une pneumopathie grave, mortelle pour 29 d'entre eux. On élimina vite une épidémie partant d'un sujet index pour conclure que la contamination simultanée avait été causée par l'aérosolisation, à partir de l'eau contaminée du système d'air conditionné de l'hôtel, d'une bactérie que l'on redécouvrit à cette occasion et que l'on baptisa tout naturellement *Legionella pneumophila*[2]. On discuta le qualificatif, on ne pouvait pas parler d'épidémie car il n'y avait pas eu de transmission interhumaine, mais une exposition concomitante à une contamination environnementale. On parla d'anadémie. Yambuku-Philadelphie, jumelage improbable d'un village oublié, déshérité et d'une puissante métropole moderne. Les microbes ne respectent rien, ni les frontières, ni la pauvreté, ni la richesse – une forme d'égalité devant ces nouvelles maladies. Mais on n'avait pas encore tout vu.

Vers la fin de 1978 apparurent en Californie et en Haïti une série de syndromes bizarres marqués par la survenue d'infections gravissimes, comme des pneumonies à *Pneumocystis carinii*, des toxoplasmoses cérébrales, des rectocolites à cytomégalovirus et bien d'autres de ces infections opportunistes et tumeurs cutanées comme le syndrome de Kaposi, tous caractéristiques d'un profond déficit de l'immunité cellulaire. Des souffrances terribles, une mortalité certaine à court ou moyen terme selon le degré d'évolution de la maladie au moment de son diagnostic[3]. On dut attendre environ trois ans et pas mal d'errements pour découvrir que cette maladie, le syndrome d'immunodéficience acquise ou sida, de transmission essentiellement sexuelle, touchant initialement des patients homosexuels, mais aussi des sujets transfusés et des toxicomanes par voie veineuse, était en réalité causée par un rétrovirus. Ses trois découvreurs pasteuriens, Françoise Barré-Sinoussi, Luc Montagnier et Jean-Claude Chermann, en association avec des médecins et biologistes d'hôpitaux parisiens, utilisèrent pour l'identifier des méthodes complexes d'isolement et de culture sur cellules à partir du ganglion d'un patient présentant une lymphadénopathie et appelèrent ce rétrovirus LAV (*lymphadenopathy virus*), avant que la nomenclature internationale ne le baptise VIH, virus de l'immunodéficience humaine[4]. On développa rapidement des tests diagnostiques. On connaît la suite, il fallut cependant attendre quinze ans pour que soient enfin mises au point des associations thérapeutiques efficaces. Quinze ans de souffrance et d'angoisse pour les patients, leurs familles, leurs associations, d'impatience pour leurs médecins, de travail acharné pour les chercheurs académiques et industriels. À ce jour, le sida a tué 40 millions d'individus sur la planète. Il continue ses ravages dans les régions où la pauvreté et la faiblesse des moyens médicaux interdisent encore à beaucoup d'être traités. Il ne bénéficie toujours pas d'un vaccin. Du fait de son extraordinaire histoire, le sida a acquis le statut d'icône des maladies infectieuses émergentes. Trois ans pour identifier le VIH, quelques jours pour identifier le SARS-CoV-2 grâce à trente-cinq ans de progrès soutenu dans le séquençage massif et la bio-informatique. On ne peut qu'espérer que le temps de découverte d'un traitement efficace et d'un vaccin contre le Covid-19 sera réduit dans la même proportion.

Nos pères fondateurs noteraient donc que le monde contemporain des maladies infectieuses est devenu une mosaïque complexe marquée par des zones de tension parfois extrêmes aux interfaces de ses diverses composantes. Nous pouvons à ce stade identifier ces composantes, dont certaines remettent en question le paradigme de contrôle établi au XXe siècle.

Les maladies infectieuses « classiques » sont toujours présentes et leur permanence répond à l'intrication de plusieurs causes dont chacune est un facteur de vulnérabilité : la pauvreté, le vieillissement de la population, l'extension de la résistance aux agents anti-infectieux et la défiance vaccinale. Et il faut ajouter, paradoxalement, le progrès médical, qui induit en particulier l'affaiblissement de l'immunité chez un nombre croissant de patients traités pour des tumeurs, des maladies auto-immunes, ou ayant bénéficié d'une transplantation d'organe ou de moelle : 300 000 patients environ sont concernés en France. Les infections nosocomiales enfin, c'est-à-dire les infections acquises dans l'environnement de complexité croissante de l'hôpital.

CHAPITRE 8

La pauvreté, mère des maladies infectieuses

Nos pères fondateurs le remarqueraient-ils, habitués à la pauvreté urbaine si prégnante au tournant du XXe siècle ? Louis René Villermé, que nous avons déjà cité, alertait dès 1832 sur l'impact de la pauvreté sur la gravité et la mortalité des maladies. Quoi qu'il en soit, au début du XXIe la pauvreté persiste, voire s'aggrave, du fait de la permanence d'inégalités socio-économiques qui tendent à s'accentuer, entraînant une inéquité inacceptable dans l'accès à la prévention et aux soins d'une fraction importante de la population mondiale. En 2017, l'OMS et l'Unicef évaluaient à 2,2 milliards le nombre d'individus n'ayant pas accès à l'eau potable, soit 30 % de la population de la planète, et à 4,4 milliards le nombre d'individus n'ayant pas accès à un service sûr d'assainissement des eaux usées, soit 55 % de la population de la planète[5]. En résumé, la moitié des habitants de la planète vit en dessous des standards minimaux d'hygiène. Par ailleurs, selon le rapport sur l'état de la sécurité alimentaire et de la nutrition dans le monde, en 2018, le nombre de personnes souffrant de faim était en hausse, avec 821 millions de personnes, soit 1 personne sur 9 ; 150 millions d'enfants souffrent d'un retard de développement staturopondéral et psychomoteur lié à la malnutrition et ce tableau cache une mortalité multipliée par 4, essentiellement due à des syndromes infectieux[6]. Cela ne prend pas en compte l'énorme impact des toxi-infections alimentaires, particulièrement chez les nourrissons et les enfants.

Des progrès limités ont été observés en matière de lutte contre les différentes formes de malnutrition allant du retard de croissance de l'enfant à l'obésité de l'adulte, une menace pour la santé de centaines de millions de personnes, et l'on a pu observer récemment l'extrême sensibilité des sujets obèses au Covid-19.

La pauvreté sévit encore douloureusement sur la planète, et si l'extrême pauvreté est en recul, la moitié de la planète vit néanmoins avec un revenu quotidien inférieur à 5,50 dollars[7].

Cette situation ne concerne pas que des pays à bas revenus. Le Venezuela en offre un exemple frappant : le drame politique, social et économique qui s'y joue ces dernières années a causé l'émigration de 22 000 médecins. Le système sanitaire s'est délité avec pour conséquence un accès réduit à la prévention et aux soins. Résultat : diphtérie en 2015, 0 cas par an ; 2018, 5 668 cas ! Rougeole, 0 cas en 2015 ; 1 102 cas en 2018, et ce en raison de l'effondrement de la couverture vaccinale, sans oublier une flambée du paludisme du fait de l'affaiblissement de la lutte contre les moustiques vecteurs et la faillite de la chimioprophylaxie. Naufrage d'un pays récemment encore prospère avec un système de santé efficace. Cet exemple montre d'ailleurs que des maladies « d'hier » comme la diphtérie ne sont pas éteintes, d'où la nécessité du maintien de la couverture vaccinale.

Un rapport de la Banque mondiale et de l'OMS publié en 2017 établissait que la moitié de la population de la planète ne bénéficie pas d'une capacité d'accès aux services de santé essentiels et, en l'absence de couverture sociale, les familles à faibles revenus sont ainsi précipitées dans la pauvreté par la maladie d'un de leurs membres, du fait de la nécessité de payer les soins, même minimaux[8]. Une solution ? Pour Tedros Adhanom Ghebreyesus, directeur général de l'OMS, « il est totalement inacceptable que la moitié de la population de la planète n'ait toujours pas accès aux services de santé les plus essentiels. Et ce d'autant qu'une solution existe : la couverture sanitaire universelle (CSU) permet à chacun d'obtenir les services de santé dont il a besoin, quand et là où il en a besoin, sans avoir à supporter d'importantes difficultés financières ». Quelques progrès récents sont à noter : on a vu augmenter, depuis les années 2000, le nombre des personnes pouvant accéder à des services de santé essentiels comme la vaccination, les traitements contre le VIH, les traitements contrôlés de la tuberculose et les moustiquaires imprégnées d'insecticide pour la prévention du paludisme. Ces progrès restent cependant très inégaux, avec des faiblesses persistantes en Afrique subsaharienne et en Asie du Sud. Au-delà de la grande triade paludisme, sida, tuberculose, des pathologies sont reconnues comme très prévalentes : sepsis graves de l'enfant, souvent causés par des infections bactériennes d'origine pulmonaire à pneumocoque, staphylocoque, streptocoque ou septicémies causées par des salmonelles non typhoïdiques à l'occasion d'infections intestinales. Ces sepsis marqués par un état inflammatoire sévère puis éventuellement un état de choc avec défaillances de plusieurs organes vitaux sont fréquents et dramatiques en période périnatale, mais peuvent s'observer aussi plus tard, parfois comme co-infection au cours d'un paludisme. La moitié des 50 millions de sepsis annuels, dont 20 % sont mortels, surviennent chez des enfants de moins de 5 ans, 8 sur 10 vivant dans des régions déshéritées. L'augmentation de la prévalence et de la gravité de ces sepsis est probablement en partie liée à la flambée de la résistance bactérienne aux agents antimicrobiens. Le sepsis est le « tueur silencieux des enfants des pays pauvres[9] ».

N'oublions pas enfin que dans les vingt-sept pays de l'Union européenne, qui réunit les pays européens aux PIB les plus élevés, près de 16 % des citoyens vivent au-dessous du seuil de pauvreté fixé à 60 % de la médiane des revenus de leur pays. En tout 20 % des enfants de l'Union européenne vivent dans la pauvreté.

Une étude publiée en 2012 portant sur le statut vaccinal d'enfants admis aux urgences pédiatriques des hôpitaux de Marseille montrait un retard vaccinal important chez les enfants dont les familles, souvent récemment immigrées, ne bénéficiaient pas de la Sécurité sociale ou de la Couverture maladie universelle[10]. Avis aux politiques promettant de réserver la prise en charge des frais médicaux aux nationaux français : c'est peut-être un argument populiste efficace, mais c'est à coup sûr une aberration sanitaire qui en dit long sur leur méconnaissance des déterminants de santé publique.

CHAPITRE 9

Les progrès de l'espérance de vie : succès et risque en santé publique

Nos pères fondateurs seraient abasourdis par l'impact de leurs découvertes sur l'espérance de vie des populations. Cette augmentation est un phénomène global largement lié à la diminution spectaculaire de la mortalité infantile, au moins dans les régions riches de la planète, et à une réelle extension de la durée de vie, y compris dans des régions moins favorisées. Ils observeraient qu'en Europe l'espérance de vie a doublé durant le XXe siècle, en dépit des deux conflits majeurs, et qu'elle continue à progresser. Ils constateraient aussi que la mortalité infantile a été divisée par 40 dans la même période !

Le vieillissement, un nouveau défi pour la santé publique

Le vieillissement de la population touche l'ensemble de la planète. La population d'âge supérieur à 75 ans va augmenter de 4,2 millions en 2000 à 8,3 millions en 2030 en France. Le défi que cela impose à la santé publique pourrait se résumer en un adage : « Pourquoi ajouter des années à la vie, si l'on n'ajoute pas de la vie aux années ? »

Le drame de la canicule en 2003 et maintenant celui du Covid-19 ont révélé une évidence trop souvent négligée, sinon ignorée : les personnes âgées sont vulnérables, tout particulièrement aux maladies infectieuses. Pour illustrer la complexité du sujet, il suffit de noter que la canicule de 2003 avait révélé l'isolement d'une frange importante de la population des seniors qui s'était payé d'une surmortalité massive. Cette catastrophe sanitaire avait donné lieu à un énorme effort de développement de centres d'accueil médicalisé pour les personnes âgées, en particulier un réseau d'EHPAD publics et privés et d'unités hospitalières de soins prolongés. Cela permit d'éviter la surmortalité de 2003 lors des épisodes caniculaires ultérieurs. Cependant, ce regroupement des personnes âgées en unités médicalisées a facilité la propagation nosocomiale de Covid-19 au prix d'une surmortalité qui apparaîtra largement supérieure à celle causée par la canicule de 2003... Comment résoudre cette cruelle équation en des temps de réchauffement climatique et d'accroissement du risque pandémique ? La population âgée, par sa fragilité, est la première victime de toute crise sanitaire, un indicateur précoce de danger. Elle est, selon l'expression des Anglais, « *a canary in a coal mine* » (un canari dans la mine de charbon), car les mineurs descendaient dans les galeries en emportant un canari dans une cage : fragile, l'oiseau mourait rapidement si la concentration de monoxyde de carbone ou de méthane augmentait dangereusement, alertant les mineurs et leur permettant (généralement) de remonter à l'air libre avant de suffoquer ou de périr dans un coup de grisou. Sauf leur respect, les personnes âgées sont un peu nos canaris. Elles nous montrent à leurs dépens les fragilités de nos sociétés et de nos systèmes sanitaires. Dans les premières semaines de la pandémie de Covid-19, il fut de bon ton de dire que les formes graves de la maladie ne concernaient que les personnes âgées ou atteintes de comorbidités, les deux allant souvent de pair, jusqu'à ce que l'on réalise que ces formes graves s'étendaient progressivement aux adultes jeunes au fur et à mesure de la diffusion de l'infection, et même aux enfants au pic de l'épidémie. Méfions-nous donc des visions binaires, qui n'ont pas leur place en santé publique, et prêtons une grande attention à la santé de nos seniors : leurs maux sont des signaux d'alarme précoces.

De fait, les personnes âgées représentent, avec les nouveau-nés, la population la plus sensible aux infections et chez laquelle les vaccins sont le moins efficaces[11].

Le déclin des défenses immunitaires

Les personnes âgées sont plus vulnérables aux agents infectieux car leur résistance décline du fait du vieillissement de leur système immunitaire et des dysfonctions qui s'accumulent dans leurs organes vitaux, en particulier cœur, poumons et reins. Les infections évoluent plus rapidement et sont plus graves. La mortalité par infection chez les personnes âgées est quatre fois plus élevée que chez les adultes plus jeunes. La symptomatologie de ces infections est souvent atypique et atténuée, ce qui entraîne un retard du diagnostic, qui ne s'impose souvent qu'à l'occasion de complications augmentant les risques de décès. Cette situation de base est aggravée par la malnutrition, la polymédication et les comorbidités chroniques. L'inflammation induite peut aggraver ces dernières, entraînant un cercle vicieux fatal. Le développement de la gérontologie ces dernières décennies a permis de mieux reconnaître et de prendre en charge plus rapidement ces événements infectieux du sujet âgé qui ne doivent jamais être sous-estimés.

Les infections les plus fréquemment observées sont les infections urinaires, qui représentent un tiers des infections du sujet âgé. Le diabète ou la présence d'un cathéter urinaire en facilitent la survenue.

Les personnes âgées ont un risque accru d'infections cutanées, car la barrière cutanée aux microbes est moins résistante et se régénère plus difficilement. Les ulcères infectés, compliqués de cellulites à staphylocoque ou streptocoque, particulièrement chez les sujets diabétiques, les zonas souvent hyperalgiques en sont des exemples.

Les infections gastro-intestinales sont aussi plus fréquentes et plus sévères chez les personnes âgées. Les deux principales infections sont bactériennes, dues à *Helicobacter pylori* causant des gastrites parfois sévères dont l'évolution chronique peut entraîner la survenue d'ulcères gastro-duodénaux et à *Clostridium difficile*, ce dernier pouvant causer un spectre de pathologies allant de la simple diarrhée à une colite pseudo-membraneuse possiblement mortelle. Cette maladie est causée par la prise d'antibiotiques qui, détruisant la flore microbienne intestinale (microbiote) et son effet de barrière antipathogènes, facilite la colonisation des patients âgés par *C. difficile*.

Mais la « bactérie tueuse » des personnes âgées est le pneumocoque. La pneumonie à pneumocoque est l'un des principaux motifs de leur admission aux urgences. Les raisons en sont multiples, en rapport avec la dégradation globale des fonctions pulmonaires et la fragilisation des mécanismes de défense anti-infectieux de la muqueuse respiratoire. Une des étiologies majeures de pneumonie bactérienne chez les personnes âgées reste cependant la grippe : 90 % de la surmortalité annuelle observée dans la période de grippe saisonnière correspond à des sujets de plus de 65 ans. Sa gravité, voire sa létalité, correspond le plus souvent à une surinfection bactérienne, particulièrement par le pneumocoque, d'où l'importance vitale de la combinaison chez les personnes âgées de la vaccination antigrippale et antipneumococcique. Les quelque 10 000 personnes âgées qui décèdent chaque année de grippe en France sont pour l'essentiel victimes de cette pneumonie bactérienne de surinfection donnant rapidement lieu à des défaillances de fonction d'organes vitaux.

Le vaccin tué parentéral utilisé chaque année en prévention de l'épidémie grippale est malheureusement insuffisamment utilisé, environ 55 % de couverture vaccinale dans cette population. Il est aussi moins efficace que chez l'adulte plus jeune, 45 % d'efficacité chez les personnes âgées contre au moins 65 % en moyenne globale. Cela n'est pas suffisant à l'échelon de la protection individuelle, d'où la nécessité de parvenir à une forte couverture vaccinale du reste de la population, en particulier de celles et ceux qui professionnellement ou familialement sont au contact régulier de personnes âgées. Cela vaut, entre autres, pour les personnels hospitaliers insuffisamment vaccinés, surtout depuis 2006 qui a vu la fin de l'obligation vaccinale. Il est par ailleurs urgent d'améliorer l'immunogénicité, donc la capacité protectrice du vaccin antigrippe administré aux personnes âgées. Il existe là un principe de « personnalisation » adapté à une catégorie particulière de la population. Des progrès ont récemment été faits en matière d'adjuvants, de voie d'injection, d'identification d'antigènes vaccinaux conservés entre les souches responsables d'une saison à l'autre, mais beaucoup reste à faire.

La sénescence du système immunitaire est donc un facteur essentiel de la fragilité des personnes âgées aux infections, mais de quoi s'agit-il exactement ? Ce déclin du système immunitaire répond au double dérèglement de l'immunité innée, en particulier de la régulation des processus inflammatoires dont dépend l'équilibre entre l'intensité de l'inflammation, qui peut être excessivement destructrice en cas d'infection, et la programmation d'une immunité adaptative optimale à la fois cellulaire et humorale pour éliminer l'agent infectieux[12]. Le nombre des lymphocytes T naïfs, c'est-à-dire disponibles pour la reconnaissance de nouveaux pathogènes, se réduit progressivement jusqu'à ce que se constitue une lymphopénie par manque de production du fait de l'involution totale du thymus qui est le centre de leur maturation et possiblement par surconsommation du fait de la réactivation d'infections virales chroniques dues aux virus *Herpes* (zona, cytomégalovirus). Le rapport lymphocytes CD4/CD8 s'inverse, entraînant un déséquilibre d'expression de cytokines essentielles à une réponse adaptative efficace et harmonieuse, d'autant plus que l'expression des molécules de coactivation engagées dans la reconnaissance des nouveaux antigènes est diminuée. Les lymphocytes B ne sont pas réduits en nombre, mais présentent des phénotypes d'épuisement fonctionnel pour les cellules mémoires existantes et une capacité diminuée à prendre en compte de nouveaux antigènes. Les cellules phagocytaires comme les polynucléaires neutrophiles, essentiels à l'élimination des bactéries pathogènes capsulées comme le pneumocoque, perdent de leur efficacité de phagocytose et de destruction des bactéries phagocytées dans les lysosomes où les enzymes de dégradation voient leur expression réduite.

Cette sénescence du système immunitaire qui favorise par ailleurs la survenue de cancers et de maladies auto-immunes est donc un phénomène global, extrêmement complexe, dont la compensation promet d'être difficile. Il est tentant de dire qu'il faudrait retarder « l'âge de la retraite » du système immunitaire : hélas, comme pour tout ce qui touche à la réforme des retraites, les solutions toutes faites n'existent pas… Une piste éventuelle : le déclin du système immunitaire du sujet âgé ressemble à certains égards au profil d'immaturité du système immunitaire du nouveau-né, comme si les deux extrêmes se rejoignaient. On trouvera donc peut-être dans la compréhension des étapes de la maturation du système immunitaire du nourrisson, en parallèle avec son microbiote, lui-même en maturation, des pistes pour le ralentissement de la sénescence immunitaire.

CHAPITRE 10

Les risques infectieux de la médecine moderne

Nos pères fondateurs verraient avec effarement avec quelle audace la médecine et la chirurgie se sont progressivement emparées, au cours du XXe siècle, d'à peu près tous les secteurs de la pathologie, au prix cependant, pour certaines d'entre elles, d'une fragilisation des patients, qui deviennent plus sensibles aux infections à la suite d'actes médicaux altérant l'immunité ou d'actes chirurgicaux affaiblissant les défenses des tissus au site opératoire.

Progrès thérapeutique et risque infectieux : hémopathies et cancers

Le spectre des maladies traitées efficacement par la médecine moderne s'élargit constamment, amenant un nombre croissant de patients à être traités par des thérapeutiques « agressives » comme les polychimiothérapies utilisées dans le traitement des tumeurs solides, des lymphomes et des leucémies. Ces thérapeutiques sont certes actives et permettent même d'obtenir la guérison de pathologies malignes jadis incurables, mais au prix d'un affaiblissement temporaire ou prolongé des défenses immunitaires entraînant un risque d'infections graves, un exemple typique étant les sepsis causés par des entérobactéries pathogènes issues de la flore intestinale chez des patients traités par polychimiothérapies pour des leucémies aiguës myéloblastiques. Dans ces cas, c'est la neutropénie, c'est-à-dire l'absence temporaire de polynucléaires neutrophiles dont les cellules précurseurs de la moelle sont affectées par les agents cytotoxiques utilisés, qui est responsable de cette extrême sensibilité. Un tiers de ces patients en phase neutropénique, faisant suite à une cure de polychimiothérapie, vont présenter au moins un épisode bactériémique, éventuellement cause d'un sepsis grave voire mortel[13]. Ces épisodes montrent le rôle majeur des polynucléaires neutrophiles dans le contrôle des infections invasives à « pyogènes », c'est-à-dire les infections responsables de suppurations dramatiques au sein d'organes vitaux comme les poumons, les reins ou le cerveau. Ces infections peuvent être d'autant plus graves qu'elles surviennent au sein de l'écosystème hospitalier qui est marqué par une fréquence accrue de bactéries antibiorésistantes colonisant très vite la flore intestinale, grande source d'infection.

Une variante de l'approche thérapeutique des cancers que permet la médecine moderne est la greffe de moelle effectuée après des chimiothérapies extrêmement lourdes afin de traiter la pathologie tumorale, mais aussi d'empêcher la destruction des cellules souches hématopoïétiques greffées. Cette extrême fragilité des patients durant cette période, parce qu'elle ne concerne pas uniquement les polynucléaires neutrophiles, mais aussi les lymphocytes effecteurs des réponses immunitaires cellulaires adaptatives, peut se compliquer, en plus d'infections à pyogènes, d'infections dues à des bactéries à croissance intracellulaire comme le bacille tuberculeux et des virus comme les herpèsvirus, en particulier le cytomégalovirus[14]. Ce sont en général les mêmes surinfections que l'on observait chez les patients atteints de sida dans les quinze ans qui ont précédé la mise au point des trithérapies.

Traitements immunosuppresseurs et risque infectieux

Un autre pan de la médecine moderne concerne la greffe d'organes et le traitement des maladies dites « auto-immunes » comme le lupus érythémateux disséminé, la polyarthrite rhumatoïde et les maladies inflammatoires chroniques de l'intestin telle la maladie de Crohn. Greffes et maladies dans leurs formes graves nécessitent un puissant traitement immunosuppresseur à base de corticostéroïdes, de cyclosporine pour les greffes d'organes et éventuellement de drogues cytotoxiques. Ces patients sont donc eux aussi extrêmement sensibles à des infections graves bactériennes, fongiques ou virales qu'il faut savoir détecter précocement car leur symptomatologie peut être masquée par l'effet anti-inflammatoire des immunomodulateurs et leur évolution peut être foudroyante. Il convient de noter par ailleurs que l'infection est parmi les premières causes de rejet de greffon après transplantation, c'est particulièrement le cas des transplantations pulmonaires. Tous ces patients doivent donc être surveillés « comme le lait sur le feu » et leur éducation à reconnaître rapidement les prémices de tout épisode infectieux est essentielle. Une fois de plus, prévention vaut mieux que cure. Dans toutes ces situations, lorsqu'un traitement immunosuppresseur lourd est nécessaire, se pose le problème d'un traitement anti-infectieux prophylactique parfois inévitable. Heureusement, en particulier pour la prévention des rejets de greffe, les traitements immunosuppresseurs peuvent être allégés avec le temps, d'où une diminution parallèle du risque infectieux.

Médecine de précision et réduction du risque infectieux

La médecine moléculaire, ou plus précisément ce que l'on qualifie de « médecine de précision », fournit depuis quelques années des drogues dites « intelligentes » car elles ciblent précisément un *check point*, c'est-à-dire un nœud de communication essentiel dans le contrôle ou le développement d'une cellule cancéreuse comme un oncogène ou un suppresseur de tumeur, et dans les maladies auto-immunes un médiateur de l'inflammation, soit régulateur, soit effecteur comme l'interleukine 6 ou le *tumor necrosis factor* (TNF) et leurs récepteurs respectifs. Des molécules activatrices ou inhibitrices – selon les cas – de ces *check points* peuvent antagoniser de façon plus étroite et précise le processus pathologique et éviter totalement ou partiellement l'utilisation des drogues classiques à spectre large et forte agressivité. C'est certainement une des grandes tendances actuelles de la thérapeutique des maladies complexes et elle offre l'espoir de diminuer les effets secondaires, souvent lourds, des thérapeutiques classiques, en particulier le risque infectieux.

Certaines d'entre elles, néanmoins, gardent un potentiel d'induction de surinfections bactériennes. C'est le cas des inhibiteurs des récepteurs de cytokines comme l'IL-6 et le TNF. Un exemple maintenant classique est la réactivation de tuberculoses latentes à l'occasion du traitement d'une maladie de Crohn ou d'une polyarthrite rhumatoïde résistantes aux traitements immunosuppresseurs habituels[15].

Risque infectieux en soins intensifs et en réanimation

Une autre facette du progrès médical qui se paie d'un risque infectieux accru est le développement des unités de soins intensifs, de réanimation médicale et chirurgicale et de la chirurgie elle-même, dans la mesure où l'âge et l'état de gravité des pathologies des patients exposés à ces situations augmentent régulièrement[16].

La médecine périnatale est aussi une discipline à haut risque infectieux. Les prématurés extrêmes (« exprems ») survivent de plus en plus grâce aux extraordinaires progrès de la réanimation néonatale, mais ces petits dont les barrières cutanées et muqueuses sont immatures et fragiles, dont le système immunitaire est encore à un stade de développement où la nature n'a pas programmé une capacité de réponse efficace aux agressions environnementales et aux microbes sont d'une extrême sensibilité aux infections, en particulier respiratoires et digestives. Une des plus dramatiques est l'infection par le virus respiratoire syncytial souvent mortelle sur ce terrain, nécessitant des traitements sérothérapiques par une nouvelle génération d'anticorps monoclonaux neutralisants de l'infection virale. Ce type d'infections justifie une réflexion sur une vaccination ciblée des mamans lorsqu'un vaccin sera disponible, au même titre que la prévention de l'infection néonatale à streptocoque B cause de septicémies et de méningites mortelles chez le nouveau-né.

La réanimation médicale est née à l'occasion de la prise en charge de maladies infectieuses menaçant directement des fonctions vitales. Fonctions respiratoires avec menace immédiate d'asphyxie comme la diphtérie dont la toxine causait le croup, une altération inflammatoire massive du larynx bloquant l'entrée de l'air inspiré dans la trachée.

Elle fut l'occasion de l'invention de la trachéotomie. Le tétanos, dont la neurotoxine remonte à contre-courant les nerfs vers la corne postérieure de la moelle épinière, y entraînant un dysfonctionnement générant une contraction intense, stable et incontrôlable des muscles qui bloque – tétanise – entre autres les muscles respiratoires comme le diaphragme. La poliomyélite enfin, au cours de laquelle le virus, à partir du tube digestif, remonte à contre-courant, comme une toxine, les nerfs moteurs et se localise dans la corne antérieure de la moelle épinière, où il entraîne un dysfonctionnement responsable d'une paralysie flasque par non-stimulation musculaire. Si le virus touche le bulbe rachidien, la paralysie va toucher l'ensemble des muscles respiratoires et la régulation de la respiration, causant l'asphyxie du patient. Diphtérie, tétanos, poliomyélite ont incité, dès la fin de la Seconde Guerre mondiale, au développement de structures dédiées de réanimation comme à l'hôpital Claude-Bernard à Paris, rapidement devenu une référence. À la trachéotomie, aux respirateurs artificiels et autres « poumons d'acier » dédiés à soutenir les fonctions respiratoires à la phase active de ces maladies s'ajoutèrent d'autres pathologies comme le sepsis, c'est une évolution rapide et dramatique d'un état infectieux grave, souvent d'origine bactérienne, survenant très tôt dans la maladie, parfois de manière inaugurale, aboutissant à un état de « choc septique » marqué par une défaillance de plusieurs organes vitaux : cœur, poumons, reins, cerveau. Ces situations catastrophiques stimulèrent une intégration croissante du raisonnement physiologique et physiopathologique en médecine d'urgence et lancèrent les bases du « monitoring », du traitement des défaillances cardio-vasculaires et de l'insuffisance rénale.

Ce capital de connaissances théoriques, pratiques et le développement des machines de substitution et des drogues qui en émergèrent fondèrent la réanimation polyvalente moderne et incitèrent au développement des soins intensifs spécialisés, en cardiologie, néphrologie, hépatologie, neurologie et bien sûr en traumatologie.

Mais cela concerne une population de patients très fragiles, souvent atteints de comorbidités, hospitalisés de façon prolongée, donc extrêmement sensibles aux infections acquises en milieu hospitalier. L'utilisation incontournable de dispositifs « invasifs » – sondes urinaires, cathéters vasculaires, canules respiratoires, dispositifs de trachéotomie ou d'intubation, drains – joue un rôle essentiel dans la survenue de ces infections. Ces dispositifs sont des « pièges à microbes » qui, si installés dans des conditions d'asepsie insuffisante ou maintenus de façon prolongée, facilitent l'implantation des microbes et leur organisation sous forme de biofilms développés sur les surfaces abiotiques de ces « corps étrangers » au sein desquels les bactéries colonisatrices sont protégées des défenses immunitaires et deviennent réfractaires aux antibiotiques lorsqu'elles n'y sont pas déjà résistantes.

Le temps des infections nosocomiales

Au-delà des situations cliniques évoquées depuis le début de ce chapitre, il faut à ce stade considérer globalement le risque infectieux hospitalier[17]. L'hôpital est en effet un écosystème complexe intégrant patients, personnels soignants, visiteurs, soins variés, architectures et plateaux techniques et chirurgicaux complexe. À cet écosystème macroscopique complexe est associé un écosystème microscopique dont la nature reflète cet environnement qui sélectionne des micro-organismes particulièrement résilients, transmissibles, agressifs et antibiorésistants car soumis plus qu'ailleurs à une intense pression sélective. Acquis par les patients hospitalisés, les microbes représentatifs de cet écosystème hospitalier font la gravité de ce que l'on nomme du terme global d'infections nosocomiales.

Un patient sur 20 était concerné en 2012 et environ 4 000 décès annuels leur étaient directement imputés en France. Elles touchent 23 % des patients de réanimation, ainsi que les patients de chirurgie, en particulier abdominale et urinaire, plus rarement orthopédique. Elles ont pris en quelques décennies le statut de problème majeur de santé publique tant la dimension médicale, légale, éthique et économique du sujet est lourde et complexe en dépit d'efforts majeurs de prévention par l'éducation renforcée grâce à la présence dans chaque établissement hospitalier d'un comité de lutte contre les infections nosocomiales (CLIN).

Les infections les plus fréquentes découlent de ce qui vient d'être mentionné à propos des dispositifs et actes invasifs. En tête, les infections urinaires (30 %), puis les pneumonies (17 %), les infections de sites opératoires (13,5 %) et les bactériémies et septicémies (10 %) à partir des dispositifs invasifs colonisés par les biofilms bactériens. Ces bactéries qui vivent en communautés sédentaires sur les « corps étrangers » peuvent soudain devenir nomades, se « planctoniser » et par la circulation sanguine atteindre des organes distants, causant des métastases septiques potentiellement dramatiques[18].

Quels microbes sont particulièrement responsables ? Il s'agit de bactéries ou de levures « endogènes », c'est-à-dire issues du patient lui-même ou de l'environnement hospitalier où circule un groupe de bactéries – que les Anglo-Saxons ont surnommé « superbugs » – capables de coloniser la flore, en particulier intestinale, des patients et d'être transmises de patient à patient et surtout de personnel hospitalier à patient. En fait, la transmission par les mains du personnel médical est la principale source de transmission des micro-organismes nosocomiaux et la prévention dépend largement du respect d'une stricte hygiène des mains, qui doivent être désinfectées entre chaque passage. Ces bactéries ne sont pas nécessairement pathogènes, elles peuvent vivre silencieusement à l'état de commensaux, mais révéler un degré significatif de pathogénicité dans des situations facilitant leur croissance (corps étranger, immunosuppression locale ou systémique, perte de l'efficacité de barrière à la colonisation du microbiote, c'est-à-dire de la flore commensale normale de l'individu, du fait de son appauvrissement en densité et diversité par des traitements antibiotiques auxquels ces « superbugs » sont par ailleurs résistants). On parle aujourd'hui de « pathobiontes », c'est-à-dire de microbes situés dans une « zone grise » entre un commensal d'une parfaite innocuité quelles que soient les circonstances et un vrai pathogène capable d'infecter et causer une maladie sévère chez un sujet parfaitement sain. Ces « bêtes de cirque » empoisonnent la vie des unités de soin hébergeant des patients à haut risque. Elles correspondent en fait à une famille assez limitée de 6 espèces bactériennes regroupées sous l'acronyme ESKAPE pour *Enterococcus faecium*, *Staphylococcus aureus*, *Klebsiella pneumoniae*, *Acinetobacter baumanii*, *Pseudomonas aeruginosa* et des entérobactéries dominées par *Escherichia coli*. Elles présentent toutes un degré important de résistance à plusieurs antibiotiques. En fait, trois d'entre elles correspondent à environ 50 % des infections nosocomiales : *E. coli* (26 %), essentiellement responsable d'infections urinaires, *S. aureus* (16 %), responsable d'infections sur corps étrangers, y compris des prothèses articulaires, et *P. aeruginosa* (8,4 %), responsable d'infections des voies respiratoires.

CHAPITRE 11

Les vaccins : une inquiétante défiance

« *Hurl your calumnies boldly, something is sure to stick.* » (« Calomniez avec aplomb, il en restera toujours quelque chose. »)

Francis BACON,
philosophe et homme politique anglais
(1561-1626).

Difficile de ne pas aborder la défiance vaccinale dans les tensions sur l'héritage de santé publique du XXe siècle. L'OMS la classait parmi les dix plus grandes menaces pesant sur la santé globale en 2019[19]. Des sondages couraient, dès l'automne 2020, indiquant que même si un vaccin contre le Covid-19 était disponible, ce qui est maintenant le cas, 40 % environ des Français refuseraient de se faire vacciner... Mauvais début, mais cela confirmait une étude comparative internationale publiée en 2016 par la London School of Hygiene and Tropical Medicine montrant que les Français tenaient solidement la première marche du podium dans le championnat du monde de défiance vaccinale[20]. Cette défiance se chiffrait : 41 % des personnes interrogées considéraient que les vaccins n'étaient pas sûrs, 17 % avaient des doutes sur leur efficacité et 12 % pensaient que les vaccins de l'enfance n'étaient pas importants.

Ces chiffres sont inquiétants : il faut en parler ouvertement, car oublier cette défiance, voire la nier, serait une erreur. D'autant plus que la grande majorité de celles et ceux qui se défient de la vaccination ne sont pas des antivaccins militants, mais souvent de jeunes parents pris de doutes au moment où se présentent les échéances du calendrier vaccinal de leur nourrisson. Il convient donc d'analyser les racines de cette défiance à l'aune de la science, certes, mais aussi de la sociologie et de l'histoire de la médecine. Acceptons d'emblée que le vaccin est un objet à part dans la santé publique. En effet, vacciner ne consiste pas à administrer un médicament efficace à un patient malade pour le guérir : dans une telle situation, l'analyse risque-bénéfice qui est au cœur de la réflexion du patient et de son entourage les pousse aisément à opter pour le traitement. Mais vacciner, en général, c'est proposer à une personne en bonne santé de recevoir un produit qui va la protéger contre une maladie transmissible dont elle ne souffre pas, n'a probablement jamais vécu la gravité, alors que ce produit présente un risque, fût-il extrêmement minime et sans commune mesure avec le risque de la maladie elle-même. Deux ou trois générations après l'élimination vaccinale de la diphtérie et de la poliomyélite dans notre pays, qui mesure encore ce que représentaient ces drames pédiatriques ? On conçoit dès lors que l'analyse bénéfice-risque soit différente et que le choix de se faire vacciner ou de vacciner ses enfants repose sur un élément central : la confiance dans les autorités sanitaires. La confiance dans l'autorité est un sentiment fragile qui se nourrit de la perception de la bienveillance, de la compétence et de la probité des représentants de l'autorité. Toute fissure dans ce fragile édifice peut se payer d'une perte de confiance des citoyens vis-à-vis de la vaccination, mais nous verrons aussi qu'en situation de crise, la vaccination peut devenir une « victime collatérale » d'un malaise social plus global.

Concernant la compétence des autorités, disons d'emblée que les politiques sanitaires se fondent sur un corpus de données scientifiques accumulées au fil des développements de la recherche fondamentale et de ses applications biomédicales. Ces données scientifiques, dans notre pays, sont régulièrement analysées – voire produites – et remises à jour par des organismes comme la Haute Autorité de santé (HAS), l'Inserm, le réseau des centres de référence et Santé publique France. On parle ici de plus d'un siècle de progrès dont attestent les marqueurs d'évolution de la santé des populations. Bien sûr, l'époque est à la déconstruction des paradigmes établis. Celle-ci peut être justifiable lorsqu'il s'agit de déconstruire des faits sociologiques comme le patriarcat ou des faits économiques comme le productivisme intensif qui menace notre planète, mais elle n'est absolument pas pertinente pour la santé publique, dont la vaccination est un pilier, du fait de sa matrice scientifique incontournable et de ses objectifs de protection des populations. L'efficacité de la mise en place, par l'autorité sanitaire et politique, des mesures qu'impose la santé publique peut faire débat et menacer la confiance, mais pas l'essence de ces mesures qui visent le bien commun. À ces considérations générales vient s'ajouter le débat sur la liberté et la responsabilité en matière de vaccination, car l'appréciation de cet équilibre à l'échelon individuel et collectif sera déterminante dans l'acceptabilité vaccinale.

René Descartes, qui fut un penseur de la liberté, comme aussi Baruch Spinoza, puis Jean-Paul Sartre, ne pensaient pas que nous puissions jouir, vivant en société, d'un « libre arbitre », cette liberté totale, sans cure de la responsabilité que Descartes qualifiait même de « degré le plus bas de la liberté ». Son exercice s'impose dans le cadre de certaines contraintes inhérentes à la vie en société, à commencer par la responsabilité de respecter la liberté d'autrui, comme souligné dans l'article 4 de la Déclaration des droits de l'homme et du citoyen.

Le thème de l'acceptabilité de la vaccination devient ainsi un remarquable thème de réflexion sur la dialectique liberté-responsabilité[21]. Cette dialectique est en effet mise à l'épreuve d'une décision qui nous concerne individuellement, collectivement et plus encore, car nous pouvons être amenés en tant qu'adultes à décider pour un tiers fragile, un nourrisson ou une personne adulte dépendante. Cette décision concerne l'acceptation d'un acte pratiqué sur une personne saine dont la capacité d'apprécier l'enjeu et le risque varie considérablement.

On pourrait penser que la contrainte qui s'impose à notre liberté devant la vaccination est celle de la responsabilité de répondre aux exigences de la santé publique, cela vaut pour tous les citoyens – et encore plus pour les personnels de santé dont c'est le devoir de se protéger par tous les moyens disponibles, afin d'éviter la contamination de leurs patients. J'en suis profondément convaincu et je pense même que c'est l'honneur de nos professions de santé. Mais nous allons voir qu'en pratique les choses ne sont pas si simples, remettant au premier plan le thème de la confiance.

Antivax : une affaire vieille... comme la vaccination

Le sentiment antivaccinal est aussi vieux que les débuts du développement de la vaccination jennerienne à l'aube du XIXe siècle, particulièrement au Royaume-Uni où elle fut inventée. Cette vaccination apparaissait pourtant comme la seule solution pour échapper aux épidémies itératives de variole, particulièrement dévastatrices chez les enfants. En 1840, le Parlement britannique décide donc de légiférer et émet une première loi interdisant la variolisation jugée dangereuse et proposant en échange la vaccination gratuite des enfants. Constatant le succès mitigé de cette politique purement incitative, une seconde loi, le *Vaccination Act* de 1853, engage une politique globale de vaccination dans un texte incluant l'obligation vaccinale pour tous les enfants au-dessous de 3 mois et des amendes pour les parents réfractaires. Ce durcissement politise le débat. En dépit d'une baisse assez rapide de l'incidence de la maladie grâce à une couverture vaccinale de près de 70 %, les premières ligues antivaccin émergent, dont la National Anti-Vaccination League et la London Society for the Abolition of Compulsory Vaccination. Des manifestations violentes éclatent, notamment dans des villes ouvrières du Nord, pauvres et distantes du pouvoir central, comme Manchester et Leicester. Plusieurs lois furent ultérieurement promulguées en réponse à cette résistance, maintenant pourtant l'obligation vaccinale et renforçant même son application, ce qui augmenta encore les tensions avec les ligues et la population. Dans une vision sanitaire de l'*habeas corpus*, cette obligation était remise en question par certains groupes sur des arguments que l'on retrouve encore aujourd'hui dans les plaidoyers antivaccins, comme la propriété de son corps et le refus, quelle que soit la gravité du motif sanitaire, de procéder à un geste sur un corps sain. « *Sanitation, not vaccination !* » clamaient des affiches jaunes à gros caractères noirs placardées sur les murs des grandes villes ou sur les banderoles des manifestants devant le palais de Westminster. C'est là un autre thème encore avancé de nos jours : « C'est l'hygiène qui nous a débarrassés des maladies transmissibles, pas les vaccins. » Reconnaissons cependant que les risques liés à la vaccination antivariolique, en particulier le risque d'encéphalite aiguë, n'étaient pas négligeables avec les vaccins « historiques ». Devant cette crise, on réunit une commission royale d'experts. À la suite de ses travaux, les lois de 1898 et 1907 exigèrent l'utilisation d'un vaccin mieux toléré, supprimèrent les amendes cumulatives et introduisirent une clause de conscience parentale autorisant la dispense de vaccination de leur enfant. En résumé, l'obligation vaccinale était abolie. Recul tactique qui finit par calmer les *antivaxers.* La liberté qu'ils revendiquaient agrégeait en fait le sentiment d'atteinte aux libertés individuelles, une vraie crainte de la vaccination et la frustration de classe d'un prolétariat se sentant abandonné, loin des centres du pouvoir et s'en défiant.

L'obligation vaccinale ne fut jamais rétablie depuis lors, mais des plaidoyers par de grands médecins comme Almroth Wright et William Osler au tournant du XXe siècle accompagnèrent efficacement cet abandon.

Obligation vaccinale, confiance puis défiance en France

En France, l'obligation vaccinale s'est appliquée plus tard : pour la variole en 1902, pour la vaccination antidiphtérique en 1934, antitétanique en 1940, BCG en 1950 pour l'entrée en collectivité des enfants et antipoliomyélitique en 1964. L'incidence et la gravité de ces maladies furent la justification de cette politique d'obligation en fait largement acceptée par la population. Pouvait-on en attendre moins « au pays de Pasteur » ? Nous avons vu au chapitre 2 à quel point l'école de la IIIe République avait valorisé auprès de générations d'écoliers français les contributions vaccinales de Louis Pasteur et celles qui s'ensuivirent. En dépit des efforts de la Ligue nationale pour la liberté des vaccinations (LNLV), fondée en 1954, qui s'illustra par un lobbying antivacccins auprès du Parlement, ces initiatives eurent peu d'écho auprès de la population. J'avais 7 ans et la poliomyélite avait resurgi avec violence en Europe depuis la fin de la guerre, on déplorait chaque année des milliers de cas en France, surtout en été. Je me souviens de la terreur de mes parents lorsqu'ils parlaient des « enfants polio », des « poumons d'acier », je me vois ce jour de 1957 où, pendant plusieurs heures, nous fîmes la queue rue de Vaugirard, devant l'Institut Pasteur, afin que je reçoive le vaccin salvateur du professeur Pierre Lépine. Je revois aussi les larmes de joie de ma mère. Ce cas, bien que personnel, est symptomatique de l'état d'esprit de l'époque et les parents qui négligeaient de faire vacciner leurs enfants étaient interpellés dans les médias par des personnalités célèbres comme l'acteur François Périer.

Sur ce fond de confiance vaccinale de la population française, les nombreux nouveaux vaccins introduits dans le calendrier vaccinal pédiatrique entre 1972 et 2018 n'ont fait l'objet que d'une « recommandation », dans l'esprit de promouvoir une conception de la santé publique qui n'était plus fondée sur l'obligation mais sur la responsabilité individuelle. Une parenthèse de près d'un demi-siècle durant laquelle l'esprit de responsabilité l'a emporté sur l'expression de la liberté individuelle de négliger ou de refuser la vaccination, avant que la situation ne se dégrade et n'amène en janvier 2018 à une restauration du principe de l'obligation pour l'ensemble des 11 vaccins pédiatriques.

Comment en est-on arrivé là ? En quoi la défiance vaccinale contemporaine diffère-t-elle de celle née au XIXe siècle ? Les thèmes se sont-ils enrichis ? Quelles en sont les spécificités françaises ?

Le triomphe de la médecine qui a caractérisé le dernier tiers du XXe siècle, après avoir suscité l'émerveillement, s'est banalisé, ses bénéfices sont devenus un fait acquis, voire un dû dans la générosité d'un système de protection sociale que « le monde entier nous envie ». Cependant, c'est la médecine curative et la chirurgie qui ont surtout marqué ce grand bond en avant et l'on ne peut malheureusement pas faire un constat similaire en France pour ce qui concerne le développement d'une solide culture de médecine préventive dont la vaccination est indissociable. Il ne faut pas non plus oublier la grande sensibilité du sujet vaccinal, puisque l'on administre une médication à un nourrisson ou un enfant en bonne santé. J'ai perçu cette sensibilité partout sur la planète, quelle que soit la situation sanitaire locale. La vaccination pédiatrique est un sujet facilement « inflammable ». Il n'est que de voir les violentes controverses explosant lors de la moindre suspicion d'un possible effet secondaire vaccinal.

On est passé de ce fait du « principe de prévention » au « principe de précaution » et cette équation simplificatrice fait l'objet de beaucoup d'échanges sur les réseaux sociaux. Dans ce contexte, le degré de liberté de refus vaccinal s'accroît, l'acceptabilité décroît, alors que la perception de responsabilité en cas d'infection grave du fait de l'absence d'immunité vaccinale diminue. Elle est même souvent transférée sur les autres : pourquoi vacciner mon enfant puisque les autres sont vaccinés ? C'est un jeu dangereux, incivique, irresponsable, mais le risque pris est effectivement faible, largement grâce à ceux qui sont vaccinés. Le refus de faire vacciner un enfant peut faire l'objet de poursuites pénales, mais en réalité elles sont rarement engagées.

On sentait monter dans notre pays ce sentiment de défiance depuis le tournant des années 2000, les médecins généralistes et les pédiatres alertaient sur l'allongement de leurs consultations nécessité par des discussions pied à pied pour convaincre des parents hésitants. On voyait d'ailleurs depuis 2008 réapparaître des épidémies de rougeole témoignant de la diminution de la couverture vaccinale pédiatrique. La rougeole est en effet un marqueur sensible du fait de sa transmissibilité très élevée qui exige de maintenir un taux de la couverture vaccinale de 95 % pour consolider une immunité collective. Comme on l'a mentionné au début de ce chapitre, le résultat de l'étude internationale de la sociologue Heidi Larson sur la confiance dans les vaccins, *The Vaccine Confidence Project* publié en 2016, montrait que 41 % des Français étaient incertains quant à la nécessité des vaccins, pointant bien devant nos voisins britanniques qui affichaient 8,7 % d'incertains, en dépit des secousses antivaccinales qui avaient en leur temps affecté leur pays. En regard, une statistique de Santé publique France apportait des éléments importants sur le contexte de cette incertitude française[22]. Au moment de l'échéance vaccinale, les indicateurs de confiance pour réaliser cette vaccination plébiscitaient le médecin traitant à 86 % et le pharmacien à peu près au même niveau. L'État pointait à 70 % et l'industrie pharmaceutique à 40 %. Des indices de confiance sans appel mais offrant des pistes de réflexion pour des approches visant à consolider la confiance. Du côté des médecins et des personnels de santé en général, il est clair que la réflexion sur la place donnée à la vaccination et à la médecine préventive en général est insuffisante. Au même titre que la pratique de la médecine doit être rééquilibrée vers sa dimension préventive, l'enseignement universitaire et postuniversitaire doit se caler sur l'appui à cette mutation vitale pour l'avenir de notre système de santé. Pour ce qui est de la confiance limitée en l'État et de la méfiance clairement affichée vis-à-vis de l'industrie pharmaceutique, passée en quelques décennies du statut de « fierté nationale » à celui de « paria », une réflexion semble effectivement s'imposer.

Tout d'abord, cette défiance exprimée par les Français depuis le tournant du XXIe siècle est-elle le résultat d'une érosion progressive reflétant des mutations sociologiques profondes comme le renforcement de l'individualisme et la prise de conscience des risques environnementaux auxquels aurait malheureusement été associée la vaccination, faisant ainsi prévaloir le « principe de précaution » sur le « principe de prévention » ? Ou bien peut-on identifier en surimpression un événement fondateur – sorte de « péché originel » – ou catalyseur de cette défiance ?

Le péché originel de la défiance vaccinale en France

Il existe : c'est la décision de vaccination des jeunes adolescents contre l'hépatite B prise en 1994. Elle était initialement conçue par le ministère de la Santé comme une campagne annuelle de vaccination des écoliers-collégiens de 10-11 ans, mais s'élargit rapidement sous la forme d'une campagne de vaccination de masse des jeunes qui finit par concerner 20 millions d'individus en quatre ans. Ce changement brutal de dimension fut sans doute en partie motivé par une pression inopportune des industriels du vaccin, prédisant une catastrophe sanitaire due aux complications aiguës et chroniques de la maladie si la campagne de vaccination n'était pas élargie. On détecta rapidement au sein de cette population d'adolescents et de jeunes adultes quelques cas de maladies démyélinisantes, particulièrement de scléroses en plaques, touchant surtout des jeunes filles et des jeunes femmes. C'est la tranche d'âge habituelle de début de la maladie. « Maladie – événement rare » sur « vaccination – événement fréquent » : un lien de corrélation fut vite établi, suscitant la création d'une association parents-malades (Revahb) particulièrement active. Aucun lien de causalité ne put finalement être établi par une dizaine d'études épidémiologiques, une polémique violente, stigmatisante pour le vaccin, se poursuivit en justice, aboutissant à un non-lieu en 2016. Entre-temps, le mal était fait. Pire, le ministère suivant arrêta la campagne en 1998. Bilan, une double maladresse fatale : une campagne rapide et massive en dehors de l'âge habituel des vaccinations de l'enfant, sans explications suffisantes, puis un arrêt de la campagne semblant valider l'hypothèse d'un lien de causalité vaccin-maladie. Finalement, une triple stigmatisation assortie d'un gros accroc dans la confiance dans l'État, le vaccin et les industriels du vaccin.

Article frauduleux, fake news, *« vérités » alternatives*

Comme une catastrophe ne vient jamais seule, l'année 1998 fut marquée par la publication au Royaume-Uni dans l'un des plus prestigieux journaux médicaux, *The Lancet*, d'un article reconnu *a posteriori* comme frauduleux, évoquant un lien entre vaccination contre la rougeole et survenue chez l'enfant de symptômes entrant dans le cadre du spectre de l'autisme[23]. Il suffisait de lire cet article pour détecter des insuffisances méthodologiques qui anéantissaient la crédibilité de l'hypothèse, mais l'éditeur de ce prestigieux journal, sans doute fier de son coup médiatique, attendit douze ans pour clore le processus de rétraction de l'article[24]. Pendant ce temps, cette vaccination était devenue un motif de polémique, particulièrement aiguë au Royaume-Uni, où le travail avait été réalisé, et aux États-Unis, où s'était réfugié l'auteur principal, rayé de l'Ordre des médecins britanniques : il y continuait sa campagne, entraînant dans son sillage des grands noms de la politique et du show-biz devenus *antivaxers*. Le mal était fait en dépit de l'inanité scientifique du travail de Wakefield et la stigmatisation du vaccin rougeole dépassa les frontières du Royaume-Uni et des États-Unis, causant une diminution de la couverture vaccinale contre la rougeole et le retour de la maladie dans les pays qui l'avaient éliminée.

Ces tristes événements contribuèrent à réveiller et à alimenter les discours de la sphère antivaccins, auquel participèrent malheureusement des médecins égarés, à coups de conférences et de pétitions indignes de leur profession. En même temps apparaissaient les réseaux sociaux qui devinrent un moyen efficace de diffuser des « vérités alternatives » à côté d'une littérature pittoresque, largement animée de thèmes complotistes et promouvant souvent – non sans conflits d'intérêts inavoués – des médecines naturelles et parallèles.

Je ne peux pas m'empêcher de citer un florilège de mes titres favoris : *La (Bonne) Santé des enfants non vaccinés*, *Vaccins, un génocide planétaire ?* (oui, il y avait bien un point d'interrogation dans le titre), *Pour en finir avec Pasteur*, *Qui aime bien vaccine peu*, *Les 10 plus gros mensonges sur les vaccins*, *Vivre sans vaccins*, *Vaccins comment s'y retrouver ?*, *Vaccination, les vérités indésirables*, *Vaccins, ce qu'on nous cache sur leurs effets indésirables*, et j'en passe. Je ne conseille pas de les lire tous, un des plus intéressants est écrit par un médecin défroqué, spécialiste de la « médecine par l'urine », donc un expert… Mais il est intéressant de voir comment ce vieux thème de l'antivaccination s'est réactualisé en ce début du XXIe siècle, à commencer par les mensonges et bobards que l'on nomme aujourd'hui *fake news*. Plus sérieusement, il s'est nourri – en l'interprétant à sa manière – du progrès médical, mais reflète aussi la progression dans la société des « médecines alternatives ». Certes, les thèmes classiques persistent : liberté individuelle, respect du corps, remise en question du rôle des vaccins dans l'élimination des maladies transmissibles au bénéfice du rôle de l'hygiène et de la bonne santé, etc. D'autres sont apparus, calqués sur le progrès médical et sur l'évolution du monde de la médecine. Les éléments saillants sont le risque de maladies auto-immunes ou neurodégénératives, le rôle possiblement néfaste des adjuvants, particulièrement des sels d'aluminium, dans ces pathologies – un rôle suggéré, comme dans *Toxic Story*, mais jamais formellement démontré –, l'insuffisance des études cliniques, les conflits d'intérêts des médecins prescripteurs et des chercheurs avec l'industrie pharmaceutique et les profits éhontés réalisés par ces entreprises sur le dos de l'humanité qui souffre.

Défiance et discours antivax : des confusions et des effets mortifères

Ces épisodes et leur intégration dans les thèses antivaccinales ont laissé des traces profondes et ont miné la confiance des parents dans les vaccins contre les papillomavirus (HPV) oncogènes lorsqu'ils ont été recommandés dans la décennie suivante chez les adolescentes et jeunes femmes. Ce flottement fut vite exploité par les antivaccins militants à coups de pétitions sur les réseaux sociaux, brandissant le spectre d'hypothétiques effets secondaires neuro-immunitaires. Cette crise de confiance a fait de la France un des « bonnets d'âne » de la vaccination anti-HPV, retardant l'ambition à terme d'éradiquer le cancer du col utérin. Ne serait-ce pas un scandale sanitaire si, dans la décennie à venir, nous déplorions encore 1 000 décès annuels de cancer du col utérin alors que l'incidence de la maladie a déjà commencé à fléchir dans les pays qui ont adhéré tôt à cette vaccination ? Qui, dans ce cas, porterait la responsabilité de ce scandale sanitaire ? Ce n'est que récemment que le taux de couverture vaccinale anti-HPV oncogènes a vraiment décollé en France, faisant suite à une approche plus volontariste et pédagogique, sans rattrapage de masse, éclairant sur les enjeux de cette vaccination qui, par définition, doit être réalisée avant l'âge des premiers rapports sexuels, impliquant mieux médecins et médecine scolaire, et élargie aux garçons car ils participent à la boucle de circulation de ces HPV sexuellement transmis. Intelligence est mère de confiance, instaurant un climat plus serein dans lequel les parents et leurs adolescents, informés objectivement des enjeux, peuvent mieux engager la réflexion menant à l'acceptabilité.

Arrêtons-nous un instant sur certaines conséquences rarement envisagées de la cacophonie autour des vaccins entretenue dans nos pays nantis où le risque infectieux est globalement maîtrisé. La défiance entretenue sous nos latitudes tend à s'étendre dans les pays du Sud qui sont loin de partager notre situation sanitaire. J'entends souvent nos collègues médecins africains se plaindre du fait que l'exportation de notre défiance vaccinale dans leurs pays est irresponsable. Pourquoi ? Un exemple : peu de femmes africaines bénéficient d'une visite gynécologique régulière et la majorité des cancers du col utérin n'y est pas diagnostiquée à temps. Quelle responsabilité portons-nous, si nous dégradons l'image du vaccin anti-HPV qui sera la seule chance de ces femmes ? La responsabilité passe par une compréhension globale des principes de base de la santé publique et non par une vision nombriliste et égoïste d'Européens nantis.

Plutôt que d'exporter notre défiance vaccinale vers les pays du Sud, notre sens de la responsabilité collective devrait nous inciter à exporter des vaccins, même si une autre défiance s'y fait jour vis-à-vis de produits fabriqués chez les « riches » qui ont trouvé un débouché chez les « pauvres »… Au fond, il faut surtout aider l'Afrique qui veut s'engager dans une politique globale de souveraineté dans la production de vaccins et de médicaments essentiels.

Cette cacophonie s'est cristallisée en France sous forme d'échec de la vaccination généralisée de la population lors de la pandémie de grippe A-H1N1 à l'automne 2009. Le problème d'acceptabilité de ce vaccin fut assez global, mais particulièrement aigu en France. Pour résumer, ce fut en temps réel une incompréhension ou un conflit d'interprétation du rapport risque-bénéfice de la vaccination.

« L'épidémiologie digitale » qui analyse exhaustivement les requêtes sur les moteurs de recherche et les échanges sur les réseaux sociaux[25] sut très vite prédire la faible adhésion à l'initiative des autorités, qui s'éroda même au fur et à mesure que remontaient des informations montrant que la pandémie n'avait pas la gravité prédite par les autorités sanitaires nationales et internationales. L'OMS en effet alertait depuis plusieurs décennies sur le risque d'émergence d'une grippe aviaire de haute létalité comme le laissait présager le millier de cas sporadiques de grippe H5N1 affichant un taux de létalité de 60 %. À l'évidence, le concept d'une pandémie grippale « bénigne » – même si cette bénignité doit être relativisée du fait de nombreux cas sévères chez les enfants et les femmes enceintes – n'était pas le scénario apocalyptique prédit. Dans cette brèche cognitive s'engouffra le libre arbitre de citoyens soumis à une surinformation dissonante. En France ils optèrent en majorité contre la vaccination de masse proposée par les autorités sanitaires et l'on peut regretter que pour de multiples raisons les médecins généralistes n'aient pas été impliqués ou que leurs représentants y aient mis des conditions inacceptables. Le choix de grands centres de vaccination de masse fit peur. On aurait sans doute pu mieux expliquer les enjeux à une population désorientée, d'autant plus que commençaient à circuler des informations sur l'apparition de cas de narcolepsie, en particulier dans les pays qui avaient largement vacciné leurs populations comme les pays scandinaves. Ce fut un tournant, la vaccination devenait soudain un objet sociologique volatil, un sujet de sciences humaines et sociales autant qu'une science biomédicale brutalement désacralisée. Autorités défiées, experts ignorés, industrie pharmaceutique accusée d'influencer des responsables politiques en conflit d'intérêts et vouée aux gémonies, émergence enfin d'experts autoproclamés appuyant la *vox populi*. Du pain bénit pour les antivaccins et un vrai malaise chez les citoyens et le corps médical, sans parler de la ministre de la Santé de l'époque qui se trouva à la tête de près de 100 millions de doses de vaccin devenues inutiles. Moins de 10 % de la population française fut finalement vaccinée. La critique est aisée, quels éléments objectifs auraient permis de faire mieux ? Qui peut reprocher à nos autorités sanitaires leur zèle à sécuriser des stocks de vaccins pour protéger leur population ? Cette expérience douloureuse a aussi permis de mieux cadrer les phases préparatoires de la vaccination contre le Covid-19, en particulier de redoubler d'efforts pour engager l'ensemble du personnel de santé dans la vaccination et l'organisation de l'acquisition des vaccins sur une base européenne.

En fait, ce serait faire injure à nos concitoyens qui doutent, de penser que les gesticulations irresponsables des antivaccins sont la cause essentielle de leur difficulté à gérer cette interface liberté-responsabilité si sensible. Se concentrer sur ce déterminant serait une erreur masquant des causes plus profondes qu'il convient d'identifier et de prendre en compte en évitant les stigmatisations trop faciles et certainement contre-productives. Des travaux sociologiques contrôlés, encore trop rares en France, seraient nécessaires pour orienter des stratégies nouvelles. La consultation citoyenne menée en 2016 sous la présidence engagée d'Alain Fischer avait révélé les clivages existant dans la société. Dans cette situation, le ministère de la Santé a été amené à rétablir « l'obligation vaccinale » pour les 11 vaccins pédiatriques à partir de janvier 2018, mettant fin à un demi-siècle d'une situation hybride, pas toujours bien comprise, associant obligation maintenue des vaccins « historiques » et recommandation des nouveaux vaccins. Cette décision, certes mettait fin à un petit demi-siècle de confiance État-citoyens, mais elle laisse largement place à un retour à la « recommandation vaccinale » lorsque la confiance sera rétablie. On peut espérer que le rôle de la vaccination dans le contrôle de la pandémie de Covid-19, le nombre de vies qu'elle est en train de sauver, sa bonne tolérance globale, aideront à cette réconciliation.

Note plutôt optimiste : contrairement à certains pronostics, ce changement de politique vaccinale clarificateur est pour l'instant plutôt bien reçu, en particulier par les médecins pouvant s'appuyer sur l'argument de l'obligation. La campagne de vaccination contre le Covid-19, maintenant bien engagée sur la base de la « recommandation vaccinale », ouvre l'espoir d'un retour aux jours sereins. Notons néanmoins que l'introduction du pass vaccinal à l'été 2021 s'est soldée par des réactions parfois violentes d'une frange de la population qui y voyait une obligation déguisée.

L'industrie du vaccin : son rôle et ses mutations

Venons-en à l'industrie du vaccin. J'en parle à l'aise car je n'ai jamais eu aucun conflit d'intérêts avec des industriels du vaccin, nos travaux ayant été exclusivement financés sur des fonds académiques nationaux ou internationaux. C'est un sujet sur lequel j'ai été souvent interpellé au cours de mes conférences sur la vaccination ces dernières années. Les profits engrangés par l'industrie pharmaceutique encouragent les attitudes antivaccinales. Même si l'industrie du vaccin n'est pas la plus profitable, l'amalgame est aisé et les profits de Pfizer et Moderna à l'occasion du Covid-19 sont sans précédent. Questions multiples résumées en une seule : la logique guidant les firmes pharmaceutiques, vaccins inclus, est-elle le profit ou l'amélioration de la santé humaine ? Les deux sont-ils compatibles ? Où ces entreprises situent-elles leur esprit de responsabilité ? Certains acteurs vont jusqu'à proposer une nationalisation pure et simple de l'industrie des vaccins, sans trop en mesurer les avantages et les inconvénients, sans parler des coûts d'une telle initiative pour l'État. Soyons clair : en Occident, l'industrie privée des vaccins qui domine le marché en est le meilleur opérateur possible par son expérience centenaire, sa compétence scientifique et technique et son expérience des procédures qu'exige la sécurité des produits, d'ailleurs garante de leur survie. Cependant, ces dernières décennies, le modèle classique de grandes firmes développant un vaccin de A à Z a changé. Il s'est mué en partenariats entre ces grandes firmes et des « biotechs » agiles, de fonctionnement plus académique, auxquelles est largement déléguée l'innovation, les firmes assurant la chaîne de production, la sécurité du produit, les études cliniques, les rapports avec les agences et la commercialisation. On a vu à quel point les grandes firmes classiques comme Sanofi et GSK qui n'avaient pas appliqué ce modèle ont été à la peine pour développer, dans les délais rapides imposés, des vaccins innovants anti-SARS-CoV-2.

Les grandes entreprises pharmaceutiques se sont aussi considérablement internationalisées et délocalisées ces dernières années, avec des flux inquiétants vers les États-Unis, notamment pour la recherche. Cela s'est particulièrement fait sentir pour notre « champion national » Sanofi, y compris dans le domaine du vaccin. Les rapports se sont relâchés avec le monde scientifique français et globalement le système s'est « anglo-saxonisé » et *de facto* fortement mercantilisé. Il est loin le temps où Charles Mérieux offrait au Brésil son vaccin polyosidique antiméningococcique pour contrôler une dramatique épidémie de méningites. Sans céder à la nostalgie, il est clair que le monde de l'industrie du vaccin a changé.

On peut donc aisément admettre que pour le citoyen, les excès d'un capitalisme mercantile débridé ne soient pas de bon aloi lorsqu'il touche la santé. Ce n'est pas aux bénéfices du Dow Jones, du Nasdaq ou du CAC40 que doit se jauger le succès d'un médicament ou d'un vaccin, mais au bénéfice sanitaire qu'ils apportent à toutes les populations qui les requièrent. Les Français sont particulièrement sensibles et tatillons sur ces sujets, mais il ne faudrait pas croire que d'autres populations, même dans les pays anglo-saxons, ne le soient pas. Boris Johnson avait soulevé des haut-le-cœur chez mes collègues britanniques lorsqu'il avait vanté les mérites du « mercantilisme britannique » dans la réussite du vaccin adéno-recombinant anti-SARS-CoV-2 développé par Oxford-AstraZeneca. Cela remet d'ailleurs en cause la vision « utilitariste » qu'ont souvent nos politiques d'une science au service de l'innovation vue comme un moteur de l'économie.

Comment jauger la responsabilité de l'industrie du vaccin ? Comment réparer la défiance croissante des populations ? La réponse la plus fréquente est : « transparence ». Mais transparence sur quoi ? La montée des actions en Bourse ? Le montant des profits annuels de la société ? Le salaire du P-DG ? Tout cela est public, il faut donc aller chercher plus au cœur du dispositif et proposer un ou plusieurs paramètres permettant d'apprécier très précisément si une firme maintient une politique respectueuse de sa responsabilité sociale qui est d'abord de mettre à disposition de toutes les populations les produits de santé qu'elle développe, donc de s'assurer d'un prix de vente « raisonnable » – un juste prix – qui doit refléter un bilan clair des bénéfices au regard des coûts globaux de R&D et de production, des nécessités d'investissement, sans oublier, dans la colonne crédit, l'argent public du citoyen payeur d'impôts alloué par les États en soutien de programmes académiques ayant permis la conception du produit, ou l'accélération de programmes d'urgence de développement comme on l'a observé dans la chaîne de développement des vaccins anti-Covid-19.

Autre marqueur : s'assurer que – dans les limites de ses expertises – les choix que fait la firme de recherche et développement sont motivés par des besoins médicaux réels et globaux et non par la profitabilité de certains secteurs. Exemple : l'orientation privilégiée des choix stratégiques vers des pathologies chroniques fréquentes, nécessitant des traitements à long terme, contre des pathologies tout aussi prégnantes sur la société, mais peu profitables car de prescription courte. C'est ce qui explique la panne actuelle de la recherche dans le domaine des antibiotiques. L'équivalent côté vaccins étant l'engagement pour le développement de vaccins dédiés à des maladies infectieuses négligées, principalement parce qu'elles affectent des populations à faibles revenus (maladies parasitaires, viroses tropicales, etc.).

D'autres éléments peuvent être ajoutés comme la participation à des partenariats public-privé permettant de mettre certains produits – comme les vaccins – à la disposition de populations à faibles revenus, le respect de mesures contraignantes en matière de lobbying visant le monde médical et l'autorité politique. C'est, semble-t-il, autour de ces points que devrait se bâtir la transparence et sa communication au public.

Si difficile que soit la communication en ces temps de défiance, il est urgent de rétablir la confiance entre les citoyens et leur industrie pharmaceutique, aucune des deux parties n'a intérêt au divorce.

Un bilan objectif des effets secondaires des vaccins ?

Ils sont rares, et essentiellement bénins[26]. Prenons ceux de la vaccination de la prime enfance, qui sont les plus sensibles. Des effets secondaires surviennent à court terme. Une induration locale (plus de 10 % des vaccinés). Une fièvre, des myalgies, des arthralgies (1 à 10 % des vaccinés). Des convulsions hyperthermiques très rares chez des enfants sensibles. Ces manifestations cliniques de l'inflammation transitoire liée au vaccin et à son adjuvant, si présent, répondent au paracétamol. Des réactions allergiques sévères peuvent néanmoins survenir. Elles sont rarissimes (moins de 1/450 000 vaccinés). Le médecin vaccinateur doit être prêt à les traiter immédiatement et une attention toute particulière est portée à la vaccination des enfants allergiques. Un chiffre plus précis ? De 2000 à 2017, sur 1,7 million de vaccinations effectuées dans les centres de protection maternelle et infantile parisiens chez des enfants de moins de 6 ans, un seul accident allergique sévère ayant nécessité sur place un traitement d'urgence a été rapporté (communication personnelle).

Pour ce qui est d'autres effets secondaires invoqués, qu'il s'agisse de la mort subite du nourrisson ou des dommages cérébraux post-encéphalitiques liés au vaccin contre la coqueluche, de l'autisme lié à la vaccination contre la rougeole, du diabète lié au vaccin contre *Haemophilus influenzae* b, ou de la sclérose en plaques liée au vaccin contre l'hépatite B, aucun lien de causalité n'a pu être clairement établi en dépit de nombreuses études rétrospectives et prospectives.

La mort subite du nourrisson était en réalité due à la mode de coucher les nourrissons en décubitus ventral, contemporaine de l'élargissement de la vaccination contre la coqueluche. Le lien entre autisme et vaccination contre la rougeole fut établi à l'occasion d'un article biaisé et méthodologiquement discutable – pour parler clair, frauduleux.

La polyradiculonévrite de Guillain-Barré postvaccinale existe, mais son incidence est inférieure à celle observée en tant que complication des maladies infectieuses contre lesquelles on vaccine.

Malgré cela, la perception de la balance bénéfice-risque tend donc à s'inverser. En dépit de la rareté des complications sévères, l'usage mal compris du principe de précaution prend le dessus sur le principe de prévention.

On est ici au cœur du débat, qui se déroule devant nos yeux ; l'enjeu de santé publique est majeur, le chemin de la confiance est difficile, mais c'est le chemin…

PARTIE III

Des tensions inquiétantes sur les antibiotiques et les vaccins

CHAPITRE 12

Quand les microbes changent : la crise de la résistance aux agents antimicrobiens

Pour nos pères fondateurs, l'enthousiasme qu'ils manifesteraient devant le miracle médical qu'ont représenté la découverte et le développement des antibiotiques n'aurait d'égale que l'inquiétude de voir s'éroder leur efficacité. C'est malheureusement l'actualité de la thérapeutique anti-infectieuse.

Et pourtant, en 1952, Rollo et Williamson écrivaient : « Depuis environ quarante ans, on traite la syphilis avec des dérivés de l'arsenic sans qu'il y ait aucun signe d'une incidence accrue d'infections résistantes à l'arsenic, ce qui nous donne des raisons d'espérer que l'utilisation extensive de la pénicilline n'aura pas non plus pour effet d'accroître l'incidence d'infections résistantes à la pénicilline[1]. »

Tout le monde peut se tromper et s'il existe un domaine où les pronostics sont hasardeux, ce sont bien les maladies infectieuses, encore que… Cet article soulevait un point qui se confirme encore pour un nombre restreint mais cliniquement important de pathogènes : *Treponema pallidum* (syphilis), *Streptococcus pyogenes* (angines, abcès, cellulites graves) et *Neisseria meningitidis* (méningite cérébro-spinale) ne développent pas de résistance significative à la pénicilline. La règle de l'antibiorésistance présente donc des exceptions qui confirment la règle et comme toujours, ces exceptions sont intéressantes. Chez *N. meningitidis*, l'apparition de mutations dans les principales *penicillin-binding proteins* (PBP) entraîne une augmentation du niveau de résistance, mais celle-ci se paie d'une perte de virulence du fait de l'altération de son exosquelette, le peptidoglycane, qui est synthétisé par ces PBP[2]. Cette observation souligne la fragilité des équilibres au cours des infections.

Ces exceptions mises de côté, il s'avéra progressivement que l'apparition de la résistance – puis de la multirésistance – des bactéries pathogènes aux antibiotiques était la règle plutôt que l'exception et, depuis le tournant du XXIe siècle, de sérieuses inquiétudes se font jour. Elles s'expriment sur un mode interrogatif parfois anxiogène comme « Requiem pour les antibiotiques : faut-il craindre leur disparition ? », ou sur un mode impératif appelant à l'action collective : « Tous ensemble sauvons les antibiotiques[3] ». Plus fort encore dans la dramatisation : « La résistance aux antibiotiques constitue pour l'humanité une menace globale catastrophique, au même titre que le terrorisme ou le réchauffement climatique », affirmait en 2014 la conseillère pour la Santé du gouvernement britannique, Sally Davies. Elle continuait : « Il n'y a pas d'appétit chez les sociétés pharmaceutiques pour développer de nouveaux médicaments. Il y a une défaillance systémique. Nous avons besoin de quelque chose de semblable au GIEC. »

Gardons-nous bien d'ignorer ces signaux de détresse des experts. Sur quelles données se basent-ils ? Quel est l'impact réel sur la santé de l'antibiorésistance que l'on peut voir comme un autre aspect de l'émergence infectieuse ?

Les effets de la résistance aux agents antimicrobiens

La résistance aux agents antimicrobiens est un terme général qui désigne la résistance de différents types de micro-organismes aux médicaments antibactériens, antiviraux, antiparasitaires et antifongiques. La crise concerne surtout les agents antibactériens, les antibiotiques, on parle donc d'antibiorésistance, mais ne négligeons pas la résistance aux médicaments antiviraux, seuls capables de contrôler les pandémies virales pour lesquelles aucun vaccin n'est encore disponible, comme l'hépatite C et le sida. Le traitement des infections fongiques pour lesquelles peu de produits sont disponibles, beaucoup présentant un certain degré de toxicité, représente une autre zone de faiblesse.

En détruisant ou en arrêtant la croissance des bactéries pathogènes, les antibiotiques ont sauvé des millions de vies en à peine un siècle. Cependant, sous leur pression sélective, ces bactéries se sont adaptées en développant des mécanismes de résistance – éventuellement transmissibles – permettant leur survie. À part les quelques exceptions mentionnées en début de ce chapitre, quel que soit l'antibiotique, la survenue de résistances est à terme inéluctable. Nous verrons dans un prochain chapitre les mécanismes divers de l'antibiorésistance et de sa transmissibilité.

Pour rendre le sujet plus complexe encore, un travail récent montre que de nombreux médicaments non antibiotiques, en particulier des psychotropes, ont une fonction antibactérienne significative. Ces propriétés inattendues de « transrésistance » tendraient donc à diversifier, au-delà des antibiotiques eux-mêmes, la nature des molécules thérapeutiques responsables de la pression sélective pour l'antibiorésistance[4].

Cette observation traduit l'importance du microbiote intestinal humain dans la dynamique de l'antibiorésistance dans la mesure où il représente un écosystème d'interface entre une population bactérienne riche et diverse et des influences externes comme l'absorption de médicaments. C'est le domaine en développement de la « pharmacomicrobiomique », nous y reviendrons.

Les infections nosocomiales et leurs « superbugs » ne représentent en fait que la portion émergée d'un immense iceberg, car l'antibiorésistance est devenue un phénomène global concernant la médecine humaine et vétérinaire mais aussi la microbiologie environnementale, celle de l'eau, des plantes et des aliments. La prise en main de la crise de l'antibiorésistance est typique de la nécessité de « voir global ». C'est le concept de « *One World – One Health* », c'est-à-dire « un seul monde – une seule santé », plaidant pour une approche multidisciplinaire devenue incontournable pour le respect d'un patrimoine microbien commun.

Chaque année, les bactéries antibiorésistantes tuent 25 000 patients dans l'Union européenne[5] et environ 23 000 aux États-Unis. À l'échelle de la planète, ce sont 700 000 cas annuels, dont 240 000 sont dus à des cas de tuberculose causés par des bacilles multirésistants aux antibiotiques antituberculeux[6].

En juin 2016, Lord Jim O'Neill présenta devant l'Assemblée des Nations unies un rapport sur la résistance globale aux agents antimicrobiens commissionné par le gouvernement britannique et la fondation du Wellcome Trust[7]. Le rapport commençait par ces mots : « Chaque année, 30 000 femmes perdent la vie lors d'un accouchement du fait d'une infection et, dans la même période, 400 000 nouveau-nés et nourrissons décèdent. Cette situation dramatique ne peut que s'aggraver du fait de la progression actuellement inéluctable de l'antibiorésistance. » Cette image forte illustrait l'idée simple que l'antibiorésistance pourrait rendre à terme les antibiotiques inefficaces, fermant ainsi une parenthèse glorieuse d'environ un siècle et nous ramenant aux drames infectieux d'antan. Les maladies infectieuses redeviendraient la première cause de mortalité sur la planète en 2050, selon le groupe d'experts, avec environ 10 millions de morts annuels, contre 2,5 millions de décès par cancer. Le trait était sans doute forcé, d'aucuns se sont émus de ces prédictions apocalyptiques, mais il fallait alerter les consciences sur une crise promettant, si l'on n'y prend garde, une dégradation globale de la santé – en particulier dans les pays les plus défavorisés – et une régression du progrès médical, en l'absence d'un « parapluie anti-infectieux » pour entreprendre des actes avancés. L'OMS s'en est enfin émue et produit depuis lors rapport sur rapport et avis tous azimuts. « La résistance aux antimicrobiens est l'une des plus grandes menaces auxquelles nous sommes confrontés en tant que communauté mondiale », a déclaré récemment Amina Mohammed, secrétaire générale adjointe des Nations unies[8]. Ce réveil tardif n'enlève rien à la gravité de la situation. Or la prévalence de l'antibiorésistance est strictement corrélée au niveau de consommation des antibiotiques et au manque de reconnaissance de l'antibiorésistance et de ses conséquences. La situation est similaire en médecine vétérinaire, mais vient s'y ajouter le risque de transfert de souches résistantes d'animal d'élevage à homme et *vice versa*. Fort heureusement, depuis 2005 l'utilisation de faibles concentrations d'antibiotiques afin d'augmenter le rendement en viande des animaux d'élevage et de protéger les stations de pisciculture a été interdite par l'Union européenne, ce qui est loin d'être le cas dans de nombreux pays industrialisés, sans parler des pays à bas revenus. Et si l'on regardait parfois les bons côtés de notre Union européenne si décriée ?

L'urgence de réduire la consommation. « Les antibiotiques, c'est pas automatique »...

Il est d'autant plus important d'insister sur la crise de l'antibiorésistance que la France est un très mauvais élève en matière de consommation d'antibiotiques. Elle était en 2018 le troisième consommateur d'antibiotiques en Europe après la Grèce et Chypre. Il est d'ailleurs intéressant – et inquiétant – de noter l'existence d'un fort gradient croissant nord-sud de consommation d'antibiotiques. Pour prendre un seul exemple, lorsqu'en 2018 le nombre de doses d'antibiotiques consommées par 1 000 habitants et par jour était de 25,3 en France, il était de 9,7 aux Pays-Bas (données de Santé publique France), pour autant nos amis hollandais ne se portent pas plus mal que nous ! Il faut cependant noter que selon les données de l'OCDE, la consommation française était de 28,7 en 2015. Ces progrès – même limités – dans l'utilisation plus parcimonieuse des antibiotiques sont donc constants, même en France, mais nous venons de loin. En 1999, les Français étaient numéro 1 pour la consommation d'antibiotiques en Europe. À noter que la France est aussi dans le peloton de tête des pays européens consommateurs d'antibiotiques en médecine vétérinaire. La pression doit donc être maintenue et c'est d'abord matière d'éducation. L'enseignement de la médecine préventive, de la thérapeutique et de la vaccinologie est insuffisant dans les cursus universitaires médicaux et ne parlons pas de la faiblesse de l'enseignement postuniversitaire. Pas étonnant dans ces conditions que 93 % des antibiotiques prescrits en médecine le soient en ville et il en va de même pour la médecine vétérinaire. Il y a belle lurette que la pression sélective favorisant l'antibiorésistance est sortie de l'hôpital pour devenir globale. Mais au-delà de l'enseignement des facultés de médecine et des écoles vétérinaires, il convient aussi de prendre en compte le degré d'alerte de nos concitoyens sur les dangers de l'utilisation irraisonnée des antibiotiques. Un sondage IFOP de 2019 a montré que 63 % des Français ne se sentaient pas concernés par la menace sanitaire de l'antibiorésistance et une étude de l'Agence nationale de sécurité du médicament a montré que 41 % d'entre eux disaient ne pas prendre la totalité des prescriptions d'antibiotiques faites par leur médecin, l'insuffisance des traitements en dosage et durée étant une des causes de la sélection de souches résistantes.

Et pourtant le contrôle de la consommation d'antibiotiques, à l'hôpital comme en ville, ça marche ! Même la France l'a montré en annonçant en 1999 : « Les antibiotiques, c'est pas automatique ! » En effet, depuis la fin des années 1990, la situation de l'antibiorésistance y était jugée catastrophique, hôpital et médecine de ville compris.

En milieu hospitalier, les causes principales en étaient pourtant connues : utilisation suboptimale des agents anti-infectieux pour la prophylaxie et le traitement des infections, hospitalisations prolongées, augmentation du nombre et de la durée des séjours en unités de soins intensifs, comorbidités chez les malades hospitalisés et utilisation accrue de dispositifs invasifs (cathéters, canules, etc.). Mais aussi non-respect ou inefficacité des pratiques hospitalières de contrôle des infections, transferts de malades colonisés par des bactéries résistantes d'hôpital à hôpital, maintien et regroupement prolongé de patients colonisés au sein de structures médicales.

On observait en particulier une augmentation massive de l'incidence des souches hospitalières de staphylocoques (*S. aureus*) résistantes à la méthicilline (MRSA).

Par ailleurs, la prévalence globale des souches de pneumocoques (*S. pneumoniae*) résistantes à la pénicilline était passée de 5 % en 1988 à 48 % en 1997 ! Les infectiologues, les réanimateurs se trouvaient de plus en plus face à de véritables impasses thérapeutiques car il ne s'agissait pas uniquement d'infections à staphylocoques et pneumocoques. Il s'agissait aussi des fameuses bactéries ESKAPE déjà mentionnées, ces « superbugs » qui empoisonnaient le travail des réanimateurs, qui furent en pointe dans le combat contre l'utilisation inconsidérée des antibiotiques. C'est en effet souvent dans leurs unités de soins intensifs que se concentraient les patients infectés par ce type de bactéries.

En 1999 est donc lancé par le Réseau national de Santé publique (maintenant Santé publique France) un plan national coordonné de contrôle global de l'utilisation des antibiotiques établi avec les professionnels de santé humaine et vétérinaire. Une approche globale impliquant secteur public et privé, incluant surveillance stricte de la consommation d'antibiotiques et de l'évolution de la résistance et contrôle étroit et prévention de la dissémination de souches résistantes.

Le développement de l'usage de tests de diagnostic « au chevet du patient » était fortement encouragé, en particulier pour différencier les angines à streptocoques nécessitant une antibiothérapie des angines virales n'en justifiant pas.

Un effort de recherche sur l'antibiorésistance était encouragé et une grande campagne publique de sensibilisation était lancée à partir de 2002 avec ce titre qui parlait à tous, répétons-le : « Les antibiotiques, c'est pas automatique. »

L'introduction large de la vaccination antipneumococcique – surtout chez les personnes âgées – vint compléter le dispositif.

Les résultats de cette campagne furent très significatifs avec une diminution de 23 % de la consommation d'antibiotiques entre 2002 et 2007, une inversion de la courbe de résistance des pneumocoques à la pénicilline et une diminution nette de l'incidence des MRSA isolés d'hémocultures, passant de 33 à 26 % dans la même période, alors qu'elle était auparavant en ascension constante. Au-delà de la satisfaction d'une besogne accomplie, et d'un optimisme de circonstance indiscutablement justifié, les pourcentages d'amélioration affichés peuvent sembler modestes. Disons que la cassure de la courbe ascensionnelle de l'incidence de l'antibiorésistance sur les espèces bactériennes surveillées est une vraie réussite et une indiscutable « preuve de concept ». Inversement, la baisse significative mais limitée de cette incidence ne peut être interprétée que comme une obligation absolue de poursuivre une politique « vertueuse » d'utilisation des antibiotiques en médecine humaine et vétérinaire. Il est vital de diminuer de manière soutenue la pression sélective antibiotique en respectant les bonnes pratiques d'utilisation des agents anti-infectieux : éviter les prescriptions empiriques qui pèsent très lourd dans l'excessive pression antibiotique. Si nécessité clinique d'antibiotique il y a, choisir la molécule la mieux adaptée avec le spectre le plus étroit pour une durée optimale et sauvegarde d'un groupe restreint d'antibiotiques pour usage exclusif en médecine hospitalière. Cet encouragement à la parcimonie doit se combiner à une impitoyable prévention de la transmission des agents infectieux multirésistants au sein des unités de soin par une stricte adhésion aux règles d'hygiène hospitalière. Cette tâche souvent ingrate est confiée dans les hôpitaux aux comités de lutte contre les infections nosocomiales (CLIN) déjà cités ; mais c'est l'affaire de tous les personnels de santé.

L'usage de méthodes moléculaires de diagnostic rapide, comme la PCR, de pathogènes bactériens ou viraux, voire de gènes de résistance aux antibiotiques est entré dans la surveillance de routine.

Les laboratoires de microbiologie et d'hygiène des grands hôpitaux sont devenus de véritables unités « high-tech » multidisciplinaires traquant au plus près l'écosystème microbien hospitalier, n'hésitant plus à séquencer les génomes de pathogènes nosocomiaux à risque afin d'augmenter la précision de leur suivi par génomique comparative, nécessitant. de larges investissements en séquençage de nouvelle génération et en bio-informatique.

Ce contrôle de l'antibiorésistance ne s'entend bien entendu que s'il est universellement appliqué, ce qui est encore loin d'être le cas, particulièrement dans les régions à faibles revenus de la planète où la vente d'antibiotiques, éventuellement frelatés, prolifère sur des circuits parallèles. De plus, la faiblesse des systèmes de santé et l'insuffisance de formation de leurs personnels limitent ces ambitions dans le contrôle de l'antibiorésistance. Une fois de plus la pauvreté est mère des fléaux de santé publique quels qu'ils soient.

La pandémie de Covid-19 s'annonce malheureusement comme un accélérateur imparable de l'extension des pathogènes hospitaliers multirésistants, bactériens et fongiques : déstabilisation fonctionnelle des hôpitaux par l'afflux de patients, particulièrement dans les secteurs de soins intensifs, crise en ressources humaines du fait du taux élevé de contamination des personnels de santé par le SARS-CoV-2, durée exceptionnellement prolongée d'hospitalisation, tous les facteurs sont réunis pour une aggravation annoncée de l'extension de pathogènes nosocomiaux multirésistants. Des épidémies intra-hospitalières sont d'ores et déjà décrites avec des pathogènes attendus comme *Acinetobacter* ou *Candida albicans* et *Candida auris*[9].

Malheureusement, les facteurs de risque de l'antibiorésistance sont depuis longtemps sortis de l'univers hospitalier pour devenir globaux. Ils sont bien sûr présents en médecine de ville et en médecine vétérinaire, mais ils ont aussi dépassé le domaine du soin.

CHAPITRE 13

L'antibiorésistance, une crise globale

Ce désastre annoncé répond certes à l'utilisation indiscriminée des antibiotiques en médecine humaine et vétérinaire à l'échelle de la planète, mais aussi de plus en plus en dehors de ce contexte de santé publique, puisque globalement, plus de 50 % des antibiotiques utilisés sur la planète ne le sont pas pour des motifs médicaux ou vétérinaires, mais pour l'industrie agroalimentaire, en particulier pour l'élevage industriel de bovins, de porcs, de volailles et dans des sites d'aquaculture intensive.

Les antibiotiques dans l'élevage

En 2010, l'utilisation annuelle mondiale d'antibiotiques en élevage de bétail et de volaille atteignait environ 63 000 tonnes et les projections pour 2030 sont d'environ 100 000 tonnes annuelles[10]. La répartition des pourcentages d'utilisation varie selon les spécialités d'élevage des pays et régions. Elle domine dans les élevages porcins et aviaires.

Les motifs de cette utilisation sont triples. Le premier, minoritaire, est l'usage justifié d'antibiotiques en médecine vétérinaire afin de soigner des animaux infectés. Le second est la prévention d'épidémies d'infections bactériennes causant une mortalité massive dans les élevages intensifs de volailles. On comprend sans difficulté la crainte des exploitants. Ouvrir un matin la porte d'un hangar abritant des dizaines de milliers de poulets frappés par une épidémie d'infection respiratoire par une souche d'*E. coli* aviaire et constater des milliers de cadavres ou d'animaux à l'agonie est un déchirement autant qu'une perte économique majeure. Que faire ? La facilité : on ajoute des antibiotiques aux aliments des poulets et le tour est joué... Sur le court terme, certes, mais est-ce une approche durable si elle se paie d'une flambée d'antibiorésistance et, dans ce cas, que faire ? Facile, on change d'antibiotique, on utilise de plus fortes doses de molécules à spectre d'activité plus large, et l'on crée ainsi un cercle vicieux sans aucune chance de sortie.

Le troisième est purement économique : pour améliorer le rendement en viande, on exploite l'effet trophique – d'ailleurs mal expliqué – de l'addition systématique de petites doses d'antibiotiques – inférieures au seuil de bactéricidie – dans l'alimentation des animaux. Les antibiotiques comme facteurs trophiques, une observation empirique qui a vite fait son chemin en dépit du fait que l'administration d'antibiotiques de manière prolongée à dose infrathérapeutique est la meilleure façon de sélectionner des résistances, au laboratoire et dans la nature.

Une lamentable addiction aux antibiotiques s'est donc installée à l'échelle planétaire, une aberration et une totale déviation de leur utilisation. Ces pratiques ancrées dans l'élevage intensif ne peuvent en aucun cas être considérées comme durables. Elles représentent une menace environnementale autant que sanitaire, car ces antibiotiques sont une arme à double détente. Ils mettent sous pression sélective pour la résistance aux antibiotiques les microbiotes de ces animaux et participent à la sélection de clones bactériens résistants dont les gènes responsables de la résistance se distribuent dans d'autres espèces, faisant de ces animaux des réservoirs de bactéries antibiorésistantes susceptibles de se distribuer dans d'autres espèces animales, voire chez l'homme. Cette vision globale de l'animal et l'homme soumis à une menace environnementale commune – ici l'utilisation abusive d'antibiotiques – illustre le concept « une seule santé ».

En France, en 2010, des 1 200 tonnes annuelles d'antibiotiques utilisées en élevage, 57 % allaient aux élevages porcins et 20 % aux élevages aviaires. Sous la pression des règles de l'Union européenne, largement influencées par les pays d'Europe du Nord, comme la Scandinavie et les Pays-Bas, la consommation d'antibiotiques en élevage a considérablement décru. Elle n'était plus que de 415 tonnes en 2020. Elle s'est aussi modifiée qualitativement avec l'exclusion de la pharmacopée vétérinaire, sauf nécessité vitale, d'antibiotiques essentiels en santé humaine et menacés par de hauts taux d'antibiorésistance. La situation vertueuse qui s'instaure dans les limites de l'Union européenne est malheureusement loin d'être partagée par le reste de la planète. L'attitude normative de l'Union européenne, souvent brocardée par ses concurrents économiques et même certains de ses leaders populistes, mérite d'être analysée dans le détail avant d'être globalement balayée par des arguments à l'emporte-pièce. Voici ce qu'en pensent des experts nord-américains :

« L'Europe a été en première ligne pour répondre à la pollution par les antibiotiques et à la crise de la résistance aux antibiotiques. Elle a rapidement reconnu, dès le début des années 2000, la nécessité d'investir dans la recherche et dans des actions politiques mises en œuvre dans le plan "Une seule santé contre l'antibiorésistance" dans l'UE, adopté en juin 2017. L'Union européenne est ainsi la région qui a adopté les meilleures pratiques, ce qui a stimulé la recherche, le développement et l'innovation[11]. »

La tâche est toutefois énorme dans la mesure où l'insécurité alimentaire qui continue à régner sur la planète – du fait de l'augmentation de sa population – pousse tout naturellement l'élevage et la production agricole vers des schémas productivistes intensifs où les antibiotiques trouvent forcément leur place. En Asie, la colimycine, seul antibiotique encore susceptible de traiter les infections à bacilles à Gram négatif multirésistantes en unités de soins intensifs, est encore versée à pleins seaux dans les mangeoires des porcs et des bovins. Dans les fermes d'élevage porcin en Chine, les concentrations d'antibiotiques des effluents sont nettement augmentées par rapport à d'autres zones et l'on y observe trois fois plus de diversité en gènes de résistance accompagnés de leurs vecteurs de transmission génétique.

Les antibiotiques en aquaculture

L'élevage « terrestre » n'est pas le seul à abuser des antibiotiques prophylactiques de manière intensive et irresponsable. L'aquaculture commerciale, bien moins visible, est pourtant en considérable expansion et grande dispensatrice environnementale d'antibiotiques dans des piscines d'élevage en connexion avec fleuves, mers et océans. Les pays appliquant des règles rigoureuses d'utilisation des antibiotiques en aquaculture intensive ne sont pas majoritaires. Il a été jusqu'à présent impossible pour les organismes internationaux comme la FAO et l'OIE de définir des règles communes. En 2009, plus de 48 % des produits de la mer consommés étaient produits par l'aquaculture. Entre 1985 et 2008, la production industrielle de poissons a quintuplé en Méditerranée. La Chine fournit le tiers des produits de la mer consommés sur la planète, dont les deux tiers sont issus de son aquaculture. L'aquaculture, dans ce domaine, reste une zone de non-droit. « L'aquaculture, un élevage en eaux troubles », écrivait Jean-François Pollet en 2018[12]. En Asie, les élevages de porcs, de volaille et les stations d'aquaculture se jouxtent souvent et représentent un écosystème unique : les eaux usées des stations piscicoles contenant antibiotiques et micro-organismes résistants sont utilisées pour la boisson des porcs...

L'élevage intensif des salmonidés, saumon et truite de mer « arc-en-ciel », résume à lui seul les dérives de l'aquaculture. Développé à partir du milieu des années 1970, poisson prisé à forte valeur nutritive, son élevage est devenu intensif et l'objet d'une industrialisation croissante dans les zones côtières à eaux froides et riches en nutriments comme les côtes scandinaves et écossaises en Europe et les côtes du Chili en Amérique du Sud. Au Chili, la production de saumon est passée de 200 000 tonnes en 2000 à 400 000 tonnes en 2007. Découvrir du jour au lendemain des milliers de saumons morts, à l'occasion d'une épidémie d'infection par *Aeromonas salmonicida*, une bactérie tueuse des salmonidés comme son nom l'indique, est un désastre pour une station d'aquaculture.

Ici encore, l'usage préventif d'antibiotiques a été l'approche facile généralement adoptée avec cependant des différences majeures entre régions du monde. L'usage des antibiotiques a en effet été drastiquement réduit dans les pays d'Europe du Nord depuis plus de vingt ans alors qu'en 2014, le Chili utilisait 1 500 fois plus d'antibiotiques que la Norvège à production de salmonidés très proche. Ce ratio a certes commencé à baisser car le Chili est sous le feu d'organisations écologistes, mais rien n'indique un véritable changement de paradigme dans ces élevages qui demeurent intensifs. L'utilisation massive de molécules dérivées du chloramphénicol est une catastrophe, non seulement en matière d'antibiorésistance, mais aussi de détérioration des écosystèmes microbiens marins profonds qui sont essentiels à la résilience des écosystèmes océaniques et à assurer leur rôle de recyclage du CO_2. Dans de telles conditions, le microbiote des poissons, extrêmement sensible aux variations environnementales, subit une réduction majeure de diversité avec accroissement de la mortalité, liée en particulier à une malnutrition, une immaturité immunitaire et une perte d'effet de barrière aux pathogènes, augmentant leur sensibilité aux infections[13]. Enfin, les antibiotiques macrolides créent des malformations lors du développement des poissons zèbres au laboratoire, laissant penser que cela peut être aussi le cas dans la nature[14].

Des alternatives existent

Il existe pourtant des alternatives à l'usage massif des antibiotiques dans l'agroalimentaire et en aquaculture. Voici deux histoires exemplaires d'une sortie de crise par l'établissement d'un cercle vertueux. Deux contes d'Andersen microbiologiques car ces histoires viennent des pays nordiques. Les pays scandinaves, dès la fin des années 1990, ont proscrit l'utilisation des antibiotiques comme promoteurs de croissance en élevage et prescrit une réduction drastique de l'utilisation prophylactique des antibiotiques dans les situations d'élevage intensif.

Première fable : « Le cochon, le macrolide et les entérocoques ». En 1996, l'élevage des porcs au Danemark était soutenu par l'utilisation de 80 tonnes annuelles d'antibiotiques de la famille des macrolides, une quantité croissante au fil des années qui avait vu en parallèle la résistance aux macrolides des entérocoques associés à ces animaux – mais diffusant aussi dans la population humaine – atteindre un pourcentage d'environ 80 % chez *Enterococcus faecalis* et *E. faecium*. À partir de 1998, l'utilisation de macrolides dans l'élevage porcin fut réduite à moins de 10 tonnes annuelles. Dès 2001, le pourcentage de résistance était descendu à 30-35 % et s'y maintient.

Corrélation n'est pas causalité, mais tout de même…

Deuxième fable : « Le saumon, la truite, les antibiotiques et *Aeromonas salmonicida* ». Au début des années 1980, la Norvège décida de devenir leader dans l'élevage et la commercialisation du saumon et de la truite de mer « arc-en-ciel ». Les débuts furent difficiles. On partit sur un modèle intensif et les stations piscicoles tout au long des côtes norvégiennes étaient régulièrement frappées d'épidémies massivement létales d'infection des saumons et des truites par *A. salmonicida*. On commença donc par déverser des antibiotiques dans les élevages en quantité croissante, pour atteindre jusqu'à 50 tonnes de substances actives annuelles en 1987. Dans cette même période, la production de poisson montra une croissance lente et irrégulière, passant difficilement de 10 000 à 50 000 tonnes annuelles. La résistance des souches d'*A. salmonicida*, elle, croissait allègrement. Que faire devant ce qui apparaissait comme un échec économique imposant des choix difficiles ? Écouter le grand philosophe danois Sören Kierkegaard : « Ce n'est pas le chemin qui est difficile, c'est le difficile qui est le chemin. » Le chemin facile eût été la surenchère dans l'utilisation des antibiotiques, sans aucune garantie de succès. Le chemin difficile était une révision drastique du modèle d'élevage : arrêt progressif de l'utilisation d'antibiotiques qui devint et resta proche de zéro à partir de 1993, substitution de mesures d'hygiène implacables, y compris la détection précoce des cas d'infection, diminution de la densité des élevages tendant à une approche plus extensive et à l'utilisation intensive d'un vaccin contre *A. salmonicida*. La morale de cette fable ? Les épidémies se raréfièrent en dépit de l'absence d'antibiotiques et surtout la production annuelle de saumons et de truites atteignit 700 000 tonnes en 2003. Un bel exemple où la combinaison hygiène-vaccination soutient une politique de parcimonie vertueuse dans l'utilisation des antibiotiques. À méditer en d'autres circonstances… L'Union européenne bannit depuis 2006 l'utilisation d'antibiotiques comme facteurs de croissance du bétail et impose un strict contrôle de l'utilisation des antibiotiques en élevage. On aimerait cependant que les compagnies norvégiennes qui participent à la production de saumon au Chili exportent aussi « l'éthique kierkegaardienne » sur le continent sud-américain. Cela ne semble pas être actuellement le cas…

Une morale à ces histoires : « pas d'antibiotiques chez les animaux en bonne santé » !

Pollution environnementale par les antibiotiques

Malgré ces alertes et ces évidences de succès d'approches alternatives vertueuses, on observe que chaque année une quantité égale d'antibiotiques est consacrée à l'élevage terrestre et à l'aquaculture. Or tous ces antibiotiques finissent par être éliminés dans l'environnement, largement non dégradés. Les chiffres sont vertigineux : 15 000 tonnes par an aux États-Unis et croissance rapide dans les pays émergents comme l'Inde et la Chine. Approximativement 300 000 tonnes d'antibiotiques seraient déversées chaque année dans la nature *via* les effluents des élevages terrestres et l'aquaculture intensive.

Plus encore, la contamination environnementale par les antibiotiques est aggravée par le rejet incontrôlé des eaux usées de complexes industriels fabriquant des antibiotiques et des médicaments. Les grands complexes pharmaceutiques près de Hyderabad en Inde sont des producteurs majeurs pour le marché mondial de molécules de base pour la thérapeutique et de génériques, dont bien sûr des molécules antibiotiques. De loin les plus fortes concentrations de médicaments sont retrouvées dans les effluents de la station de traitement des eaux usées de ce complexe industriel. On y retrouve des concentrations élevées de molécules d'antibiotiques à large spectre. La ciprofloxacine est la molécule retrouvée à la plus haute concentration (31 000 microg/L) excédant la concentration bactéricide sur certaines bactéries d'un facteur 1 000[15] ! L'Inde a annoncé en avril 2017 qu'elle régulerait sous trois ans le relargage d'antibiotiques dans l'environnement à partir de ses usines de production. Les trois ans sont largement écoulés, on attend avec impatience de savoir si la promesse a été tenue. Gageons que la pandémie de Covid-19 et la tension majeure qu'elle a induite aient transformé en vœux pieux ces belles promesses. De grands laboratoires pharmaceutiques ont aussi promis de faire pression sur leurs pourvoyeurs de molécules de base. Là aussi, on est en droit de se poser des questions et pourtant, il est vraiment temps d'agir.

Les eaux usées d'hôpitaux et de communautés urbaines sont aussi une source majeure d'antibiotiques, et de souches antibiorésistantes qui les accompagnent. Ces molécules et micro-organismes convergent vers les rivières et leurs sédiments. Selon l'OMS, 65 % des rivières véhiculent de faibles concentrations d'antibiotiques, surtout hémisynthétiques, en moyenne de 10 microg/L. Les pays les plus pauvres montrent les concentrations les plus élevées, probablement du fait de la limitation en nombre et qualité des stations de traitement des eaux usées. Les concentrations les plus élevées concernent la ciprofloxacine et l'ofloxacine. Elles affectent bien entendu les communautés microbiennes des rivières et de leur faune.

Tout compris, le chiffre de 1 million de tonnes d'antibiotiques déversées annuellement dans l'environnement est sérieusement avancé. Les antibiotiques sont aujourd'hui passés du statut de *magic bullet* pour reprendre les termes de Paul Ehrlich à celui de polluants environnementaux...

Si le pourcentage de micro-organismes antibiorésistants ou la richesse en gènes d'antibiorésistance a rapidement augmenté pour toutes les familles d'antibiotiques, touchant d'abord les espèces bactériennes associées à l'homme et aux animaux, c'est maintenant un fait aussi établi pour les bactéries du sol et étayé par de nombreuses études portant sur différents écosystèmes telluriques et aquatiques[16].

Tous les écosystèmes microbiens sont donc concernés : homme, animal, eau, sol sont contaminés, infligeant une pression globale sur le monde microbien, sélectionnant et amplifiant des mécanismes de résistance à partir d'un pool évalué à 20 000 gènes codant pour un possible mécanisme d'antibiorésistance, à l'échelle des dizaines de milliers d'espèces bactériennes analysées. On appelle ce réservoir global de gènes potentiels de résistance le « résistome ». C'est un exemple de sélection naturelle dont Charles Darwin aurait sans doute fait un pilier de sa théorie de l'évolution des espèces si le sujet avait alors été d'actualité... Une fois cette sélection effectuée, les faibles concentrations d'antibiotiques environnementales facilitent aussi la transmission et le maintien des séquences génétiques codant pour l'antibiorésistance.

L'impact de cette contamination antibiotique de l'environnement ne porte d'ailleurs pas que sur l'antibiorésistance, il explique aussi probablement une diminution de la diversité des espèces microbiennes au sein d'écosystèmes exposés dont on commence tout juste à mesurer la réalité. Au-delà de la diminution de la biodiversité « macroscopique », c'est aussi la biodiversité « microscopique » qui est menacée et l'impact de cette réduction est potentiellement dramatique sur la santé humaine, animale et végétale[17]. Nous reviendrons sur ce sujet dans le chapitre 45 « Faisons un cauchemar : le monde soudain privé de microbes ».

Allons plus loin dans le diagnostic et le pronostic. La pollution par les antibiotiques rompt l'équilibre des écosystèmes microbiens. Les dynamiques évolutives des populations microbiennes sont perturbées car les antibiotiques à faible dose altèrent la régulation de l'expression de gènes importants dans le métabolisme microbien. De plus, l'activation de la réponse de stress (SOS) bactérienne entraîne une augmentation du niveau de base de mutations, donc entraîne une diversification non maîtrisée des espèces bactériennes dans leurs écosystèmes. Il est intéressant de noter que l'exposition de *Salmonella* à des concentrations bactéricides de streptomycine donne lieu à la sélection de mutants résistants limités à un gène : *rpsL*. Par contre, l'exposition de *Salmonella* à des concentrations subinhibitrices de streptomycine mimant la situation d'une pollution environnementale entraîne la sélection de mutants de plus haut niveau de résistance du fait de la combinaison de mutations dans différents systèmes (gènes codant les ARN ribosomaux, plus gènes codant pour le transport des antibiotiques aminoglycosides, plus induction d'un gène codant une enzyme modifiant ces antibiotiques dont la streptomycine est le chef de file). Donc, même une pression sélective faible peut sélectionner des mutants de haut niveau de résistance[18].

On voit ici la complexité des intrications, en termes d'équilibres écologiques microbiens entre présence de faibles doses d'antibiotiques, apparition et maintien de résistance, mais aussi déséquilibre systémique des populations microbiennes concernées, tant dans leur diversité que dans leur fonctionnalité. On voit moins bien les mécanismes possibles de résilience et de remédiation au déséquilibre subi par ces écosystèmes microbiens. Et l'on n'a encore pas abordé les effets aggravants probables du réchauffement climatique… Les microbes en ont vu d'autres en 2 milliards et demi d'années, me direz-vous. Possible, mais peut-on en être si sûr ?

Les outils développés ces dernières décennies, en particulier le diagnostic moléculaire des genres bactériens, la génomique comparative, voire maintenant la métagénomique permettent d'explorer avec une haute résolution les déséquilibres des écosystèmes microbiens ainsi que les échanges de bactéries résistantes, voire de gènes de résistance entre différents écosystèmes. L'épidémiologie est aussi devenue écologique et moléculaire. Il est devenu facile, par exemple, de tracer le passage de bactéries résistantes aux antibiotiques d'animaux domestiques à l'homme et *vice versa*, grâce à une approche de génomique comparative montrant l'identité des souches au niveau de leurs génomes, ou de gènes de résistance inclus dans les éléments génétiques ayant permis leur transfert. Cela reste beaucoup plus difficile à partir de l'environnement[19]. Bien, les outils sont là, mais pas encore et de loin les changements salutaires de comportements humains indispensables pour sortir de cette impasse.

CHAPITRE 14

Les bactéries font de la résistance

En 1952, le pronostic optimiste de Rollo et Williamson ignorait la première description, en 1947, d'une résistance de *Staphylococcus aureus* à la pénicilline[20]. Les staphylococcies étaient dans la première moitié du XXe siècle la cause principale d'infections hospitalières, particulièrement dans les environnements chirurgicaux[21]. Abraham et Chain avaient d'ailleurs, dès 1940, identifié une enzyme bactérienne capable de détruire la pénicilline[22]. La résistance à la pénicilline existait avant même la mise sur le marché de l'antibiotique que certains ont qualifié de « plus grande découverte de la médecine ». Il fallut finalement moins de cinq ans d'utilisation progressive de cet antibiotique pour voir apparaître cette résistance à un niveau cliniquement significatif et préoccupant, car l'arsenal antibiotique de la fin des années 1940 était réduit. L'industrie pharmaceutique se lança alors dans une véritable « course aux armements » qui reposa largement sur les travaux de Doyle et Nayler. Ceux-ci proposèrent dès 1959 la formule et la structure de l'acide 6-aminopénicillanique, la fameuse « petite maison avec son garage adjacent », qui permit de réaliser des molécules hémisynthétiques illustrant, comme pour les sulfamides, la puissance de la chimie thérapeutique. L'année qui suivit vit apparaître deux molécules symboliques par leur signification pour l'antibiothérapie en plein développement : la méthicilline, résistante aux pénicillinases de staphylocoques, et relançant ainsi le traitement des staphylococcies devenues résistantes à la pénicilline, et l'ampicilline dont le spectre d'activité s'étendait aux bactéries à Gram négatif, en particulier aux entérobactéries comme *E. coli*, *Salmonella*, *Shigella*, *Klebsiella*[23].

Finalement, aucun des nombreux antibiotiques à venir n'échappa tôt ou tard à la règle implacable de la résistance bactérienne[24].

Résistance et résistance à la résistance : mécanismes et stratégies

Certains microbes résistèrent néanmoins à la résistance, comme la vancomycine qui « tint » une trentaine d'années avant de céder à des souches d'entérocoques menaçant cet antibiotique très actif sur les bactéries à Gram positif[25]. Tsutomu Watanabe publiait dès 1964 un article précisant le contexte de cette épidémie croissante de l'antibiorésistance. Il y montrait qu'entre 1950 et 1964, *Shigella*, le pathogène responsable de la dysenterie bacillaire endémique dans le Japon dévasté de l'après-guerre, avait vu sa résistance passer de moins de 10 à 60 % pour les antibiotiques à l'époque disponibles pour traiter cette infection : streptomycine, chloramphénicol et tétracycline. Dans le même temps, la production mondiale annuelle de ces antibiotiques était passée de 1 à 100 tonnes. Corrélation n'est pas causalité mais quand même. C'est cet article qui motiva mon intérêt pour *Shigella* et la résistance aux antibiotiques au début de ma carrière car il fut vite montré que ces résistances étaient souvent portées par des gènes positionnés sur des plasmides – des éléments génétiques extrachromosomiques indépendants et souvent transmissibles. La génétique moléculaire naissante allait trouver là un champ d'application formidable[26].

Certains genres ou espèces bactériens sont naturellement résistants à certains antibiotiques ou, inversement, certains antibiotiques ne « marchent » pas sur certaines bactéries. Cela définit le « spectre de base » de l'antibiotique. Il ne viendrait à l'idée d'aucun clinicien de donner de la vancomycine dans une pyélonéphrite à *E. coli*. Cet antibiotique ne « marche » que sur les bactéries à Gram positif. Cette résistance naturelle est liée à de nombreux facteurs, mais en général le facteur central est l'absence, dans la bactérie naturellement résistante, de la cible de l'antibiotique ou son inaccessibilité – ce n'est pas notre sujet. Nous avons vu que nous disposons d'une diversité d'antibiotiques telle qu'il existe toujours une solution thérapeutique.

La crise de l'antibiorésistance répond à des « résistances acquises » sous la pression sélective des antibiotiques qui peuvent d'ailleurs correspondre au « recyclage » de mécanismes de résistance naturelle[27].

Ces résistances peuvent être liées à des mutations altérant la cible de l'antibiotique sans trop handicaper la bactérie mutée, c'est-à-dire sans créer un manque de compétitivité qui ferait que la bactérie antibiorésistante soit naturellement éliminée. Cet équilibre est subtil et aléatoire. À l'extrême, lorsque l'on génère au laboratoire des mutants d'*E. coli* à la streptomycine sur un gradient de concentration de cet antibiotique, certains de ces mutants affectés dans des protéines ribosomales ont besoin de streptomycine pour croître correctement. On les dit streptomycine-dépendants (SmD). Les résistances de *M. tuberculosis* aux antituberculeux, par exemple, sont dues à des mutations.

En règle générale, les mutations protègent la cible bactérienne de l'antibiotique : mutations dans les PBP assurant la synthèse du mur bactérien, entraînant une résistance aux bêta-lactamines ; mutations dans l'ARN – polymérase, entraînant la résistance à la rifampicine ; ou dans les protéines ribosomales, entraînant la résistance à la streptomycine.

Ces résistances peuvent aussi être liées – c'est le cas le plus fréquent – à un transfert horizontal de gènes à partir d'une autre espèce bactérienne résistante, pas nécessairement pathogène. Il s'agit alors souvent d'une modification de la cible de l'antibiotique par une enzyme modifiant, par exemple, la composition des ponts peptidiques assurant la cohésion du peptidoglycane responsable de la résistance à la vancomycine. Ce peut être aussi le remplacement de la cible, comme les protéines de protection du ribosome, rendant la bactérie résistante aux tétracyclines. Ce peut être enfin une protection contre l'accès de l'antibiotique à sa cible par l'apport d'une pompe à efflux dérégulée chassant l'antibiotique à peine a-t-il pénétré dans la bactérie. Ces pompes à efflux sont fréquemment dérégulées dans des espèces bactériennes telluriques soumises à de forts niveaux de polluants toxiques. Ces espèces sont de « généreux donneurs » de gènes codant ces pompes à efflux particulièrement efficaces aux souches bactériennes hospitalières.

Il faut cependant noter que l'un des mécanismes les plus fréquents de résistance est la production d'enzymes détruisant ou inhibant l'activité de l'antibiotique. Ces propriétés de résistance sont aussi largement fournies par transfert horizontal des gènes codant pour ces enzymes à partir de souches résistantes. Ces enzymes peuvent causer des modifications structurales de l'antibiotique affectant son site d'action sur sa cible bactérienne, par addition d'un résidu acétyle ou phosphate, respectivement par une acétyltransférase ou une phosphotransférase dans le cas des aminoglycosides.

Ces enzymes peuvent aussi détruire l'antibiotique par hydrolyse de la molécule, altérant irréversiblement sa fonction. C'est le cas de la résistance aux bêta-lactamines reposant sur un spectre possible d'un millier de bêta-lactamases : pénicillinases, céphalosporinases et carbapénémases, qui peuvent être mises en perspective évolutive sur un arbre phylogénique[28].

L'organisation collective des bactéries est un autre élément important consolidant la résistance aux antibiotiques. La plupart des bactéries, y compris en conditions d'infection, sont organisées en communautés mono- ou pluribactériennes « cimentées » par une matrice, que l'on appelle biofilm. Nous les avons déjà évoqués. Dans ces biofilms, même si elles n'expriment pas de facteurs d'antibiorésistance dédiés, tels que décrits dans les paragraphes précédents, les bactéries sont protégées des antibiotiques qui sont piégés dans la matrice formée de polyosides, de protéines et d'ADN bactériens. On parle éventuellement de « réfractance » aux antibiotiques. Ce piège tient à l'obstacle physique et à des phénomènes de charge électrique de surface adsorbant les molécules d'antibiotiques. Par ailleurs, au sein de ces biofilms, les bactéries sont en situation métabolique variable, mais pour beaucoup dormantes, ne se divisant pas. Or, pour les grands antibiotiques bactéricides, en particulier les bêta-lactamines, la division bactérienne est indispensable pour que l'effet bactéricide s'applique. Certaines de ces bactéries, par mutation, deviennent de véritables *persisters*, en dormance dans les foyers infectieux et impossibles à éradiquer. La mise au point de molécules et de méthodes permettant la dispersion des biofilms, ramenant les bactéries à leur état planctonique de sensibilité, représenterait un progrès majeur dans la prise en charge du processus de résistance aux antibiotiques pris dans sa globalité[29].

CHAPITRE 15

Bactéries *vs* antibiotiques : vieille histoire et lutte continue

Transfert latéral de gènes et évolution à court et à long terme

Contrairement au monde eucaryote, chez les bactéries, le transfert latéral de gènes (TLG) est un déterminant majeur du réarrangement et de l'évolution des génomes. L'étendue des réarrangements est considérable, atteignant 25 % du génome de certaines espèces et dérivant de TLG survenus sur de longues périodes d'évolution. On parle ici de centaines de milliers, voire de millions d'années, avec des accélérations lors d'événements ayant imposé à certains membres de cette espèce une brutale pression sélective que seul le TLG pouvait résoudre, la survenue de mutations étant trop lente à assurer l'évolution adaptative. Certains se sont demandé si cette modalité d'évolution remettait en cause les principes de Charles Darwin concernant l'évolution des espèces sous la pression de la sélection naturelle. En résumé, la capacité d'évolution génomique « rapide » du monde procaryote remettrait-elle en cause l'universalité de la théorie darwinienne ? Il me semble qu'il n'en est rien, au contraire… Les bactéries nous montrent que ce principe est tellement puissant et universel que l'embranchement de l'arbre de la vie le plus divers et le plus sensible aux changements environnementaux a profité de sa nature unicellulaire et de sa physiologie particulière pour privilégier le TLG, mode d'adaptation génétique rapide, à côté des mutations plus lentes. Ce qui est vrai pour *E. coli* ne l'est pas pour une fois pour l'éléphant. Et alors ? Dans le féroce combat pour la survie des espèces, la fin justifie les moyens… Pas de quoi remettre en cause l'universalité de la théorie darwinienne.

Certaines espèces bactériennes peuvent donc présenter des capacités d'évolution à plus court terme, comme *E. coli* dont le génome de base est d'environ 2 000 gènes présentant une forte identité chez tous les isolats – le « core génome » – pour un nombre total de gènes d'environ 4 500. Par contre, le « pangénome », c'est-à-dire l'ensemble des gènes différents, colligés et annotés à partir de la séquence des génomes de milliers d'isolats différents d'*E coli*, représente environ 20 000 gènes[30] ! Ce pool impressionnant de gènes du pangénome d'*E. coli* reflète les modes de vie divers auxquels furent soumis, et finalement se sont adaptés, les divers isolats de cette espèce ubiquitaire recouvrant des commensaux et des pathogènes dans un nombre inestimable d'écosystèmes animaux, terrestres et aquatiques. Ces gènes entrent dans le cadre de régulateurs et effecteurs de l'adaptation à l'environnement métabolique, à la pathogénicité – assurant l'identité de « pathovars » – et bien sûr des régulateurs et effecteurs de la résistance aux agents anti-infectieux : antiseptiques, métaux lourds et antibiotiques. D'autres espèces bactériennes comme *Streptococcus pneumoniae* pour les bactéries à Gram positif présentent aussi un déséquilibre majeur entre taille du core génome et du pangénome. Une partie importante du pangénome des pneumocoques correspond à la diversité des capsules caractéristiques de cette espèce, mais la résistance à la pénicilline dont le niveau et la prévalence n'ont pas cessé d'augmenter jusqu'aux années 2000 représente un remarquable modèle d'évolution rapide sous pression sélective par un antibiotique. Au fur et à mesure qu'augmentait cette pression, on a vu sur une vingtaine d'années augmenter – lentement mais sûrement, quantum par quantum – la CMI des pneumocoques à la pénicilline, jusqu'à atteindre une résistance se traduisant effectivement par des impasses thérapeutiques lorsque les souches étaient aussi résistantes à d'autres antibiotiques comme les macrolides. Cette résistance croissante à la pénicilline s'avéra largement due à l'acquisition progressive par les pneumocoques de gènes codant pour des PBP provenant de commensaux, essentiellement bucco-pharyngés, dont les CMI à la pénicilline étaient naturellement élevées. Le pneumocoque fait en effet partie d'une catégorie de bactéries dites « compétentes », ce qui leur permet très facilement d'acquérir des brins d'ADN de bactéries partageant la même niche écologique. Les séquences étrangères codant pour les PBP vont alors se recombiner au génome du pneumocoque et se substituer au gène homologue originel. La répétition de ces événements, PBP par PBP puisqu'il faut une batterie d'enzymes assurant les étapes successives de la synthèse du peptidoglycane, crée une véritable « mosaïque » de gènes étrangers assurant une résistance de haut niveau à la pénicilline[31]. En l'absence de pression sélective, de telles souches naturellement recombinantes demeureraient minoritaires et passeraient inaperçues, elles pourraient même disparaître par affaiblissement de compétitivité (*fitness*). On peut encore regretter que Charles Darwin ait peu connu les bactéries : il aurait adoré cette rapidité d'évolution et sans conteste, le TLG est un mécanisme évolutif plus rapide et expérimentalement plus abordable que la longueur du bec des bouvreuils ou la couleur des ailes des papillons.

Évolution accélérée

L'acquisition de l'antibiorésistance, dans le contexte actuel de son accélération, peut donc être vue comme l'exemple le plus clair d'évolution accélérée, largement mue par TLG, et efficacement sélectionnée sous la pression ubiquitaire des antibiotiques. Ce modèle d'évolution qui se déroule en temps réel – littéralement sous nos yeux – tire son efficacité de deux atouts.

D'abord un « résistome global », déjà mentionné, d'une incroyable diversité. Ce résistome global a pu être évalué par analyses et annotations comparatives au sein de bases de données comportant des dizaines de milliers de séquences génomiques de bactéries appartenant aux principales branches de l'arbre de la vie procaryote. Ces analyses ont révélé un réservoir de 20 000 gènes potentiels de résistance couvrant 400 types différents de mécanismes de résistance. Tous ne sont pas fonctionnels ou ne codent que pour des molécules candidates, mais tout de même, le réservoir est énorme et l'antibiorésistance ne manquera pas de sitôt de solutions alternatives[32]. Un exemple flagrant au sein de ce « résistome » – déjà mentionné – concerne les gènes codant des pompes à efflux capables de chasser les substances toxiques comme les métaux lourds ingérés par les bactéries. Des espèces à Gram négatif du genre *Shewanella* ont un mode de vie environnemental tellurique et certaines survivent à de hautes concentrations de mercure ou d'arsenic. Elles disposent de pompes à efflux superactives, dues à l'accumulation dans leurs gènes de mutations responsables de la dérépression de leur fonction d'efflux. Or, ces gènes mutés ont été retrouvés dans d'autres espèces bactériennes responsables d'infections hospitalières multirésistantes aux antibiotiques comme les *Acinetobacter*.

Le second atout est une large combinaison de systèmes de transfert génétique assurant à partir du résistome global un flux de gènes de résistance capable même de sauter certaines barrières taxonomiques, y compris entre bactéries à Gram positif et Gram négatif.

Nous avons parlé de l'augmentation progressive de la résistance du pneumocoque à la pénicilline par acquisition de fragments d'ADN étrangers portant des gènes codant pour des PBP mutées. Cette propriété d'acquisition de fragments d'ADN linéaires allant se recombiner à des séquences homologues du chromosome du pneumocoque récepteur est réservée à des espèces bactériennes dites « compétentes ». Outre le pneumocoque, *Bacillus subtilis*, *Neisseria gonorrhoeae* et *N. meningitidis*, *Haemophilus influenzae* et *Vibrio cholerae* sont des espèces naturellement compétentes. Ce mode de TLG est donc relativement restreint.

Pour les autres espèces, des éléments génétiques mobiles autonomes sont indispensables. Précisons tout de suite que si les bactériophages sont capables de transférer des gènes du métabolisme bactérien, leur rôle dans le transfert de gènes d'antibiorésistance demeure au mieux anecdotique, au pire controversé.

Les éléments génétiques mobiles dans le transfert latéral de gènes : plasmides, transposons, intégrons

Essayons de résumer clairement la nature de ces éléments génétiques mobiles assurant le TLG[33].

D'abord les plasmides. Sans conteste, ce sont les vecteurs les plus efficaces pour transmettre horizontalement des gènes de résistance aux antibiotiques. Ce sont des structures à double brin d'ADN, autoréplicatives, circulaires, extra-chromosomiques – on parlait initialement d'épisomes – autotransférables par conjugaison, de taille variable, allant de quelques milliers à plusieurs centaines de milliers de bases. La conjugaison comme mode de transmission de matériel génétique entre bactéries, que l'on nomma la « sexualité des bactéries », fut découverte par Josh Lederberg aux États-Unis dans les années 1940 et expliquée par Élie Wolmann et François Jacob à l'Institut Pasteur dans les années 1950, ce qui fit dire à mon ami le regretté Stanley Falkow, immense microbiologiste à l'humour inoubliable : « C'est un Américain qui a découvert la sexualité chez les bactéries, mais il fallut deux Français pour en expliquer les subtilités. » Les grands plasmides peuvent porter plusieurs systèmes de résistance à différents antibiotiques et ont donc la capacité de transférer en bloc et à haute fréquence un phénotype de multirésistance d'une bactérie donatrice résistante à une bactérie réceptrice sensible[34]. À noter que les plasmides peuvent aussi transporter d'autres gènes codant pour des propriétés métaboliques ou pour des facteurs de virulence.

L'efficacité du flux de transfert conjugatif de gènes d'antibiorésistance par des plasmides est amplifiée par la présence d'éléments génétiques mobiles capables de sauter de chromosome bactérien à plasmide et *vice versa* ou de plasmide à plasmide. Ce sont les séquences d'insertion ou IS. Ces éléments – dits transposables – sont très simples. Ils comportent un gène codant une enzyme, la transposase, encadré par des séquences répétitives inversées (*inverted repeat sequences* ou IRS), limitant l'IS et constituant le site de reconnaissance par la transposase. La reconnaissance sur la cible ADN nécessite deux courtes séquences directement répétées (*direct repeat sequences*). Les transposons ont donc une structure commune avec deux IS encadrant le ou les gènes de résistance. La transposase ne peut fonctionner que si elle reconnaît à la fois les deux courtes séquences répétées sur l'ADN cible et ses propres séquences répétitives inversées.

Ces IS – « éléments sauteurs » – ont de multiples fonctions dans l'évolution des génomes : ils peuvent inactiver certains gènes dans lesquels ils peuvent s'insérer, ou au contraire fournir un promoteur à un gène jusque-là inactif. Cependant, ces IS peuvent surtout recruter et transporter d'autres gènes, particulièrement des gènes de résistance aux antibiotiques, aux métaux lourds et aux antiseptiques. On parle alors de « transposons ». Ces éléments hybrides – IS-gènes de résistance –, par leur versatilité, enrichissent en gènes de résistance les séquences génétiques secondairement transférées, comme les plasmides.

De plus, ces flux continus de gènes sont entretenus par l'intervention, en amont des processus déjà décrits de transposition puis de conjugaison, d'éléments appelés « intégrons », découverts par Stokes et Hall à la fin des années 1980 dans le contexte de l'étude des flux de gènes de résistance aux antibiotiques[35]. Ce sont des plateformes ADN capables de pirater des séquences génétiques, de les intégrer dans une « cassette », les convertissant en véritables gènes parfaitement exprimés dont la capture par des éléments transposables-transférables les enrichit, comme un « Lego génétique », de nouveaux gènes, en particulier des gènes d'antibiorésistance.

Les intégrons sont principalement retrouvés chez les bactéries à Gram négatif. Ils s'avèrent être des systèmes très efficaces d'adaptation bactérienne à des contraintes environnementales changeantes comme l'exposition à des antibiotiques. Ce sont des éléments essentiels de la plasticité génomique des microbes, sous-tendant leur rapide adaptabilité. La structure de l'intégron est marquée par un système de capture de la cassette impliquant une enzyme clé, l'intégrase, ses promoteurs et ses séquences d'attachement-insertion. L'intégrase catalyse l'intégration séquentielle de cassettes de résistance, créant, grâce aux promoteurs, une structure d'opéron où les gènes de résistance vont être transcrits à partir du promoteur P_c. Ce sont des systèmes très anciens capables de pirater avec grande efficacité des gènes de résistance et de les « fonctionnaliser » pour redistribution[36]. Les intégrons ont sans doute joué dans l'évolution un rôle essentiel de fonctionnalisation de séquences du résistome.

Il en existe plusieurs classes sur la base de la séquence de la recombinase.

Les intégrons de classe 1 sont quasiment les seuls à transmettre des résistances. Ils sont essentiellement localisés dans des éléments génétiques très mobiles : plasmides et transposons, souvent associés aux « restes » d'un transposon (Tn402/Tn5070) ayant perdu son module de transposition mais fonctionnant par complémentation en *trans* par d'autres transposons. Les complexes intégrons-Tn402 et équivalents sont des *Res hunters* qui chassent le complexe de résolution (Résolvase/Res) essentiel à la réplication et à la mobilité des plasmides et des transposons[37]. Cela explique probablement leur tropisme pour les éléments génétiques et introduit une cohérence fonctionnelle entre fonctionnalisation des gènes de résistance à partir du résistome global, association à des transposons fonctionnels ou complémentés, et translocation favorisée en bloc sur des éléments génétiques très mobiles.

Ces « châssis génétiques » complexes sont anciens et n'ont pas nécessairement été « rodés » pour l'acquisition de la résistance aux antibiotiques. Certains châssis d'éléments mobiles pourraient avoir été préconditionnés pour diffuser au sein de certaines espèces bactériennes exposées à d'autres toxiques que les antibiotiques. Il n'est pas rare de retrouver intégrés dans ces châssis des gènes de résistance aux métaux lourds comme le mercure ou l'arsenic. La résistance au mercure existait bien avant l'apparition des antibiotiques modernes par nécessité de détoxification du mercure, très prévalent dans l'environnement, par une réaction de réduction rendue indispensable lorsque le dioxygène apparut sur la planète, rendant le mercure toxique. Le relais fut probablement pris, en matière de pression sélective chez les bactéries d'importance médicale, par les antiseptiques contenant du mercure[38]. Ayant commencé à capturer des gènes de résistance au mercure, ce châssis s'est trouvé *de facto* un candidat parfait pour la capture de gènes de résistance aux antiseptiques et aux antibiotiques dans les souches de bacilles à Gram négatif contemporaines.

Nous avons vu ici comment peuvent se roder et s'optimiser des plateformes génétiques complexes, à la longue histoire évolutive, d'une redoutable efficacité pour capturer et fonctionnaliser des gènes de résistance aux antibiotiques, et les repositionner sur des systèmes de transposition et de transfert conjugatif ultra-efficaces.

CHAPITRE 16

Une crise dans la crise, la menace des carbapénèmases

Il est temps de parler des carbapénèmases, ces enzymes dont la saga, depuis l'apparition de la famille des carbapénèmes, résume à elle seule des aspects clés de la vague d'antibiorésistance. Les carbapénèmes, apparus dans les années 1990, sont les derniers-nés de la grande famille des bêta-lactamines. Naturels ou semi-synthétiques, ils sont issus d'une espèce particulière de *Streptomyces*. Jusque-là, rien d'original, sauf que ces carbapénèmes ont une haute affinité pour les PBP (protéines qui se lient à la pénicilline, voir chapitre 12) des bactéries à Gram négatif et une excellente pénétration dans le corps bactérien, donc une forte activité bactéricide à large spectre. Cerise sur le gâteau, les carbapénèmes présentent une grande résistance aux centaines de bêta-lactamases accumulées au fil des dernières décennies et ayant progressivement mis hors-jeu les générations successives de bêta-lactamines dans les environnements à haut risque de prévalence de l'antibiorésistance. Donc une révolution et des attentes légitimes. On fit très attention, dans les pays échaudés par la crise en cours, à être parcimonieux afin de préserver ce « joyau ». Ce ne fut malheureusement pas partout le cas.

Dès le début des années 1990, on commença à rapporter des résistances, de niveau variable et de mécanismes divers : mutations entraînant une baisse d'affinité des PBP cibles ou une baisse de la perméabilité membranaire bactérienne à ces molécules. De nouvelles enzymes aussi, surtout des métallo-bêta-lactamases vite appelées « carbapénèmases ». Ces résistances demeuraient cependant sporadiques, confinées à une espèce, voire un clone bactérien, mais apparemment sans dispersion. Pouvait-on pour autant dormir tranquille ? Dès 2005, des microbiologistes français et anglais, spécialistes internationaux des bêta-lactamases, s'interrogeaient : « Est-ce le calme avant la tempête[39] ? » Et la tempête survint… Une nouvelle enzyme au nom vite controversé : NDM1 pour « New Delhi metallo-beta-lactamase 1 ». En décembre 2009, NDM-1 est décrite par le groupe de Tim Walsh[40] chez un patient suédois adepte du « tourisme médical », ayant présenté en Inde une infection urinaire à *Klebsiella pneumoniae* multirésistante.

En échec thérapeutique à Delhi, le patient est rapatrié en Suède où, en collaboration avec le groupe de Tim Walsh au Royaume-Uni, est identifié le gène $bla_{NDM\text{-}1}$ codant pour une nouvelle métallo-carbapénèmase particulièrement active. Plus encore, ce gène était retrouvé sur un grand plasmide (pNBD1) dans une souche d'*E. coli* isolée dans les selles du patient. Le gène était intégré dans une séquence de 4 300 bases en association avec tout ou partie d'un transposon qui pouvait varier selon les espèces et avec un intégron de classe 1 formant ainsi un châssis génétique complexe pouvant aussi comporter des gènes de résistance (pompe à efflux), des gènes métaboliques et de virulence, le tout sur un plasmide. Les châssis des entérobactéries et de *Pseudomonas aeruginosa* sont assez semblables. Ceux retrouvés chez *Acinobacter* diffèrent et peuvent être localisés sur un plasmide ou sur le chromosome. Nouveauté donc : le gène $bla_{NDM\text{-}1}$ existait d'ores et déjà dans plusieurs espèces et était localisé sur un plasmide, prêt pour la dissémination. L'article concluait : « Ce nouveau mécanisme de résistance est clairement apparu en Inde, mais nous manquons de données sur son extension actuelle dans ce pays. » La réponse ne se fit pas attendre : en mars 2010, une étude menée dans un hôpital de Bombay montrait que la plupart des souches résistantes aux carbapénèmes portaient le gène $bla_{NDM\text{-}1}$[41].

La suite ? En mai 2010 une infection par une souche porteuse de $bla_{NDM\text{-}1}$ est détectée chez un habitant de Coventry au Royaume-Uni. Il avait séjourné en Inde dix-huit mois auparavant et y avait subi une hémodialyse. Les auteurs préviennent du « risque d'extension rapide de NDM-1 avec de possibles conséquences très sérieuses[42] ». Ensuite, comme dans toute épidémie, tout s'emballe. En juin 2010, les CDC (centres de contrôle et de prévention) américains rapportent 3 cas, tous correspondant à des patients traités en Inde. En août 2010, une étude indo-britannique rapporte plus de 100 cas en Inde ou chez des patients originaires d'Inde. Toutes les souches portaient le gène *bla*$_{NDM\text{-}1}$ sur un plasmide autotransférable[43]. Un éditorial dans le même numéro présente NDM-1 comme « un clone aux ambitions planétaires ». La pandémie est en marche, même scénario les mois suivants au Canada, au Japon, en France, etc. La tempête prévue a bien eu lieu[44].

Une crise multiniveaux : du gène au système médical et aux échanges internationaux

Le ministère indien de la Santé s'est fortement élevé contre l'article de Muir et collaborateurs dans le *Lancet*, jugeant ses conclusions injustes et stigmatisantes vis-à-vis du corps médical et des hôpitaux indiens. Les politiciens s'en mêlèrent, dénonçant une « propagande malicieuse » visant à écarter les touristes d'Inde. Musique familière, déni classique où la santé se retrouve soudain otage du nationalisme. La stigmatisation du corps médical indien tenait d'ailleurs surtout du fantasme politique – très sagement un éditorial du *Journal of the Association of Physicians of India* déclarait à cette même époque : « Les médecins indiens n'ont pas encore pris sérieusement la mesure du problème de la résistance aux antibiotiques. » Tout était dit…

Au fond, la sociologie des réactions officielles est très similaire, qu'il s'agisse de pandémie virale ou de pandémie de gènes d'antibiorésistance, et les conséquences de la non-maîtrise des conditions de survenue et des dénis initiaux peuvent être catastrophiques.

L'ensemble de la planète est maintenant touché, à l'exception de l'Amérique du Sud. Il faut bien comprendre que, comme pour le Covid-19, le problème épidémiologique actuel n'est pas tant la petite minorité de patients infectés par ces souches porteuses du gène *bla*$_{NDM\text{-}1}$ que la grande majorité de porteurs asymptomatiques. Pour les souches NDM-1, c'est essentiellement un portage chronique au sein de la flore microbienne intestinale, posant la question de méthodes innovantes d'éradication ciblée de ces « superbugs », car on ne peut pas mettre tous ces porteurs sains en quarantaine. L'Inde ne semble plus être le seul réservoir : elle a été rejointe par le Pakistan (20 % de sujets porteurs) et une partie du Proche-Orient.

Au fond NDM-1 nous montre un continuum de risque de dispersion d'un élément génétique allant de l'usage non maîtrisé des antibiotiques à l'intégron, au transposon, au plasmide, au tourisme médical et aux échanges internationaux.

CHAPITRE 17

Sur la piste des gènes de résistance aux antibiotiques, naissance de l'archéomicrobiologie

Entre les années 1940 et le début des années 1970, le monde microbien associé à l'homme, puis rapidement au-delà des frontières de la médecine humaine, a été soudain soumis à une agression probablement sans précédent depuis leur apparition sur la terre. En trente ans, 160 molécules antibiotiques naturelles et leurs dérivés hémisynthétiques ont été développés, commercialisés et massivement utilisés, certains à spectre étroit, d'autres à spectre large. Cet arsenal nouveau, l'un des piliers de la médecine moderne, a offert les succès que l'on connaît dans la guérison des infections bactériennes. Mais il devait rapidement se payer d'un retour de bâton[45]. À cette pression sélective nouvelle et brutale, le monde bactérien répondit par une « réaction darwinienne » : l'antibiorésistance. Ce qui était nouveau, ce n'était pas les antibiotiques, c'était la violence de l'offensive. Les antibiotiques existaient avant l'antibiothérapie. Si l'on excepte les sulfamides issus de la chimie des colorants, les antibiotiques initiaux, la pénicilline de Fleming, Chain et Florey, la streptomycine de Waksman n'étaient autres que des molécules naturelles synthétisées par des micro-organismes telluriques : *Penicillium*, *Actinomyces*, etc. La fonction biologique naturelle de ces molécules demeure mal connue. Il est fort probable qu'il s'agisse de molécules assurant l'équilibre bactérien des populations au sein d'écosystèmes telluriques complexes. Ainsi les gènes de résistance

– le résistome – apparurent chez ces micro-organismes producteurs afin d'éviter leur suicide lors de l'induction de l'expression de la molécule antibiotique. Telle fut l'hypothèse émise par Julian Davies et Patrice Courvalin au Canada dès 1977[46].

On peut malgré tout se demander si, dans ce contexte, les débuts de l'antibiothérapie n'ont pas été antérieurs aux années 1940. En 1980, une équipe du département d'anthropologie de l'Université du Massachusetts, en collaboration avec un groupe de Détroit spécialisé dans la minéralisation osseuse, publie dans *Science* un article rapportant une observation exceptionnelle : à la suite de la mise au jour d'une sépulture nubienne dans l'oasis de Dakleh au Soudan, datée entre 350 et 500 après J.-C., l'étude des fémurs de restes humains montrait une très forte autofluorescence du tissu osseux, correspondant précisément à la longueur d'onde de la tétracycline[47]. La molécule de tétracycline est connue pour son fort tropisme pour l'hydroxyapatite de l'os et de l'émail dentaire. C'est de ce fait le seul antibiotique que l'on peut retrouver dans des restes humains car tous les autres antibiotiques se fixent sur des cibles moléculaires biodégradables. Le niveau de fixation osseuse mesuré sur ces vestiges, y compris sur des squelettes d'enfants, indiquait qu'il devait s'agir d'un apport alimentaire. La fermentation des aliments et des boissons était connue à cette époque : elle avait fort probablement été produite par un cocktail contenant des actinomycètes producteurs de tétracycline. Les habitants de cette région avaient-ils noté une moindre survenue de maladies infantiles ? On ne le saura sans doute jamais, mais une étude publiée en 1989 montrait moins de cicatrices d'infections osseuses chroniques que dans d'autres populations. Difficile d'en tirer une conclusion certaine, mais on peut rêver que l'antibiothérapie fut découverte plusieurs fois sur des bases de sérendipité. Après tout, n'est-ce pas sur cette base que fut découverte la pénicilline ? Quoi qu'il en soit, les antibiotiques existent depuis des milliards d'années et *de facto* existe aussi leur contrepartie : l'antibiorésistance. Des gènes de résistance issus de gènes codant pour des fonctions bactériennes physiologiques se sont dupliqués et modifiés par une succession de mutations adaptatives. Ils ont fini par créer la base d'un résistome demeurant silencieux dans des écosystèmes naturels fermés et à l'équilibre. L'avènement des antibiotiques comme outil médical à partir des années 1940-1950 fut un énorme coup de pied dans la fourmilière dont témoigne ce résistome.

La paléomicrobiologie, qui consiste à retrouver des traces fossiles de micro-organismes sous forme d'acides nucléiques, de lipides ou de protéines, exige des échantillons historiquement et archéologiquement confirmés[48]. Sur des restes de squelettes humains, à l'exception de l'espace alvéolaire, entre émail dentaire et os de la mâchoire et du tartre dentaire, le recueil d'acides nucléiques fossiles en quantités significatives est exceptionnel et l'on ne peut assez insister sur les risques de contamination par de l'ADN tellurique plus récent. C'est paradoxalement l'état très dégradé de l'ADN extrait, donc la difficulté de son exploitation, qui sera garante de son authenticité…

En ce qui concerne l'ADN bactérien – source d'information habituellement choisie – que l'on va amplifier et séquencer, la quantité est très limitée et il est très altéré par une extrême fragmentation due à des nucléases activées lors de la mort des bactéries et par l'oxydation de certaines bases qui change leur nature chimique et bloque le processus d'amplification-séquençage. Ces méthodes ont néanmoins permis de reconstituer les génomes de souches « historiques » comme les souches de *Yersinia pestis* responsables des grandes pandémies de peste et de leurs répliques ultérieures[49].

Cette approche reste cependant trop limitée en quantité et qualité de matériel utilisable, et trop étroite en spectre microbien disponible, pour obtenir une vision large du résistome bactérien chez nos ancêtres, jusqu'à l'avènement de l'antibiothérapie. Des études sont en cours pour tenter d'élargir le champ d'investigation par une approche métagénomique portant, par exemple, sur des restes de viscères intestinaux et le métagénome de leur microbiote. Il existe cependant un important risque d'erreur dû à l'accumulation avec le temps de contaminants issus de l'environnement de ces restes, comme déjà souligné. Les défis sont immenses et les moyens de cette nouvelle science écartelée entre archéologie, anthropologie et microbiologie, peu développée dans notre environnement académique, sont dérisoires. Et pourtant, une plongée archéomicrobiologique est essentielle pour comprendre la dynamique de l'évolution des gènes de résistance et des structures génétiques au sein desquelles ils sont – si l'on peut dire – « enchâssés[50] ».

Plus prometteuse actuellement en archéomicrobiologie est l'analyse de prélèvements par carottage profond du pergélisol (*permafrost* en anglais) – la couche congelée de la croûte terrestre – dans les latitudes du Grand Nord et les hautes montagnes, permettant de rapporter des échantillons dont la datation est possible. Ces prélèvements révèlent la présence de bactéries telluriques dites « psychrophiles » ou « psychrotrophes », c'est-à-dire capables de survivre, sinon de se multiplier en conditions de congélation. Après décongélation, des méthodes soigneuses de culture qualifiées maintenant de « culturomique » de ces bactéries « extrêmophiles » permettent de relancer leur croissance. Un article publié en 2017 par une équipe russe de microbiologie environnementale, en collaboration avec l'Institut Karolinska à Stockholm[51], a permis d'isoler d'échantillons carottés en Sibérie, à une profondeur correspondant au milieu du Miocène – c'est-à-dire environ 3,5 millions d'années avant Alexander Fleming... –, deux souches de staphylocoques. Le séquençage de leurs génomes a révélé que l'une des deux souches, de l'espèce *Staphylococcus hominis*, hébergeait dans son génome des gènes capables de coder des enzymes de résistance à la pénicilline, à la tétracycline, aux aminoglycosides, au chloramphenicol, à la phosphomycine, à l'acide fusarique, aux macrolides et aux lincosamides, c'est-à-dire à l'essentiel des familles d'antibiotiques naturels utilisées aujourd'hui. Plus encore, à l'exception de la bêta-lactamase (*bla*Z), l'identité des gènes avec ceux observés dans les souches contemporaines était de 99 % ! Des observations similaires s'accumulent. Comme attendu, les systèmes d'intégration des gènes de résistance permettant leur dissémination sont aussi retrouvés dans des souches anciennes. Un isolat de *P. aeruginosa* du pergélisol datant de 15 000 ans a montré la présence d'un intégron de classe 1 présentant toutes les caractéristiques d'un intégron d'isolat clinique résistant contemporain[52]. Les prochaines étapes concerneront l'étude des microbiotes de restes humains remarquablement conservés dans le pergélisol et se révélant à l'occasion du réchauffement climatique contemporain, qui entraîne un recul massif des divers environnements glaciaires. Les métagénomes bactériens de ces microbiotes devraient être plus abondants et moins altérés.

Moins aventureuse que le carottage profond en Sibérie, l'analyse comparée de génomes bactériens contemporains permet néanmoins de reconstituer l'histoire naturelle des gènes de résistance aux antibiotiques retracée par la construction d'arbres phylogéniques. Cette biologie évolutive analytique *in silico* basée sur la fréquence mutationnelle des gènes bactériens révèle la présence ancienne de gènes de résistance dans des espèces bactériennes, bien avant l'ère des antibiotiques[53]. Ces arbres phylogéniques combinés à l'analyse de l'évolution structurale des enzymes de résistance – « phylogénie structurale » – montrent par exemple que les sérine-bêta-lactamases et les métallo-bêta-lactamases remontent à 2 milliards d'années, certains des gènes qui les codent étant localisés sur des plasmides présents depuis des millions d'années[54].

Enfin, la bêta-lactamase et les gènes de ménage (paroi, membranes, métabolisme, efflux) sont totalement congruents chez *Klebsiella oxytoca*, indiquant la présence du gène codant pour la résistance depuis au moins l'apparition de l'espèce il y a 100 millions d'années.

Résumons : une nouvelle perspective se fait jour concernant l'antibiorésistance. Elle sort clairement des limites traditionnelles d'un écosystème clinique constitué de bactéries pathogènes sensibles ou résistantes aux antibiotiques, limité à l'hôpital, aux patients traités en ville, voire à la médecine vétérinaire. Cette perspective nouvelle s'est construite et considérablement élargie grâce à des approches phylogéniques et écologiques que nous venons de détailler. Les données phylogéniques révèlent qu'un certain nombre des gènes codant pour les résistances aux antibiotiques a une longue histoire évolutive qui prend ses origines bien avant l'ère des antibiotiques. Ces données sont confirmées par les approches écologiques, particulièrement les prélèvements dans le pergélisol, même s'ils n'offrent qu'une vision focalisée sur des espèces psychrophiles et psychrotrophes. Le transfert latéral de ces gènes au sein d'écosystèmes partagés, à partir de micro-organismes eux-mêmes producteurs d'antibiotiques, a sans doute représenté le cœur d'un pool limité de gènes appartenant essentiellement à des espèces à Gram positif. Dans la majorité des situations, il est probable que des gènes codant pour des fonctions physiologiques de base de la bactérie, que l'on appelle des gènes de ménage, ont été dupliqués et ont évolué par mutations successives vers des fonctions de résistance aux antibiotiques naturellement produits dans certains écosystèmes. Ce sont ces deux catégories de gènes qui se sont secondairement dispersées dans d'autres écosystèmes incluant des bactéries commensales et pathogènes avec lesquelles ils ont donc très tôt coévolué, ce qui se reflète dans la congruence observée entre leurs séquences et celles de gènes de ménage de ces espèces. Quel fut le moteur de cette dispersion durant les millions d'années qui ont précédé l'ère des antibiotiques ? C'est l'une des questions à résoudre car il est clair que l'indispensable contrôle de l'utilisation des antibiotiques ne sera pas nécessairement suffisant. D'autres paramètres contribuant à la diffusion et au maintien des gènes de résistance doivent être identifiés afin d'offrir des angles d'attaque complémentaires.

Il n'en demeure pas moins que cette plongée dans la nuit des temps de la vie du monde microbien est vertigineuse et ne manquera pas de faire fantasmer les jeunes générations de microbiologistes.

CHAPITRE 18

Le plus facile est derrière nous : les raisons de la « panne des antibiotiques » au XXIe siècle

Face à l'extension galopante de l'antibiorésistance, les mesures de prévention dominées par l'exigence d'une approche parcimonieuse globale de leur usage sont incontournables, nous en avons déjà largement parlé. Hormis un certain nombre d'approches alternatives dont l'efficacité thérapeutique ne remplacera probablement pas les propriétés bactéricides et de diffusibilité tissulaire et cellulaire d'un « vrai » antibiotique, la solution de la crise réside aussi dans l'enrichissement de l'arsenal actuel par des molécules innovantes présentant préférablement des modes d'action nouveaux, donc visant de nouvelles cibles impliquant des molécules originelles.

Il faut malheureusement constater que depuis vingt ans, à la suite de l'apparition des lipopeptides cycliques et des oxazolidinones, aucune nouvelle molécule significative n'est apparue sur le marché. Il existe certes des molécules candidates prometteuses dans différents « pipelines » académiques ou industriels, mais pas vraiment de « molécule miracle » en vue. On peut considérer que les causes de cette panne des antibiotiques sont scientifiques, économiques, ou les deux à la fois. En caricaturant un peu, on peut proposer deux lectures : la première est une lecture scientifique selon laquelle un bon antibiotique exige la coïncidence de propriétés bactéricides, d'une faible toxicité, d'une diffusion efficace dans les cellules et les tissus infectés et de propriétés pharmacocinétiques permettant l'établissement d'un pic de concentration bactéricide de durée suffisante au sein des foyers infectieux. Or cette coïncidence est rare et toutes les molécules répondant à ces critères ont peut-être été découvertes et sont sur le marché. La seconde lecture est économique et souligne que les efforts pour découvrir de nouveaux antibiotiques se sont relâchés devant les échecs de ces dernières décennies : ils ont été redéployés dans d'autres directions, au profit de la découverte de médicaments plus rentables, particulièrement pour traiter des maladies chroniques et non des maladies aiguës comme les infections.

J'aimerais proposer une lecture intermédiaire un peu moins déprimante. Elle consiste à considérer que nous avons cueilli jusqu'à présent les fruits les plus accessibles, ce que l'on appelle en anglais les *low-hanging fruits*, et que nous en avons malheureusement consommé un bon nombre. Il existe cependant d'autres fruits dans l'arbre, mais leur accessibilité est de plus en plus difficile et l'effort scientifique et économique produit est insuffisant au regard du défi.

Obstacles scientifiques et obstacles commerciaux

Quoi qu'il en soit, le plus facile est clairement derrière nous et nous sommes entrés dans une phase de plus en plus exigeante en matière d'engagement scientifique et d'investissements. Et défi il y a car, toutes méthodes de découverte confondues, moins de 10 % des molécules candidates présentent un mécanisme d'action antibactérien original. Exprimons les choses différemment : 90 % des « nouvelles » molécules découvertes par les criblages actuels correspondent à la redécouverte de familles d'antibiotiques déjà existantes. C'est ce que Gerry Wright, à l'Université McMaster au Canada, appelle la « réplication », en gros la redécouverte de l'eau tiède… Il convient donc d'être créatif afin d'assurer une « déréplication » efficace au sein des plateformes de criblage pour rééquilibrer la balance vers une détection plus efficace de molécules véritablement nouvelles[55]. Mais ce n'est pas fini. Parmi ces 10 % de molécules originelles, une très grande majorité n'ira pas jusqu'à l'enregistrement pour des raisons déjà mentionnées :

toxicité, mauvaise pharmacocinétique impliquant que les propriétés antibactériennes observées *in vitro* ne se confirment pas *in vivo*. Un autre élément de cette impitoyable sélection est bien entendu la facilité de survenue de résistances observées dès les premières étapes de l'étude ou anticipées sur la base de l'analyse *in silico* du résistome. Toutes ces étapes représentent autant de *check-points* qui vont conditionner le passage de ce que l'on appelle un *hit* (une touche) à une molécule sur laquelle on va véritablement s'engager, que l'on appelle un *lead* (une molécule à suivre). En 2008, on avait calculé que seules 15 molécules sur 167 pouvaient être qualifiées de *lead* en raison de leur originalité de fonctionnement et de leur niveau d'efficacité antibactérienne. C'est un taux d'attrition déjà élevé, mais à la fin du processus, ce sont à peine 1 % des molécules identifiées dans les criblages qui seront menées à des stades avancés de développement. Combinés à la quasi-certitude de la survenue à terme variable d'un ou plusieurs mécanismes de résistance, ces faibles espoirs de succès sont particulièrement démotivants pour l'industrie pharmaceutique, dont les regards se tournent vers d'autres horizons. On entre là dans les racines commerciales du mal : le faible retour sur investissement de la recherche de nouveaux antibiotiques. Sans vouloir être cynique, les antibiotiques souffrent d'un mal incurable : ils sont très efficaces pour un traitement le plus souvent court, de l'ordre de 5 à 10 jours pour des pathologies infectieuses courantes. Par ailleurs, n'est-il pas absurde de se lancer dans la recherche de nouvelles molécules antibiotiques alors que le message à juste titre martelé est non seulement « les antibiotiques, c'est pas automatique » – soyons donc parcimonieux dans leur utilisation –, mais aussi : tout antibiotique nouveau doit être préservé et utilisé uniquement s'il n'y a pas d'alternative – c'est la « sanctuarisation ». Imaginez la publicité d'une nouvelle lessive indiquant « à ne pas utiliser si une marque antérieure est disponible sur le marché »… Quel chemin parcouru depuis mes premiers stages d'externe puis d'interne dans les années 1970, où les visiteurs médicaux représentant diverses firmes d'antibiotiques nous traquaient dans les couloirs des services pour nous vanter la dernière sortie de leurs molécules que nous nous empresserions de prescrire à la première occasion… Je plaisante à peine. Le monde a changé mais la logique du marché demeure.

Si donc on cumule taux d'attrition et parcimonie d'utilisation pour des traitements courts, il ne faut pas chercher loin la motivation de développer des molécules dédiées à des maladies chroniques dont la prescription s'étalera éventuellement sur plusieurs années, voire à vie : hypertension artérielle, hypocholestérolémiants, diabète, maladies neurodégénératives et cancer. Le taux de retour sur investissement attendu d'un nouvel antibiotique est de 2. Celui d'une molécule nouvelle contre la maladie de Parkinson ou d'Alzheimer est évalué à plus de 30...

Sont en cause aussi l'alourdissement croissant des procédures de régulation et d'enregistrement permettant l'accès au marché, en particulier s'il s'agit d'une innovation radicale et non incrémentale comme la modification d'une molécule déjà existante, ainsi que les exigences renforcées dans le contrôle de qualité des produits (Good Medical Practice ou GMP), qui passe aussi par de plus larges études cliniques permettant de détecter des effets secondaires rares. Ces contraintes sont imposées au nom de la sécurité des patients mais contribuent aussi à compliquer les processus décisionnels en matière de lancement de programmes de recherche de nouveaux agents anti-infectieux. En conséquence, peu de Big Pharma poursuivent leurs programmes antibiotiques.

Le problème du retour sur investissement

Mais au fait, comment se fait l'évaluation des coûts d'investissement qui permettra de calculer ce fameux taux de retour qui pèse tant sur la décision d'engager un programme, surtout depuis que le marketing tend à prendre le dessus sur les aspects médico-scientifiques ?

C'est un calcul à trois paramètres principaux tenant compte 1) du coût des échecs qui pèse lourd du fait du fort taux d'attrition (le rapport entre le nombre de molécules identifiées en phase de découverte et le nombre de molécules accédant au marché), 2) des montants investis et 3) du temps écoulé entre prise de brevet et accès au marché. On parle en moyenne de 1,5 milliard d'euros par produit arrivant sur le marché. Aujourd'hui, 1 médicament sur 13 finit sur le marché alors que c'était le double il y a dix ans. La situation tend donc à se dégrader et c'est bien sûr encore pire pour les antibiotiques.

Les difficultés scientifiques

Il faut aussi s'interroger plus précisément sur le volet strictement scientifique de la « panne des antibiotiques ». Quelles sont les raisons de la difficulté d'identifier de nouvelles molécules ?

Comment se sont construites les diverses étapes de criblage de molécules candidates ? La source principale des antibiotiques de l'âge d'or était naturelle : des bactéries, des champignons voire des mousses telluriques. Ces entités moléculaires naturelles ont été utilisées initialement en l'état, moyennant purification et production de masse. Nous avons vu qu'avec la pénicilline, les étapes suivant la découverte avaient été tout sauf une sinécure. Cependant, il apparut très vite que cette approche était insuffisante pour trois raisons principales : certains antibiotiques présentaient un spectre d'activité trop étroit, ils devenaient vite l'objet de résistances et parfois leur tolérance et leur pharmacodynamique n'étaient pas optimales. Très rapidement, tout en préservant la base structurale de ces molécules naturelles (squelette ou *scaffold*), on développa une chimie d'hémisynthèse apportant des modifications moléculaires successives, en particulier en réaction à l'apparition de résistances, lançant une sorte de course aux armements sans fin dans laquelle la chimie thérapeutique semblait toujours avoir le dernier mot. Mais la course s'essouffla dans les années 1990, incitant à la recherche de nouvelles molécules à partir des mêmes environnements et des mêmes espèces sources. Malheureusement, nous l'avons vu, on aboutit à des substrats essentiellement similaires aux précédents par des effets de réplication.

Pensant que le gisement s'épuisait, on développa dans les années 1990-2000 un autre paradigme de criblage oubliant les composés naturels ou modifiés par hémisynthèse.

On combina deux approches nées des progrès technologiques ayant accompagné la révolution de la biologie moléculaire : une approche fondée sur l'ADN recombinant visant à identifier de nouvelles cibles microbiennes et une approche complémentaire visant à identifier leurs éventuels inhibiteurs. C'était une véritable inversion de paradigme, car au lieu de chercher des molécules antibiotiques puis, dans un deuxième temps, de caractériser la cible responsable de l'activité bactéricide, on identifiait d'abord la cible puis un éventail de molécules inactivant ces cibles. On mit beaucoup d'espoir, dans l'euphorie de la génétique moléculaire triomphante, dans cette rationalisation de la recherche de nouveaux antibiotiques. On allait voir ce qu'on allait voir... Finie la sérendipité à la Fleming !

Le choix des séquences à cloner et exprimer sous la forme de protéines cibles candidates – enzymes le plus souvent – était guidé par l'annotation bio-informatique des génomes de bactéries modèles devenus disponibles (*genome mining*). L'analyse proposait alors des fonctions possiblement vitales pour la bactérie que l'on validait par mutagenèse. Les protéines cibles purifiées – ce qui n'était pas toujours simple, surtout pour celles associées aux membranes – étaient alors disponibles pour un criblage automatisé et robotisé de librairies de dizaines de milliers de petites molécules, fruits de nombreuses « campagnes » de synthèse réalisées par l'industrie pharmaceutique. Pour des génomes bactériens de 3 à 5 mégabases*, on anticipe 400 à 500 gènes vitaux, c'est-à-dire environ 10 % des gènes. À ce stade intervenait la biologie structurale, pour analyser la cohérence du système « clé-serrure » et l'adapter au mieux par resynthèse ou ajouts secondaires sur la molécule initiale (on parle de *drug design*).

Cette approche se révéla efficace dans des modèles eucaryotes, permettant de découvrir des molécules très innovantes pour le traitement de certains cancers, lymphomes et leucémies, comme la série des inhibiteurs de tyrosine-kinases inaugurée par le Glivec, et même pour la découverte de traitements antiviraux novateurs dans le domaine du VIH et des virus de l'hépatite C et B. Par contre, dans le domaine des antibactériens, elle échoua. Ce fut une énorme désillusion qui ne fit qu'aggraver la crise de confiance dans la possibilité d'identifier de nouveaux antibiotiques. En fait, il n'existe pas de chemin direct entre gène et médicament, contrairement à ce que l'on essaya de nous faire croire. Pour prendre un exemple, entre 1995 et 2000, GSK a évalué les produits de plus de 300 gènes bactériens comme cibles possibles pour identifier de nouveaux antibiotiques, lors de 70 campagnes de criblage à haut débit de diverses librairies de petites molécules (probablement environ 500 000) ; le résultat fut très décevant[56].

* Une mégabase représente 1 million de paires de bases.

J'ai moi-même à cette époque participé au conseil scientifique de certaines start-up lancées par de brillants collègues universitaires, en Europe et aux États-Unis, sur le thème « nouveaux antibiotiques : du gène à l'innovation thérapeutique ». En dépit d'excellentes compétences en génétique moléculaire, biologie structurale et biochimie, les résultats furent globalement très décevants, produisant quelques molécules prometteuses *in vitro* qui ne passèrent généralement pas la barre des études *in vivo*, les propriétés bactéricides s'évaporant, souvent du fait d'une pharmacodynamique défaillante. Je pense avoir vu ces approches génomiques douloureusement accoucher une fois d'une molécule antistaphylococcique qui du fait d'une faible biodisponibilité finit en pommade dermatologique… Je préfère ne pas me souvenir des financements de capital-risque investis dans ces recherches. Je me souviens par contre des déceptions de mes amis qui avaient tant investi d'intelligence, d'énergie et d'espoir dans ces approches.

Qu'est-ce qui a mal tourné ? Beaucoup de choses, mais sans doute d'abord l'insuffisance de taille et de diversité moléculaire des librairies de molécules testées sur les cibles identifiées. Ces molécules étaient sans doute aussi trop issues de travaux sur les systèmes eucaryotes et non procaryotes. Il y a là un énorme défi de diversification, d'adaptation des librairies et d'intégration plus ambitieuse de la biologie structurale. Nous reviendrons sur un troisième paradigme en train de se mettre en place. Mais qu'est devenue dans tout cela notre bonne vieille chimie thérapeutique ? Elle est en crise.

Crise de la chimie thérapeutique, essor de la médecine moléculaire personnalisée

Bernard Meunier, éminent chimiste, spécialiste des processus oxydatifs, un de nos grands experts en chimie thérapeutique, ancien président de l'Académie des sciences et titulaire en 2014-2015 de la chaire d'Innovation technologique du Collège de France, porte un regard très critique sur le désinvestissement de l'industrie pharmaceutique vis-à-vis de la chimie, particulièrement en France. On ne peut que s'associer à cette crainte et être stupéfait d'apprendre que le *business plan* des grandes compagnies pharmaceutiques vise à l'échéance de 2030 une disparition de la chimie au profit d'un « tout-biothérapies[57] ». Peut-on expliquer cette stratégie ? C'est un sujet sensible. On peut avancer un certain nombre de points. Depuis environ trois décennies, les Big Pharma ont subi plusieurs mutations. Devant l'augmentation des tâches bureaucratiques induites par leur gigantisme multinational et par la nécessité de répondre aux exigences croissantes des organismes de régulation avant l'enregistrement et la mise sur le marché de leurs produits, une spirale s'est engagée, rompant les équilibres entre recherche fondamentale, recherche et développement, études cliniques et administration, très en faveur de cette dernière. Le sacro-saint « rapport » a pris le dessus sur la recherche, en tout cas la recherche fondamentale et la recherche et développement, à l'exception cependant des études cliniques dont le poids s'est lui-même considérablement accru du fait de l'attention croissante – et justifiée – portée à la détection précoce de possibles effets secondaires des produits à l'étude. Beaucoup de mes collègues de la recherche industrielle se plaignent amèrement de cette bureaucratisation de leurs tâches, les rendant moins attractives que la recherche académique, ce qui se fait sentir sur les performances de l'innovation.

Parallèlement, dans cette même période, les brillants succès de la biologie moléculaire se sont traduits par des avancées spectaculaires qui ont construit un corpus scientifique maintenant devenu le Graal de la « médecine moléculaire personnalisée » – on parle de *blockbuster*, en référence aux grands succès hollywoodiens. Ces avancées ont surtout porté sur des domaines comme la thérapie génique des maladies orphelines et le développement d'anticorps monoclonaux humanisés et de petites molécules dédiées à la neutralisation de récepteurs et de nœuds de signalisation clés dans le développement de certaines tumeurs, lymphomes ou leucémies. Le Glivec (Imatimib), petite molécule inhibitrice des tyrosines-kinases surexprimées dans de nombreux cancers, fut incontestablement le produit fondateur de ces thérapies, révolutionnant le traitement de la leucémie myéloïde chronique et des tumeurs stromales de l'estomac. Ces brillants succès affûtèrent les appétits des actionnaires pour ces approches révolutionnaires nécessitant certes de lourds investissements, mais « rapportant gros ». Ces thérapeutiques sont de fait très onéreuses et posent des problèmes aux systèmes de santé, même dans les pays nantis. Seulement, l'industrie pharmaceutique classique n'était pas formée à ces nouvelles approches nécessitant des compétences de base en génétique, en édition de génomes de lentivirus vecteurs, en criblage à haut débit de librairie de dizaines de milliers de petites molécules sur la base des réactions enzymatiques et des phénotypes cellulaires, en biologie structurale, afin de définir des modifications chimiques permettant de mieux adapter la « clé à la serrure ». Même si la chimie était toujours présente, elle était noyée dans un paradigme bien plus complexe nécessitant une véritable approche académique multidisciplinaire. Ces approches étaient typiques des recherches menées dans les start-up qui commencèrent à fleurir dans les années 1970-1980 aux États-Unis (voir chapitre 4). Les grandes firmes pharmaceutiques se lancèrent dès lors dans une course éperdue à l'achat de ces start-up lorsqu'elles présentaient un produit prometteur qui, de toute manière, ne pourrait être développé sans les moyens de production et le contrôle de qualité des grandes firmes. L'intérêt était donc mutuel, mais cette course généra encore plus d'instabilité au sein de ces grandes firmes, tant sur le plan des ressources humaines que des programmes. Cette spirale contribua certainement à « ringardiser » la chimie thérapeutique classique alors qu'elle est plus indispensable que jamais afin d'élargir la gamme de petites molécules disponibles pour les criblages à haut débit dans les divers systèmes pathologiques et sur les diverses cibles étudiées. Les quelque 100 000 molécules actuellement enregistrées pourraient devenir des dizaines de millions, augmentant considérablement les chances de *hits* pertinents au cours des campagnes de criblage. Par ailleurs, le recentrage des programmes vers cette médecine moléculaire personnalisée, très centrée sur les pathologies rares et chroniques comme les maladies génétiques, le cancer et les maladies neurodégénératives est certes un progrès pour les pathologies concernées, mais certainement pas – ou beaucoup moins – pour la découverte de nouveaux antibiotiques. Il fallait encore de nouveaux paradigmes combinant de nouvelles approches d'organisation de la recherche et un renouvellement des stratégies de recherche elles-mêmes.

CHAPITRE 19

Quelles solutions pour découvrir de nouveaux antibiotiques au XXIe siècle ?

« Rénover l'innovation » : nouveaux modèles économiques, nouvelles approches de recherche

L'assemblée de l'OMS a récemment émis six préconisations principales afin de guider les États dans leur engagement dans une stratégie globale de lutte pour le contrôle de l'extension de la résistance aux agents antimicrobiens[58] :

1. Engagement dans un plan national bénéficiant des financements nécessaires, s'accompagnant d'un suivi des actions et d'un engagement de la société civile.
2. Renforcement de la surveillance et de la capacité des laboratoires.
3. Assurer un accès ininterrompu aux soins et aux médicaments nécessaires et de qualité garantie.
4. Réguler et promouvoir l'utilisation rationnelle des agents anti-infectieux en médecine humaine et vétérinaire et dans l'élevage.
5. Accroître les mesures de prévention et de contrôle des infections.
6. Encourager la recherche et le développement de nouveaux outils.

Vaste programme, dont les préconisations montrent à quel point la lutte contre l'extension de l'antibiorésistance est intrinsèquement liée et dépendante de la lutte globale contre les maladies infectieuses.

L'OMS s'adresse aux États, selon ses prérogatives. Elle fait levier sur leurs fonctions régaliennes, particulièrement dans le domaine de la santé publique et de l'éducation. Cependant, la sixième préconisation est d'une autre nature. « L'encouragement de la recherche et du développement de nouveaux outils » suppose un soutien massif à la recherche académique que peu d'États peuvent efficacement assumer. Il suppose aussi un engagement prioritaire de l'industrie pharmaceutique dans le développement de nouveaux antibiotiques et de substituts thérapeutiques dont l'impact potentiel n'est pas encore établi. C'est là que le bât blesse…

Un modèle capitaliste ouvert et concurrentiel implique que les profits réalisés par la commercialisation d'un produit compensent les investissements, y compris les pertes si échec. Dans un modèle capitaliste « libéral débridé », il suppose aussi que les actionnaires soient récompensés de plus-values « motivantes ». Un tel modèle n'est donc guère tenable pour encourager l'innovation dans un domaine perçu comme aléatoire et de rentabilité limitée et il n'existe pas de formule magique permettant d'identifier à chaque étape du processus de R&D les ressources à directement mobiliser. Nous avons vu les racines de ce mal dans le précédent chapitre. De nouveaux paradigmes de recherche et développement s'imposent donc.

Pour paraphraser Georges Clemenceau : « La découverte de nouveaux antibiotiques est un sujet trop sérieux pour être confié au marché ! »

La réorganisation du modèle de recherche doit aboutir à un désenclavement de la recherche industrielle. En clair, une bouffée d'oxygène de science académique est vitale. La facilité pour une Big Pharma est souvent de racheter une petite entreprise de biotechnologie – en général une « jeune pousse » issue de la recherche académique – ayant découvert et mené une molécule innovante au stade de la « preuve de concept ». C'est éventuellement un bon investissement à court terme, mais il ne garantit pas la durabilité de l'engagement, surtout si la molécule prometteuse échoue. Plus durable et rassurant pour le long terme est de compter sur la mise en commun de ressources : recherche fondamentale et translationnelle, bases de données, biobanques, plateformes technologiques, dans un modèle d'« innovation ouverte » multipliant les collaborations scientifiques extérieures avec des équipes académiques, n'excluant pas pour autant des « biotechs », le tout accompagné d'incitations financières « intelligentes » et surtout pérennes. On peut à la limite envisager la délocalisation de départements industriels sur des sites universitaires.

Ce modèle scientifique dessine en filigrane un modèle économique découplant les coûts de R&D des exigences de retour sur investissement pour le développement de nouveaux antibiotiques. Ce modèle comporte un allègement du poids du marketing et de la concurrence dans les décisions stratégiques de développement. Un tel modèle, dans le domaine de la santé, se prête à des partenariats public-privé (PPP) dont il existe déjà des exemples : GlaxoSmithKline (DSK)-Wellcome Trust-US Defence Threat Reduction Agency ; Alliance nationale pour les sciences de la vie et de la santé (Aviesan)-Sanofi-Aventis ; Institut de recherche et technologie (IRT)-Bioaster du Programme d'investissement d'avenir (PIA) fonctionnant *via* abondement (euro pour euro) de crédits d'État attribués par l'Agence nationale de la recherche (ANR) sur chaque mise de fonds industrielle. Ces modèles peuvent se compléter par des engagements et des anticipations sur le prix de mise sur le marché du produit attendu sur la base d'accords négociés avec les États, les systèmes de santé nationaux et internationaux. Ces modèles rassurent les industriels car ils limitent la prise de risque dans un domaine justement marqué par le risque. C'est ce type de voie, où secteurs public et privé agissent de concert, anticipent, s'accordent et progressent efficacement, qui redonnera aux citoyens confiance dans l'État tout en redressant l'image souvent altérée des Big Pharma, particulièrement en France où la défiance est maximale.

On a vu apparaître de tels modèles en temps réel pour le développement rapide de vaccins contre le Covid-19. On a vu cependant que la mise financière requise des États était énorme, mais à ce prix l'engagement industriel était total. Ce qu'ont fait les États-Unis, la France ne peut le faire car ses ressources publiques sont insuffisantes. Mais l'Union européenne le peut et il est urgentissime de relancer une industrie du médicament européenne souveraine et innovante.

Une chose cependant est de recréer un écosystème intégré, académique et industriel, une autre est d'engager des stratégies innovantes.

Devant l'échec global des criblages à haut débit de librairies de molécules issues de synthèses de l'industrie pharmaceutique, une remise en question est indispensable. Plusieurs stratégies peuvent être envisagées, certaines diamétralement opposées, et c'est sans doute leur combinaison qui portera ses fruits.

Stratégies de rupture et sauts technologiques

La première stratégie est celle du retour à la nature, de la réexploration à plus grande échelle de la biodiversité des écosystèmes microbiens à la recherche de micro-organismes producteurs de molécules antibiotiques nouvelles. Nous l'avons évoqué, les antibiotiques naturels sont des régulateurs de l'équilibre des écosystèmes qui bâtissent leur stabilité et leur résilience sur cette guerre fratricide interbactérienne, ou au moins sur la régulation, à dose infrabactéricide de ces antibiotiques, de mécanismes d'adaptation bactériens. Les actinomycètes, bactéries telluriques, ont été, avec les *Penicillium*, les grands pourvoyeurs de molécules naturelles à l'origine des plus grandes familles d'antibiotiques que la chimie d'hémisynthèse a contribué à diversifier et consolider. Il semble cependant que ces genres microbiens aient révélé l'essentiel de leurs secrets et que la pérennisation de leur utilisation comme source de nouveaux antibiotiques n'aboutisse qu'à une réplication de molécules déjà connues.

Il est de ce fait logique d'envisager que l'extension du domaine d'exploration de la diversité microbienne environnementale révélera les « pépites » tant attendues. C'est dans l'exploration de cette *dark matter*, comme l'appelle Gerry Wright, que devrait résider la solution. Cela nécessite cependant un véritable « saut quantique » dans l'ambition de mettre en place une exploration globale du monde microbien. Ce défi n'est plus un rêve et ses ambitions vont bien au-delà de la découverte de nouveaux antibiotiques, de dépolluants ou autres molécules d'intérêt biotechnologique. Ce doit être une grande quête de la logique du vivant microbien, de l'organisation de ses écosystèmes en eux-mêmes et en interface avec le reste du vivant. C'est cette connaissance globale qui nous permettra de mieux comprendre les forces et les fragilités de notre planète.

Métagénomique et culturomique

Deux avancées technologiques viennent actuellement en appui de programmes ambitieux de catalogage exhaustif d'écosystèmes microbiens telluriques et océaniques. L'une est le séquençage de nouvelle génération joint à la bio-informatique qui permet de séquencer en profondeur l'ensemble des génomes des micro-organismes composant un écosystème – ce que l'on appelle la « métagénomique » – et de reconstituer plus ou moins par l'assemblage de séquences contiguës (*contigs*) des génomes individuels de micro-organismes habitant l'écosystème. L'application des algorithmes bio-informatiques mis au point, par exemple, pour le déchiffrage du métagénome du microbiote intestinal humain[59] permet aujourd'hui cette ambition d'exhaustivité dans l'exploration d'écosystèmes microbiens à grande échelle.

L'autre avancée technologique est complémentaire de la métagénomique : c'est la « culturomique », la science de cultiver des bactéries dites « incultivables », ce qui est le cas de 90 % des bactéries telluriques et de 40 % des bactéries de l'intestin humain. En effet, si les techniques moléculaires comme le séquençage fournissent des informations essentielles, y compris sur l'existence de voies métaboliques connues, présentes dans les banques de données, ou hypothétiques, la pleine connaissance d'une espèce bactérienne, éventuellement nouvelle, nécessite sa culture. Compréhension de la physiologie de ces bactéries, de leur rôle au sein de leur niche écologique, de leurs activités symbiotiques ou défensives, de leurs interactions avec un hôte éventuel et de la possible production de nouveaux antibiotiques par certaines d'entre elles : pour répondre à toutes ces questions, la (bonne vieille) culture demeure incontournable. Cette « culturomique » fut intrinsèque à l'invention et au développement de la microbiologie : pas de microbe sans son milieu de culture dédié. Demeurait cependant ce « trou noir » de bactéries incultivables et c'est l'irruption de nouvelles approches technologiques qui a propulsé la culture microbienne dans le monde des « omiques », d'où le « novterme » de culturomique. L'exercice peut en effet se révéler un véritable défi technique[60]. Ces bactéries peuvent être incultivables pour de multiples raisons, en particulier le fait de ne pousser qu'en condition d'anaérobiose stricte, étant en parallèle extrêmement sensibles à des concentrations même minimes d'oxygène. D'autres peuvent être incapables de synthétiser des facteurs essentiels à leur croissance, les recevant par complémentation d'autres bactéries présentes dans l'écosystème partagé. Toute cette complexité n'est pas toujours lisible dans les génomes, et ne parlons pas de la production éventuelle de métabolites inconnus.

Il est donc difficile, sans culturomique, d'établir le lien entre les informations métagénomiques et la production des molécules recherchées, en particulier antibiotiques.

Mais l'exercice de la culturomique peut être difficile non seulement par méconnaissance initiale de la biologie du microbe concerné, mais aussi de son environnement naturel. Certaines caractéristiques de cet environnement naturel sont difficiles à reconstituer : nutriments, osmolarité, pH, aéro-anaérobiose, flux métaboliques intermicrobiens établis au sein de l'écosystème d'origine. Ces paramètres représentent une quantité de conditions impossibles à raisonnablement maîtriser, d'où l'apport croissant de la microfluidique et des nanotechnologies en général[61].

La production de milieux reproduisant l'environnement naturel de croissance des micro-organismes « incultivables » a permis la croissance de nombreuses espèces, surtout telluriques. Les approches restent encore souvent artisanales, mais de moins en moins.

Des espoirs : Tara Océan, *la découverte de la teixobactine*

Deux exemples d'une formidable complémentarité potentielle dans le futur illustrent la nécessité d'interroger largement la biodiversité dans son potentiel d'innovation.

Le premier exemple est le « saut quantique » que représente l'aventure de *Tara Océan* commencée en 2008 sous l'impulsion d'Éric Karsenti, alors directeur du Laboratoire européen de biologie moléculaire à Heidelberg (EMBL). Ce Breton, merveilleux scientifique – et bien sûr marin – lança sur tous les océans de la planète, de l'Arctique à l'Antarctique, un voilier de 36 mètres, le *Tara Océan*, bardé de matériel scientifique permettant de stocker des milliers d'échantillons et de procéder à bord aux premières préparations et analyses des échantillons océaniques prélevés. Des chercheurs internationaux s'y côtoient à l'occasion de missions de plusieurs mois destinées essentiellement à analyser la composition des planctons océaniques et leur évolution en ces temps de dérèglement climatique accéléré. Le bilan de la biodiversité planctonique basé sur l'analyse de centaines d'échantillons prélevés dans des sites représentatifs distants en latitude et longitude – entre surface et 1 000 mètres de profondeur (zones épi- et mésopélagiques) – est impressionnant : plus de 7 000 milliards de paires de bases séquencées. Pour les génomes de bactéries et d'archées séquencés, on parle de 40 millions de gènes séquencés, 80 % de leurs séquences étant inconnues dans les banques de données ! C'est-à-dire la probable identification à venir de dizaines de milliers de bactéries jusqu'alors inconnues, dont certaines, on l'espère, seront productrices des nouveaux antibiotiques naturels tant attendus. Plusieurs « jeunes pousses » de biotechnologie sont d'ores et déjà lancées sur cette recherche qui dépasse d'ailleurs largement le champ des antibiotiques. La culturomique va aussi bon train à partir de ces échantillons. Et si l'avenir des antibiotiques était dans les océans[62] ? Depuis cette mission pionnière, plusieurs autres missions ont continué à enrichir l'extraordinaire ressource en train de se constituer[63]. Le pangénome du microbiome océanique : ce n'est même plus de la science-fiction…

Un autre exemple de saut quantique correspond à une exploration d'écosystèmes microbiens telluriques et illustre cette complémentarité métagénomique-culturomique dans la recherche de nouveaux antibiotiques. C'est la découverte de la teixobactine[64]. Que cette molécule originelle ait ou non à ce stade un avenir en thérapeutique – elle n'a pas même fait l'objet d'une demande de brevet… –, elle offre un modèle d'application de la culturomique dans ses approches les plus sophistiquées à la recherche de nouvelles molécules anti-infectieuses naturelles.

L'approche développée fait largement appel aux nanotechnologies, en particulier à la microfluidique, en créant des puces comportant plusieurs centaines de microchambres permettant chacune l'isolement d'une seule bactérie. Chacune de ces microchambres est en prise avec un canal affluent apportant le milieu de culture et un canal effluent permettant de récupérer le produit du métabolisme d'une seule bactérie et de le tester sur des bactéries témoins pour la présence d'une activité antibiotique. Ce système multicanaux miniaturisé pour criblage à haut débit peut être établi en prise directe avec un écosystème tellurique, permettant l'isolement, la culture et l'analyse fonctionnelle de dizaines de milliers de bactéries.

C'est grâce à cette méthode de « réintégration dans l'environnement » que la teixobactine a pu être identifiée par action bactéricide sur un staphylocoque doré de l'effluent d'un canal correspondant à une microchambre habitée par une bêta-protéobactérie, *Eleftheria terrae*.

La purification et la détermination de la structure moléculaire de la teixobactine ont montré qu'elle était différente de tout antibiotique connu. Elle est active sur les bactéries à Gram positif, y compris résistantes comme les staphylocoques MRSA et les entérocoques vancomycine résistant, aussi sur *Mycobacterium tuberculosis* et *Clostridium difficile*.

Elle n'est par contre pas active sur les bactéries à Gram négatif pour lesquelles le besoin en nouveaux antibiotiques est le plus aigu. Sa cible est un précurseur du peptidoglycane.

Ce type d'approche offre la capacité de cultiver environ 50 % des micro-organismes telluriques des échantillons étudiés au lieu de 1 % auparavant !

D'autres approches innovantes pour découvrir des antibiotiques

Hors la réexploration planétaire de la biodiversité microscopique afin de découvrir la ou les pépites que représenteraient des espèces microbiennes productrices de molécules antibiotiques inédites – approche « en un temps » –, il existe une approche alternative, « en deux temps », visant à identifier de nouvelles cibles bactériennes dont la perte de la fonction serait létale pour la bactérie, puis à trouver par criblage dirigé contre cette cible des molécules neutralisant sa fonction.

Soyons plus précis : on sélectionne une espèce bactérienne « modèle », à Gram négatif comme *Escherichia coli*, ou à Gram positif comme *Staphylococcus aureus*, selon le groupe microbien que l'on vise. Sur la base de la connaissance de leur génome, on génère des mutations ciblées sur un grand nombre de gènes dont la séquence indique qu'ils pourraient coder pour des fonctions essentielles de la biologie du micro-organisme. Il existe environ 500 gènes vitaux dans les génomes bactériens, c'est-à-dire des gènes dont la mutation va entraîner une perte de fonction telle que la bactérie sera impossible à cultiver. C'est environ 1 gène sur 10.

Il faut ensuite mettre en place un modèle *in vitro* d'inhibition de la fonction biologique vitale identifiée – le plus souvent une fonction enzymatique – et intégrer ce système réactionnel dans une chaîne de criblage à haut débit de librairies de centaines de milliers, voire de millions de composés, espérant que l'un ou plusieurs d'entre eux présenteront une structure susceptible de s'associer à l'effecteur de la fonction avec une forte affinité et de l'inhiber stablement. Ces approches font intervenir de façon croissante la biologie structurale, c'est-à-dire la définition à haute résolution de la structure de la cible, permettant par chimie de synthèse d'améliorer l'affinité des composés inhibiteurs identifiés par le criblage. La tendance actuelle est même, en combinant structure, synthèse et intelligence artificielle, d'obtenir la structure moléculaire idéale complémentaire du site actif de la cible. En un mot, on connaît la structure de la serrure et on fabrique la clé adaptée. C'est l'avenir du *drug design*.

Il s'avère parfois que la structure du site actif de la cible révèle sa congruence avec des médicaments préexistants non antibiotiques ou touchant des voies métaboliques non encore ciblées par les antibiotiques actuels. C'est le cas de certains hypolipidémiants capables alors de perturber le métabolisme lipidique de certaines familles bactériennes[65]. Ce repositionnement thérapeutique possible n'est pas à négliger.

Des molécules protectrices des antibiotiques, ça marche et c'est une priorité

Peut-on protéger les antibiotiques contre les enzymes de résistance qui les dégradent ? La réponse courte est oui ! Des molécules protégeant certains antibiotiques – surtout les bêta-jactamines – contre la dégradation enzymatique ont été mises au point avec succès. Certaines, comme l'acide clavulanique, sont déjà sur le marché depuis vingt-cinq ans et ont fait la preuve de leur efficacité. C'est un équivalent stérique de bêta-lactamase sans fonction enzymatique. Il protège efficacement l'amoxycilline dans les foyers infectieux où le risque de présence de bactéries productrices de bêta-lactamases est élevé.

L'avibactam ou diazabicyclooctane est aussi un puissant inhibiteur de bêta-lactamases associé à la ceftazidime. C'est le premier depuis vingt ans, à la suite de la mise sur le marché de l'association pipéracilline-tazobactam qui faisait suite, elle-même, à la petite révolution qu'avait été l'arrivée de l'acide clavulanique.

L'avibactam n'appartient pas structuralement aux bêta-lactamases – contrairement au tazobactam et à l'acide clavulanique – mais présente néanmoins des similitudes dans son site actif. Il est indispensable d'encourager une pharmacologie plus large des molécules antibioprotectrices.

Conclusion : il ne faut rien lâcher. L'antibiorésistance est une douloureuse réalité, mais la perte des antibiotiques n'est pas une fatalité. Rien n'empêche au contraire de travailler sur des approches alternatives, mais pour autant, laisser se consolider le concept d'une « ère postantibiotique » est un leurre dangereux. Ce que nous pouvons proposer n'est pour l'instant qu'une série de possibles compléments, certes intéressants, certainement complémentaires des antibiotiques, mais pas substituts.

CHAPITRE 20

L'aube d'une ère postantibiotique ? Quel horizon ?

La « panne » des antibiotiques a insidieusement fait émerger le concept d'une entrée dans l'« ère postantibiotique ». Cela semble aussi absurde que le concept de fin de l'histoire : ce serait un retour à l'ère de Semmelweis. Il existe certes des solutions pour pallier la crise, mais elles sont complémentaires, adjuvantes. Elles ne seront pas en mesure d'assurer en tout point de l'organisme, avec rapidité, efficacité et peu d'effets secondaires majeurs, quand l'usage en est maîtrisé, des antibiotiques tels que nous les connaissons.

Complémentaire, adjuvant, ne signifie cependant pas superflu. Il est essentiel de développer des approches qui, même si elles ne se substituent pas aux antibiotiques dans leurs indications vitales, peuvent réduire leur utilisation, en durée et quantité d'utilisation, participant ainsi à la lutte contre l'antibiorésistance. On en attend aussi des effets synergiques en les protégeant de la dégradation par les enzymes de résistance, en facilitant leur accès aux foyers infectieux, en modifiant leur capacité d'adaptation aux conditions du site d'infection, en altérant la régulation ou la fonction des facteurs de virulence des pathogènes les plus prévalents.

Stratégies antivirulence

La vaccination contre les pathogènes, en particulier ciblée sur les bactéries du groupe ESKAPE élargi aux staphylocoques et leurs facteurs de virulence, est souvent suggérée en première ligne des approches visant à alléger l'antibiothérapie et donc à réduire la pression sélective pour l'antibiorésistance chez les patients à risque d'infection nosocomiale par ces « superbugs ». La vaccination antistaphylococcique a fait l'objet de travaux sérieux depuis plusieurs décennies et c'est peu de dire que des résultats probants se font toujours attendre en dépit du ciblage d'antigènes définis comme la capsule polyosidique bactérienne, seule ou associée à des protéines essentielles de la virulence. Cette difficulté a contribué à refroidir les enthousiasmes, ne serait-ce que pour élargir la gamme possible de vaccins aux bactéries à Gram négatif constituant le groupe ESKAPE. Au-delà des difficultés d'ordre scientifique et technique qui semblent tenir en échec les approches avancées en vaccinologie comme la « vaccinogénomique », des handicaps plus triviaux contribuent à la lenteur des progrès : qui vacciner et quand ? On ne peut en effet que très rarement, hormis par exemple une chirurgie programmée, ou un patient atteint de mucoviscidose, anticiper qui vacciner et à quel moment. Le docteur Knock aurait répondu que « tout sujet en bonne santé est un malade qui s'ignore », mais tout de même… protéger par vaccination toute la population contre ce risque est actuellement irréaliste. Il faut bien voir que de ce fait ces projets restent peu attractifs pour les bailleurs de fonds et les industriels. L'intérêt est par contre plus marqué pour une sérothérapie réactualisée à l'aune des anticorps monoclonaux seuls ou en cocktail. Nous avons vu que la sérothérapie antibactérienne, après un « âge d'or » au tournant du XXe siècle, entraînée par ses succès dans la prise en charge de la diphtérie, avait peu à peu perdu de sa superbe du fait de sa faible efficacité dans le traitement des infections par bactéries à pyogènes, le risque de « maladie sérique » due à l'usage de sérums équins et surtout… l'émergence des antibiotiques.

Les anticorps monoclonaux aujourd'hui utilisés sont d'origine humaine et offrent le potentiel de cibler des facteurs clés de la virulence de pathogènes bactériens, éléments de surface médiant l'adhésion et/ou toxines. Ils ont l'intérêt de pouvoir être administrés dès le début d'une infection à risque et d'offrir immédiatement une efficacité protectrice. Encore faut-il avoir identifié pour chacune des espèces bactériennes à risque les antigènes suscitant des anticorps monoclonaux protecteurs. Nous en sommes encore loin, mais la liste s'allonge de ces anticorps monoclonaux humains ou humanisés protecteurs. Un exemple : *Pseudomonas aeruginosa*[66]. De nombreux candidats, comme dans cette publication, sont jugés « prometteurs » à la suite des études précliniques, en particulier du fait de capacités protectrices chez la souris, mais une confirmation chez l'homme dans de larges études cliniques est encore attendue.

L'approche antivirulence reste toujours en attente de preuve clinique de concept après quatre décades intenses d'analyse du pouvoir pathogène des principales bactéries en cause et l'identification à l'échelon moléculaire de nombreux facteurs et systèmes de virulence. Il semble que le défaut potentiel majeur de ces approches antivirulence est qu'au-delà de désarmer les pathogènes, elles n'ont pas d'effet bactéricide et ne sont pas en mesure d'assurer l'éradication de ces pathogènes dans des sites souvent protégés contre l'accès des effecteurs de l'immunité.

Le cas des biofilms

Une exception potentielle est le biofilm[67], parce que sa dissolution rendrait aux antibiotiques accessibilité aux bactéries cibles et récupération d'efficacité bactéricide en l'absence bien sûr de résistance vraie. Mais ce sujet d'accessibilité reste essentiel et justifie de pousser plus avant les recherches dans ce domaine. On serait là dans une parfaite complémentarité.

Nous prendrons un exemple de cible prometteuse, les biofilms, ce d'autant que les molécules candidates à les éliminer pourraient offrir un effet relativement générique sur les principaux pathogènes nosocomiaux humains à Gram positif et négatif – nous avons souligné au chapitre 14 leur importance comme sanctuaire et barrière à la diffusion des antibiotiques. Le biofilm est une communauté de micro-organismes (bactéries ou champignons), comprenant une ou plusieurs espèces, fixée à une surface et maintenue par la sécrétion d'une matrice adhésive et protectrice. Surface abiotique ou biotique, tout est bon comme support pour le développement des biofilms, mais les corps étrangers en sont volontiers la cause, ce qui peut exiger leur ablation, geste non dénué de conséquences s'il s'agit d'un dispositif profond comme une prothèse ostéo-articulaire ou un cathéter profond « à demeure ». Plus de 60 % des infections bactériennes sont dues à des bactéries organisées en biofilms. Citons quelques cas qui parleront sans doute à tout lecteur : pyorrhée alvéolo-dentaire, otite chronique, endocardite chronique, infections bronchiques au cours de la mucoviscidose ou de la bronchite chronique, cystites récidivantes, prostatite chronique, ostéites ou arthrites chroniques infectieuses, infections sur cathéters, canules, tubes respiratoires en réanimation, sur shunt de dérivation ventriculaire cérébral, sur sonde urinaire, sur prothèses ostéo-articulaires.

En réalité, les biofilms sont ubiquitaires, ils concernent le monde animal, végétal, minéral, aquatique, technologique. Plus de 80 % des bactéries existent dans la nature sous forme de biofilms, c'est donc loin d'être un sujet strictement médical et le biofilm structure de nombreux écosystèmes. Les biofilms microbiens sont, par exemple, la cause principale de diminution des flux dans les pipelines (*sludge*)… C'est une structure vivante, dynamique, en perpétuel remaniement.

Le biofilm est une matrice – comme un ciment – constitué essentiellement de polyosides sécrétés par la bactérie, encore que des protéines sécrétées par ces mêmes bactéries et de l'ADN libéré par des bactéries mortes viennent consolider la matrice. Ces bactéries sédentarisées dans les biofilms présentent une résistance globale aux antibiotiques. Elle est transitoire car elle peut être levée en cas de « planctonisation », c'est-à-dire de libération du biofilm. On parle de « récalcitrance » aux antibiotiques. Cette récalcitrance est d'un mécanisme complexe et multifactoriel. La matrice du biofilm présente une charge ionique qui peut faciliter le piégeage de certains antibiotiques et empêcher leur accès aux corps bactériens. Par ailleurs, une fois sédentarisées dans le biofilm, les bactéries, en fonction de leur localisation dans le biofilm, sont dans des états métaboliques très hétérogènes en fonction de la disponibilité de nutriments, de la tension d'O_2, du pH, toutes conditions affectant l'activité des antibiotiques. À l'extrême, certaines bactéries se mettent en état de « dormance » métabolique, or la plupart des antibiotiques bactéricides ne sont actifs que sur des bactéries en division[68]. Nous avons abordé ce sujet au chapitre 10, mais il était bon d'y revenir afin d'introduire clairement les possibles solutions préventives ou thérapeutiques à venir.

Toute approche visant à éliminer la structure en biofilm d'un foyer infectieux serait un apport majeur à la restauration de l'activité des antibiotiques dans certaines situations cliniques. L'ablation d'un corps étranger responsable est une option, mais est loin de recouvrir l'ensemble des situations. La mise en évidence, par un groupe de l'Institut Pasteur, de polyosides susceptibles de dissoudre la matrice du biofilm et de rendre aux bactéries une vie planctonique restaurant ainsi leur vulnérabilité aux antibiotiques est un exemple d'approche synergique.

Par rapport à ces approches « directes », il existe un potentiel d'approches indirectes rendant possible la dissolution du biofilm. L'une d'entre elles consiste à manipuler le réseau de régulation du *quorum sensing* (perception du nombre) dont l'engagement est essentiel à l'expression coordonnée des gènes nécessaires à la sédentarisation bactérienne et à la production des molécules formant la matrice du biofilm. Il concerne les bactéries à Gram positif et à Gram négatif. Le contrôle génétique des fonctions bactériennes exercé par le *quorum sensing* va bien au-delà du biofilm[69]. On peut citer des propriétés génétiques fondamentales comme la conjugaison et la réplication. Mais aussi la synthèse d'exo-enzymes, de facteurs de virulence, dont certaines toxines, et même d'antibiotiques et de leurs facteurs de résistance.

On voit donc l'importance d'interférer avec les fonctions de ce « régulome », car on peut en attendre des effets antimicrobiens au-delà même de la capacité de produire un biofilm. Mais comment ? Il existe une piste : le *quorum quenching*, en deux mots, déconnecter le régulome pour rendre les bactéries incapables de se compter, donc de s'adapter à leur densité. « *Yes we can* », il suffit de comprendre comment tout cela fonctionne. C'est une histoire d'« auto-inducteurs », des hormones bactériennes. C'est peut-être dans les vieilles recettes de vie collective des procaryotes que la nature a « pêché et recyclé » des méthodes d'organisation de la vie collective des cellules eucaryotes.

Il existe deux grandes familles d'auto-inducteurs : des dérivés de petits peptides pour les bactéries à Gram positif et des dérivés d'acides gras pour les bactéries à Gram négatif.

Les auto-inducteurs sont produits en phase de croissance bactérienne. Lorsqu'un seuil de densité est atteint, ils interagissent avec un régulateur transcriptionnel, permettant l'expression spécifique du large groupe de gènes contrôlés par ce régulome.

L'un des auto-inducteurs les plus étudiés chez les bactéries à Gram négatif est la N-acyl-homosérine lactone (AHL). Lorsque la concentration d'AHL atteint un seuil critique (*quorum state*), les molécules interagissent avec la protéine régulatrice R, et le complexe R-AHL se lie au promoteur des gènes cibles et initie leur transcription ainsi couplée à la densité bactérienne[70].

AI2 est un auto-inducteur plus ubiquitaire produit et détecté par une grande variété de bactéries et est considéré comme un auto-inducteur capable de médier une communication interespèces, propriété vitale pour l'homéostasie des écosystèmes complexes comme le microbiote intestinal.

Ces dernières années, une véritable chimie thérapeutique s'est développée autour de la synthèse de molécules leurres, équivalents structuraux des auto-inducteurs, mais dotées de modifications structurales inactivant le complexe auto-inducteur-récepteur, empêchant ainsi l'activation du régulome. Ces approches sont très prometteuses, à suivre attentivement...

Retour aux bactériophages : l'héritage de Félix d'Hérelle

Et si l'on ressuscitait les bactériophages et la bonne vieille phagothérapie remise au goût du jour ?

C'est l'occasion de remettre à l'honneur un grand pasteurien et autre père fondateur de la microbiologie, un original aussi, c'était un peu la marque des pasteuriens des débuts de l'aventure, par rapport à leurs collègues de l'université. Il n'y avait pas de moule académique. C'est peut-être un peu cela aussi « l'esprit pasteurien », mâtiné d'internationalisme. Ukrainien, Suisse, Belge, ils étaient bienvenus à condition d'avoir ce grain de folie qui fait les vraies avancées scientifiques quand on s'appelle Metchnikoff, Yersin ou Bordet. Félix d'Hérelle, lui, était né à Paris, mais avait la bougeotte et du génie. Il part au Québec, apprend la microbiologie sur le chemin du Guatemala, invente la lutte biologique contre les insectes en identifiant des souches de *Micrococcus* dans l'intestin d'insectes morts. Avec un tel *curriculum vitæ*, il ne pouvait qu'atterrir à l'Institut Pasteur. Ce fut fait en 1917. Il y découvre le bactériophage qu'il décrit comme un agent inobservable s'attaquant aux bactéries. Cet agent s'avérera plus tard être un virus de bactérie, mais il faudra attendre le microscope électronique des années 1930 pour le visualiser. Pour l'instant on se contente de « plages de lyse » sur des cultures bactériennes sur gélose. Autre caractéristique pasteurienne de l'époque, d'Hérelle propose immédiatement d'utiliser ce « microbe invisible » comme agent thérapeutique. La période s'y prêtait. Certes l'épidémie massive de fièvre typhoïde dans les armées avait été contrôlée dès la fin de 1915 par une campagne sans précédent de vaccination pour laquelle l'Institut Pasteur et le Val-de-Grâce avaient fourni les millions de doses nécessaires, mais dans les tranchées, la dysenterie bacillaire continuait à faire des ravages. C'est donc sur *Shigella* que d'Hérelle fera ses premières armes et son premier cas fut le bon puisque le premier soldat dysentérique traité par l'absorption orale d'un cocktail de « microbes invisibles » obtenus à partir de souches isolées des selles de patients fut guéri[71]. Bon, on ne discute pas la méthodologie de l'étude clinique… D'Hérelle va fabriquer avec son épouse des millions de doses de bactériophages pour les troupes alliées de 1917 à 1919. La « phagothérapie » était née, largement sans essais cliniques contrôlés. Cela lui nuira par la suite, d'autant qu'une controverse s'éleva rapidement du fait de l'article de l'Anglais Frederick Twort, publié dans *The Lancet* en 1915, décrivant deux ans avant d'Hérelle un principe similaire, mais ne proposant pas la phagothérapie. Quoi qu'il en soit, la phagothérapie allait progressivement décoller en Europe de l'Ouest, mais sur un mode généralement artisanal. C'est alors que son centre de gravité se déplaça vers l'Europe de l'Est. En effet, l'Institut Eliava allait être créé en 1923 par George Eliava, un médecin bactériologiste géorgien fasciné par les bactériophages après avoir découvert les travaux de Félix d'Hérelle. Tous deux s'associèrent pour créer le Centre mondial de recherche sur les bactériophages et la phagothérapie, à Tbilissi. La production démarra dans de nombreux domaines, en particulier la thérapie des infections diarrhéiques et dysentériques. Mais George Eliava fut fusillé sur ordre de Joseph Staline – son compatriote – lors des grandes purges de 1937 « pour avoir empoisonné un puits avec des bactériophages »... On croit rêver. D'Hérelle ne revint jamais en Géorgie, mais l'Institut Eliava survécut à son créateur et devint même le centre de référence et de production de bactériophages pour l'Union soviétique où les antibiotiques étaient rares. Ce ne fut donc pas Joseph Staline qui donna le coup de grâce à la phagothérapie, ce furent plus prosaïquement la revue *Journal of the American Medical Association* (*JAMA*) en 1934 et deux molécules révolutionnaires, déjà mentionnées, les sulfamides en 1935 et la pénicilline en 1940.

À partir de 1920, de nombreuses applications avaient émergé pour la phagothérapie, sur un large éventail de maladies, utilisant des voies d'administration variées : orale, rectale, locale, intrapleurale, en aérosols, intraveineuse[72]. La « revue tueuse » en trois parties du *JAMA* de 1934 rapportait les résultats d'une grande méta-analyse incluant une centaine d'études cliniques publiées, méthodologiquement (à peu près) exploitables, car la plupart des études colligées n'étaient ni contrôlées, ni en double aveugle[73]. Le résultat était à peu près sans recours : à l'exception de rares études indiquant un effet thérapeutique significatif sur des infections cutanées à staphylocoques, aucune des autres n'indiquait un bénéfice. Les antibiotiques firent le reste, par ailleurs plus faciles à produire et standardiser, mais l'Institut Eliava est toujours là. Est-ce un signe ? Probablement, car on note partout dans le monde un regain d'intérêt pour les bactériophages dont le rôle de régulateur des écosystèmes microbiens a longtemps été sous-estimé et bien sûr pour la phagothérapie, antibiorésistance oblige. Certes le bactériophage « sort du caniveau », c'est à partir de prélèvements d'eaux d'égouts et d'effluents de stations de traitement des eaux usées qu'on isole les meilleurs candidats à la phagothérapie. Ça n'a pas la noblesse d'une belle chaîne aseptisée de synthèse chimique. Peut-être s'est-on un peu trop « pincé le nez » ces dernières années – y compris dans son berceau, l'Institut Pasteur – alors que c'est la vraie vie. En tout cas l'élan existe et des résultats encourageants apparaissent.

On pourrait appeler la nouvelle séquence qui s'engage : « Le retour des bactériophages et la phagothérapie revisitée. » On assiste en effet à un regain de recherche sur la biologie des bactériophages clairement orientée vers leur optimisation, en particulier de leurs activités bactéricides et de leur utilisation en cocktails. En aval, on voit se développer de grandes études contrôlées, multicentriques, internationales.

Connaissant mieux les points faibles des bactériophages, on apprend aussi à limiter nos ambitions, donc à réduire leur spectre d'éventuelle utilisation à des situations cliniques où les chances de succès sont maximales. Ces points faibles sont réels : les bactéries hôtes peuvent facilement acquérir une résistance à l'infection par un bactériophage par des mutations survenant sur les molécules de leur surface – souvent des polyosides et des protéines – qui servent de récepteur aux fibrilles de la plateforme à l'extrémité de la queue du bactériophage, permettant son *docking* sur la bactérie. Cela peut être prévenu en utilisant des cocktails de phages très bactériolytiques à très haut titre, de manière à gagner la course à la bactéricidie sans que la population de bactéries cibles n'ait eu le temps de devenir résistante. Cette approche est facilitée par le fait que les phages ne présentent aucune toxicité pour les tissus de l'hôte infecté. Par contre, selon les phages, le niveau de production peut considérablement varier. Autre point faible : la biodisponibilité. Elle est en effet médiocre et l'indication idéale de la phagothérapie est représentée par des infections dont le foyer est directement accessible : infections cutanées, par exemple chez les grands brûlés éventuellement greffés, suppurations ostéo-articulaires où une fistule peut être injectée, infection, voire prévention anti-infectieuse de canules respiratoire ou de trachéotomie par aérosol[74]. Mais aussi, otites chroniques purulentes par instillation locale, surinfections bronchiques des sujets atteints de mucoviscidose par aérosols.

Le programme Phagoburn étudie à l'échelle européenne l'impact d'un cocktail de 13 phages lytiques de *Pseudomonas aeruginosa* et 22 phages lytiques d'*E. coli* dans la prise en charge des infections cutanées des grands brûlés.

La phagothérapie est en marche. Elle demeure une approche « de niches », mais ces niches sont particulièrement pertinentes car concentrées dans les situations prêtant à la survenue d'infections nosocomiales à bactéries multirésistantes. On pourrait donc en attendre un soulagement très significatif dans la nécessité d'utiliser des antibiotiques de dernière génération.

Une approche microbio-écologique de la résistance ?

Terminons par un exemple d'approche innovante sans doute relativement loin de rentrer dans la routine de l'appui à la préservation des antibiotiques, mais qui illustre l'irruption de la dimension écologique prise par la microbiologie clinique. En effet, il est urgent de considérer qu'une bactérie antibiorésistante n'est pas un micro-organisme isolé, c'est un élément d'un écosystème microbien complexe. C'est particulièrement le cas si l'on considère que le portage humain de bactéries multirésistantes se fait essentiellement au sein de l'écosystème microbien du tube digestif. Peut-on domestiquer et retourner en faveur des bactéries sensibles le coût d'adaptation (*fitness cost*) auquel doivent faire face les bactéries résistantes ? Une approche extrême est le transfert fécal, c'est-à-dire, après élimination du microbiote intestinal résident contenant une ou plusieurs espèces bactériennes multirésistantes préoccupantes pour le patient et son environnement, l'implantation d'une flore microbienne humaine dépourvue de micro-organismes multirésistants. Cette compétition écologique est d'ores et déjà pratiquée, mais a ses lourdeurs et ses échecs[75].

On peut sans doute faire mieux en tentant, au sein du microbiote intestinal d'un sujet porteur d'une espèce bactérienne résistante, d'éliminer spécifiquement les séquences de résistance, voire la bactérie résistante elle-même, sans affecter le reste du microbiote intestinal. Une sorte de « destruction personnalisée ». C'est ce que développe à l'Institut Pasteur un groupe qui fait usage du système immunitaire bactérien antiphages CRISPR (*Clustered Regularly Interspaced Short Palindromic Repeats*) – la découverte du fonctionnement de ce système a valu à Emmanuelle Charpentier et Jennifer Doudna le prix Nobel de chimie en 2020. Ce système comporte des nucléases capables de cliver les deux brins d'une séquence d'ADN grâce à leur guidage par de petits ARN aisément programmables pour cibler n'importe quelle séquence. Ces « ciseaux moléculaires » permettent dans ce cas de cibler un gène de résistance d'intérêt et d'amener à la destruction du plasmide qui le porte, voire de la bactérie elle-même si le gène de résistance est chromosomique[76]. L'approche peut d'ailleurs s'élargir aux bactéries virulentes, éventuellement résistantes comme les staphylocoques MRSA. Un point de difficulté crucial dans cette approche est pour l'instant la possibilité d'introduire efficacement *in vivo* le complexe de destruction appelé « éligobiotique ».

En résumé, la recherche de solutions à la montée de l'antibiorésistance et à la « panne des antibiotiques » est foisonnante. Seul le temps permettra de décanter les approches les plus prometteuses, mais encore faut-il leur donner une chance raisonnable de preuve de concept par des études précliniques puis cliniques qui seules permettront de confirmer ou infirmer ces voies innovantes. Cela suppose des moyens souvent hors de proportion avec ce dont disposent les laboratoires académiques. Une véritable mobilisation est donc indispensable.

CHAPITRE 21

Tensions sur les vaccins

En dépit de la vision délibérément optimiste que propose le chapitre 3, dans la continuité de mon ouvrage de 2017 qui plaidait pour maintenir la vaccination comme l'un des piliers de la santé publique[77], on ne peut aujourd'hui ignorer les tensions existant sur le modèle vaccinal établi au XXe siècle. S'en tenir à la politique de l'autruche pourrait fragiliser encore plus l'édifice. Il ne s'agit cependant pas seulement de la défiance vaccinale, les tensions sur la vaccination sont de plusieurs ordres.

Tuberculose et BCG

Tout d'abord, certaines pathologies infectieuses font de la résistance aux vaccins. C'est le cas de la tuberculose pulmonaire contre laquelle le BCG a montré de sérieuses limites, particulièrement dans les pays à faibles revenus. Les raisons ne sont pas claires. Si le BCG a contribué à éliminer les formes graves non pulmonaires de la maladie, comme la méningite tuberculeuse de l'enfant, la tuberculose osseuse (mal de Pott) et rénale, de grandes méta-analyses ont montré une efficacité très variable chez les adultes – entre 0 % et 80 % en fonction des régions ! – sur la forme pulmonaire de la maladie, maintenant de loin la plus fréquente[78]. Par ailleurs, le BCG est globalement peu efficace chez les personnes âgées. Dans l'ensemble donc, en regard des espérances, le BCG n'a pas permis l'élimination de la tuberculose pulmonaire et la pandémie de sida, maintenant endémique dans de nombreuses régions du globe, particulièrement en Afrique subsaharienne, a contribué à l'« incrustation » endémique de la maladie car le déficit immunitaire cellulaire causé par le VIH correspond exactement à l'affaiblissement des mécanismes essentiels à l'élimination du bacille tuberculeux. Le contrôle – encore relatif – de l'endémie de sida par l'utilisation large des trithérapies, la mise au point de protocoles stricts et contrôlés de diagnostic de la tuberculose – y compris par des méthodes de diagnostic moléculaire – s'articulent avec des séquences courtes, étroitement contrôlées, de traitements antituberculeux : les DOTS (*directly-observed therapy short-term*). Ces progrès conjugués permettent le contrôle des infections tuberculeuses et de la survenue de souches résistantes. En effet, chez les patients doublement infectés, le taux de guérison de la tuberculose dans les zones endémiques est passé de 50 à 90 %. On parle volontiers des « 3i » :

- isoniazide (antituberculeux) donné systématiquement aux sujets dépistés VIH positifs ;
- intensification du dépistage des infections VIH et des tuberculoses actives ;
- infections actives, VIH et tuberculose, efficacement traitées.

Grâce à ce plan intégré appelé « Stop TB », la courbe d'incidence de la tuberculose s'est inversée et l'objectif est d'amener au contrôle de l'endémie tuberculeuse en dépit de l'absence de vaccin efficace. On ne peut cependant s'empêcher de penser que ces modèles demeurent fragiles, tant par la nécessité d'assurer la durabilité de soutiens financiers considérables et parfaitement coordonnés, nationaux et internationaux, que du fait de l'instabilité sociopolitique de certaines régions qui sont des foyers majeurs de ces deux maladies. Le bon sens voudrait qu'encore à ce stade un vaccin antituberculeux efficace sur les formes pulmonaires de la tuberculose et un vaccin anti-VIH soient disponibles. La raison pour laquelle le BCG reste si erratique dans la protection qu'il offre contre la tuberculose pulmonaire dans les pays du Sud demeure une énigme. Une étude clinique publiée il y a une dizaine d'années avait montré qu'après vaccination par le BCG, les monocytes sanguins prélevés chez des enfants vivant au Malawi et des enfants vivant au Royaume-Uni montraient des profils différents d'expression de cytokines après exposition à des antigènes protéiques de *M. tuberculosis.* Chez les enfants vivant au Royaume-Uni le profil de réponse était dominé par l'expression d'interféron-gamma, IL-2, TNF-bêta et IL-6, un profil dit « Th1 » reflétant une réponse immunitaire cellulaire génératrice d'une puissante activité bactéricide des monocytes et des macrophages contre des bactéries à croissance intracellulaires comme *M. tuberculosis*. Au contraire, chez les enfants vivant au Malawi, les réponses étaient marquées par un profil pro-inflammatoire dominé par IL-17, IL-1-alpha et IL-1RA avec un profil de réponse immunitaire humorale dite « Th2 » où prédominaient IL-4, IL-5, IL-9 et IL-13, favorisant la production d'anticorps, inadaptée à la protection contre *M. tuberculosis*[79]. La raison de cette dichotomie entre enfants de régions à haut et à très bas revenus reste mystérieuse et pourrait être liée à des facteurs environnementaux, particulièrement microbiens, comme le contact précoce avec des mycobactéries environnementales. La compréhension de ce phénomène pourrait amener à améliorer le BCG dont on sait que le génome, par rapport à *M. bovis* dont il dérive, a perdu de nombreuses séquences codant pour des protéines susceptibles d'induire une forte réponse Th1[80].

De nombreux vaccins candidats contre la tuberculose – peut-être trop – allant de vaccins sous-unités à des souches de *M. tuberculosis* ou *M. bovis* atténuées par l'introduction de mutations ciblées, en passant par l'enrichissement du BCG en facteurs stimulant son immunogénicité, sont à des stades variés de développement, y compris en essais cliniques[81]. L'avenir dira. Il y a vraiment de la place pour un vaccin antituberculeux efficace, particulièrement si la pandémie actuelle de Covid-19 déstabilisait durablement les systèmes de santé publique et les politiques de contrôle global des grandes endémies et si continuait à se développer l'antibiorésistance chez *M. tuberculosis* comme on peut le voir dans certains pays[82].

Un vaccin contre le VIH ?

La situation concernant le développement d'un vaccin préventif de l'infection VIH reste tout aussi problématique que pour la tuberculose. Entre 55 et 100 millions de sujets ont été infectés par le VIH depuis le début de la pandémie, et on évalue à 33 millions le nombre de sujets qui en sont décédés ainsi qu'à environ 35 millions le nombre de sujets vivants actuellement porteurs du virus sur la planète. Les chiffres parlent d'eux-mêmes et illustrent bien l'impact humain et sociétal de nos « pandémies modernes », y compris lorsqu'elles se prolongent en endémie. Comme pour la rationalisation du diagnostic et du traitement de la tuberculose, le contrôle de l'infection par le VIH dans les régions les plus touchées, comme l'Afrique subsaharienne et australe, a été remarquablement rationalisée à l'occasion de conférences consensus internationales. Celles-ci ont permis l'application de schémas thérapeutiques, portant en particulier sur la prévention de la transmission mère-enfant, la transmission sexuelle et le traitement au long cours des sujets séropositifs, a pu être réalisée à grande échelle grâce à des partenariats public-privé internationaux (Unitaid). Pas de succès dans ce domaine sans bonne gouvernance… Un exemple de cette approche concerne l'Afrique du Sud dont environ 8 millions d'habitants sont séropositifs et moins de 5 millions traités du fait des coûts prohibitifs des trithérapies. En partenariat avec Unitaid et grâce à la levée des licences permettant la production de génériques, l'industrie pharmaceutique sud-africaine a pu réaliser une trithérapie « trois en un », dite « TLD », c'est-à-dire ténofovir, lamivudine et tolutégravir administrés quotidiennement en un seul comprimé au coût de 75 dollars par an… Pour comparaison, le coût annuel d'une trithérapie en France, tel qu'imputé à la Sécurité sociale, est d'environ 15 000 euros.

Cette baisse d'un facteur 200 du coût des traitements est un espoir formidable pour les pays affectés de pouvoir mettre en place une politique de contrôle global du sida dont le bénéfice sera double : à l'échelon des patients bénéficiant équitablement d'un traitement efficace et à l'échelle globale car la réduction massive et soutenue de la charge virale sur l'ensemble de la population assure un effet de groupe permettant l'arrêt de la circulation du virus dans les populations concernées. Ce type d'approche tend à se généraliser. C'est par exemple le cas de la trithérapie antivirale assurant actuellement en six semaines plus de 90 % de guérison de l'hépatite C. Avec de tels mécanismes de financement, ce traitement a pu être ramené de 75 000 euros, pour un pays comme la France, à environ 100 dollars dans un pays comme l'Égypte qui présente un des plus forts taux mondiaux de prévalence de cette maladie.

En regard de ces progrès spectaculaires de la thérapeutique en efficacité et accessibilité globale qui tendent à en faire un outil efficace de santé publique mixte, curatif et préventif, un vaccin VIH tant espéré se fait toujours attendre quarante ans et environ 300 essais cliniques après la découverte du virus. Encourageantes, prometteuses, toutes les pistes se sont avérées finalement décevantes, à l'exception de l'étude RV144 concernant un vaccin dit *prime-boost* faisant se succéder deux formulations basées sur la glycoprotéine d'enveloppe du virus, la gp120 : un vaccin sous-unités, puis un vaccin vivant recombinant dans un virus canari-pox non pathogène chez l'homme. Ce candidat vaccin procura en effet un taux de protection de 31,2 % en Thaïlande dans un grand essai de phase 3[83], alors que quelles que soient les stratégies, toutes les études précédentes s'étaient soldées par des taux de protection de… 0 %, qu'elles visent à la production d'anticorps neutralisants, d'une réponse à dominante cellulaire, ou les deux. Certes ce niveau de protection de RV144 a été jugé insuffisant et le développement de ce vaccin n'a pas été poursuivi, mais ce fut un vrai « frémissement » et une confirmation de la faisabilité d'un vaccin, même s'il reste difficile d'anticiper les voies d'une amélioration décisive et la durée de la protection vis-à-vis d'un virus apte à muter et à multiplier les sous-types « à volonté » chez un même patient avec une telle rapidité du fait du manque de fidélité de son ARN polymérase que l'on parle des différents isolats du VIH comme de « quasi-espèces », la variabilité et la complexité des motifs de glycosylation de la protéine d'enveloppe ne facilitant pas la tâche du système immunitaire dans sa reconnaissance d'épitopes protéiques cachés. Il est néanmoins très important de comprendre qu'un essai clinique montrant un degré significatif de protection est non seulement un indicateur qu'une bonne piste a été trouvée, mais c'est aussi une occasion unique d'identifier ce que l'on appelle des « corrélats de protection », c'est-à-dire des marqueurs immunologiques humoraux ou cellulaires signant le fait qu'un individu les présentant a de fortes chances d'être protégé. Du fait de ces difficultés, on sent que l'enthousiasme des industriels du vaccin se réduit, d'autant que d'autres défis émergent régulièrement, comme celui du Covid-19, minorant la place d'un vaccin VIH dans l'échelle des priorités et faisant rebasculer la responsabilité de la recherche vers le domaine académique qui n'en a en général pas les moyens.

N'oublions pas que les succès de la combinaison diagnostic large, prévention et traitement élargi à l'ensemble des populations infectées à un coût abordable pour les pays à faibles ressources, en particulier l'existence de sanctuaires cellulaires au sein desquels le VIH en dormance survit, prêt à se réactiver dès la levée du traitement, d'où – pour l'instant – la nécessité d'un traitement à vie, ce qui alourdit considérablement la logistique, maintient néanmoins les coûts à un niveau élevé, sans même parler des risques de toxicité et de résistance, fragilisant la durabilité du modèle.

Il y a donc toujours une forte demande pour un vaccin VIH efficace dont le rapport coût/efficacité demeure pour l'instant imbattable du fait de la nécessité d'une intervention unique et par une vraie capacité théorique d'élimination, voire d'éradication, de la maladie.

Quoi qu'il en soit, une éminente experte du domaine comme Françoise Barré-Sinoussi, prix Nobel de médecine ou physiologie en 2008 pour la découverte du VIH, y croit dur comme fer et a pour cela d'excellents arguments[84]. Les nouvelles approches d'isolement d'anticorps monoclonaux polyneutralisants à partir de cellules B immortalisées de patients VIH apporteront peut-être d'heureuses surprises (voir chapitre 3).

Un vaccin contre le paludisme ?

La situation des populations soumises au paludisme à *Plasmodium falciparum* en Afrique et en Asie du Sud et du Sud-Est est assez proche de celle des populations soumises à l'endémie tuberculeuse ou VIH. Dans le cas du paludisme, les femmes enceintes et les jeunes enfants représentent par leur fragilité la cible principale de cette parasitose qui comptait encore 228 millions de cas et environ 400 000 décès imputables en 2018 selon l'OMS. Malgré plus de cinquante ans d'efforts combinés de la recherche académique, industrielle et même militaire, dans le Nord et dans le Sud, il n'existe toujours pas de vaccin efficace contre le paludisme. Entre-temps, les approches de contrôle de la maladie se sont considérablement structurées sous forme d'une combinaison efficace de plusieurs stratégies : prévention des piqûres des anophèles femelles par l'utilisation à grande échelle de moustiquaires imprégnées d'insecticides, développement du suivi diagnostique y compris par la mise au point de tests *point of care*, c'est-à-dire utilisables au chevet du patient – « sous l'arbre », comme on dit avec humour dans le Sahel.

À ces stratégies se combinent des actions thérapeutiques facilitées par l'accroissement de l'efficacité diagnostique, visant à la mise en route d'un traitement à faible coût sous vingt-quatre heures. S'y ajoutent des traitements intermittents systématiques au deuxième et troisième trimestre de grossesse afin de diminuer le risque de souffrance fœtale délétère pour le développement futur de l'enfant. Grâce à ces nouveaux modèles combinés, la mortalité annuelle imputable au paludisme n'a cessé de diminuer depuis l'an 2000 où elle était encore de 1 million à 665 000 en 2010 et environ 400 000 en 2018 comme mentionné. Ce ne sont pas tout à fait les objectifs du IIIe millénaire, qui étaient plus ambitieux, mais tout de même une réduction d'environ un tiers : du jamais-vu. À ce rythme, on peut anticiper une réduction drastique de la maladie dans les années à venir, mais la situation demeure instable et de ce fait, la pertinence d'un vaccin demeure.

Il n'est pas question de résumer ici cinquante ans de recherche intensive d'un vaccin antipaludique depuis l'utilisation en 1967 par Victor et Ruth Nussenzweig chez la souris d'une suspension de parasites irradiés qui représenta sans doute l'étude la plus prometteuse démontrant la faisabilité de vacciner contre le paludisme[85]. Les Nussenzweig furent aussi les premiers à faire l'hypothèse que la protéine circumsporozoïte (CSP), c'est-à-dire la protéine abondante à la surface du sporozoïte – la forme du parasite injecté par l'anophèle femelle qui va se nicher dans le foie où il se différencie en mérozoïtes qui vont parasiter les globules rouges sanguins –, était la base physiopathologique de la maladie. Ces stades ont été exploités sous une forme ou une autre mais le seul vaccin qui ait montré une protection significative dans une étude de phase 3 chez l'homme était basé sur cette fameuse protéine CSP. Ce vaccin candidat, RTS,S, consistait en la fusion d'un fragment immunogène de la CSP de *P. falciparum* fusionné à l'antigène HB qui est la base du vaccin contre l'hépatite B, permettant à cette protéine fusion de s'organiser en particules pseudo-virales très immunogènes, d'autant que l'antigène était associé à un puissant adjuvant lipidique de nouvelle génération, l'AS01. Le taux de protection observé au cours de cette grande étude de phase 3 pratiquée en régions d'endémie palustre fut de 51 % au cours de la première année postvaccination, ce que l'on peut considérer comme satisfaisant et certainement prometteur eu égard aux essais antérieurs. Malheureusement la protection s'avéra de courte durée malgré trois injections et surtout irrégulière selon les tranches d'âge, faible en particulier chez les très jeunes enfants[86]. Sur ces bases, un vaccin de nouvelle génération semble prometteur. Attendons...

Ces trois situations illustrent à la perfection les tensions qui peuvent persister sur le modèle d'une vaccination triomphant de toutes les pathologies infectieuses. L'humilité s'impose, mais l'obstination à développer des modèles plus innovants pour la prévention vaccinale de ces pathologies complexes s'impose tout autant.

Ruptures de stocks vaccinaux

Alors même que la priorité actuelle est à rassurer les populations, en particulier les parents de jeunes enfants, sur l'efficacité et globalement la bonne tolérance des vaccins, des ruptures de stocks difficilement compréhensibles et acceptables viennent accentuer une défiance latente qui n'en demande pas tant pour se renforcer. Cette question m'a été très souvent posée ces dernières années à l'occasion de conférences publiques sur les vaccins, parfois de façon véhémente au point que j'ai maintenant décidé d'aborder spontanément le sujet.

Bien qu'il soit complexe, sa pérennisation mérite que l'on s'y attarde car il émerge comme un élément important de tension sur notre modèle de santé publique.

Le fond du problème, paradoxalement, est le succès des vaccins. Depuis le début du XXIe siècle, en dépit de situations qui demeurent précaires, l'extrême pauvreté a régressé et de nombreux pays sont entrés dans une phase de transition économique qui leur a permis, éventuellement grâce au soutien de partenariats public-privé internationaux, d'engager aussi une transition sanitaire. Le vaccin, en particulier le Programme élargi de vaccination (PEV) des jeunes enfants, est emblématique de cette transition sanitaire. Résultat : demande massive de vaccins par les pays émergents, ce qui représente environ 4 milliards d'habitants, la moitié de la planète... On pourrait s'arrêter là, mais la situation est plus complexe et nous oblige à rentrer dans le cœur de la production des vaccins et du modèle économique dans lequel elle se situe.

Ces ruptures de stock ne sont pas triviales. Elles concernent des vaccins essentiels comme le BCG, subissant des ruptures régulières depuis des années, pourtant encore recommandé en France dans des départements où la précarité sociale, la pauvreté, les structures de prévention et de soin sous tension font que l'incidence de la tuberculose est au moins le double de la moyenne nationale. N'oublions pas que le BCG est aussi utilisé dans l'immunothérapie de certains cancers. C'est le cas du vaccin monovalent contre l'hépatite B indispensable aux rappels vaccinaux chez les adolescents et les adultes, après qu'il a été introduit dans le vaccin hexavalent pédiatrique, il n'est disponible qu'au compte-gouttes pour les personnels de santé qui sont la catégorie la plus exposée, mais rarement pour le reste de la population, ce qui n'incite guère à faire ces rappels qui sont pourtant essentiels pour protéger individuellement tout au long de la vie et consolider une immunité de groupe maintenant la circulation du virus sous le seuil épidémique. Même souci pour le vaccin sous-unités contre la coqueluche qui fait maintenant partie du vaccin hexavalent pédiatrique, mais doit être renouvelé seul, en rappel, chez l'adolescent et le jeune adulte du fait de la circulation non négligeable de *Bordetella pertussis* se manifestant par la survenue de cas, particulièrement chez les personnels hospitaliers.

En fait, à des degrés divers, un bon tiers des vaccins pose actuellement des problèmes de disponibilité.

Pourquoi l'industrie du vaccin ne peut-elle répondre à cet accroissement de la demande vaccinale et pourquoi certains pays semblent-ils souffrir plus que d'autres de ces ruptures ? Les causes se situent à différents niveaux.

Tout d'abord, la fabrication de ces produits est beaucoup plus complexe que celle des médicaments qui sont en général issus de la synthèse chimique, donc de procédés bien établis et reproductibles. Les vaccins, au contraire, sont du « vivant ». Ils sont, pour l'essentiel, issus de produits biologiques. Des souches bactériennes ou virales atténuées ou inactivées, des molécules microbiennes purifiées à partir de microbes pathogènes ou de systèmes d'expression recombinants par génie génétique. Il y a place dans cette complexité pour des rendements insuffisants de croissance ou de purification, des atténuations excessives ou insuffisantes.

L'irruption récente de la biologie de synthèse en vaccinologie, avec le vaccin ARNm, est un début très partiel, mais prometteur, de réponse à ce « point de fragilité » de la conception et de la production de vaccins.

Les étapes des procédés de production classique sont par ailleurs longues et multiples, elles nécessitent une chaîne du froid impeccable et des contrôles de sécurité microbiologique et chimique quasiment à chaque étape : plus de 1 000 contrôles, par exemple, pour le vaccin pédiatrique hexavalent. Ces contrôles sont exigés par les règles de sécurité biologique des industriels eux-mêmes et par les organismes de régulation comme l'ANSM en France. De ce fait, à l'exception du vaccin contre la grippe saisonnière pour lequel la fabrication des lots ne prend que six mois, les autres vaccins nécessitent un ou deux ans pour la production d'un lot et à chaque vaccin est dédiée une chaîne de production spécifique, souvent un bâtiment.

Tout cela est le prix de la qualité et de la sécurité des vaccins que seuls, dans l'état actuel des choses, les industriels peuvent garantir. Tout incident dans ce domaine risque d'amener à la destruction d'un lot de plusieurs centaines de milliers de doses tout en nécessitant, par exemple, une décontamination complète de la chaîne de production en cas d'accident de contamination. Dans ce contexte de tension sur la demande qui conduit à une situation de flux tendu, tout incident se paie de retards potentiellement considérables, donc de situations de rupture d'approvisionnement. Comme il existe peu d'industriels du vaccin susceptibles de prendre le relais en cas de problème chez l'un d'entre eux, la compensation rapide par une autre firme est improbable.

Par ailleurs, indépendamment de cet ensemble de contraintes, inutile de se voiler la face : en dépit de sa vocation à servir la santé publique, l'industrie du vaccin répond à un modèle capitaliste soumis à la loi du marché. Dans ce contexte de flux tendu, le marché va au plus offrant. L'Europe, dans ce combat, est fragilisée par le fait qu'elle a négocié au fil des années des prix bas pour l'achat de ses vaccins, sans pour autant harmoniser de pays à pays les calendriers vaccinaux. Dans de telles conditions, des pays comme l'Inde, la Chine ou d'autres emportent des marchés « sous notre nez », ce qui explique pourquoi ces ruptures d'approvisionnement sont plus fréquentes dans certaines régions que dans d'autres. Enfin, et le cas est typique pour le BCG, les industriels tendent à se détourner de certains vaccins moins demandés et de faible profitabilité, préférant des vaccins plus récents, plus « high-tech » et plus profitables.

Il est temps d'entreprendre une réflexion à l'échelle internationale afin de traiter ces problèmes qui alimentent suspicion et défiance des populations. On a vu malheureusement, depuis le début de la crise du Covid-19, que l'on n'en prenait pas le chemin. La santé publique demeure largement un domaine régalien pour les États et une gouvernance mondiale de la santé n'est pas pour demain. Une gouvernance européenne s'est mise en place afin d'assurer un accès aux vaccins contre le Covid-19 aux citoyens de l'UE, mais pourquoi a-t-il fallu attendre ce drame pandémique pour agir, et qu'en restera-t-il une fois la pandémie passée ?

Octobre 2020, veillée d'armes : les premiers vaccins anti-Covid-19 sont annoncés

Demain la liberté ?

Et pourtant, pourra-t-on défier la défiance ? Tous les éléments d'un cocktail détonant sont présents : populations déboussolées par des mois d'incertitude, de « dissonance cognitive » pour reprendre un terme de psychologie sociale, de défiance contre les politiques et les experts médico-scientifiques, du caractère massif de la campagne de vaccination à venir, de la possible survenue d'effets secondaires causés par des vaccins mis rapidement sur le marché à la suite de grandes phases 3 rondement menées. Cette situation inédite pousse à ses limites un fragile consensus sur le rapport bénéfice-risque d'un vaccin. La santé publique à l'épreuve d'un emballement global comme celui observé pour le Covid-19 est un plongeon dans l'inconnu médical et sociologique.

La question, en ces périodes de défiance exacerbée, est : ces vaccins seront-ils acceptés par les populations ? On lit déjà que 41 % des Français seraient opposés à l'utilisation de ces vaccins. Il est urgentissime de déployer une stratégie de communication expliquant clairement ce que sont ces vaccins, ce que l'on en attend en matière d'immunité individuelle et collective, leur impact global en santé publique, comment dans une situation prévue de vaccination de masse où les délais de réalisation des études cliniques et d'enregistrement ont été réduits peuvent être garanties une production suffisante de lots et bien entendu leur sécurité maximale.

Les exemples déjà abordés des difficultés de compréhension entre l'État et les citoyens rencontrées avec la vaccination contre l'hépatite B, la pandémie de grippe porcine A-H1N1 et le vaccin HPV doivent être analysés et mûris car ce sont des cas d'école de ce que pourrait être l'échec de la vaccination contre le Covid-19. Qu'entend-on pour l'instant au fond ? Des débats sur la date de sortie du vaccin, sur la compétition entre les firmes pharmaceutiques au Nasdaq, les ponts d'or que vont s'offrir les firmes, la probabilité d'une obligation vaccinale, la variabilité antigénique du virus qui pourrait programmer à court terme l'inefficacité de ces vaccins, et l'on s'affronte par médias interposés sur ces sujets pour beaucoup futiles, et l'on entend finalement fort peu les décideurs scientifiques, industriels et politiques.

À suivre…

PARTIE IV

Le nouveau monde des maladies infectieuses

CHAPITRE 22

La planète change : émergence des maladies infectieuses

Les pandémies d'hier sont les endémies d'aujourd'hui, les pandémies d'aujourd'hui seront-elles les endémies de demain ?

Depuis la préhistoire, des pandémies ont émergé, en particulier lors de périodes de transition qui marquèrent le destin de l'humanité, car le principal initiateur des pandémies est l'homme lui-même[1]. On peut identifier une protohistoire des maladies infectieuses humaines et trois transitions majeures dans la coévolution homme-microbes qui stimulèrent l'émergence de pandémies. La protohistoire commence au néolithique. À partir de 75 000 avant J.-C., de petites communautés de cueilleurs, chasseurs s'organisèrent, créant les conditions de survenue de zoonoses et de leur transmission interhumaine. Animaux sauvages, certains en voie de domestication, petits prédateurs carnivores, rongeurs : de ces sources animales, ces populations agraires ont acquis les pathogènes que nous reconnaissons actuellement comme spécifiquement humains – tuberculose, lèpre, variole, rougeole, grippe, probablement, un temps, échangés avec les animaux domestiques dans des écosystèmes progressivement stabilisés. En matière de zoonoses, rien de nouveau aujourd'hui lorsque, par le *bush hunting*, des paysans d'Afrique se contaminent par le virus Ebola dans les forêts équatoriales. Sur ce fond, les populations humaines augmentant, se structurant et échangeant de façon croissante, survinrent, il y a environ 5 000 ans, dans le Croissant fertile, les premiers contacts entre les civilisations méditerranéennes et d'Asie méridionale. Les rapports archéologiques et les études bibliques en attestent, mais on ne peut s'avancer plus sur l'intensité d'échange d'agents infectieux, même s'il est très probable.

La seconde transition survint il y a 2 000 ans. L'expansion des deux grands empires, romain et chinois, permit les premiers grands échanges à travers l'Eurasie. Ce fut la naissance de la Route de la soie. Variole et peste s'invitèrent alors parmi les marchandises transportées, ainsi probablement que d'autres infections comme la lèpre et la tuberculose.

La troisième transition répondit à l'explosion des transports maritimes il y a cinq siècles. Ce sont les « grandes conquêtes ». Quand l'Europe commença à explorer le monde, un effet d'équilibre s'instaura entre les continents. Introduction de la variole, du typhus, de la rougeole et de la grippe aux Amériques avec des pandémies d'une gravité inouïe du fait de la naïveté immunitaire absolue des populations autochtones exposées. De plus, la traite transatlantique des esclaves introduisit le paludisme et la fièvre jaune aux Amériques dans les siècles qui suivirent. La syphilis semble avoir suivi le trajet inverse. Une extension de cette troisième transition s'effectua au XIXe siècle, quand la modernité s'empara de la planète. Elle vit l'explosion des transports et des échanges maritimes intercontinentaux qui assurèrent – à leur rythme – la dynamique des pandémies de peste et de choléra. Dès 1889, cette dynamique pandémique accéléra. Cette année-là, la grippe russe circula d'est en ouest à la vitesse des chemins de fer, déjà largement développés à travers l'Europe (200 000 kilomètres), créant des *clusters* s'élargissant à partir des grands nœuds ferroviaires.

Anthropocène, endémies et pandémies

Sommes-nous, au tournant du XXIe siècle, entrés dans une nouvelle transition, la quatrième, ou vivons-nous une extension constante de la troisième transition qui commença à l'époque des grandes conquêtes et se compléta au XVIIIe siècle avec les débuts de la révolution industrielle ?

Au fond, 500 ans, ce n'est rien en regard des échelles de temps des précédentes transitions. On tend à cristalliser cette possible quatrième transition autour de la notion d'« anthropocène », c'est-à-dire, au sens propre du terme, de la trace indélébile qu'*Homo sapiens* imprimerait sur la planète. À cette aune, l'anthropocène n'avait-il pas déjà débuté, au moins qualitativement, avant même la période des grandes conquêtes, à la suite des changements écologiques engagés par l'homme médiéval pour l'assainissement et l'extension des zones de mise en culture : assèchement des marais, domestication des cours d'eau, brûlage des forêts et écobuage, développement de l'élevage et développement urbain ? Cet homme médiéval l'a-t-il payé au XIVe siècle d'une des pires pandémies de l'histoire de l'humanité, la peste noire ? Celle-ci engouffra la moitié de la population européenne, laissant le continent exsangue et en proie à la pire crise morale, religieuse et économique que l'on puisse concevoir. Puis la révolution industrielle et le productivisme agricole complétèrent l'empreinte « anthropocénique ». Oui, nous sommes entrés dans des temps d'émergences plus fréquentes : persistance de la septième pandémie de choléra, sida, SRAS, Covid-19, grippes, diffusion des micro-organismes multirésistants, résurgence des arboviroses, particulièrement la dengue, mais aussi le chikungunya et le virus Zika... Mais ne s'agit-il pas simplement d'un phénomène quantitatif ? D'un accroissement suivant l'accroissement phénoménal de la population humaine, qui a grossi de 500 % ce dernier siècle et a vu exploser homothétiquement le nombre et la rapidité des échanges intercontinentaux ainsi que l'élevage intensif. Cela a d'ailleurs créé une situation identique dans la faune domestique avec l'encéphalopathie bovine. Finalement, quatrième transition ou non ? Par provocation, j'aimerais dire non, mais le débat est vain car l'urgence est là et les épidémies sont clairement de retour[2] et, dès 2006, avec mon ami Gérard Orth, découvreur des papillomavirus (HPV) oncogènes, récemment disparu, nous avions alerté dans un ouvrage collectif de l'Académie des sciences sur l'étendue du défi que représenterait la maîtrise de ces maladies infectieuses renaissantes[3].

Lisons cet extrait de Charles Nicolle, trop souvent tronqué : « Les maladies infectieuses que nous observons ont-elles toujours existé ? En est-il, parmi elles, qui soient apparues au cours de l'histoire ? Peut-on supposer qu'il en paraîtra de nouvelles ?

« Il y aura donc des maladies nouvelles. C'est un fait fatal. Un autre fait, aussi fatal, est que nous ne saurons jamais les dépister dès leur origine. Lorsque nous aurons notion de ces maladies, elles seront déjà toutes formées, adultes pourrait-on dire. Comment les reconnaîtrons-nous ces maladies nouvelles, comment soupçonnerons-nous leur existence avant qu'elles n'aient revêtu leur costume de symptômes ?

« La connaissance des maladies infectieuses enseigne aux hommes qu'ils sont frères et solidaires. Nous sommes frères parce que le même danger nous menace, solidaires parce que la contagion nous vient le plus souvent de nos semblables. »

Ces phrases frappantes d'actualité en ces temps de pandémie sont extraites du *Destin des maladies infectieuses*, ouvrage publié en 1933 dans lequel Charles Nicolle avait colligé ses leçons du Collège de France, où il avait été titulaire de la chaire de Médecine expérimentale, celle de Claude Bernard[4].

Charles Nicolle est de fait l'inventeur du concept de « maladies infectieuses émergentes ». Il les définissait avec un style métaphorique qui peut sembler aujourd'hui suranné, mais au-delà du style, le concept est clairement exprimé, la nécessité même d'une reconnaissance rapide est évoquée. Ces affirmations sont de plus étayées par un extraordinaire travail de recherche fondamentale, expérimentale et clinique qui lui valut le prix Nobel.

Comment, dans un style plus actuel, définit-on aujourd'hui ces maladies infectieuses émergentes ? On définit ainsi « des infections nouvellement apparues ou des maladies ayant déjà existé mais se représentant soudain avec un profil d'accroissement rapide d'incidence, d'extension géographique, ou avec des caractéristiques cliniques et biologiques différentes[5] ».

Soyons plus précis : une épidémie correspond à l'apparition d'un nombre anormalement élevé de cas d'infections dans une zone géographique limitée, ou dans un groupe particulier d'individus, sur une période donnée.

Une pandémie est donc une « grosse épidémie[6] ». Un certain nombre de caractéristiques qui sous-tendent l'ampleur inhabituelle de l'événement épidémique permettent de parler de pandémie : la nouveauté de l'agent causal touchant de ce fait des populations immunologiquement naïves, sa haute transmissibilité, sa propagation planétaire explosive, le nombre élevé de cas. Viennent s'ajouter à ce tableau médical d'ampleur inédite des conséquences économiques, sociales et sociologiques rapidement préoccupantes.

L'OMS utilise le qualificatif plus technique d'« urgence de santé publique de portée internationale » (PHEIC), nous y reviendrons.

Par contraste, une endémie est une maladie présente en permanence sur un territoire ou dans un groupe donné d'individus. Elle peut ne toucher que très peu de ces individus, demeurer latente, ou causer à intervalles variables des poussées épidémiques. Attention cependant à ne pas associer endémie et bénignité.

Le paludisme en régions endémiques tue chaque année 600 000 patients, majoritairement enfants et femmes enceintes. La tuberculose tue encore annuellement 1,5 million de patients et le sida 600 000. La grippe saisonnière tue chaque année au minimum 1 million de patients sur la planète et la dengue touche annuellement 390 millions d'individus en zone intertropicale, causant environ 50 000 décès.

CHAPITRE 23

Conséquences sociétales des pandémies : les leçons de l'histoire

Voilà donc des décennies que l'on annonce le retour des épidémies et des pandémies. Pas de boule de cristal, une simple observation des réalités. Peut-être cependant avons-nous surtout évoqué les conséquences strictement médicales : la morbidité, la mortalité, les tensions sur les systèmes hospitaliers, la nécessité vitale de se donner les moyens de déployer rapidement des outils et stratégies de contrôle. En dépit de ces avertissements, nos pays, au moins en Occident, ont généralement affronté la pandémie de Covid-19 dans un état d'impréparation et d'incrédulité notoires, aussi bien au niveau des autorités que de la population, comme si l'évocation simple du risque sanitaire n'avait pas suffi à sensibiliser et mobiliser. Les chiffres ne parlent pas, pire même, et cela défie l'entendement : plus ils sont élevés, moins ils impressionnent.

Sans doute aurions-nous dû insister davantage, dans nos alarmes, sur les conséquences des pandémies sur l'humain, sur la souffrance individuelle et collective, sur le chaos économique et social qu'elles engendrent, sur la prolongation temporelle de l'onde de choc sociétale et sur l'imprévisibilité de ses conséquences. Tout cela est écrit dans les livres d'histoire.

Quelle que soit l'époque, les grandes pandémies ont été la cause de bouleversements socio-économiques et culturels majeurs, voire de véritables séismes géopolitiques.

La peste

La peste de Justinien (*Pestis inguinaria* ou *glandularia*, 541-750), sans doute venue d'Asie par la Route de la soie, se répandit sur l'ensemble du Bassin méditerranéen, atteignant Byzance en 542, exterminant la moitié de la population des grandes cités commerciales soit, selon les historiens byzantins et grecs, plus de 10 millions de morts à la suite d'une vingtaine de poussées – aujourd'hui nous dirions vagues – successives. La peste de Justinien va pendant deux siècles étouffer la prospérité commerciale des puissances bordant le *mare nostrum* et déplacer l'épicentre commercial de l'Europe vers le Nord celte et franc. Elle mit sans doute un terme à la tentative de reconstitution de l'Empire romain à partir de Byzance, ses armées épuisées échouant dans leur reconquête de l'Italie, vite soumises aux invasions du Nord. En deux siècles la peste de Justinien aura redessiné l'Europe géopolitique, rescindé l'Eurasie et probablement facilité l'expansion arabe.

La peste médiévale ou peste noire (1347-1352) sera la seconde grande pandémie. L'étude comparative des génomes reconstitués de *Yersinia pestis* – le bacille pesteux – à partir d'ADN fossile recueilli de la pulpe dentaire de squelettes humains de nécropoles bien datées par les archéologues a montré que le bacille de la peste médiévale n'avait pas de communauté avec celui de la peste de Justinien. D'origine asiatique, elle causa le décès de 30 à 50 % de la population européenne, l'effondrement économique et social de cités prospères qui ne s'en remirent jamais totalement, laissant des régions entières brusquement dépeuplées, des campagnes aux mains de bandes armées terrorisant les paysans survivants.

Au désastre économique s'ajoutèrent dans le siècle qui suivit une profonde crise morale et religieuse dont témoignent encore aujourd'hui des chefs-d'œuvre glaçants comme la *Danse macabre* de l'abbaye de La Chaise-Dieu où les transis de toutes classes sociales sont unis et égaux devant la mort. Si égaux que cela ? Pas sûr, le choléra du XIXe siècle montrera à quel point la précarité sociale alourdissait le bilan humain d'une pandémie. La peste médiévale fut suivie de vagues successives, touchant particulièrement des grandes cités jusqu'au XVIIIe siècle : « Grande

Peste » de Londres (1665-1666), « peste de Marseille » (1720-1722), constituant en quelque sorte la « queue de la seconde pandémie ».

Ces répliques furent en fait causées par des bacilles issus de celui de la peste médiévale. La reconstruction de leurs génomes à partir d'ADN fossile a en effet confirmé l'ancestralité de la souche médiévale, suggérant un modèle de trois siècles de circulation Europe-Proche-Orient « en boucle », sans nécessairement de réentrée d'Extrême-Orient par la Route de la soie que l'on stigmatisait volontiers. Cette permanence fut probablement entretenue à partir d'un vaste réservoir animal, un muridé, rat ou apparenté, mais sans certitude absolue de la ou des espèce(s). *Yersinia pestis*, le bacille pesteux – découvert à Hong Kong par Alexandre Yersin en 1894 à l'occasion de la troisième pandémie de peste, cette fois repartie d'Extrême-Orient – est en effet présent dans l'environnement sous forme d'une épizootie (épidémie animale). Les muridés en sont le réservoir animal primaire, avec un cycle de transmission rural « rat des champs-rat des champs » assuré par des espèces de puces adaptées, le portage par ces animaux s'amplifiant sans doute à l'occasion de phénomènes climatiques, mais les règles écologiques qui la régissent restent à définir. La vaste enquête écologique encore en cours, à la suite de la récente épidémie de peste de Madagascar en 2017, permettra peut-être d'éclaircir des éléments décisifs de cette dynamique grâce à l'action concertée des médecins, vétérinaires, entomologistes et anthropologues[7]. Mais *quid* de la contamination causant la peste humaine ? La peste zoonose. Aux confins des cités, les « rats des champs » rencontrent les « rats des villes » et les puces pas très regardantes des premiers contaminent les seconds qui retournent dans leurs gîtes urbains où leurs puces dédiées entretiennent bientôt un cycle urbain proche d'une communauté humaine dense, finalement contaminée par les puces infectées. Dans ces environnements urbains, la peste initialement sporadique et « bubonique » – c'est-à-dire se manifestant par une adénite suppurée, souvent inguinale – donne lieu à une septicémie à point de départ ganglionnaire qui, lorsqu'elle touche le poumon, cause une pneumonie nécrosante fulgurante pouvant dès lors se transmettre d'homme à homme par voie aérienne. C'est la redoutable « peste pulmonaire ». Il est probable que l'effrayante mortalité de la peste urbaine médiévale fut liée à l'expansion brutale du réservoir murin à la suite des désordres climatiques et amplifiée en milieu urbain par le développement de formes pulmonaires.

Le phylum responsable de la peste médiévale et de ses répliques tardives est maintenant éteint comme celui responsable de la peste de Justinien[8]. Il a peut-être disparu avec son réservoir animal. On se perd en conjectures. Il est clair que « réservoir animal » est un terme générique – environ 200 espèces animales peuvent être porteuses –, les animaux pouvant être porteurs sains ou malades à divers degrés, les mettant en état de perte d'aptitude (*fitness*), amenant leur disparition progressive (perte de fertilité et d'aptitude à survivre dans leur écosystème). Il s'est avéré impossible jusqu'à présent de retrouver des squelettes de muridés datés – ces « animaux malades de la peste », comme les appelait La Fontaine – à proximité des nécropoles où des pestiférés étaient enterrés en masse et à la hâte. C'est un des défis de la paléomicrobiologie : retrouver les animaux réservoirs primaires et secondaires des pandémies zoonotiques. On voit la difficulté à identifier les réservoirs contemporains avec la quête de la source du SARS-CoV-2, imaginez la difficulté lorsque les espèces concernées sont mortes depuis trois siècles et leurs carcasses dispersées dans le sous-sol.

Mais revenons aux répliques et particulièrement à la « grande peste de Marseille » de 1720-1722, car elle résume à elle seule les traits communs du risque pandémique que nous avons eu tendance à négliger lors de l'explosion de Covid-19. Marseille a le statut de port franc depuis Colbert au siècle précédent et le quasi-monopole du commerce maritime français des étoffes avec le Levant. C'est donc une cité très prospère de 100 000 habitants, ville et « terroir » compris, qui va être le théâtre du drame. Le 25 mai 1720, le navire de commerce *Grand Saint-Antoine* parti de Smyrne, zone connue de peste endémique, rallie Marseille porteur d'une cargaison de riches étoffes. Il est placé en quarantaine dans la rade aux îles du Frioul, d'autant que plusieurs marins étaient décédés durant la traversée. Un décès supplémentaire survenu en quarantaine amène à transférer l'équipage dans un lazaret hors-les-murs. Jusqu'ici, tout va bien, si l'on peut dire, en termes de mesures barrières sanitaires. Mais les choses se gâtent, la quarantaine de la cargaison est écourtée sous de fortes pressions pour en assurer la vente le mois suivant à la foire de Beaucaire. Le 20 juin les premiers cas de peste apparaissent dans la vieille ville, aucune mesure n'est prise en dépit du nombre rapidement croissant des cas. Les autorités municipales se murent dans le déni, le mot « peste » est banni des discours et édits municipaux. Les raisons ?

Peur des émeutes, des conséquences économiques sur la cité, un grave conflit d'intérêts d'un échevin qui possède la moitié de la cargaison. Pour couronner le tout, des médecins et chirurgiens ne s'accordent pas, des « querelles d'experts » sur les symptômes, le diagnostic, le mode de contamination : souffle ? contacts ? rapports sexuels ? veillées mortuaires ? Sur les traitements enfin… On croit rêver.

Dès août, la courbe d'incidence des cas est devenue exponentielle, 1 000 décès par jour, 30 000 habitants fuient la cité phocéenne, propageant l'épidémie dans la région, bientôt elle remonte la vallée du Rhône. Début septembre, les autorités reconnaissent enfin l'état d'épidémie de peste. Il est bien trop tard, la situation est hors contrôle. « De quel côté que l'on jette les yeux, on voit les rues, des deux côtés, toutes jonchées de cadavres qui s'entre-touchent, presque tous pourris… », écrit Nicolas Pichatty de Croissainte, procureur du roi.

Marseille s'effondre, plus d'administration, plus de commerce, famine, violences.

Le régent nomme un gouvernement militaire pour prendre la situation en main. Des troupes royales sont envoyées en masse et déployées pour organiser un cordon sanitaire étanche isolant Marseille et ses bourgades voisines. Toute violation du confinement est punie de mort. Les « autorisations dérogatoires de sortie » n'étaient pas encore inventées… Au total, vingt-sept mois de confinement absolu, quatre ans pour reprendre une vie « normale ». La moitié de la population de Marseille avait entre-temps disparu. Mêmes causes, mêmes effets : retard de déclaration d'une épidémie pour des raisons politico-économiques. Demandez aux habitants de Wuhan ce qu'ils en pensent… Querelles d'experts, une spécialité marseillaise ? Pas uniquement… La dernière épidémie de peste en France fut en fait parisienne. En 1920 la « peste des chiffonniers » toucha une centaine de patients à Clichy.

La variole

Comme la peste, la variole – ou « petite vérole » pour la différencier de la syphilis – avait commencé très tôt à sévir sur la planète. On en trouve des traces sur des momies égyptiennes datant de 3000 avant J.-C. Elle a vraisemblablement sévi en de nombreuses occasions dans toute l'Antiquité en Asie, au Proche-Orient, en Europe et en Afrique, établie de manière endémique, avec de violentes poussées épidémiques. Cette situation continua à prévaloir au Moyen Âge, complétant funestement les méfaits de la peste avec une « variole majeure », gravissime, responsable d'une forte mortalité, en particulier infantile (10-20 % de mortalité infantile au tournant du XVIe siècle), et une « variole mineure ».

Ce tournant de siècle va cependant marquer une étape décisive de la pandémie variolique car les grandes conquêtes vont l'introduire aux Amériques. Sa présence est suspectée chez les Mayas un demi-millénaire plus tôt, mais rien à voir avec la déflagration à venir. Elle débute dans les îles Caraïbes, probablement en provenance d'Afrique où la traite lucrative d'esclaves africains avait débuté. La « variole majeure » va se propager comme un incendie à des populations amérindiennes dont le mode de vie et surtout la naïveté immunologique facilitent la transmission et la gravité. On considère qu'au début du XVIe siècle, le Mexique comptait environ 20 millions d'habitants, et on en dénombrait un peu plus de 1 million à la fin du siècle, période durant laquelle la pandémie descendit vers le sud, décimant l'Empire inca, puis le Brésil jusqu'au Rio de la Plata. Moins touchés, les conquistadors virent leur progression facilitée. Un peu plus tard dans le siècle, ce fut le tour des populations autochtones d'Amérique du Nord d'être décimées par la variole importée par les colonisateurs français et anglais. Pire, les colons exterminèrent sciemment ces populations, par exemple en leur offrant des couvertures dans lesquelles avaient été enveloppés des patients varioleux, inventant par là même le bioterrorisme. La pandémie variolique a aidé les Européens à coloniser et à développer les territoires dont les populations autochtones avaient été exterminées, modifiant drastiquement l'histoire des Amériques, de l'Europe, de l'économie et le destin du monde. L'exploitation des richesses minérales du Nouveau Monde (argent et or d'Amérique latine) a entraîné une inflation massive au sein de l'Empire espagnol. L'économiste John Maynard Keynes écrivit ainsi en 1930 : « Cette révolution des prix fut un tournant crucial dans la construction du capitalisme moderne[9]. »

L'histoire nous apprend donc ce que peuvent faire les pandémies. Elle ne se répète jamais certes dans les détails, mais les grandes tendances, les grandes secousses sociologiques et géopolitiques qu'elles créent se reproduisent. La pandémie de Covid-19 va-t-elle accentuer ce grand déséquilibre qui tend à déplacer vers l'Asie le centre de gravité de l'économie mondiale ? Jusqu'où cette pandémie accentuera les faiblesses systémiques de l'Europe ? Mais ne sera-ce pas une occasion de la renforcer ? Une étape de déconstruction-reconstruction salvatrice ? Une opportunité de réaliser notre profonde interdépendance, la communauté de notre destin et de commencer à rebâtir notre souveraineté économique. Traumatisée par le Brexit et malmenée dans les premiers mois de la pandémie, l'Union européenne a fini par réaliser, sous la pression des événements, l'importance de la solidarité et commence à en engranger les bénéfices, d'autant que la soudaine réapparition de la guerre à ses frontières de l'est ajoute soudain à la menace sanitaire la menace hégémonique d'un dictateur d'un autre âge.

Quoi qu'il en soit, les grandes crises pandémiques font progresser la science. Le XVIIIe siècle meurtri en Europe par une succession d'épidémies de variole se termina par une découverte qui projeta la médecine dans la modernité : la vaccination jennerienne. Les successions de pandémies de choléra au XIXe siècle firent redessiner la ville autour du concept d'hygiène publique. La pandémie de grippe espagnole au début du XXe siècle donna un coup de fouet au développement de la virologie et le sida de la fin du XXe siècle à la recherche thérapeutique antivirale.

Le choléra

Revenons au choléra. Il a sans doute sévi en de nombreuses occasions avant son explosion planétaire au XIXe siècle. Il est clairement décrit dans des documents en sanscrit datant d'au moins cinq siècles. Il resta cependant longtemps confiné dans les territoires jouxtant son bassin d'origine, le golfe du Bengale. L'hypothèse d'une maladie transmissible avait été émise par des médecins anglais de l'armée des Indes vers 1820, fortement impressionnés par la brutalité et la rapidité d'extension d'épidémies causant d'innombrables décès. Des observations similaires furent faites par Moreau de Jonnès au Proche-Orient, parlant de « choléra morbus pestilentiel ».

Ce n'est qu'au début du XIXe siècle que le choléra – porté par l'expansion du commerce intercontinental – devint pandémique. Dès ce moment, il évolua sous forme d'une succession de pandémies, la septième étant encore en cours. La seconde pandémie qui débuta en 1826 fut pour l'Europe, puis les Amériques la plus traumatisante. Issue d'Inde, elle prit l'Europe en tenaille, par voie terrestre *via* l'Empire russe et par voie maritime après avoir touché la péninsule Arabique, puis l'Égypte.

La pandémie balaya l'Europe en dépit des barrières sanitaires terrestres et des quarantaines portuaires. Elle toucha la France en 1832, y causant en quelques mois 100 000 morts dont 20 000 à Paris. La pandémie y fut un traumatisme social majeur sur une population à peine remise des saignées des guerres napoléoniennes et encore secouée par les troubles sociaux qui avaient amené Louis-Philippe et la monarchie de Juillet en 1830. L'épidémie à Paris avait été marquée par les conduites irrationnelles d'une partie de la population défiant dans les rues le choléra morbus dans un carnaval frénétique : « Le plus sémillant des arlequins sentit trop de fraîcheur dans ses jambes, ôta son masque et découvrit à la stupeur générale un visage d'un bleu-violet », écrit Karlheinz Stierle dans *La Capitale des signes*, laissant l'expression de « peur bleue ». On a vu se produire des manifestations à l'occasion de la prolongation de la pandémie de Covid-19 et l'étonnement, voire l'irritation, qu'elles ont causés peuvent être relativisés à l'aune de l'histoire. Au fond, le défi aux épidémies et aux autorités mobilisées pour les contenir est une constante au sein des populations affectées, même si les modes d'expression peuvent varier en fonction des époques. C'est une sorte de résurgence d'un irrationnel archaïque et profond qui existe en chacun de nous.

La seconde pandémie de choléra amorça aussi des changements profonds dans la société. Choléra cause ou conséquence de mutations sociales ? Probablement les deux. Il amena en particulier des changements bénéfiques et sans retour dans l'organisation et la gestion des systèmes de soin, dans la représentation et la gestion des maladies. On y retrouve les bases de l'hygiénisme qui dictera quelques décennies plus tard les bouleversements urbains qu'imposèrent à Paris Napoléon III et le baron Georges-Eugène Haussmann, préfet de la Seine. S'ils contrôlèrent largement la diffusion des épidémies d'infections entériques, ils contribuèrent aussi à faire de Paris une cité bourgeoise, refoulant les indigents à la périphérie urbaine et installant une fracture sociale qui perdure et que la pandémie de Covid-19 a impitoyablement rappelée.

La lutte contre le choléra fit aussi faire un bond à la statistique médicale appliquée à l'épidémiologie qui se construira à cette occasion – y compris dans la rationalisation de sa dimension interventionnelle – et à la reconnaissance de l'« étiologie infectieuse » des maladies. Dans la controverse qui faisait rage, en particulier au Royaume-Uni, entre « aéristes » et « contagionnistes », il existait du côté des aéristes non seulement un archaïsme qui volerait vite en éclats, mais aussi un fort préjugé social porté à la caricature dans l'ordre social britannique. À Londres, au milieu du XIXe siècle, le tout-à-l'égout n'était pas généralisé, surtout dans les quartiers pauvres où des odeurs pestilentielles flottaient, particulièrement en été. La plus grande mortalité observée chez ces indigents y était interprétée comme une conséquence de la dépravation de leurs mœurs, fragilisant leur résistance aux « miasmes » responsables pour eux de l'atmosphère pestilentielle et des maladies. L'eau municipale était issue de la combinaison d'un système de distribution urbain d'eau puisée dans la Tamise et de très nombreux puits – souvent peu profonds – plus prisés par la population car leur eau avait bien meilleur goût que l'eau municipale...

Les contagionnistes comme John Snow, médecin épidémiologiste, pensaient que le choléra se « reproduisait » dans les patients infectés et se transmettait par l'eau contaminée.

L'épidémie de choléra qui débuta dans le quartier de Soho, à Londres, en septembre 1854 à l'occasion de la troisième pandémie dura plusieurs mois. John Snow reporta sur une carte du quartier la position des treize puits et des domiciles des 572 cas rapportés. Il observa ainsi un regroupement des cas à proximité d'un puits alimentant une pompe à l'angle sud-ouest de l'intersection de Broad Street (aujourd'hui Broadwick Street) et Cambridge Street. Cette eau avait le meilleur goût de tous les puits du quartier ! Il obtint avec difficulté de la municipalité l'autorisation d'enlever le bras de la pompe, engageant ainsi une régression rapide de l'épidémie. Mieux encore, John Snow observa l'eau des différents puits au microscope et décrivit dans celle du puits de Broad Street une pullulation d'« animalcules » identiques et en grand nombre. Ces animalcules avaient déjà été observés en 1849 par William Budd dans les selles d'un patient atteint de choléra, mais surtout soigneusement décrits dès 1854 comme un bacille incurvé très mobile par le pathologiste florentin Filippo Pacini – mais sa publication passa malheureusement totalement inaperçue. Il fallut attendre Robert Koch en Inde puis à Alexandrie en 1883, au cours de la cinquième pandémie, pour que *Vibrio cholerae* soit enfin officiellement isolé. Étonnamment, en dépit des évidences qui s'accumulaient, la controverse entre aéristes et contagionnistes continua à faire rage, même en Allemagne. Max von Pettenkofer, contemporain de Robert Koch, professeur à Munich et père de l'épidémiologie allemande, professait une « théorie tellurique » du choléra, plus largement une « théorie du milieu » où les conditions environnementales et la constitution de l'individu préparaient le terrain aux maladies. Il avait certes pressenti la médecine personnalisée et environnementale, mais s'arc-boutait à tel point contre la responsabilité d'un agent infectieux qu'en 1892 il avala devant ses étudiants une suspension de *V. cholerae* et… ne développa pas la maladie ! On se doute des conclusions qu'il tira de cette expérience héroïque. Cette controverse amena néanmoins Robert Koch et ses disciples à émettre une série de postulats permettant d'apporter la preuve expérimentale du rôle d'un agent infectieux dans l'étiologie d'une maladie. Les résultats de l'expérience de Max von Pettenkofer l'amenèrent aussi à émettre le concept de « porteur asymptomatique » qui deviendra clé dans le contrôle de maladies comme la fièvre typhoïde.

Quoi qu'il en soit, comme déjà mentionné, le choléra eut un rôle moteur dans le développement de plusieurs facettes de l'épidémiologie, y compris interventionnelle, et pesa très lourd dans les politiques hygiénistes qui, dès la fin du XIXe siècle, dictèrent la mise en place des grands travaux d'hygiène publique, comme les égouts et l'adduction d'eau potable dans les métropoles occidentales. À Paris, à partir de 1860, sous l'autorité du préfet Haussmann, Eugène Belgrand, directeur général des Eaux, transforma la vie dans la capitale.

La tuberculose

Une autre pandémie changea la santé publique : la tuberculose.

Elle ravagea toutes les classes sociales dès le XIXe siècle, à commencer par les plus pauvres. On l'appelait phtisie – éventuellement galopante – ou consomption, car elle consumait littéralement ses victimes. Dans la seconde moitié du XIXe siècle et au début du XXe, elle fut à son apogée dans les zones urbaines où commençait à s'entasser le prolétariat de la révolution industrielle. Elle toucha jusqu'au quart de la population et représenta la moitié des décès chez les jeunes adultes en Europe. À la primo-infection pulmonaire, acquise par contamination aérienne, succédait la dissémination dans tout l'organisme, la miliaire. La maladie ressurgissait ensuite dans n'importe quel organe. La terrible méningite tuberculeuse emportait les nourrissons de façon fulminante ou les laissait avec de lourdes séquelles auditives et psychomotrices. Le mal de Pott, la tuberculose osseuse, entraînait des déformations invalidantes irrémédiables. Et bien sûr, la tuberculose pulmonaire, toux, expectoration du caséum sanglant : la caverne. Elle était si contagieuse et fréquente qu'on la croyait héréditaire. Aucun traitement efficace n'existait et l'ignorance de la nature microbienne ne proposait aucune mesure préventive rationnelle. Il fallait réagir, appréhender son impact global, trouver l'étiologie en cette période où « la cause infectieuse des maladies » émergeait comme un concept révolutionnaire.

C'est Robert Koch qui en identifia la bactérie causale en 1882, *Mycobacterium tuberculosis* – le bacille de Koch ou BK – et en démontra l'extrême contagiosité. Un seul bacille pouvait transmettre la maladie, et le caséum expectoré des cavernes pulmonaires en contenait des milliards ! Il recevra pour cela un prix Nobel en 1905. Il n'en fallut pas moins pour que la tuberculose soit enfin perçue par les autorités sanitaires pour ce qu'elle était vraiment : un épouvantable fléau, transmissible et hautement contagieux. L'autorité politique commença à prendre la mesure de son impact économique, et se décida enfin à agir.

En France, Albert Calmette fonda le premier dispensaire d'hygiène sociale à Lille en 1901 ; les dispensaires seront vite couplés à des sanatoriums, établis au grand air. Le but était triple : dépistage, isolement, cure d'air pur, de soleil et bonne alimentation. L'insufflation d'un pneumothorax fut introduite, permettant de collaber les cavernes, il fallait régulièrement les renouveler, c'était le seul traitement un peu efficace même s'il restait palliatif. Il le resta pour deux générations. Il fallut en effet attendre un petit demi-siècle pour que la streptomycine, découverte par Selman Wacksmann en 1943, soit commercialisée, nous en avons déjà parlé. Heureusement, entre-temps, Calmette et Guérin avaient inventé le BCG. Combinée aux mesures sanitaires, la vaccination devenue disponible permettait déjà d'organiser une vraie politique de contrôle en attendant le traitement. Une autre révolution de la santé publique était en marche…

Le sida

Si la tuberculose eut un impact sociétal majeur, ce sont les autorités sanitaires nationales et internationales qui prirent en main, pour l'essentiel, les campagnes de dépistage, de prévention et de traitement, un schéma somme toute classique. L'émergence du sida fut une autre histoire, écrite à la fois de façon classique par médecins, chercheurs, autorités sanitaires, mais aussi, sans doute pour la première fois dans l'histoire des pandémies, par les patients eux-mêmes. Le sida a tout d'abord profondément modifié la relation médecin-malade. Je l'ai moi-même vécu car, dès l'émergence de la pandémie en France en 1982, beaucoup de patients affluèrent de France et de l'étranger à l'hôpital de l'Institut Pasteur qui renoua, à cette occasion, avec son histoire, d'autant que dans l'année qui suivit, la découverte du virus dans l'Institut généra des espoirs malheureusement vite déçus concernant la découverte rapide d'un traitement ou d'un vaccin. Je fus là en première ligne et pour la première fois dans ma carrière me trouvais face à des patients qui souvent étaient aussi, voire parfois plus, informés que je l'étais moi-même. Formé « à l'ancienne », dans le concept de l'omniscience médicale et de la supériorité – n'ayons pas peur des mots – du savoir du médecin sur celui du malade, du savant sur le sachant. L'épreuve fut rude, la remise en question douloureuse, d'autant que ce savoir du patient, pas toujours ordonné et souvent interprétatif, nécessitait de longues discussions de pédagogie visant – dans un respect mutuel – à se retrouver à la même page. Je réalisai peu à peu, mettant progressivement mon éducation médicale « à l'ancienne » dans ma poche, que cette dialectique patient-médecin inédite créait une relation de confiance mutuelle d'une qualité exceptionnelle. En un mot, j'apprenais les vertus de l'humilité. L'exercice se compliquait souvent aussi par le drame que représentait, pour nos patients en majorité homosexuels en ces temps précoces de la pandémie, une stigmatisation sociétale indiscutable et parfois un rejet familial aux conséquences psychologiques dramatiques. Le sida devenait un objet sociologique autant que médical, donc rapidement politique. Je n'avais jamais été militant et vis rapidement émerger un second fait sociétal : les associations de patients, mais d'un type particulier. Ce fut vite le temps d'Act-Up, de AIDES. Je connaissais des associations de patients, mais n'avais jamais été confronté au véritable militantisme sanitaire, souvent « musclé ». Pour être franc, j'ai mal compris au début ce qui se passait et mal vécu le traitement plutôt rude réservé à des responsables médicaux que je respectais pour leur compétence. Je ne comprenais pas toujours cette remise en question du « pouvoir médical » que je n'avais pas vraiment ressenti au cours de mon internat, peut-être parce que j'avais surtout eu affaire, à quelques exceptions près, à des « mandarins éclairés ». Je ne comprenais pas non plus la volonté militante de singulariser les patients VIH par rapport à d'autres patients atteints de maladies infectieuses ou parasitaires que je soignais quotidiennement. En particulier, je me moquais totalement de l'orientation sexuelle de mes patients, considérant que cela ne devait affecter ni en positif ni en négatif ma façon de les prendre en charge. Si cette période fut pour moi celle d'une remise en question de mon statut de médecin et de chercheur, plusieurs collègues de ma génération s'intégrèrent plus vite et avec plus d'enthousiasme dans ce courant et purent justement aider à l'orienter, à le rationaliser en appréhendant mieux que moi la dimension nouvelle, médicale, anthropologique, sociologique et politique que représentait le sida. J'ai une grande admiration pour plusieurs d'entre eux. Ce militantisme a finalement participé à l'accélération des campagnes de prévention, de la mise au point, puis à la mise à disposition de thérapies efficaces, à la mise en place d'agences dédiées de recherche et de soin comme l'ANRS en France.

Les excès et les bouffées irrationnelles du militantisme fortement engagé m'effraient encore aujourd'hui, mais je réalise que sans lui, peut-être même sans ses excès, les lignes ne bougeraient pas. La prise en main de leur destinée par les patients VIH est un immense fait sociétal à porter, si l'on peut dire, au crédit de cette pandémie devenue endémique et planétaire en compagnie de la tuberculose, l'une aggravant l'autre et réciproquement. Nous en avons largement parlé par ailleurs.

CHAPITRE 24

Pandémie : une tragédie en trois actes…

On peut tenter de diviser l'évolution d'une pandémie en trois actes comme une tragédie classique selon la métaphore de Charles Rosenberg, à la suite de ses réflexions historiques sur le choléra et sur le VIH[10].

• Acte 1 : émergence et identification du phénomène, attente angoissée devant son extension, incrédulité, sentiment d'impuissance. Cet acte fut remarquablement perçu et mis en scène par Albert Camus dans *La Peste*, redevenu livre de chevet des Français confinés en quête de références historiques et de rationalité devant l'explosion de Covid-19 en 2020.

Le drame du Covid-19 se développe alors en accéléré. Images de Chine, de Lombardie, puis, inéluctablement, de chez nous : ambulances faisant la queue devant le bâtiment de réanimation des hôpitaux, patients sous ventilation assistée, leurs soignants transformés en spationautes, files d'attente de familles devant les morgues, conférence de presse quotidienne du directeur général de la Santé déroulant la litanie des victimes tombées au « champ du Covid-19 » avec un visage de circonstance. Rien ne nous échappe, les médias y veillent.

Ce premier acte du drame peut être aussi celui d'une trahison fondatrice des autorités qui, au nom de la raison politique et économique – comme ce fut le cas à Marseille en 1732 et à Wuhan en janvier 2020 – cachent, nient, démentent. Dénonçant cette forfaiture, des lanceurs d'alerte peuvent émerger, vite érigés en héros, enrichissant la dramaturgie d'une dimension manichéenne.

L'identification de l'agent causal, son origine, la recherche des premiers cas – le « patient zéro » –, la reconnaissance du mode de transmission interhumaine intéressent, voire fascinent. Une narration médicale et scientifique s'efforçant à la rationalité s'installe, plus ou moins partagée. La population commence à apprivoiser le drame, mais une angoisse flotte sur la ville morte, c'est le temps du confinement, expérience inédite dont la cicatrice ne se refermera pas. Le premier acte de la tragédie est de loin le plus riche car ses ressorts dramatiques sont puissants.

• Acte 2 : développement de l'intrigue, flambée, extension géographique, réalisation de l'impact individuel et collectif. C'est le temps des premiers bilans : médicaux, psychologiques, socio-économiques, voire géopolitiques, de la réflexion sur « l'avant » et sur « l'après » de la crise pandémique. Le monde en sortira-t-il changé ? Que nous apprend cette pandémie sur nous-mêmes, sur notre système de santé, sur notre société, sur nos rapports à la nature et aux désordres écologiques et climatiques causés par l'homme ? C'est le temps de l'examen de conscience, mais qu'en restera-t-il au troisième acte ? C'est aussi le temps des experts, parfois des gourous… Le temps de l'acceptation ou du rejet des mesures sanitaires de contrôle et la résurgence du vieux clivage entre risque, intérêt individuel et collectif, des questions – voire des défis – à un État plus ou moins agile et efficace à assurer et faire comprendre la nécessité des mesures barrières, des tests diagnostiques, du traçage, de l'isolement. On est néanmoins sorti de l'angoisse et de l'incertitude du premier acte. La science fait son chemin, des vaccins, des traitements sont en vue. Ce dernier point est récent, grâce à l'accélération du temps scientifique. En fait, au cours de cet acte, la population s'approprie la pandémie, les outils de son suivi – 65 millions de Français épidémiologistes, R_0 « superstar » – et de son contrôle, peu à peu la domestique, en tout cas s'y accoutume. Le stress psychologique généré par le plongeon initial dans l'inconnu tend à s'estomper. Les chiffres de mortalité se stabilisent et impactent moins les esprits. Un état de résilience s'installe. Les ressorts dramatiques de ce second acte sont plus attendus, les références historiques resurgissent, une rationalité s'est imposée.

• Acte 3 : contrôle, régression, « arrêt » de la pandémie…

Ce troisième acte de la tragédie reste souvent « bâclé ». L'attention des experts en santé publique, des historiens et des écrivains porte largement sur les phases initiales des pandémies et sur la dynamique de leur développement, le chaos qu'elles engendrent. Leur intérêt et les récits qui en découlent portent moins sur la façon dont les pandémies s'arrêtent.

S'il fallait s'en convaincre, relisons Thucydide à la recherche du troisième acte perdu. Thucydide (460-400 avant J.-C.) décrit une épidémie, dans le Livre II de son *Histoire de la guerre du Péloponnèse* (430-426), la fameuse « peste d'Athènes », qui va mettre à genoux l'Athènes flamboyante du siècle de Périclès, ce dernier périssant, victime de l'épidémie dont la nature demeure mystérieuse. Ce n'était sans doute pas la peste. L'historien écrit : « Elle apparaît comme totalement nouvelle : on n'avait nulle part souvenir de rien de tel comme fléau, ni comme destruction de vies humaines. Toutes les formes de médecine ou de religion sont impuissantes, tout reste inefficace : pour finir, ils [les Athéniens] y renoncèrent, s'abandonnant au mal[11]. » Suit une description « hippocratique » des symptômes de la maladie, de ses conséquences humaines et socio-économiques d'une rigueur et d'une objectivité toutes modernes. Même la protection des patients survivants contre la récidive est décrite... Athènes y perdra un tiers de sa population (50 000 à 70 000 décès).

Le récit de Thucydide restera un modèle de narration d'une épidémie pour les siècles qui suivirent, et il sera imité jusque dans l'une de ses faiblesses : il décrit en détail le début et les développements dramatiques de cette « peste », mais occulte les conditions dans lesquelles elle a pris fin : rien sur la décroissance du nombre des cas, sur les conditions de retour à la normale, les séquelles éventuelles, médicales, sociales, économiques, politiques. On déduit que l'épidémie est terminée par le fait qu'il reprend brusquement le récit de la guerre dont les hostilités ont pu reprendre...

Pourquoi ne pas pousser plus loin la métaphore et s'intéresser aux entre-actes ? À ces moments de transition où l'on prend, seul ou collectivement, de la distance avec la dramaturgie. Ces moments de recul et de transition semblent clés dans les pandémies.

Entre l'acte 1 et l'acte 2, on reconnaît et commence à nommer le drame. On réalise que le quotidien change, qu'il faut « adapter son logiciel », que l'on va être acteur, que la menace est dans le virus et non dans les autorités sanitaires. On accapare la dynamique de la pandémie. Ces moments de transition décident ou non de l'adhésion de la population à une stratégie de contrôle naturellement évolutive, ils sont donc des moments clés pour une bonne communication assurant une cohérence cognitive construite par les autorités, les médias et les experts. Vaste programme…

Entre l'acte 2 et l'acte 3, on commence à voir la « lumière au bout du tunnel ».

Même si la perception médicale de l'évolution de la pandémie ne met pas sa fin à l'ordre du jour et pourrait même rendre l'idée démobilisatrice, la lumière au bout du tunnel est celle d'une perception « sociologique », un moment où la collectivité commence à « apprendre à vivre avec le virus », où le risque est progressivement domestiqué. On est prêt pour la fin, on est prêt à passer à autre chose, sans trop savoir quand et ce que ce sera.

Cela explique peut-être le peu d'intérêt des récits historiques pour la fin des pandémies.

Le Covid-19 est une opportunité unique de constituer une épistémologie de la finitude pandémique. Le prochain chapitre tentera modestement d'y contribuer.

CHAPITRE 25

Les pandémies peuvent-elles vraiment s'arrêter ?

Le concept de pandémie ne répondant pas à des paramètres épidémiologiques très précis, la définition de son « arrêt » est difficile et prête même à controverses. Rappelons encore que ce qui fait l'exceptionnelle gravité des pandémies, par rapport aux épidémies qui sont d'échelle plus limitée, c'est la naïveté immunitaire absolue de la population mondiale pour un nouveau pathogène, généralement viral et d'origine animale.

De façon prudente, on peut définir « l'arrêt » d'une pandémie comme la période où elle perd son caractère explosif, sa progression rapide, où sa morbi-mortalité a considérablement diminué, relâchant la tension extrême imposée aux systèmes de santé et leurs personnels. À cet « arrêt médical », on ajoutera un « arrêt socio-économique » dans le cadre duquel le poids insoutenable de la maladie sur l'équilibre socio-économique et psychologique des populations et leur liberté de mouvement s'allège. Ces dimensions de l'« arrêt » ne sont pas nécessairement synchrones, ni géographiquement homogènes.

Cette réflexion sur la finitude épidémique et pandémique ne date pas d'hier et en dépit de ce fameux acte 3 bâclé, elle fut – comme nous l'avons vu aux deux premiers chapitres – fondatrice de la discipline épidémiologique. John Graunt, dans la seconde moitié du XVIIe siècle, dans ses *Bills of Mortality* proposa en effet qu'une épidémie s'arrête non quand la maladie disparaît, mais lorsque la mortalité revient au chiffre des « temps normaux ». Le concept de « surcroît de mortalité » était révolutionnaire car la mortalité y était vue dans une dimension à la fois médicale et sociale, capturant ainsi la dualité d'une crise sanitaire majeure (chapitre 1). Wade H. Frost dans les années 1920-1930 aux États-Unis, dans ses « courbes épidémiques » et par l'établissement du R_0 et du concept d'« immunité collective », fournit les outils épidémiologiques et physiologiques indispensables à la mesure de « l'essoufflement d'une épidémie » (chapitre 3).

Réduction de la surmortalité, immunité collective, R_0 repassant au-dessous de 1, le seuil épidémique, fin de la surtension hospitalière et amélioration de l'état socio-économique et psychologique des populations sont donc pertinents pour siffler la fin d'une pandémie. L'asynchronie spatio-temporelle de la crise à l'échelle de la planète complique néanmoins les décisions, au même titre que le risque – particulièrement élevé pour un virus comme le SARS-CoV-2 – d'émergence d'un variant échappant à l'immunité acquise.

C'est cette difficulté d'appréciation à laquelle doit faire face l'OMS au moment de prendre la décision éminemment sensible d'annoncer la fin d'une « urgence de santé publique de portée internationale » (Public Health of Emergency of International Concern, PHEIC), une formulation qui résout plutôt bien l'ambiguïté sémantique entre épidémie et pandémie, esquivant des arguties sémantiques inutilement décrédibilisantes.

L'OMS est en effet la seule institution de santé globale autorisée à officiellement annoncer le début ou la fin d'une PHEIC. Elle détient ce pouvoir sanitaire car elle est l'hôte de l'Assemblée mondiale de la santé, réunissant les ministres de la Santé de l'ensemble des pays de la planète, auxquels elle rend compte et *vice versa*. Le Comité d'urgence est l'organe exécutif officiellement responsable de la gouvernance et de la coordination de la réponse à une crise sanitaire globale, infectieuse ou d'une autre nature. Ainsi, au-delà de sa compétence sanitaire, l'OMS se trouve très exposée politiquement. C'est sa force et éventuellement sa faiblesse. L'OMS est en charge de la déclaration de début et d'arrêt d'une PHEIC depuis la pandémie de SARS en 2002-2003 qui amena à une révision du Règlement sanitaire international[12] afin d'accélérer et mieux coordonner la réponse internationale. Les objectifs étaient de passer d'une attitude réactive à une attitude résolument proactive intégrant surveillance globale en temps réel et si possible contrôle de la circulation de l'agent infectieux à sa source plutôt qu'aux frontières. Ces déclarations et leur exécution deviennent dès lors les éléments clés de la mobilisation et de la démobilisation internationale, créant derechef des tensions aux échelons nationaux, entre politiques sanitaires régaliennes et jeu collectif des nations. L'OMS est de ce fait souvent prise comme bouc émissaire d'éventuels échecs par les États. Inversement, par son positionnement et ses responsabilités, l'OMS prête le flanc aux pressions de puissances promptes à imposer leurs vues et intérêts, plutôt que jouer un rôle collectif. Au milieu de ces « bras de fer », ce sont évidemment les « petits pays » qui risquent de payer les pots cassés.

La décision de déclaration d'ouverture ou de clôture d'un état de PHEIC est donc un moment ultrasensible et une possible source de critiques acerbes et de controverses : déclaration trop tardive (Ebola en 2014, Covid-19 en 2020). Déclaration trop hâtive (H1N1 en 2009). Clôture trop hâtive (Ebola en 2016). La déclaration de clôture a en effet de fortes conséquences dans les pays à faibles revenus et systèmes sanitaires fragiles qui soudain perdent le bénéfice du soutien international officiel et la visibilité extérieure d'une crise sanitaire et socio-économique qui pourtant perdure. Quand l'OMS déclara trop tôt la fin de PHEIC pour Ebola en Afrique de l'Ouest, de nombreux bailleurs internationaux se retirèrent, cassant le suivi indispensable des actions en cours.

L'histoire dira peut-être jusqu'à quel point le retard de déclaration de PHEIC pour le Covid-19 fut lié à des pressions du gouvernement chinois. La révision du Règlement sanitaire international fut en partie due au retard dont les autorités sanitaires chinoises avaient fait preuve dans leur déclaration de cas initiaux de SRAS survenus dans la province de Guandong. Santé mondiale et intérêts nationaux ne font pas toujours bon ménage. D'ailleurs, combien d'autres pays ne déclarent pas leurs cas de choléra, de paludisme ou de dengue pour ne pas affecter le tourisme et d'autres activités économiques ? Le rôle dévolu à l'OMS est d'une incroyable complexité.

De toute façon, une déclaration d'arrêt de PHEIC ne devrait jamais être interprétée comme ce qu'elle n'est pas. Elle n'annonce certainement pas une disparition de la crise sanitaire et socio-économique. Le risque de démobilisation des acteurs sanitaires, mais aussi des acteurs scientifiques de la recherche de vaccins, de thérapeutiques serait trop grand.

Pour simplifier, une pandémie finit par s'arrêter essentiellement par acquisition d'une immunité collective. La rapidité d'acquisition de cette immunité conditionnera la durée de la phase pandémique. Pour autant, la maladie elle-même persistera à l'état endémique avec des poussées épidémiques, voire pandémiques lorsque l'immunité globale fléchira et que surviendront les successions générationnelles car le virus ne sera pas éliminé et continuera à circuler à bas bruit entre les reprises. D'autres paramètres peuvent interférer avec ce profil endémique comme le remplacement du virus causal par une succession de variants de moins en moins pathogènes. On parlera alors d'« adaptation du virus à l'homme », mais il est difficile d'affirmer que cette « adaptation » est un phénomène inéluctable. Enfin, les effets de la vaccination entamée en période pandémique, une situation inédite avec le Covid-19, pourraient significativement affecter le profil de la transition pandémo-endémique en regard de l'évolution naturelle de la maladie. À certains égards, le « destin des maladies infectieuses » demeure une boîte noire que Charles Nicolle appelait le « génie » des maladies infectieuses.

Deux questions fondamentales demeurent cependant, mais auparavant une définition : un vaccin peut éliminer une maladie transmissible en faisant disparaître son expression clinique sans pour autant assurer la disparition définitive de l'agent pathogène, ce qui nécessite la poursuite de la vaccination. Un vaccin peut aussi permettre l'éradication d'une maladie, c'est-à-dire non seulement son élimination, mais aussi la disparition définitive de l'agent pathogène causal, permettant éventuellement l'arrêt de la vaccination.

Première question : la transition pandémo-endémique est-elle inéluctable ? La réponse est non, une exception confirme la règle : l'éradication sans vaccin du SRAS en 2003 en pleine ascension pandémique grâce à des mesures sanitaires strictes et rapidement appliquées associant diagnostic, identification des contacts et isolement. Nous verrons les paramètres particuliers ayant permis cette éradication de la pandémie.

Deuxième question : la vaccination peut-elle éradiquer une pandémie ? La réponse est : on ne sait pas et l'expérience inédite en cours avec la vaccination contre le Covid-19 est en attente de réponse, mais plutôt en ballottage défavorable, nous verrons pourquoi à la lumière des enseignements tirés des succès d'éradication vaccinale de maladies devenues de longue date endémiques, mais présentant des reprises de profil véritablement pandémique.

Ces éradications furent obtenues à la suite des campagnes intensives de vaccination planétaire L'une était vétérinaire, sous les auspices de l'Office international de la santé animale (OIE), l'autre humaine, sous les auspices de l'OMS. Il s'agit respectivement de la peste bovine (1962-2011) et de la variole (1969-1979). Concernant la poliomyélite, la campagne d'éradication engagée en 1988 peine à se conclure, comme nous le verrons. Le temps nécessaire à ces éradications traduit la complexité de ces entreprises.

L'analyse de ces succès permet de définir un cahier des charges et d'évaluer ainsi les chances de pouvoir éradiquer une pandémie en cours, avec ou sans vaccin.

CHAPITRE 26

Du sida au SRAS et au Covid-19 : apprendre des succès et des échecs

Peut-on éradiquer une pandémie naissante et empêcher sa transition vers la phase endémique sans vaccin ? C'est un objectif ambitieux, cependant en parfait accord avec l'incitation à la proactivité des amendements du Règlement sanitaire international après la pandémie de SRAS de 2002-2003. En d'autres termes, peut-on « tuer une pandémie dans l'œuf » en usant précocement et efficacement de l'alerte, de l'information et des mesures barrières à tous les niveaux possibles ?

Prenons trois exemples pour tenter de répondre à cette question, mais surtout pour déchiffrer les paramètres complexes à prendre en compte.

Sida : extension pandémique en dépit de la prévention

Le VIH a échappé aux mesures de prévention de sa transmission en dépit de la reconnaissance relativement précoce de ses modes de contamination par le sang et les rapports sexuels, permettant – même avant la découverte du virus en 1983 et la mise au point de tests de diagnostic – de promouvoir une prévention de la transmission sexuelle et sanguine, en particulier dans le domaine de la transfusion sanguine et chez les toxicomanes. En dépit des efforts inédits des campagnes de prévention, hors la sécurité transfusionnelle, les autres mesures ont certes considérablement ralenti la transmission du VIH, mais n'ont finalement pas pu entraver sa diffusion pandémique. Cela n'est guère étonnant et si la modélisation mathématique des épidémies en émergence avait existé dans les années 1980, elle aurait sans doute d'emblée pointé des paramètres difficilement contournables tels que : le délai à reconnaître l'existence de l'émergence de cette maladie nouvelle, la très longue période d'incubation de plusieurs mois ou années avant que n'apparaissent les premiers symptômes d'immunodéficience sous forme d'infections opportunistes, la contagiosité des patients asymptomatiques associée à la multiplicité de partenaires des patients homosexuels, la réalisation relativement tardive que le syndrome de lymphadénopathie précédant ces infections opportunistes était une manifestation à part entière de la maladie. Lorsque l'on commença à réaliser le drame qui se déroulait, il devint évident que les formes symptomatiques du sida n'étaient à un moment donné que la portion émergée d'un immense iceberg et une fois le VIH identifié et caractérisé comme rétrovirus, il devint clair que tout patient infecté développerait la maladie. Ces éléments en eux-mêmes défiaient un contrôle strict de la dynamique épidémique par l'information, les gestes barrières et des comportements adaptés. À ces paramètres humains s'ajoutait un handicap majeur : l'absence de tests sérologiques, puisque la maladie avait évolué depuis au moins quatre ans avant que le virus ne soit découvert et qu'en conséquence des sérologies fiables n'avaient pu être développées. Leur disponibilité plus précoce aurait peut-être permis un large criblage des populations à risque, permettant de mieux piloter les mesures de prévention. Quoi qu'il en soit, il est évident que l'identification ultraprécoce de l'agent causal émerge comme un paramètre essentiel des stratégies de contrôle. Mais au-delà de cette évidence, précisons que les choses sont plus complexes. Le retard dans le cas de la pandémie de sida ne fut pas vraiment dans le délai de découverte du virus. Il ne se passa en effet que deux à trois mois entre la réception du ganglion de patient atteint de lymphadénopathie par Willy Rozenbaum et l'identification formelle du virus par l'équipe de l'Institut Pasteur suivie du développement quasi immédiat des tests sérologiques par ses partenaires hospitaliers. Eu égard aux connaissances et techniques de l'époque ce fut rapide.

Ce qui le fut moins, ce fut la reconnaissance tardive que le syndrome de lymphadénopathie était partie intégrante de la maladie, reflétant la primo-infection virale. Seconde leçon donc, devant une entité clinique inhabituelle, l'alerte doit être immédiate. « Lorsqu'il y a un doute, il n'y a pas de doute », disait Jacques Monod...

Lorsque le virus commença à toucher les populations de l'hémisphère Sud dont les moyens sanitaires étaient réduits, la pandémie de sida explosa à l'échelle planétaire, touchant hommes, femmes et enfants indistinctement. À ce stade, seule une campagne massive de vaccination eût été efficace à condition d'une couverture vaccinale planétaire. Quarante ans plus tard nous ne disposons toujours pas d'un vaccin et seules les trithérapies apparues quinze ans après le début de la pandémie de sida ont permis de bâtir les conditions d'un contrôle encore insuffisant de la maladie.

L'analyse rétrospective critique de la progression initiale du sida en dépit des mesures préventives fait apparaître par la négative certains des éléments clés du cahier des charges de l'extinction de l'émergence épidémique d'une maladie transmissible nouvelle.

Le SRAS : une victoire sans vaccin, malgré les retards initiaux

En novembre 2002 émergea un syndrome respiratoire aigu sévère (SRAS) causé par un bêta-coronavirus, le SARS-CoV. Née à Foshan, province du Guandong, dans le sud de la Chine, la pandémie demeura régionale jusqu'en février 2003 avant de s'étendre brusquement à vingt-sept pays car, en l'espace de quelques jours, partant de Hong Kong, le SARS-CoV avait suivi les trajets de vols intercontinentaux, créé des foyers distants, fait des escales dramatiques, en particulier à Taïwan, Hanoï et Toronto. L'OMS déclara alors l'état d'urgence de santé publique de portée internationale (PHEIC). Le SRAS était en effet marqué par sa grande fréquence de formes graves, un taux de mortalité élevé, de l'ordre de 10 %, et une forte transmission au sein du personnel médical hospitalier (environ 20 % des cas). La pandémie causa plus de 8 000 cas, dont 916 décès. Il s'agissait d'une zoonose, issue de la chauve-souris, réservoir naturel, transmise à un animal réservoir intermédiaire responsable de la contamination humaine, probablement un félin sauvage, la civette palmée, dont la consommation est très prisée dans certaines régions de Chine. Pas de vaccin, pas de traitement.

La majorité des cas survinrent en Chine dont les autorités sanitaires furent lentes à déclarer la crise sanitaire aux instances internationales, attendant l'évidence d'une crise pandémique pour se décider. Que s'était-il passé dans cet intervalle d'au moins trois mois ? En réalité, ce qui ne devrait jamais se passer dans ce type de situations : d'invraisemblables atermoiements. Le CDC (centre de contrôle et de prévention) chinois et les spécialistes de Pékin martelaient la thèse rassurante d'une pneumonie bactérienne due à *Chlamydia*, justifiant un simple traitement antibiotique. Deux personnalités émergèrent alors d'un establishment médical chinois qui se cachait les yeux. À contre-courant, le docteur Jiang Yanyong annonça courageusement début février la survenue de déjà plus de 7 000 cas de syndrome respiratoire aigu sévère d'origine inconnue, essentiellement dans la province de Guandong. Parallèlement Nanshan Zhong, professeur de pneumologie, directeur de l'Institut des maladies respiratoires de Guangzhou (Canton), décida aussi de sonner l'alarme dès la fin 2002. Il décrivit la symptomatologie et la gravité inhabituelle de cette pneumopathie atypique émergente du fait de la survenue fréquente d'un syndrome hyperinflammatoire avec détresse respiratoire aiguë souvent mortelle. Il fustigea les thèses officielles, mais plus encore la mollesse des autorités à engager une politique active de prévention de la transmission aérienne de la maladie. Il anticipa ainsi la découverte du bêta-coronavirus SARS-CoV qui reviendra largement au virologue Malik Peiris à l'Université de Hong Kong. Zhong imposa une politique de contrôle impitoyable de l'épidémie fondée sur un diagnostic clinique précoce, un traçage des contacts et un isolement des patients et de leurs contacts. Cette approche rigoureuse porta localement ses fruits et il acquit à cette occasion un immense prestige dans le milieu médical et la population chinoise que les autorités, contraintes et forcées, durent prendre en considération. Mais il était déjà trop tard, la diffusion pandémique avait débuté. Hong Kong devint l'épicentre d'une diffusion intercontinentale. Ces données indiquaient néanmoins qu'une approche préventive rigoureuse permettait de contrôler la progression du SRAS. On peut regretter les atermoiements, car plus de réactivité aurait sans doute permis d'étouffer le SRAS dans sa province d'origine. Sur ces bases, l'OMS émit dans l'urgence des consignes sanitaires globales calées sur la stratégie du « identifier les cas – tracer leurs contacts – isoler patients et contacts ».

La modélisation mathématique de la dynamique de la maladie – approche largement inaugurée à cette occasion – montrait en effet que la transmission aérienne du SARS-CoV pouvait être interrompue par un isolement précoce des cas cliniques et de leurs contacts[13]. Ainsi que prédit, le SRAS s'essouffla, puis éteignit finalement en juillet 2003. Chaude alerte...

Mais quels éléments spécifiques du SRAS, quels paramètres de la transmissibilité du SARS-CoV par les sujets contaminés ont sous-tendu le succès de son éradication ? Le cahier des charges de l'arrêt de circulation d'un virus émergent que nous avons ébauché dans le précédent topo sur la transmission du sida n'a pas considéré *de facto* la voie aérienne, qui porte le plus fort risque de transmission interhumaine. Le SRAS est un modèle de « transmission aérienne tardive » du virus SARS-CoV et comportant un taux élevé de formes cliniques graves, donc aisément identifiables. Plus encore, les patients ne devenaient contagieux, c'est-à-dire émettaient le virus dans leurs sécrétions respiratoires, au cinquième jour en moyenne après contamination, alors qu'ils étaient déjà au pic des symptômes, donc généralement en isolement à domicile ou déjà en milieu hospitalier du fait des nécessités d'assistance respiratoire et d'équilibrage des paramètres vitaux. Pour cette raison, la transmission globale était réduite et l'identification des cas contacts facilitée.

Vue sous un angle physiopathologique, cette situation associant fréquence de formes cliniques graves et transmission aérienne tardive s'explique largement par le fait que le gîte favori de réplication de SARS-CoV était l'appareil respiratoire inférieur, donc l'arborescence bronchiolo-alvéolaire, expliquant la gravité de la maladie avec un orage cytokinique massif entraînant une inflammation destructrice de l'interface alvéolo-capillaire où s'effectue l'échange de l'O_2, mais expliquant aussi l'émission tardive du virus et sa synchronisation avec les symptômes cliniques.

Une autre caractéristique du SRAS, facile à comprendre d'après ce qui vient d'être dit, était le fort taux de contamination des personnels médicaux, en particulier hospitaliers. Des conclusions en furent tirées, des protocoles établis sur la nécessité vitale de stocks de matériels de protection et d'éviter le transfert des patients entre hôpitaux dans de telles situations de crise sanitaire. Lorsque le Covid-19 surgit deux décennies plus tard, une bonne partie de cette mémoire semblait s'être évanouie…

Entre ces deux situations extrêmes de non-contrôle et de contrôle d'une pandémie émergente sans vaccin, on peut commencer à compléter notre cahier des charges : identification précoce de l'événement clinique suspect et de l'agent infectieux, déclaration immédiate aux autorités sanitaires internationales, établissement précoce du ou des modes de contamination et de leur efficacité (R_0), mise en place précoce des mesures barrières adaptées aux modes de transmission, isolement des patients, traçage et isolement de leurs contacts. Par « précoce », il faut comprendre des jours au plus proche du lieu de l'émergence. On voit en tout cas que le profil de la maladie et son efficacité de transmission, l'existence d'un fort taux de portage asymptomatique ou d'une longue période d'incubation contagieuse sont des facteurs de complexité qui alourdissent considérablement le cahier des charges. À tout cela science et sciences humaines et sociales doivent apporter une réponse intégrée dans le futur. Il ne fallut pas trop attendre pour qu'il surgisse, ce futur…

Et ce fut le Covid-19 !

Justement, pourquoi n'a-t-on pas été en mesure de contrôler la pandémie de Covid-19 et obtenir l'éradication de son virus en quelques mois, avant même qu'un vaccin ne soit disponible ? Pourtant le scénario initial était le même que pour le SRAS : foyer initial en Chine, pneumonie atypique, transmission aérienne, retard de déclaration officielle de l'événement émergent et d'engagement de mesures drastiques de prévention. Ne pouvait-on cependant, comme pour le SRAS, contrôler la progression de la pandémie au-delà des frontières de la Chine ? Rétrospectivement, c'était une gageure car les paramètres de la dynamique pandémique du SARS-CoV-2 étaient drastiquement différents. Certes les R_0 du SRAS et de Covid-19 étaient proches en début de pandémie, mais si l'on met en perspective SRAS et Covid-19, on voit apparaître deux séquences évolutives différentes. Le Covid-19 apparaît comme un modèle de transmission ultraprécoce de SARS-CoV-2 avec formes graves rares. Les patients contaminés par le SARS-CoV-2 émettent très tôt le virus dans leurs sécrétions naso-pharyngées, alors qu'ils sont dans l'immense majorité des cas asymptomatiques ou pauci-symptomatiques, donc très difficilement identifiables. Cette différence… fait toute la différence. Elle est largement due à un modèle physiopathologique en miroir pour le SARS-CoV-2 dont la réplication domine dans le rhino-pharynx et atteint beaucoup plus rarement que SARS-CoV le bas appareil respiratoire. Ce modèle soutient une émission précoce et des lésions inflammatoires pulmonaires plus tardives et plus rares que dans le SRAS. On retrouve donc pour le Covid-19 cet élément clé du portage prolongé asymptomatique qui empêcha le contrôle de la pandémie.

Pouvait-on faire mieux pour le Covid-19 ? Certainement, mais sans doute pas au point d'arrêter la pandémie. Trop de paramètres s'y opposaient : sociologiques, psychologiques, économiques. Les confinements furent essentiellement décidés pour relâcher la tension sur les hôpitaux, mais sans espoir sérieux d'éliminer la maladie.

Un pays l'a tenté néanmoins : la Chine…

Le succès du contrôle du SRAS par le « diagnostiquer-tracer-isoler » fut largement aux racines de la politique sanitaire chinoise appelée tout simplement « Covid-0 ». Elle vaut d'être racontée car elle explique – au-delà de ses dimensions politique et nationaliste – des choix sanitaires, inimaginables pour des Occidentaux.

Ce fut encore Zhong Nanshan qui « secoua » les autorités de Wuhan et de la province du Hubei au début de cette épidémie de Covid-19 qui ressemblait tant à son SRAS… Première étape : nous observâmes ébahis devant nos écrans le confinement rigoureux et impitoyable des 12 millions d'habitants de Wuhan et des plus grandes villes de la province du Hubei pour plusieurs semaines, la construction express d'un gigantesque hôpital d'isolement, la mobilisation de dizaines de milliers de volontaires. Ce fut un succès, qui incita le régime et les autorités sanitaires à passer à la seconde étape – on entrait là dans le dur du « Covid-0 » – : le bouclage hermétique d'un pays de 1,3 milliard d'habitants, une fermeture des frontières aériennes, avec annulation de tous les vols commerciaux vers ou depuis l'étranger, et des frontières maritimes et terrestres du pays. Une version modernisée de la Grande Muraille. La métaphore fut souvent reprise par les médias, oubliant un peu vite qu'elle avait peu contenu les invasions barbares. À l'intérieur du pays, des contrôles virologiques réguliers soutenaient une chasse permanente aux cas domestiques sporadiques, se soldant par des opérations de diagnostic massives et d'isolement impitoyables des contacts par immeuble, quartier ou ville, dans des conditions touchant souvent à l'inhumain. Une chape posée sur le pays, sans considération du coût humain et financier, qui fut efficace au point qu'elle devint un élément de fierté nationale vanté par le pouvoir et les médias officiels face à des pays occidentaux présentés comme pusillanimes et incapables de gérer la crise pandémique. Le président Xi Jinping déclara ainsi officiellement la fin de la pandémie en Chine en septembre 2020. Lorsque l'on s'interroge sur ce qu'est la fin d'une pandémie, c'était pour le moins osé… En tout cas, alors qu'en France nous subissions en semi-confinement la troisième vague, que nous nous demandions comment nous passerions Noël et si les rumeurs de vaccins efficaces à relativement court terme étaient fondées, la vie dans les grandes villes chinoises après la tragédie de Wuhan pouvait sembler normale, particulièrement à Shanghai : ambiance un peu surréaliste pour un Occidental. Les Chinois s'en grisaient et se plaignaient peu des contraintes qui ne les touchaient finalement que sporadiquement, car le SARS-CoV-2 circulait peu.

Mais était-ce vraiment la fin de la pandémie en Chine ? La Grande Muraille sanitaire allait-elle tenir ? Son maintien même était-il tenable ? Nous en discutions ouvertement avec nos collègues chinois qui évitaient néanmoins, dans un style inimitable, de confier leurs inquiétudes. Au fond, si la pandémie continuait à faire rage autour de l'Empire du milieu, combien de temps pourrait durer ce gigantesque isolement pour un pays qui a misé son développement et sa prospérité sur la fusion inédite et inconcevable du communisme et du libre marché ? Deux ans disait-on, jusqu'à la réélection attendue triomphale du Premier secrétaire président. Cette perspective commençait à peser sur les Occidentaux expatriés. Le blocage était bien sûr intenable sur le long terme, l'économie, moteur du développement du « socialisme démocratique avec ses spécificités chinoises », se grippait doucement, il était temps de rouvrir les frontières. À partir de fin 2020, les frontières sont rouvertes, mais avec un filtrage tellement serré et des vols tellement rares et chers que des dizaines de milliers d'expatriés voient leur avenir s'assombrir. Sur les rares vols intercontinentaux, équipages et passagers chinois étaient harnachés en spationautes avec combinaisons, gants, capuche serrée, lunettes, masque et visière… Cette ouverture avec filtrage des frontières et chasse aux cas domestiques que les autorités baptisèrent « Covid-0 dynamique » vira rapidement au cauchemar pour celles et ceux qui devaient se rendre en Chine. Je l'ai vécu deux ans. Des contrôles virologiques avant le départ et à l'arrivée dans les aéroports, après des heures d'attente en zone confinée, un bus emportant vers des « centres spécialisés » – le plus souvent des hôtels désaffectés – pour des quarantaines strictes. Aucun contact humain, un plateau tiédasse déposé trois fois par jour devant la porte de la chambre munie d'une alarme sonnant après quarante-cinq secondes d'ouverture… Les mesures étant laissées aux municipalités, des surenchères dans la peur amenèrent certaines, comme Beijing et Shanghai, à décider de quarantaines de quatre semaines, dont la dernière à domicile, isolé, avec obligation de rapporter sur WeChat, matin et soir, au représentant du CPC de la résidence la preuve d'une température et d'un état clinique normaux. Même les lettres venant de l'étranger étaient mises en quarantaine par des postiers-spationautes. Les clips vidéo circulaient sur WeChat, « likés » par des Chinois pourtant habitués à cacher leurs sentiments.

En 2021, une campagne de vaccination s'engagea avec un vaccin inactivé peu efficace, dont même les autorités doutaient. De plus, elles ne l'utilisèrent pas à bon escient, négligeant en particulier de vacciner largement les personnes âgées.

Était-ce donc vraiment la fin de la pandémie pour le peuple chinois, comme le proclamait leur nouveau Grand Timonier ? Au stade d'émergence soutenue de variants à la transmissibilité accrue et dont la dérive génétique cause un échappement immunitaire croissant, la « Grande Barrière sanitaire » aurait vite pu se fissurer et la situation redevenir instable, d'autant que la population était mal vaccinée et que, jusqu'à présent, les vaccins occidentaux devenus disponibles n'étaient pas encore reconnus. Dans le courant de 2021, l'inquiétude s'accroît, la moitié des expatriés quitte Shanghai. Les politiques sanitaires municipales se durcissent, mais cette surenchère semble de moins en moins soutenable. On commence à parler de réouverture, de sortie de crise, mais comment ? Des documents officiels commencent à circuler, l'industrie pharmaceutique chinoise va produire les vaccins ARNm et les médicaments nécessaires au contrôle d'une reprise éventuelle de la pandémie si une nouvelle vague frappait le pays. Mais la presse officielle et le CPC soutiennent dur comme fer la politique « Covid-0 dynamique ». Mais, Omicron hypertransmissible pourrait bien faire bouger les lignes. Encore une fois, c'est un point sur les événements et réflexions faites en 2022.

CHAPITRE 27

L'éradication de la variole, une victoire difficile à réitérer

1959, l'Assemblée mondiale de la santé, à l'initiative de la délégation de l'URSS, vote le projet d'éradication mondiale de la variole, ce qui revenait à étendre à la planète des campagnes encourageantes d'élimination en cours depuis des décennies dans certaines régions, comme l'Europe et les Amériques[14]. L'objectif fixé était de toucher toutes les populations, en particulier dans les pays défavorisés qui payaient le plus lourd tribut à la maladie. En effet, au début des années 1960, on relevait encore 15 millions de cas annuels, dont 2 millions de décès, chiffres largement sous-estimés car beaucoup de pays ne déclaraient pas leurs cas de peur de la stigmatisation et des conséquences économiques.

L'OMS lança donc une campagne de vaccination de masse, pilotée par trois experts : Donald Millar, William Foege et John-Michael Lane. Leur calcul initial indiquait qu'une couverture vaccinale globale de 80 % serait nécessaire, le R_0 de la variole étant de 3. On s'aperçut au bout de quelques années que trente pays n'atteindraient pas cette couverture vaccinale.

Il fallait changer de stratégie. Mais quelle alternative ? À partir de 1967, Donald Henderson proposa une nouvelle approche baptisée « surveillance et endiguement », c'est-à-dire identification, isolement des cas cliniques et vaccination de leurs contacts, encore appelée « vaccination en anneaux ». Malgré le défi, le dernier cas de variole fut identifié en 1977 et la variole déclarée éradiquée par l'OMS en 1980. Le virus ne circulant plus, la vaccination antivariolique fut supprimée dans les années qui suivirent.

En dépit de la durée de la campagne et de la nécessité de changement de stratégie en cours de route, le succès de l'éradication vaccinale de la variole est un chapitre exceptionnel de l'histoire de la médecine, car cette maladie spectre avait traumatisé durant des siècles les populations sur toute la planète, contribuant largement aux hauts niveaux de mortalité infantile.

Cas particulier ou modèle généralisable ?

Avant d'en faire le modèle de référence pour l'éradication d'une maladie transmissible, il faut s'interroger sur l'existence de spécificités de la variole, de son virus et du vaccin ayant permis ce succès. En résumé, sur la base de cette expérience, existe-t-il un cahier des charges de l'éradication ? On constate en effet que d'autres ambitieuses campagnes d'éradication comme celle de la rougeole, voire de la polio ont du mal à atteindre leur but. L'objectif ultime est l'éradication : il s'agit de mettre fin à la circulation des virus concernés en obtenant leur extinction à l'échelle de la planète. Cette précision permet de mesurer l'ampleur du défi.

Ce cahier des charges comporte plusieurs critères correspondant à des facteurs dont la convergence est essentielle à l'extinction du pathogène causal :

- absence de réservoir viral extra-humain ;
- absence ou extrême rareté de formes infracliniques de la maladie et absence de portage asymptomatique ;
- rareté d'émergence de variants viraux génotypiques échappant à la réponse immunitaire protectrice suscitée par le vaccin ;
- vaccin particulièrement efficace avec forte réponse humorale neutralisante, forte réponse cellulaire stérilisante et longue mémoire immunitaire, préférentiellement à vie.

Il s'est avéré que, pour la variole, la maladie, le virus ADN Pox responsable et le vaccin répondaient à ces critères : C.Q.F.D.

À noter que la méthode de vaccination en anneaux qui avait fait ses preuves pour finaliser la campagne d'éradication de la variole fit école et fut reprise avec succès pour finaliser le contrôle de l'épidémie d'infection Ebola en Afrique de l'Ouest (2014-2016) et très récemment pour le contrôle et si possible l'élimination d'une autre variole, la variole du singe qui a émergé hors d'Afrique, en Europe et aux États-Unis, à la mi-2022.

Ainsi, si on s'en tient au cahier des charges de l'éradication d'une pandémie – ou d'une endémie établie – sur la base de l'éradication de la variole, on s'aperçoit rapidement que la barre est très haute. Ce n'est un objectif envisageable que pour un petit nombre de maladies ; pour les autres, cela supposerait un engagement, des efforts et des coûts irréalistes, pour une issue incertaine.

Le cas de la rougeole : les illusions perdues

S'il en était besoin, la difficulté de réaliser l'éradication globale de la rougeole et même l'instabilité de son élimination dans les pays du Nord illustrent à quel point le niveau est élevé. Et pourtant, dans l'euphorie de l'éradication de la variole, on y croyait, à l'OMS, à l'éradication de la rougeole ! Elle fut entreprise dans les dernières décennies du siècle dernier. En 2011, l'OMS déclarait encore : « L'éradication de la rougeole représente une occasion sans précédent de lutter contre la maladie et d'accélérer le développement et doit être menée dans le contexte d'un renforcement des programmes de vaccination systématique[15]. » Douze ans se sont écoulés depuis et la désillusion s'est imposée.

La couverture vaccinale théorique nécessaire au contrôle d'une maladie transmissible épidémique étant de $1 - 1/R_0$, avec un R_0 de 12-20, l'élimination de la rougeole exige, dès la prime enfance, un taux de couverture vaccinale de 95 %. C'est une barre très haute pour cette ambition planétaire. Certes, le vaccin est bien toléré et très efficace, car il génère une immunité protectrice humorale et cellulaire – donc neutralisante et stérilisante – pour la vie. Malheureusement, le front de l'élimination vaccinale de la rougeole reste instable. Dans les pays du Sud les résultats espérés demeurent encore en deçà des objectifs de vaccination de l'OMS, la pandémie de Covid-19 risquant d'accentuer ce retard. Dans les pays du Nord, la combinaison de « poches » de non-vaccination liées aux attitudes antivaccinales de certaines communautés religieuses et à la pauvreté croissante d'une frange de la population, particulièrement les familles récemment immigrées dont certaines restent aux marges de la protection sociale, entretiennent un réservoir de virus pouvant circuler grâce à un fléchissement, même limité, de la couverture vaccinale en population générale[16]. Cela donne lieu à des bouffées épidémiques régulières telles que nous les avons connues en France ces dernières années. Elles entraînent un risque de formes graves pour les nourrissons non encore vaccinés et bénéficiant habituellement de la bulle protectrice de l'immunité collective. Avec la rougeole et sa couverture vaccinale exigeante, on flirte en permanence avec le seuil épidémique.

Ce n'est certainement pas une raison pour baisser la garde et se laisser séduire par des discours lénifiants. Non, les maladies infectieuses transmissibles ne s'arrêtent pas toutes seules !

CHAPITRE 28

Éradication de la poliomyélite : « Tu enfanteras dans la douleur »

Cette citation de la Genèse résume bien la situation actuelle.

Sur fond d'endémie planétaire, la poliomyélite réemergea à la fin du XIXe siècle comme une pandémie très agressive. Elle devint la maladie des années 1950-1960 en Occident : en 1952, 60 000 enfants furent touchés aux États-Unis et 3 000 décédèrent. Dans la même période, 3 000 ou 4 000 enfants étaient touchés chaque année en France. Le caractère dramatique de cette pandémie tenait au fait qu'elle touchait surtout les enfants et les adolescents et que, à côté des formes mortelles, les formes paralytiques laissaient des séquelles fonctionnelles catastrophiques. La *March of the dime*, premier Téléthon de l'histoire, engagé dès avant la Seconde Guerre mondiale par madame Roosevelt et son mari président des États-Unis – lui-même sévèrement handicapé par une paralysie poliomyélitique –, permit de soutenir le développement de vaccins. De cette recherche émergèrent deux vaccins : le vaccin Salk (vaccin polio inactivé ou VPI) et le vaccin Sabin (vaccin polio oral ou VPO). Une vaccination intensive menée à partir de 1955 permit aux États-Unis d'éliminer la polio de leur territoire dès 1965.

Un effort planétaire...

L'Europe occidentale et l'URSS suivirent rapidement, certains pays, comme la France, produisant leur propre vaccin de type « VPI-Salk » grâce aux travaux de Pierre Lépine à l'Institut Pasteur. Non seulement la maladie pouvait être efficacement et rapidement éliminée, mais les trois sérotypes de virus polio disparaissaient progressivement, ce qui commençait à ressembler à une possibilité d'éradication. Dès 1994, les Amériques pouvaient être déclarées « *polio free* » par l'OMS, suivies par l'Europe en 2002. Mais, comme pour la variole, le Sud ne suivait pas du fait de l'insuffisance des moyens et particulièrement des infrastructures sanitaires. Impossible de reprendre le modèle de vaccination en anneaux car l'infection survenait essentiellement par absorption d'eaux contaminées par les virus – c'est une maladie du « péril fécal » comme la dysenterie et la fièvre typhoïde – et un très fort pourcentage de sujets contaminés demeurait pauci-symptomatique, voire porteur asymptomatique des trois sérotypes viraux. Il fallait se résoudre au modèle de vaccination de masse des enfants à l'échelle de la planète. À elle seule, l'OMS n'en avait pas les moyens. En 1988 fut lancée l'Initiative mondiale pour l'éradication de la poliomyélite, rassemblant la plus grande coalition jamais réalisée, qui associait notamment l'OMS, le Rotary International, l'Unicef, la fondation Bill & Melinda Gates. En 1996, Nelson Mandela apporta son soutien pour l'Afrique, lançant l'initiative *Kick Polio out of Africa*[17].

Vaccination de masse des enfants et surveillance des cas de paralysie flasque furent déployées progressivement à l'échelle des régions de l'OMS qui restaient endémiques. On privilégia l'usage du VPO Sabin, en dépit de rares cas de polio vaccinale (1 cas sur 1 million de vaccinations), du fait des facilités logistiques de son administration orale et des coûts réduits par rapport aux campagnes utilisant le VPI, nécessitant trois doses. Dans ces conditions, les rapports coût-bénéfice et risque-bénéfice étaient bons. Le nombre de cas annuels de polio paralytique commença dès lors à fléchir, passant de 350 000 en 1988 à moins de 3 000 en 2015, l'essentiel des cas étant rapportés en Afghanistan, au Pakistan et au Nigeria. En Afrique, les cas persistants au Nigeria diminuaient progressivement, passant au-dessous des 100 cas annuels de polio vaccinale dus à l'utilisation encore très répandue du VPO, si bien qu'en 2020 l'Afrique put être déclarée « *polio free* » et, en 2021, malgré des doutes résiduels concernant l'Afghanistan et le Pakistan, la poliomyélite était déclarée « probablement éradiquée », deux des sérotypes sauvages – VP2 et VP3 – semblant éteints depuis le début des années 2000, VP1 restant le seul responsable de l'endémie résiduelle dans l'est de l'Afghanistan et l'ouest du Pakistan. Un autre point maintenait aussi l'incertitude, celui des polios vaccinales liées au maintien de l'utilisation du VPO. Dans le contexte de la réduction massive des cas de polio due aux trois sérotypes viraux « sauvages », elles faisaient tache et le rapport bénéfice-risque s'inversait – du déjà-vu pour d'autres maladies. De plus, la permanence de ce « bruit de fond » de cas de polio vaccinale empêchait de déclarer officiellement l'éradication de la maladie. De quoi s'agissait-il ? D'une sensibilité génétique des rares enfants vaccinés par le VPO chez lesquels l'atténuation virale serait insuffisante ? Ou d'autre chose ? Ce fut autre chose.

... mais un succès encore incertain

Au début des années 2000, des experts des virus polio – dont Francis Delpeyroux à l'Institut Pasteur – montraient le risque de développement de variants des sérotypes vaccinaux du VPO ayant recouvré leur virulence à la suite de l'accumulation de mutations et d'événements de recombinaison avec des entérovirus de l'environnement[18], y compris des virus polio de sérotype 1 « sauvages » circulant à bas bruit dans des zones insuffisamment vaccinées. Les zones de sous-vaccination étaient donc particulièrement exposées à l'émergence de ces variants virulents révertants causant de vraies polios paralytiques.

Était-on face à l'émergence d'épidémies locales de VPO recombinants (révertants) pathogènes au sein d'une pandémie de polio « sauvage » persistante ? L'annonce de l'éradication de la polio, grevée d'incertitudes, ne bénéficia pas des roulements de tambours qu'avait connus l'annonce de l'éradication de la variole. Il avait fallu trente-deux ans pour atteindre ce stade de l'Initiative mondiale pour l'éradication de la poliomyélite, soixante-cinq ans au total de campagnes vaccinales soutenues pour atteindre cette « quasi-éradication ». Certains parlaient déjà de l'arrêt de la vaccination polio, comme pour la variole. C'est hors de question à ce stade, nous allons le voir. Ne laissons cependant pas l'arbre cacher la forêt. À peu de régions près, la polio sauvage a été éliminée de la planète et les trois sérotypes viraux « sauvages » n'y circulent plus. L'éradication est encore en vue, elle a néanmoins été repoussée à l'échéance de 2026 par l'OMS, d'autant que 2021 et 2022 ont vu s'accumuler quelques nuages. Que se passe-t-il ?

En fait, deux événements parallèles sont survenus. Tout d'abord, l'espoir d'une régression significative de l'endémie poliomyélitique due au sérotype sauvage VP1 en Afghanistan et au Pakistan semble abandonné. Le chaos politique, économique et social s'y est considérablement aggravé, disloquant les réseaux de vaccination essentiellement basés sur le bénévolat, éloignant les ONG, cela sur un fond d'exacerbation religieuse entretenant un fort courant antivaccinal. Si isolées que paraissent ces zones, l'isolement est devenu un concept relatif au XXIe siècle et ces réservoirs viraux résiduels sont une aubaine pour alimenter l'expansion des maladies transmissibles. Ce qui devait arriver arriva : en mai 2022, des cas de polio sauvage dus à un sérotype VP1, similaire à celui circulant en Afghanistan et au Pakistan, sont identifiés – de nouveau – en Afrique. Les deux pays touchés sont le Malawi et le Mozambique, mais il y a fort à parier que d'autres pays seront rapidement touchés car manifestement le VP1 voyage très bien en suivant des flux migratoires entre Asie et Afrique. Il est urgent de renforcer la veille concernant la survenue de cas de polio paralytique et de reprendre la vaccination dont la couverture a manifestement fléchi, notamment du fait de la pandémie de Covid-19.

Le second événement est encore plus inattendu. Depuis 2021, réapparaissent en Occident des cas isolés, voire des *clusters* de poliomyélite vaccinale, alors que pour l'essentiel le VPO a été abandonné dans ces régions depuis des années au profit du VPI. Ce sont encore des signaux faibles : en Ukraine, en octobre 2021, un *cluster* causé par une version mutée redevenue pathogène du sérotype 2 (VDPV2) ; en Israël, un *cluster* repéré en mars 2022 (VDPV3) ; à New York, un cas chez un patient de 20 ans (VDPV2). Ces patients ont en commun de n'être pas vaccinés. Mais il y a plus grave : les virus vaccinaux ont pu être retrouvés par surveillance systématique et diagnostic moléculaire par PCR, et maintenant par séquençage profond, dans les eaux usées de secteurs urbains touchés à Jérusalem et New York, mais aussi dans certains secteurs de Londres[19], sans qu'aucun cas de polio vaccinale n'y ait encore été détecté. Ces faits montrent que les cas cliniques observés ne sont que la portion émergée d'un iceberg, révélant en fait une importante circulation de VDPV mutés, possiblement pathogènes, importés de zones où le VPO est encore utilisé. La détection des virus et bactéries pathogènes dans les eaux usées par méthodes moléculaires avancées est d'une extrême sensibilité : elle peut détecter l'émission d'un pathogène dans ses selles par un seul individu à l'échelle d'une ville. Pourquoi n'observe-t-on pas plus de cas cliniques dans cette situation en rapide dégradation ? Essentiellement parce que le pourcentage de formes graves chez les sujets contaminés est très faible, mais aussi parce que le taux de couverture vaccinale contre la polio reste très élevé dans nos régions. Ici encore, veille vis-à-vis de l'apparition de cas cliniques, surveillance des écosystèmes aquatiques, en particulier des eaux usées, et effort de réajustement de la couverture vaccinale par le VPI.

Dans de telles conditions, on ne peut pas se bercer de l'illusion de l'obtention à court terme d'une éradication de la poliomyélite. Encore un exemple de ces tensions contemporaines qui viennent refroidir les espérances entretenues au XXe siècle.

Peut-on pousser plus loin l'analyse ? Il est difficile de ne pas évoquer, pour expliquer ce relâchement général, la responsabilité de la pandémie de Covid-19 qui a déstabilisé les systèmes de santé au Nord comme au Sud. Une pandémie peut en cacher une autre, ou plutôt la faire resurgir[20].

Mais ne faut-il pas envisager encore d'autres facteurs à l'origine de cette situation complexe combinant reprise de la polio sauvage et développement de la polio vaccinale ? N'aurait-on pas sous-estimé la contagiosité du virus polio en considérant que l'infection était essentiellement due au péril fécal et en oubliant des indices initiaux de transmission aérienne, comme dans le cas de la rougeole chez les jeunes enfants ? Certains travaux concernant les années d'épidémies violentes suggéraient un R_0 de 40, soit le double de celui de la rougeole. Qu'en est-il d'ailleurs du R_0 et de la transmissibilité aérienne des variants du VPO ayant réacquis la virulence par recombinaison avec des souches sauvages ? N'aurait-on pas dû arrêter plus tôt l'utilisation du VPO et

– en dépit des coûts – passer plus vite au VPI ? Nous ne sommes pas près de voir s'arrêter la vaccination contre la polio.

Pour résumer ces trois derniers chapitres…

Après émergence pandémique sur une population globale immunologiquement naïve, les maladies infectieuses, en fait, s'arrêtent rarement. Certes, la dimension pandémique, telle que nous l'avons décrite dans son ampleur, sa progression explosive et la brutalité de son impact sanitaire, psychologique et socio-économique, tend plus ou moins rapidement à disparaître. Mais sauf exception, l'agent causal va survivre et continuer à circuler à partir de réservoirs auxquels il est adapté, humains ou animaux. Nous disséquerons la complexité de ces transitions pandémo-endémique dans le chapitre suivant sur la grippe.

Les pandémies passées, même récentes, sont donc devenues les endémies actuelles et la mise en place du paradigme de santé publique du XXe siècle fondé sur la combinaison hygiène-vaccination-anti-infectieux, antiparasitaires-lutte antivectorielle a largement fourni les moyens de leur contrôle. Le succès est néanmoins variable en fonction des maladies et des régions concernées. Pour bien saisir l'ampleur du sujet, consultons brièvement le « menu » non exhaustif d'endémies en cours et leurs modes respectifs de contrôle, voire d'élimination.

Maladies à réservoir humain : rougeole (vaccin), coqueluche (vaccin), tuberculose (BCG + chimiothérapie), grippe saisonnière (vaccin), VIH (prévention et antiviraux), hépatite B (prévention, vaccin), hépatite C (prévention, antiviraux).

Maladies à réservoir animal (zoonoses) : peste (antibiothérapie), Ebola (isolement, vaccin), Covid-19 (prévention, vaccination, antiviraux en cours de développement).

Maladies à transmission vectorielle : leur contrôle repose d'abord et avant tout sur la lutte antivectorielle. Il s'agit surtout du paludisme (chimiothérapie, vaccin à moyen terme ?), dengue (vaccin ?), Zika, chikungunya (immunité collective). Aucune endémie à transmission vectorielle n'est actuellement éliminée (paludisme, dengue, chikungunya, Zika, West-Nile, etc.). Un effort majeur d'innovation est donc requis combinant lutte antivectorielle ciblée et développement de vaccins.

CHAPITRE 29

La grippe, « mère des pandémies »

Même si rien n'est jamais totalement comparable, l'histoire de la grippe est une référence incontournable pour qui s'interroge sur le possible destin d'une pandémie virale, en particulier zoonotique. Qu'adviendra-t-il du Covid-19 ? Une partie du scénario n'est-elle pas déjà écrite dans le grand livre de la grippe ? Ce fameux troisième acte bâclé y est-il cependant déchiffrable ou possède-t-on assez d'éléments pour le reconstituer ? Onze pandémies grippales ont en effet frappé la planète depuis le XVIIIe siècle. Les intervalles interpandémiques varient d'un minimum de huit ans (1781-1789) à un maximum de quarante-deux ans (1847-1889). Plusieurs ont disparu dans les tempêtes de l'histoire et la saga moderne de la grippe pandémique commence vraiment avec la grippe russe de 1889-1891. Venue de Chine, elle va toucher la Russie – y compris la famille impériale – avant de fondre sur l'Europe de l'Ouest à la vitesse des transports ferroviaires. L'Europe était déjà sillonnée par 200 000 kilomètres de voies ferrées et la pandémie progressa inéluctablement de nœud ferroviaire en nœud ferroviaire à la vitesse de 300 kilomètres par semaine[21]. Ce fut peut-être la première pandémie du monde moderne. On hésite encore sur le sérotype viral en cause (H3N8 ?). Certains discutent même la nature grippale de la pandémie et avancent la possibilité d'un coronavirus, mais sur quelles bases ?

Petit lexique de grippologie

Avant d'aller plus loin, voici un petit lexique de « grippologie » expliquant ce que sont ces sérotypes H et N du virus influenza qui sont au cœur de la dynamique des pandémies grippales et de la grippe saisonnière. Le virus influenza expose à sa surface deux protéines glycosylées principales : l'hémagglutinine (H), son adhésine lui permettant de se fixer aux récepteurs cellulaires riches en acides sialiques, et la neuraminidase (N), enzyme permettant aux particules virales produites par la cellule infectée d'être libérées et d'infecter d'autres cellules. H et N sont immunodominantes et sujettes à variation d'origine mutationnelle permettant un échappement à la réponse immunitaire de l'hôte infecté. Dans le cas de la grippe saisonnière, les sérotypes responsables ont subi des mutations dans les séquences H et N en comparaison de la souche virale de l'année précédente, sans que les modifications induites ne changent véritablement le sérotype. C'est un phénomène de dérive (*drift*) – on dirait aujourd'hui un variant – qui justifie néanmoins un réajustement annuel du vaccin. Une sorte d'équilibre instable que tente de corriger chaque année le vaccin nouvellement produit sur la base de la détection précoce des variants sérotypiques à venir, car en fait trois souches circulent depuis quelques années. La base du vaccin actuel réévalué chaque année comprend trois sérotypes : type A-H1N1 (celui de la pandémie de 2009) qui s'est adapté à l'homme et A-H3N2 ainsi qu'un type B/Washington. Il faut souligner l'extraordinaire course contre la montre épidémiologique, virologique, vaccinologique et industrielle que représente chaque année la mise à disposition d'un nouveau vaccin inactivé à l'échelle de la planète.

Sur un fond saisonnier annuel hivernal que l'on peut maintenant reconstruire avec certitude, à partir de la pandémie de grippe espagnole (1918-1919) causée par un sérotype H1N1, se sont succédé 4 pandémies grippales : grippe asiatique (1957-1958), sérotype H2N2, 1,5 million de décès ; grippe de Hong Kong (1968-1969), sérotype H3N2, 1 million de décès ; grippe russe (1977-1978), le sérotype H1N1 réapparaît, pas d'évaluation de la mortalité, cette réapparition de H1N1 est suspectée d'avoir été une fuite accidentelle d'un laboratoire couverte par les autorités soviétiques ; grippe porcine (2009-2010), sérotype H1N1, 100 000 à 400 000 décès.

La grippe saisonnière est causée par des sérotypes de virus établis et évoluant dans l'espèce humaine et se transmettant en son sein. Il n'en est pas de même pour les grippes pandémiques qui sont des zoonoses, c'est-à-dire des maladies causées chez l'homme par des sérotypes nouveaux d'origine aviaire, qui sont soit transmis directement de volatiles domestiques comme le poulet (eux-mêmes préalablement contaminés par des volatiles sauvages migrateurs : canards ou oies sauvages), soit issus du réassortiment de fragments de génomes de virus aviaires avec des virus humains. Ces réassortiments sont caractéristiques du virus influenza dont l'ARN génomique est segmenté en huit fragments. Ils surviennent essentiellement chez le porc, peu regardant sur les sérotypes qu'il héberge et servant dès lors de réservoir contaminateur de l'homme. Le génome du virus influenza est en effet composé de onze fragments d'ARN monobrins indépendants qui sont susceptibles de réassortiment lorsque deux virus se répliquent simultanément dans les cellules du porc. Ces virus réassortis présentent, au moment où ils sont accidentellement transmis à l'homme, des sérotypes H et N totalement nouveaux, la souche de base humaine ayant échangé avec la souche aviaire les segments d'ARN codant pour l'hémagglutinine et la neuraminidase. L'espèce humaine ne disposant pas, par définition, d'immunité préalable même partielle comme dans la grippe saisonnière, il en découle une extrême sensibilité à l'infection, qui a le potentiel de se disséminer sur un mode pandémique avec la survenue possible de formes sévères, voire mortelles, du fait de la virulence directe de la souche virale et de la facilitation de surinfections pulmonaires bactériennes. Le taux de mortalité n'est pas nécessairement très élevé : 2 % pour la grippe espagnole, autour de 0,1 % pour la grippe asiatique et de Hong Kong, 0,03 % pour la grippe porcine H1N1, mais l'importance du taux d'attaque dans la population fait qu'au moment du bilan, le nombre absolu de décès sera bien supérieur à celui de la grippe saisonnière. C'est en fait ce type de situation que l'on observe avec le Covid-19 : R_0 élevé, taux de létalité relativement faible. Il est possible que dans les deux cas, la préadaptation du virus à des hôtes mammifères, respectivement porc et chauve-souris ou mammifères sauvages réservoirs secondaires, ménage une irruption moins explosive chez l'homme. Dans cette situation, le saut d'espèce serait facilité et la virulence maîtrisée car au fond il n'est pas rationnel pour un pathogène, dans une perspective évolutionniste, d'éliminer l'hôte indispensable à sa survie, à sa réplication et à sa transmission.

La grippe aux XXe et XXIe siècles

Ce lexique de « grippologie » en main, tentons d'établir une « phylogenèse historique » de la grippe à travers le XXe et le XXIe siècle et d'en tirer des principes plus généraux concernant le destin des pandémies, en particulier la transition pandémie-endémie.

La grippe espagnole fut un événement fondateur dans l'émergence de la virologie. Quand elle survint, comme l'écrivit le médecin-major George A. Soper de l'US Army en mai 1919 au moment du premier bilan : « *The most astonishing thing about the pandemic was the complete mystery which surrounded it. Nobody seemed to know what the disease was, where it came from or how to stop it.* » [« La chose la plus étonnante à propos de la pandémie était le mystère complet qui l'entourait. Personne ne semblait savoir ce qu'était la maladie, d'où elle provenait et comment l'arrêter. »] Émouvant et humble aveu d'impuissance[22]. Émouvant à plus d'un titre, car devant le constat de tant d'inconnues, on vit resurgir des angoisses ancestrales qu'à beaucoup d'égards nous avons retrouvées dans les premiers mois de la pandémie de Covid-19. La transmission aérienne était cependant reconnue, les mesures de distanciation physique et de port de masque proposées, mais même en ce début de XXe siècle marqué par le triomphe de la microbiologie naissante, il était impossible d'identifier l'agent causal. On parla bien de virus, qui se définissait alors par le maintien du pouvoir pathogène d'un échantillon pathologique après filtrage sur une colonne de porcelaine, méthode inventée par Charles Chamberland, un des éminents collaborateurs de Louis Pasteur auquel ce dernier avait confié la responsabilité d'un laboratoire d'hygiène de l'eau. Les micro-organismes de la taille des bactéries étaient en effet retenus par ces filtres qui permirent une lutte efficace contre les épidémies de fièvre typhoïde grâce à la stérilisation de l'eau. Avant sa fameuse colonne, Chamberland avait inventé l'autoclave ! La « colonne de Chamberland » devenait donc aussi un outil de recherche fondamentale permettant de définir par la négative l'existence d'un virus, un *contagium fluidum vivum* vite défini par sa taille d'« infrabactérie » comme l'appelait Louis Pasteur, c'est-à-dire comme un agent responsable d'une maladie infectieuse, de nature particulière et de taille comprise entre 0,01 et 0,3 micromètre. Le virus responsable de la pandémie de grippe espagnole ne put être mis en évidence à cette époque pour deux raisons principales : d'abord on ne disposait pas de modèle animal expérimental pour valider le pouvoir pathogène des filtrats de sécrétions respiratoires des patients. Ensuite, les études anatomopathologiques des poumons des patients décédés révélaient le plus souvent la présence de foyers infectieux pulmonaires massifs dus à des bactéries pathogènes comme *Staphylococcus aureus*, *Streptococcus pyogenes*, *Streptococcus pneumoniae* ou *Haemophilus influenzae*. Une théorie bactérienne de la grippe s'imposait donc de manière compréhensible et l'on sait d'ailleurs aujourd'hui que beaucoup des patients décèdent de grippe, même saisonnière, du fait d'une surinfection bactérienne dont le virus a « fait le lit ». Cette pandémie gravissime qui fit probablement 100 millions de décès donna un coup de fouet à la recherche virologique, mais il fallut encore douze ans pour que tout bascule. D'abord chez l'animal, en 1931, Richard Schope aux États-Unis démontra que la grippe porcine était d'origine virale, et non bactérienne. Puis chez l'homme, en 1933 au Royaume-Uni, Patrick Laidlaw, Wilson Smith et Christopher Andrews, au cours d'une épidémie de grippe saisonnière, parvinrent à transmettre la maladie au furet par voie aérienne grâce à un filtrat d'échantillon pathologique humain, puis de furet à furet. Mieux, ils montrèrent que les animaux convalescents étaient protégés contre une nouvelle inoculation. L'existence d'un modèle expérimental avait tout débloqué et fait « d'une pierre deux coups » : un virus démontré et une perspective de vaccin. Mieux encore, en 1935 Wilson Smith parvint à cultiver le virus de la grippe humaine sur des embryons de poulet, permettant les premières mises au point de vaccins. Il manquait cependant encore une donnée pour les « saints Thomas » qui ne croient que ce qu'ils voient : la réalité physique de ces virus. Dans la même période, l'invention du microscope électronique offrit une résolution compatible avec la taille des particules virales. Il fallut cependant attendre dix ans de plus, 1944-1945, pour que Jonas Salk, soutenu par l'US Army, mette au point à grande échelle la production d'un vaccin composé de virus tués, pour le corps expéditionnaire américain en Europe. La boucle était bouclée. La virologie moderne est largement née des travaux sur la grippe. Le virus influenza identifié par Patrick Laidlaw et ses collaborateurs était en fait le descendant direct du virus H1N1 responsable de la grippe espagnole, c'est un point crucial de notre « phylogénie historique ». Nous reviendrons sur sa signification[23]. Si l'on considère le « temps scientifique », il fut de quinze ans entre la pandémie de grippe espagnole et la découverte du virus de la grippe et de vingt-cinq ans entre pandémie et disponibilité d'un vaccin. À comparer avec le « temps scientifique » de contrôle de Covid-19 entre reconnaissance de l'émergence et mise à disponibilité des premiers vaccins. On mesure concrètement le rythme du progrès scientifique.

La souche de virus influenza H1N1 responsable de la grippe espagnole de 1918-1919 provenait très probablement de la transmission d'une souche aviaire à l'homme comme l'a montré en 2005 la reconstitution de la séquence de son génome à partir d'ARN viral extrait du corps d'une femme décédée et congelée dans le pergélisol (permafrost) à Brevig Mission en Alaska où toute la population était décédée sauf les enfants, ainsi que du tissu pulmonaire conservé à la suite de l'autopsie de soldats du contingent américain morts au cours de cette pandémie[24].

La grippe espagnole évolua en deux vagues principales : septembre-décembre 1918 – la plus meurtrière – et mars-mai 1919. Elle aurait touché au minimum 500 millions d'individus, soit 30-40 % de la population de la planète, avec un R_0 de 1,8.

Le taux de mortalité fut élevé, 10-20 % dans certaines régions comme l'Amérique du Sud, l'Asie et l'Inde où certains avancent un chiffre de 20 millions de décès. Il fut plutôt de 2-3 % dans les pays occidentaux. On rapporta 250 000 décès en France ; n'oublions pas qu'il n'existait alors ni unités de soins intensifs ni antibiotiques, la surmortalité étant sans doute due à la fréquence des surinfections bactériennes. Ce chiffre est de toute façon sous-estimé, surtout dans les armées, du fait de la sévère censure imposée par les états-majors.

Lorsque l'on examine les courbes de mortalité en fonction de l'âge, ce qui frappe au premier coup d'œil, c'est sa forme en W et non en U comme celle de la grippe saisonnière. En bref, la grippe saisonnière induit une surmortalité importante chez les très jeunes enfants, jusqu'à 5 ans environ, puis chez les sujets âgés de plus de 65 ans. Au cours de la grippe espagnole, outre la surmortalité infantile – plus élevée encore qu'au cours de la grippe saisonnière – et gériatrique, un pic se dessine très clairement, débutant chez les adolescents, se résorbant vers 45 ans avec un maximum entre 25 et 34 ans. C'est cette surmortalité chez les jeunes adultes qui fut la marque de la grippe espagnole et reste encore aujourd'hui une énigme physiopathologique.

La transmission a peut-être eu lieu directement de l'oiseau à l'homme ou indirectement après un passage chez le porc. La seconde hypothèse est favorisée, mais sans aucune certitude. On évoque une origine en Chine, un premier relais aux États-Unis avec une explosion épidémique dans les camps d'entraînement des troupes américaines avant leur départ pour le front en Europe. Sortes de *clusters* lançant la dynamique pandémique, nous reviendrons sur ce sujet. Il serait trop long de rentrer dans d'autres hypothèses épidémiologiquement moins probables.

La fin de la grippe espagnole

« *Where did flu go* ? », se demandait Alfred Crosby dans son ouvrage intitulé *History of the 1918 Influenza Pandemic*. Intéressons-nous donc de plus près à la fin de la pandémie, à la sortie de la crise. Elle n'est pas vraiment décrite en tant que telle, est-ce une surprise ? Il convient donc, utilisant des entrées multiples, de tenter de la reconstituer, conscient que l'on a souvent recours à des hypothèses. La « sortie » de pandémie est généralement fixée à l'été 1919, mais ce ne fut pas un arrêt brutal, on observa en général une incidence soutenue de cas jusqu'en 1922, avec de fortes bouffées épidémiques durant tout l'automne 1920. Comme des vagues successives. Une observation passionnante peut cependant être faite en consultant les relevés épidémiologiques de la ville de Breslau (Wroclaw) en Pologne, entre 1918 et 1922. En effet, on voit la courbe caractéristique de mortalité en W de 1918 se transformer en une courbe en U effaçant littéralement la surmortalité des adultes jeunes en 1922[25]. On sortait progressivement de la pandémie, on revenait à un paysage épidémiologique plus familier, la fin de la surmortalité aurait déclaré John Graunt en consultant ses *Bills of Mortality*.

Mais quels étaient les moteurs de cette transition et vers quoi allait-on ?

Les moteurs, tout d'abord. Médicaux, bien sûr. Immunité collective, aurait pu déclarer Wade Frost en consultant ses courbes épidémiques. Pourquoi pas ? Le R_0 était de 1,8. L'équation $1 - 1/R_0$ anticipe donc un seuil d'immunité collective à 45 % d'individus infectés. Or, si l'on effectue le quotient du nombre minimal de patients de 500 millions sur la population totale de la planète évaluée à 1,5 milliard d'habitants à la sortie de la Première Guerre mondiale, on obtient 33 %, ce n'est pas loin… Si même on fait l'hypothèse que la pandémie ne toucha que 80 % de la population de la planète, on atteint 44 % !

Une hypothèse complémentaire suggère que le virus H1N1 ait présenté des mutations atténuant sa virulence, en particulier chez les jeunes adultes. Donc une possible sortie pandémique par conjonction d'une immunité collective et de mutations adaptatives à l'homme ? Le « Omicron du virus influenza » ? Cette hypothèse est difficile à prouver car il ne semble pas exister d'échantillons de sortie de crise exploitables pour reconstituer le « virus de 1922 » en comparaison du « virus de 1918 », ou peut-être n'a-t-on pas assez cherché ?

Mais le moteur de sortie de pandémie ne fut pas que médical. Il fut aussi fortement sociologique. C'est pour beaucoup la société qui décida de « l'arrêt ». Pour les populations européennes, ce ne fut qu'une scène supplémentaire dans le dernier acte de la tragédie de la Première Guerre mondiale. Leur résilience s'était aguerrie au cours des quatre années de conflit, une forme de fatalisme s'était installée.

En France, les consignes sanitaires du gouvernement, comme le port du masque, furent peu suivies et aucun édifice public ne fut fermé, sauf décisions locales. « Le public dans son ensemble est plutôt réfractaire au port du masque parce qu'il craint d'être ridicule avec sur le visage », lisait-on dans *L'Heure* en février 1919. Sans commentaire…

Il était temps de passer à autre chose, persistance ou non de la pandémie, la société avait déjà la tête ailleurs, le temps des Années folles était venu !

Ne faut-il pas enfin relativiser ? La grippe espagnole encore en France en 1920 ?

Rappelons qu'en 1920, à Paris-Clichy, s'est déclarée une épidémie de peste : la « peste des chiffonniers ». En France, la mortalité infantile est alors supérieure à 100/1 000, 4 000 enfants meurent de diphtérie, 85 000 malades meurent de tuberculose… La grippe espagnole entra vite dans le bruit de fond de « la vie au temps des maladies infectieuses[26] »… On était en fait entré dans une transition pandémie-endémie. Mais pour autant le troisième acte n'était pas achevé. L'endémie allait durer, ancrée qu'elle était dans sa pandémie fondatrice, ne serait-ce que par son virus causal. « Demain ne meurt jamais… » Cette issue n'est pas propre à la grippe espagnole, elle concerna probablement les pandémies antérieures et indiscutablement les suivantes, mais pour revenir à la grippe espagnole, le virus H1N1 causal persista au sein de la population humaine. Il s'y adapta, sans doute, comme déjà discuté, du fait de sa capacité de muter qui caractérise les virus ARN, celle-ci lui offrant par ailleurs sa propriété de dérive antigénique par mutations s'accumulant sur les séquences codantes des protéines H et N. C'est sur la base de cette adaptation à l'homme et d'échappement immunitaire que s'est bâtie une endémie de profil saisonnier dont le rythme s'est progressivement calé sur les périodes hivernales qui sont plus propices à sa transmission. Comme déjà vu, plus de dix ans après la fin de la pandémie, c'est la souche A-H1N1 pandémique qui fut identifiée par Laidlaw et collaborateurs à l'occasion d'une épidémie de grippe saisonnière. Cette situation perdurera jusqu'en 1957, année d'émergence d'une nouvelle pandémie due à un sérotype A-H2N2. Ce virus n'était pas totalement différent de A-H1N1, même si le changement drastique de sa fiche d'identité sérotypique créait une situation pandémique. L'analyse génomique ultérieure de ce virus montrera qu'il s'agissait du H1N1 « ayant changé d'habits », comme l'aurait dit Charles Nicolle. Chez le porc, il avait hérité par réassortiment de ses ARN génomiques des fragments codant pour le sérotype H2N2 d'un virus aviaire. Si le « châssis » restait H1N1, la « carrosserie » était devenue H2N2 et ce virus remplaça H1N1 comme virus endémique responsable des épidémies saisonnières jusqu'à la pandémie suivante, la grippe de Hong Kong en 1968-1969. Le virus responsable, de sérotype H3N2, était cette fois-ci issu d'un réassortiment du sérotype H2N2 endémique avec un sérotype aviaire H3N3 chez le porc. Ce virus H3N2 s'est adapté et continue actuellement à circuler comme coresponsable de la grippe saisonnière.

En 1977, à l'occasion d'une nouvelle « grippe russe », H1N1 réapparaît alors sur un mode saisonnier. Enfin, en 2009, survient la grippe porcine pandémique (H1N1pdm). L'hémagglutinine H1 de ce virus est génétiquement et antigéniquement identique au H1 du virus de la grippe espagnole en dépit de son origine porcine[27]. On voit donc que depuis un siècle, l'endémie grippale s'est construite sur des virus responsables de pandémies qui sont tous apparentés au virus A-H1N1 de la pandémie de grippe espagnole. Les trois sérotypes actuellement responsables de la grippe saisonnière sont A-H3N2, A-H1N1 et une souche virale de l'espèce B réactualisée chaque année comme les souches A.

Nous reparlerons des leçons à tirer de la grippe concernant l'évolution possible de la pandémie de Covid-19.

CHAPITRE 30

Retour vers le futur : peut-on prédire la prochaine pandémie grippale ?

Au tournant du XXIe siècle, observant cette « phylogénie historique » de la grippe, les experts de l'OMS et bien d'autres anticipèrent – à juste titre – que la prochaine pandémie serait probablement issue d'un réassortiment entre le sérotype saisonnier H3N2, maintenant adapté à l'homme, et de nouveaux sérotypes aviaires qui sévissaient depuis quelques années : H5N1, H7N7, H7N3 et H9N2. Ces souches aviaires, asymptomatiques chez le canard mais fortement pathogènes chez le poulet, justifièrent des abattages massifs à visée prophylactique. On se souvient de l'épidémie brutale de 1997 au marché des volailles de Hong Kong qui se solda par l'abattage de 2 millions de volatiles et la mise en place de mesures sanitaires drastiques comme l'abattage des animaux invendus à la clôture du marché aux volailles. On a cependant un peu oublié les 18 cas humains dont 6 décès, cependant sans transmission interhumaine, donc sans complétion du cahier des charges d'un saut d'espèce gallinacée-homme. On avait tout de même eu très chaud et le taux de mortalité humaine était tout sauf rassurant.

On parla alors de « signal d'alerte », comme le décrit élégamment l'anthropologue Frédéric Keck dans un ouvrage récent[28]. Il y développe un concept d'animaux « guetteurs de pandémie », selon lequel les populations humaines en Asie redoublent de vigilance en établissant un réseau d'alerte centré sur l'observation des oiseaux, comme les oiseaux se regroupent eux-mêmes en réseau pour détecter et éviter au plus tôt un prédateur.

Saut d'espèce direct, saut indirect

Finalement, que peut-on anticiper en matière de futures pandémies grippales, sur la base des connaissances actuelles ? Schématiquement, deux voies aboutissant au saut d'espèce, source de l'événement pandémique, sont possibles. Il peut y avoir un « saut direct » lors duquel un virus adapté à une espèce animale éloignée de l'espèce humaine passe directement chez l'homme. Il est rare, dans ces conditions, que le saut soit couronné de succès. Il avorte le plus souvent. Lorsqu'il réussit, c'est au prix d'une maladie humaine particulièrement sévère et d'une pandémie dramatique comme la grippe espagnole H1N1, ou comme le serait sans doute une grippe aviaire acquérant une capacité de transmission interhumaine. Autre hypothèse, plus vraisemblable : un « saut indirect » impliquant recombinaison ou réassortiment génétique dans un virus déjà adapté à l'homme, tels ceux ayant causé les pandémies suivant la grippe espagnole. Le saut d'espèce sera alors « facilité », la maladie sera possiblement moins sévère, la pandémie moins brutale.

Aucun de ces deux types d'événements ne s'est encore produit et c'est finalement un bêta-coronavirus qui a coiffé la grippe sur le poteau, lui-même n'étant pas inattendu[29].

Le scénario de l'émergence d'un virus réassortant, le saut indirect, demeure donc le plus plausible. On connaît même les sérotypes ayant le plus de chances d'interagir et de générer un réassortant pandémique. Nous venons de les citer. Nous devons être prêts, l'arme au pied, conforter notre arsenal antiviral qui reste maigre et mettre en route les prototypes de vaccins qui seront indispensables le moment venu. Le Covid-19, quelle que soit la place qu'il occupe actuellement, ne doit pas nous détourner du risque élevé de nouvelle pandémie grippale. Désolé de jouer ce rôle maudit de Cassandre…

L'hypothèse d'un saut direct, bien que moins probable, peut-elle être exclue ? À quoi tient l'absence de complétion du cahier des charges ? Clairement à l'impossibilité de transformer l'infection pulmonaire en une maladie transmissible. La transmissibilité demeure cependant, à beaucoup d'égards, une boîte noire. Les modifications génomiques qu'il serait nécessaire à un virus influenza de grippe aviaire d'acquérir pour assurer cette transmissibilité interhumaine – ou pour le moins inter-mammifères – ne sont que partiellement élucidées. Le déchiffrage de ces modifications est un sujet essentiel mais extrêmement sensible car il repose en partie sur des approches expérimentales visant à faire gagner en laboratoire – par passages successifs – les fonctions clés permettant au virus d'assurer sa transmissibilité à puis entre des mammifères comme le furet, dans le cas du virus influenza, modèle proche de la grippe humaine. La confrontation des mutations apparues dans les séquences génomiques successives des virus en adaptation avec des expériences en cultures cellulaires humaines permet alors d'identifier des mécanismes (fusion membranaire plus efficace, réplication virale plus rapide) en rapport avec ces mutations. Ces expériences de gain de fonction (*gain of function* ou GOF) représentent un sujet brûlant, ardemment débattu depuis des années et relancé à l'occasion de la pandémie de Covid-19, avec l'hypothèse émise selon laquelle le SARS-CoV-2 pourrait être le fruit de ce type de travaux visant à identifier des facteurs assurant une meilleure adaptation des bêta-coronavirus à l'espèce humaine : le Covid-19 serait dans ce cas la conséquence de la fuite accidentelle d'un tel GOF. Saurons-nous jamais ?

Grippe aviaire : H5N1 et saut direct

Revenons à la grippe aviaire et à son risque potentiel de saut direct chez l'homme. La panzootie (pandémie animale) H5N1 s'est établie depuis la fin du XXe siècle et évolue par vagues successives, le réservoir primaire du sérotype viral étant les oiseaux sauvages migrateurs, particulièrement les oies sauvages qui sont porteuses asymptomatiques, mais aussi maintenant des oiseaux migrateurs marins comme les mouettes, sternes et goélands qui peuvent être affectés, au point d'observer récemment un accroissement de mortalité en baie de Somme et sur les côtes de la Manche. Ces animaux contaminent par leurs fientes oies, canards et poulets d'élevage exposés à l'air libre. La France est régulièrement touchée par cette épizootie car son littoral atlantique est un corridor nord-sud très fréquenté par les oiseaux migrateurs : Charente, Aquitaine. Mais maintenant : Dordogne, Manche et Bretagne sont concernés. Les nombreux élevages de canards et de poulets dans ces régions sont régulièrement contaminés et les animaux soumis à de longues périodes d'enfermement, quand ce n'est pas à des campagnes massives d'abattage par millions. Un désastre économique et une infinie tristesse pour les éleveurs traumatisés par ces abattages. On parle de près de 200 millions d'animaux abattus en prévention de l'extension de la grippe aviaire dans le monde ces dernières années. Il est temps de développer des approches alternatives moins archaïques et moins cruelles. La vaccination des élevages en est une, mais la performance des candidats vaccins actuels doit être améliorée et la réactivité à l'émergence de nouveaux sérotypes encouragée. L'exemple de la vaccination ARN messager chez l'homme contre le SARS-CoV-2 est une piste d'ailleurs déjà exploitée pour la prévention de la grippe porcine. Si le sérotype H5N1 a tenu le devant de la scène il n'est pas exclusif, ces sérotypes peuvent varier selon les périodes, dominés cependant par H5, H7 et H9.

Prenons néanmoins le sérotype H5N1 comme modèle. Depuis 1997, environ un millier de cas de transmission à l'homme a été rapporté avec une mortalité en moyenne supérieure à 50 %. Leur localisation géographique correspond pour une petite part au Proche-Orient, à la Turquie, à l'Égypte, et pour une grande part à l'Asie de l'Est et du Sud-Est, donc à de grands corridors migratoires. Ce nombre est certes faible à une échelle de vingt-cinq ans et réparti sur d'immenses territoires, mais plus que significatif en matière de signaux d'alerte, donnant l'impression que ce sérotype « flirte » dangereusement avec le saut d'espèce. Ces cas sont essentiellement le fait de contacts directs avec des volailles moribondes ou mortes, suggérant une contamination par des titres viraux massifs. Les symptômes peuvent être initialement marqués par une diarrhée sévère suggérant une porte d'entrée intestinale, mais l'essentiel de la pathologie est marqué par la survenue d'une pneumopathie atypique gravissime (syndrome de détresse respiratoire aiguë), responsable des décès. Quelques encéphalites ont été aussi rapportées, donc un tropisme intestinal, respiratoire et neurologique du virus. Quelques *clusters* familiaux ont été rapportés, sans que l'on sache s'il s'agissait d'une exposition commune à la même source d'infection (anadémie) ou au début d'une véritable transmission interhumaine. Parions pour l'instant sur la première hypothèse[30].

La possibilité d'une complétion du cahier des charges du saut d'espèce de H5N1 pose de manière précise ce qu'est ce cahier des charges pour un virus responsable d'épizootie pour donner lieu à une zoonose pandémique.

Quelles sont les étapes à franchir pour se répliquer efficacement dans les cellules d'un hôte nouveau ? Le virus doit être en phase avec les mécanismes moléculaires permettant chacune de ces étapes dont la plupart requièrent un niveau d'interaction très spécifique entre une molécule effectrice virale et un récepteur cellulaire. On peut en citer quelques-unes : liaison à un voire plusieurs récepteurs de la surface cellulaire pour y pénétrer, assurer un trafic intracellulaire efficace, répliquer son génome, exprimer ses gènes efficacement et dans le bon ordre, altérer les réponses cellulaires innées antivirales, particulièrement les interférons de type 1 et d'autres mécanismes de restriction de la réplication virale, enfin assurer sa sortie de la cellule et sa dissémination efficace dans l'organisme infecté en dépit de la présence de leurres moléculaires (lectines, glycanes) qui les piègent. Ces étapes éventuellement remplies, restera évidemment la transmission interhumaine efficace.

Ce cahier des charges du saut d'espèce est donc très exigeant du fait de la multiplicité des étapes à la spécificité desquelles le virus doit s'adapter, sachant que toute insuffisance se paie pour le virus d'une perte d'aptitude fatale à son processus d'infection et de transmission faisant avorter le saut d'espèce.

La situation d'attente vis-à-vis de l'émergence possible du sérotype H5N1 est à la fois angoissante et passionnante. Pourquoi ce sérotype a-t-il la capacité de causer des atteintes pulmonaires gravissimes chez les quelques patients infectés, mais pour autant ne peut se transmettre efficacement de patient à sujet sain ? Une explication probable est le tropisme, c'est-à-dire la spécificité d'organe du virus. Contrairement aux virus influenza A responsables de la grippe saisonnière, qui se fixent et colonisent essentiellement le rhinopharynx et moins efficacement l'appareil respiratoire inférieur et les poumons, le sérotype H5N1 donne une image en miroir, avec une faible colonisation rhinopharyngée et une forte capacité de colonisation et d'infection massive, hyperinflammatoire, des voies aériennes inférieures et des poumons. Conséquence :

des formes pulmonaires très graves, voire mortelles, la faible colonisation rhinopharyngée expliquant une faible expulsion de virus dans l'atmosphère du patient. La gravité de la maladie, voire le décès, entraîne un isolement rapide contribuant aussi à la prévention de la transmission. Une situation aussi caractéristique de la différence entre SRAS et Covid-19.

H5N1 pourrait-il donc acquérir cette capacité de transmission, au prix, peut-être, d'une diminution de sa virulence ? Cette balance gravité-transmissibilité est retrouvée si l'on compare SRAS et Covid-19.

Saut d'espèce spontané et expérimentation en laboratoire

Nous avons montré que le processus d'adaptation caractéristique des virus ARN à génomes segmentés comme le virus influenza (ce n'est pas le cas des coronavirus) implique le réassortiment de segments dans un animal tiers comme le porc. Il est à la base des transitions H1N1-H2N2-H3N2. Mais H5N1 peut-il « conclure son flirt » avec l'homme directement, dans un ménage à deux et non à trois ?

En fait, le sérotype H5N1 pourrait-il s'adapter directement à l'homme par l'effet de l'accumulation de mutations « gain de fonction » ? L'étape majeure manquante pour compléter le saut d'espèce est la capacité de transmission interhumaine. L'acquisition par mutations de cette transmissibilité interhumaine est en théorie possible, ou du moins au sein d'une espèce mammifère. Certains ont tenté d'en valider la possibilité, non chez l'homme, bien entendu, mais chez le furet, comme déjà décrit. Après passages forcés successifs chez cet animal, les auteurs ont obtenu des clones viraux spontanément transmissibles d'animal infecté à animal sain hébergés dans les mêmes cages. Quatre substitutions d'acides aminés dans l'hémagglutinine H et une substitution d'acide aminé dans le composant PB2 de l'ARN polymérase du virus ont été identifiées[31]. Aucun animal n'est décédé et tous les mutants sont demeurés sensibles à l'oseltamivir (Tamiflu). Il est donc possible au virus de s'adapter et modifier son spectre d'hôte par mutations, sans nécessité de réassortiments de segments d'ARN viraux pour acquérir un phénotype de transmissibilité.

Ces expériences, bien que conduites en laboratoire de haute sécurité biologique de niveau BSL4, ont soulevé une forte controverse, accusant les auteurs de se comporter en « apprentis sorciers » en créant des GOF au risque d'accidents de laboratoire ou d'actes malveillants. L'homme n'est certes pas le furet, mais on voit le potentiel de génération de variants viraux plus transmissibles. C'est un problème d'éthique scientifique et médicale centré sur une balance bénéfice-risque. La connaissance de mutations GOF obtenue par évolution forcée au laboratoire dépasse-t-elle en intérêt scientifique et en bénéfice sanitaire escompté le risque encouru d'une fuite accidentelle ou criminelle de ces GOF[32] ? Dix bonnes années de recul permettent d'observer qu'une des mutations facilitant l'efficacité de fusion du virus avec la membrane de sa cellule cible est récemment apparue chez des souches de virus H5N1 isolées de visons naturellement infectés ; nous y reviendrons. Cela valide-t-il la pratique des GOF ? À titre personnel je n'en suis pas totalement persuadé. J'ai peur, en effet, que la masse de crédits attribués à la recherche sur le thème de la préparation (*preparedness*) aux pandémies, à la suite du Covid-19, incite à multiplier ces approches qui ne sont finalement pas très difficiles sur le plan scientifique. Par ailleurs, sur un plan sociologique, ce type de travaux alimente une défiance de la population vis-à-vis des scientifiques qui s'en passeraient volontiers.

On a vu récemment avec le SARS-CoV-2 à quel point des variants spontanés peuvent augmenter très significativement la transmissibilité du virus au point qu'ils prennent le dessus sur le virus préalablement établi. La nature fait très bien les choses et il n'est pas sûr que la recherche de GOF eût anticipé ce type précis de mutant et permis à l'avance d'altérer par exemple la composition d'un vaccin ou d'anticiper une perte ou un gain associés de pathogénicité. L'existence même du principe des GOF laisse planer le doute, par exemple, que la présence du site de clivage par la furine de la protéine S qui est si propre au SARS-CoV-2 ait été introduit expérimentalement dans le cadre d'expériences GOF. On ne saura peut-être jamais, mais le doute persistera. La gravité des pandémies ne peut pas tout justifier. Une réflexion internationale est indispensable à la suite de la pandémie de Covid-19.

Quoi qu'il en soit, si de telles expériences sont envisagées, elles doivent l'être dans un cadre très strict, en niveau de sécurité biologique adapté, et soumises à un strict suivi. « Transparence » doit en être le mot clé, la liberté de chercher ne doit pas exclure la responsabilité.

Concernant le sérotype H5N1, les nouvelles récentes du front ne sont pas bonnes, voire particulièrement inquiétantes. Tout d'abord, ce sérotype circule avec une intensité croissante dans les populations d'oiseaux sauvages déjà cités et il apparaît que H5N1 devient le sérotype dominant ; les bases de cet avantage sélectif sur les autres sérotypes aviaires sont inconnues à ce stade, mais la tendance est évidente.

Des cas de transmission à l'homme ont été identifiés en 2022 dans la région de Guadalajara (Espagne) dans un élevage industriel de poulets. Ces cas rapportés par les autorités espagnoles et répercutés par l'OMS[33] sont restés au stade de portage asymptomatique. Ils montrent cependant que dans le contexte d'intensification de la présence de H5N1 dans les populations aviaires, une surveillance étroite des professionnels exposés confirme la possibilité de transmission zoonotique, y compris en Europe. Pourquoi d'ailleurs aurions-nous été épargnés ?

Seconde mauvaise nouvelle, toujours en Espagne. Dans le courant du mois d'octobre 2022, une épidémie d'infections respiratoires graves, voire mortelles, est rapportée dans un élevage de visons en Galice. On pense initialement qu'il s'agit du SARS-CoV-2, comme cela avait été le cas en 2020 aux Pays-Bas et au Danemark. Surprise ! les animaux ne sont pas atteints de Covid-19, mais de la grippe aviaire H5N1. Il n'est pas clair si les animaux ont pu être infectés par des fientes d'oiseaux sauvages migrateurs ou par leur nourriture utilisant de la viande de poulet cru possiblement contaminée par H5N1. Une chose est claire cependant : il y a eu transmission à un mammifère, des formes graves de la maladie ont été observées et la transmission d'animal à animal dans les cages est plus que probable[34]. Les mustélidés, ces petits carnivores au genre desquels appartient aussi le furet, sont très sensibles et transmettent les sérotypes viraux de la grippe humaine, ayant fait du furet le modèle de grippe humaine au laboratoire. Plus encore, la souche H5N1 isolée chez les visons présente des mutations identiques à celles observées chez la souche adaptée au furet au laboratoire, publiées en 2011. Ce type de mutations augmente l'efficacité de fusion membranaire par l'hémagglutinine, facilitant le potentiel infectieux, donc la transmissibilité virale. La mauvaise nouvelle est à deux niveaux. Premièrement, une partie du cahier des charges du saut d'espèce est remplie par H5N1, ce sérotype jusqu'à présent aviaire s'est adapté à un genre de mammifères très proche de l'homme pour la sensibilité à la grippe. Ensuite, comme le furet, le vison est aussi permissif aux sérotypes de la grippe humaine saisonnière tels H3N2 et H1N1, ouvrant la possibilité de réassortiment chez ce possible réservoir mammifère, d'où le risque d'émergence indirect de zoonose par des souches hybrides mieux adaptées à l'homme que H5N1 récemment adapté.

Même si l'OMS se veut rassurante, la situation est préoccupante, car semble se dérouler sous nos yeux, implacable, comme dans les livres, la chaîne d'événements conduisant à l'émergence d'une zoonose.

Cela conforte l'absolue nécessité, dans le cadre « une seule santé », de renforcer partout le suivi médical et vétérinaire de cette épizootie qui pend au-dessus de nos têtes depuis trente ans comme une épée de Damoclès dont le fil semble proche de la rupture. Le temps de la vaccination a sonné, que ce soit celle des animaux d'élevage avec les vaccins existants ou la mise au point urgentissime d'un vaccin H5N1 humain.

CHAPITRE 31

En attendant la grippe aviaire… : coronavirus et grippe porcine défient les prévisions

SRAS et MERS

En ce début de XXIe siècle, on attendait la grippe aviaire, ce fut un bêta-coronavirus qui émergea. Dès 2002 apparut un syndrome respiratoire aigu sévère (SRAS) causé par le virus SARS-CoV (voir chapitre 26). Elle s'éteignit finalement en juillet 2003, l'épidémie s'essoufflant face aux mesures d'isolement. Il s'agissait d'une zoonose, issue de la chauve-souris, réservoir naturel, transmise à un animal réservoir intermédiaire responsable de la contamination humaine, probablement un félin sauvage, la civette palmée, dont la consommation est très prisée dans certaines régions de Chine. Hallucinant parcours…

La seconde épidémie d'infections pulmonaires à coronavirus débuta dix ans plus tard, en 2012, dans la péninsule Arabique, causant le Middle-East Respiratory Syndrome dû au MERS-CoV. Les cas index ont été rétrospectivement identifiés en Jordanie, puis la maladie s'est implantée dans la péninsule, donnant lieu, comme pour le SRAS, à des métastases à grande distance, comme celle survenue en Corée du Sud en 2015, touchant seize hôpitaux et 186 patients. La maladie, comme le SRAS, se transmettait par voie aérienne et largement nosocomiale. Lorsque l'épidémie commença à décliner en avril 2016, le MERS-CoV avait touché 1 778 patients et causé 624 décès dans vingt-sept pays, donc un taux de mortalité très élevé proche de 30 %.

Pouvait-on pour autant parler de pandémie ? Tout est affaire d'interprétation. La gravité et la dispersion planétaire plaidaient pour cette qualification et sans l'expérience du SRAS qui permit d'enrayer efficacement la transmission au niveau des *clusters* en constitution – particulièrement en milieu hospitalier –, la dynamique eût sans doute conduit à une crise pandémique. Ces situations « intermédiaires » mettent en évidence les progrès réalisés dans le contrôle des zoonoses émergentes, mais soulignent aussi les progrès encore attendus pour « tuer ces émergences dans l'œuf ». L'origine zoonotique du MERS implique la chauve-souris comme réservoir naturel et les dromadaires comme réservoir secondaire et contaminant des cas humains index, Proche-Orient oblige[35].

Grippe porcine

Entre-temps, la pandémie grippale attendue survint effectivement, mais d'une nature totalement imprévue. L'émergence tant annoncée débuta au printemps 2009, la directrice de l'OMS déclarant le 25 avril une « urgence de santé publique de portée internationale (PHEIC)[36] », puis signalant, le 29 avril, l'imminence d'une pandémie, puis élevant enfin le 11 juin l'alerte au niveau maximal de 6, indiquant une pandémie en cours et engageant les pays à activer les mesures prévues dans ce cas[37]. On voit ici comment au sein du concept de PHEIC, l'OMS peut graduer le niveau de danger. Des subtilités pas toujours bien comprises.

À ce moment, la maladie touchait déjà soixante-dix pays et montrait clairement une surmortalité, en particulier dans des catégories inhabituelles de la population par rapport à la grippe saisonnière, comme les adolescents, les femmes enceintes et les sujets obèses. La mortalité survenait à la phase d'invasion virale, sous forme d'un syndrome de défaillance respiratoire aiguë, sans nécessairement observer la coïncidence d'une surinfection bactérienne.

La pandémie se termina « officiellement » à l'été 2010. Elle défia d'emblée les pronostics, émergeant au Mexique et non, comme attendu, en Asie, causée par un sérotype A-H1N1 plutôt familier et non à un des nouveaux sérotypes aviaires attendus. Le réservoir animal fut rapidement identifié comme étant le porc. Cinquante isolats viraux furent immédiatement identifiés et séquencés et ces séquences mises en ligne fin avril avec publication de la phylogénie du virus en mai, tout cela grâce à une collaboration entre le CDC (centre de contrôle et de prévention) américain, le Mexique et le Royaume-Uni. Dès juillet, la souche qui allait servir à développer des vaccins (A/California/07/2009) était choisie. C'était il y a douze ans ; mais l'on voyait déjà à quel point s'était accéléré le temps scientifique, en particulier grâce au séquençage passé en routine en virologie clinique. On voyait aussi combien il était difficile de faire des pronostics en matière de pandémies, tant sont divers les « environnements pandémiques » dans lesquels elles sont susceptibles d'émerger. On voyait enfin qu'en dépit de la surmortalité observée dans des catégories particulières de la population, l'incidence de la mortalité, alors que progressait la pandémie, apparaissait de plus en plus faible : 0,001-0,007 % au final, largement inférieur aux 10 % du récent SRAS et aux 1-3 % de la grippe espagnole, sans parler des spéculations sur la mortalité attendue d'une pandémie de grippe aviaire (60 %) se fondant sur les cas sporadiques et non épidémiques jusqu'alors observés. Se pouvait-il qu'il existe une relation inverse entre transmissibilité – reflétant sans doute une relativement bonne adaptation à l'homme que révélerait l'analyse phylogénique – et sévérité ? Se pouvait-il qu'une partie importante de la population adulte, en particulier les sujets âgés qui avaient été déjà exposés à H1N1, soient partiellement protégés ? Se pouvait-il qu'une pandémie soit « bénigne » ? On compta au total entre 105 700 et 395 600 décès, alors que la grippe saisonnière tue chaque année environ 650 000 patients sur la planète. On redécouvrit aussi à quel point, comme l'avait montré l'émergence du sida trois décennies auparavant, une pandémie était plus qu'une crise sanitaire, c'était aussi une crise sociale, une expérience anxiogène, un moment sociologique de tension, maintenant amplifiés par les réseaux sociaux et des médias audiovisuels agissant en loupe sur les événements et sur les controverses entre experts, politiques garants de la réponse sanitaire et populations chahutées stockant initialement Tamiflu, sucre et papier toilette, puis adhérant très vite à l'idée que cette pandémie n'était qu'une « grippette ». Un modèle de « dissonance cognitive ». La vaccination en fit les frais – plus en France que dans les pays nordiques – nous en avons déjà parlé au chapitre 11. Ce psychodrame collectif, ce fut aussi la ministre de la Santé de l'époque qui en fit les frais et ne s'en est toujours pas remise... Ce n'était cependant qu'une pâle répétition en regard de ce que nous connaissons depuis le début de la pandémie de Covid-19. Ces crises pandémiques ne sont pas que des objets sanitaires, ce sont des « objets sociologiques inflammables », remuant au fond de nous-mêmes des peurs archaïques et un irrationnel que ni la crise climatique, ni le terrorisme ne semblent être allés remuer. Est-ce parce que l'ennemi est invisible et imprévisible ?

Il apparut donc très vite que si les premiers cas étaient d'origine porcine, la souche montrait une grande capacité de transmission interhumaine et progressait d'ailleurs rapidement dans la population, remplissant donc totalement le cahier des charges d'une émergence. Cette souche virale n'avait pas de parenté étroite avec la souche H1N1 saisonnière circulant depuis 1977 et la vaccination en cours ne protégeait pas, bien qu'un pourcentage non négligeable de personnes de plus de 65 ans montrait une protection croisée, indiquant la circulation antérieure possible de cette souche ou d'une souche étroitement apparentée. Cette mémoire immunitaire joua sans doute un rôle important dans la protection des personnes âgées qui sont les victimes désignées de la grippe saisonnière et participa ainsi à la faible mortalité globale.

Surprise : les analyses phylogéniques montrèrent une histoire naturelle inattendue de ce virus, se reflétant sans doute dans le profil inattendu de cette pandémie. Les huit segments d'ARN constituant le virus étaient ancestralement d'origine aviaire et avaient commencé à circuler dans la population porcine entre 1918 et 1998. Six des huit segments étaient issus de réassortiments incluant du matériel génétique originaire de virus humains, aviaires et porcins. Une invraisemblable mosaïque !

Ces différents virus circulaient en Amérique du Nord et centrale et en Asie depuis 1998. Les deux autres segments étaient originaires de virus porcins eurasiatiques.

Ce virus ne montrait pas de signature de haute transmissibilité humaine suggérant l'existence de séquences cryptiques responsables de la transmissibilité élevée nouvellement acquise. Tout cela pouvait-il se synthétiser pour aider à un pilotage mieux éclairé de la gestion sanitaire de la crise ? Qui veut répondre ?

Nous avons parlé d'« environnements pandémiques », en un mot, du grand nombre de conditions dans lesquelles peuvent survenir les sauts d'espèce. La pandémie de grippe porcine de 2009 illustre l'une d'entre elles jusqu'à la caricature : ce que l'élevage intensif mal maîtrisé, irrespectueux du bien-être animal et des règles fondamentales de l'hygiène, porte de risque de promiscuité facilitant les sauts d'espèce. En l'occurrence, des porcheries industrielles, au Mexique et ailleurs, abattant jusqu'à 500 000 animaux par an après un gavage intensif, entassés à plusieurs dizaines de milliers dans des hangars insalubres, nourris de préparations de maïs et soja enrichies – c'est le « recyclage protéique » – de fientes venues des élevages de poulets voisins et des cadavres de ces mêmes poulets. Sans parler de l'ajout d'antibiotiques pour prévenir les infections bactériennes fréquentes dans ces conditions de densité inacceptables, et comme facteurs de croissance afin de permettre à ces animaux une maturation plus rapide pour optimiser leur masse musculaire lors de leur abattage à 6 mois. Tout cela contribuant à l'aggravation de l'antibiorésistance. Ajoutons au tableau des ouvriers mal formés, souvent saisonniers, vivant dans des conditions précaires. On a vu avec le Covid-19 à quel point les abattoirs, même en Europe, étaient un lieu de contamination massive et de création de gros *clusters*. Porcs, poulets, homme : le lieu rêvé pour un virus influenza toujours prêt à créer des réassortants successifs permettant un saut réussi du poulet à l'homme *via* le cochon. Pour qui s'interrogerait encore sur le concept « une seule santé », voici, dans sa complexité, sa vénalité et son horreur, un exemple flagrant de dérive de l'industrie alimentaire dont les conséquences sanitaires sont potentiellement multiples et désastreuses.

Grippe, mère des émergences ou homme, père des émergences ?

CHAPITRE 32

Mars 2022 : la fin ou la fin du commencement de la pandémie de Covid ?

Après deux ans de pandémie de Covid-19, sommes-nous sortis du tunnel ? L'anticipation de sa fin a même récemment pris des aspects mercantiles, un industriel du vaccin déclarant qu'il maintiendrait ses doses à prix coûtant « jusqu'à la fin de la pandémie ». Mais de quelle « fin » parle-t-on ?

Quel avenir pour le Covid-19 ?

Forts des analyses des chapitres précédents, peut-on se projeter dans l'avenir de la pandémie de Covid-19 ? Peut-on envisager rationnellement des scénarios de sortie de crise ? Sur quel référentiel historique pourrait-on se fonder ? La « phylogénie historique » de la grippe que j'ai tenté de dessiner précédemment me semble être un modèle raisonnable. On peut y retrouver des déterminants communs entre virus influenza et SARS-CoV-2 représentant un solide « plus petit commun dénominateur » : le tropisme respiratoire et la transmission aérienne ; la plasticité génétique avec apparition soutenue de variants génotypiques d'échappement immunitaire par la survenue de mutations à relativement haute fréquence, voire par recombinaison chez les coronavirus ou réassortiment chez le virus influenza ; l'existence enfin d'un réservoir animal primaire inépuisable et d'espèces de mammifères intermédiaires sensibles facilitant le passage zoonotique à l'espèce humaine. Il ne manque pas non plus de divergences entre virus influenza et SARS-CoV-2 pouvant altérer le profil évolutif « modèle » de la grippe espagnole que nous avons décrit au chapitre 29.

En résumé, une métamorphose progressive du virus pandémique H1N1 initial par glissement (*drift*) mutationnel combiné à une immunité collective générant une transition de la pandémie vers une endémie caractérisée par des épidémies devenant saisonnières. Glissement mutationnel ponctué par la survenue d'événements de réassortiment génomique entraînant l'apparition d'un nouveau sérotype viral pandémique, et ainsi de suite…

Il faut bien sûr relativiser la portée de l'exercice. SARS-CoV-2 n'est pas le virus influenza. Il faut donc combiner un suivi paramétrique serré en temps réel à une analyse progressivement enrichie de l'histoire naturelle de Covid-19 telle qu'elle se construit en regard de l'histoire naturelle rétrospective de la grippe.

Les approches analytiques ont fait la preuve de leur pertinence[38]. D'abord se référer à des paramètres classiques comme l'évolution de la surmortalité, élargie maintenant au taux d'occupation des lits hospitaliers, en particulier dans les unités de soins intensifs. Ensuite se référer aux « courbes épidémiques » avec suivi du R_0, donc de la situation par rapport au seuil épidémique. En complément, on peut élargir l'utilisation des modélisations mathématiques[39] afin d'établir une courbe de décroissance pandémique dont l'extrapolation devrait amener à la date fatidique de la fin de pandémie. Ce sont les *downward epi-curves* ou « courbes épidémiques descendantes ».

L'analyse de l'histoire naturelle de l'émergence du SARS-CoV-2 apporte un complément rationnel aux données paramétriques. L'un des défis de la modélisation est d'y intégrer ces informations naturalistes complexes. Cette émergence marquée par la préadaptation du SARS-CoV-2 à un hôte mammifère, la chauve-souris, lui offrant plus d'« agilité » dans sa capacité de déjouer les défenses immunitaires humaines – en particulier d'inhiber la production d'interférons de type 1 –, se faisant ainsi furtif et susceptible d'entretenir l'interaction dans le temps et l'espace, contrairement à un virus influenza dont l'origine et l'adaptation aviaire rendent le conflit homme-virus plus complexe à gérer et pérenniser[40]. Le reflet principal de cette capacité d'immunomanipulation est l'évidence maintenant établie de la faible durée de la protection contre l'infection naturelle par le SARS-CoV-2.

La coévolution du SARS-CoV-2 qui se déroule sous nos yeux en temps réel montre sa propension à l'émergence successive de variants de transmissibilité croissante, le variant Omicron montrant un taux de reproduction R_0 multiplié par 5 par rapport à la souche pandémique « Wuhan » de 2019 et tendant à rapidement submerger le variant précédent alors qu'en parallèle sa virulence est nettement atténuée. Est-ce l'indication d'une adaptation ultrarapide de SARS-CoV-2 à l'espèce humaine ? Ce serait enfin une bonne nouvelle en regard de la capacité croissante de ces variants successifs à échapper à l'immunité induite par l'infection naturelle ou l'actuel vaccin, ainsi que l'échappement aux anticorps monoclonaux thérapeutiques.

On voit à quel point l'exercice prédictif est complexe, y compris dans sa dimension comparative avec la grippe.

Deux éléments, enfin, restent en total suspens en regard de l'anticipation de l'évolution à plus long terme de Covid-19.

Tout d'abord la survenue d'un variant échappant totalement à l'état d'immunité collective en cours d'installation dans la population, éventuellement doté d'un pouvoir pathogène supérieur aux variants antérieurs.

Qu'ils soient d'origine humaine, issus de patients immunodéprimés[41], ou issus de la possible création d'un réservoir animal (rongeurs et mustélidés) comme récemment évoqué[42], rien ne permet malheureusement d'écarter cette hypothèse pessimiste.

Une autre inquiétude nécessitant dès maintenant la mise en place d'une surveillance étroite et prolongée est la possibilité d'installation de formes cliniques longues de Covid-19. On parle de « Covid long », ou de séquelles prolongées plus ou moins évolutives[43]. Le SARS-CoV-2 a bien entendu un tropisme respiratoire, des fibroses pulmonaires post-Covid ont été décrites. Un neurotropisme du virus est révélé par des anosmies à la phase initiale. Le tropisme endothélial du virus pourrait causer des altérations cardio-vasculaires encore mal définies. Une asthénie prolongée, une instabilité tensionnelle pourraient refléter des perturbations endocriniennes de la production d'hormones stéroïdiennes, des catécholamines ou du système rénine-angiotensine. Polyarthrites, douleurs thoraciques erratiques, céphalées. Tout cela semble encore chaotique, mais il est clair qu'un nouveau chapitre de la médecine est en train de s'écrire.

Une fin sans disparition ?

Bon, toutes ces considérations sont intéressantes, mais au fond, la question que tout le monde se pose à ce stade est la suivante : la pandémie est-elle finie ?

Je pense que l'on peut y répondre de la façon suivante : la pandémie oui dans nos régions largement vaccinées, mais la maladie non.

Il est clair que si l'on reprend les éléments qui qualifient une épidémie en pandémie – ampleur inhabituelle et explosivité de son extension, nombre de cas très important, rapidité de diffusion sur plusieurs continents, intensité de son impact sanitaire et socio-économique –, la pandémie s'est essoufflée et peut être considérée comme terminée. La population a largement « domestiqué » le Covid-19, et appris à « vivre avec le virus ». Cette attitude est justifiée par l'amélioration des paramètres sanitaires, mais certainement pas leur normalisation. Le « vivre avec le virus » devient en fait le fruit d'une analyse individuelle et collective du rapport bénéfice de la reprise d'une vie normale (ou presque) contre risque de complications graves d'une infection qui, dans nos régions où la couverture vaccinale anti-Covid-19 est élevée, s'est considérablement réduit. On peut donc conclure que pour les pays occidentaux et les pays industrialisés d'Asie – avec des incertitudes persistant sur l'évolution de la politique sanitaire de la Chine – que la pandémie est terminée. C'est une perspective raisonnable qui n'exclut pas la prudence, d'autant que la situation demeure très hétérogène sur la planète dans la mesure où un pourcentage faible de la population des pays à bas revenus a été jusqu'à présent vacciné, en particulier en Afrique intertropicale. Cette partie de l'Afrique reste cependant une énigme, car en dépit de la faible vaccination, le Covid-19 ne semble pas avoir touché les populations avec la gravité observée dans les pays du Nord. Pourtant, les études sérologiques montrent dans la plupart de ces pays une forte prévalence de séropositivité pour le SARS-CoV-2. Comme si le taux d'attaque avait été élevé mais l'incidence de formes graves très faible. On se perd en conjectures : moindre densité populationnelle ? Jeunesse de la population ? Vaste endémie d'infections rhinopharyngées à coronavirus chez les enfants induisant une protection naturelle contre le SARS-CoV-2 ? Pas de formation de gros *clusters* du fait d'un certain isolement des grandes voies de communication internationales ? À noter cependant que le Maghreb et l'Afrique australe ont été sévèrement touchés, comme les pays du Nord.

C'est un des sujets à suivre, mais mieux vaudrait vacciner car on n'est pas à l'abri d'un variant qui remettrait en question ce statut incertain. Et de ce côté-là, les pays occidentaux n'ont pas fait preuve de beaucoup de générosité, c'est le moins que l'on puisse dire[44]. Comme à toute chose malheur est bon, cette pandémie de Covid-19 pourrait être le signal déclenchant la décision salutaire des pays africains de s'unir pour développer une autosuffisance en matière de production de vaccins. C'était sous-entendu dans le schéma fondateur de GAVI. La souveraineté industrielle est un souci au Sud comme au Nord.

Ce n'est donc pas demain que l'OMS sifflera la fin de « l'urgence de santé publique de portée internationale » concernant le Covid-19 et si elle le fait dans l'année qui vient, ce sera sans doute avec certaines réserves.

Mais si la pandémie est finie, particulièrement en Europe, dans quelle phase de Covid-19 sommes-nous entrés ? À l'évidence dans une phase endémique que nous avons déjà définie. Question donc : le SARS-CoV-2 et sa descendance de variants vont-ils disparaître ou, comme le virus H1N1 de la grippe espagnole, s'incruster pour les décennies à venir au prix d'une « métamorphose génomique » déjà engagée, associant échappement immunitaire du virus et baisse de l'immunité collective obtenue pour l'instant par la conjugaison d'infections naturelles itératives et de la couverture vaccinale ?

Forces et faiblesses des vaccins à ARN messager

Mais revenons sur le vaccin car sans sa mise à disposition moins d'un an après le début de la pandémie, nous ne serions sans doute pas en train de disserter sur le profil de la transition endémique. Imaginons de quel coût humain et socio-économique nous aurions payé, sans la vaccination, l'accès à l'immunité collective, seule garante d'un infléchissement de la courbe épidémique. Ce fut une campagne vaccinale sans précédent, par sa nature, son envergure, sa rapidité d'exécution et, bien entendu, ses résultats. Elle a préservé nos hôpitaux, nos systèmes de santé pourtant fragiles et leurs personnels. En une seule année, elle a sauvé au minimum un demi-million de vies en Europe selon l'OMS – essentiellement des sujets de plus de 65 ans – sans parler des drames économiques et sociaux et des désordres mentaux qu'auraient causé des confinements répétés.

Tâchons d'analyser objectivement les forces et faiblesses de ces vaccins ARN messagers, puisque ce sont essentiellement eux qui ont pris le dessus pour les campagnes de vaccination, du moins dans les pays occidentaux. En effet, alors que les deux types de vaccins, ARN messager et adénovirus recombinants, étaient concurremment proposés dès décembre 2020, ce sont les citoyens qui ont collectivement imposé le choix du premier dans un étonnant retournement de l'analyse bénéfice-risque. Initialement préférés aux vaccins ARN messager jugés inquiétants du fait de leur nouveauté, les vaccins adéno recombinants perdirent rapidement la confiance des populations, du fait de bourdes dans la réalisation des phases cliniques précoces, puis de l'observation, en phase 4 (« dans la vraie vie »), d'accidents de coagulation, certes rares, mais touchant des zones sensibles comme le cerveau. La tentative des autorités sanitaires de maintenir ces vaccins car leur analyse bénéfice-risque restait favorable fut balayée en quelques semaines par la population ignorant la survenue rare, mais indiscutable, de myopéricardites dues aux propriétés pro-inflammatoires de l'ARN messager injecté, heureusement de bon pronostic.

Quels sont les avantages de ces vaccins ARN messager outre la rapidité de réalisation une fois connu l'antigène protecteur ? Ils suscitent des titres d'anticorps IgG de niveau équivalent à ceux induits par l'infection naturelle avec de solides titres d'anticorps neutralisants. Ils induisent aussi une réponse lymphocytaire T satisfaisante. La nécessité de congélation n'a finalement pas été un handicap majeur compte tenu de la qualité des chaînes logistiques de transport et stockage établies dans nos pays industrialisés. L'élargissement de la vaccination ARN messager aux zones plus défavorisées pourrait par contre s'avérer plus complexe, voire parfois impossible. Des vaccins alternatifs ne nécessitant pas la congélation devraient être maintenus.

Quelles sont les limitations des vaccins à ARN messager ? La première est l'insuffisante stimulation – dans les centres germinatifs ganglionnaires – d'un équilibre optimal entre bonne réponse humorale productrice de titres neutralisants d'IgG et un taux élevé de lymphocytes B – mémoire assurant la pérennité de cette réponse. Cette limitation doit théoriquement être levée progressivement par les rappels vaccinaux. Il est encore trop tôt pour le dire.

La seconde limitation de ces vaccins injectés par voie intramusculaire est leur insuffisante stimulation de la réponse immunitaire muqueuse nécessaire à prévenir la colonisation – par exemple nasopharyngée – par les pathogènes. Cette immunité muqueuse est idéalement induite par infection locale naturelle ou administration du vaccin directement délivré à la muqueuse, stimulant ainsi la production d'IgA sécrétoires.

Dernière limitation, la réponse immunitaire cellulaire T est satisfaisante, mais n'atteint pas les niveaux des réponses cellulaires aux vaccins vivants atténués viraux comme la vaccine, le vaccin rougeole ou fièvre jaune. Cette réponse immunitaire cellulaire, due à des lymphocytes T, tue les cellules infectées et procure une immunité stérilisante complétant l'effet neutralisant des IgG. Enfin, la mémoire T induite par les vaccins ARNm reste encore peu évaluée.

Pour simplifier, avec trois ans de recul, les vaccins ARN messagers anti-SARS-CoV-2 ont à leur crédit d'avoir contrôlé la survenue de formes graves de Covid-19, y compris chez les personnes les plus fragiles et cela avec une tolérance globale satisfaisante. Dans cette feuille de notation, cependant, on peut inscrire « pourrait mieux faire » aux rubriques mémoire immunitaire et contrôle de la circulation virale. Cela ne remet pas en cause l'approche, et sa rapidité d'adaptation comme c'est le cas avec l'introduction de la protéine S du variant Omicron sera un atout majeur. Il est important d'avoir un regard objectif sur les performances attendues de cette catégorie de vaccin si l'on veut au mieux l'insérer dans la stratégie de contrôle de la phase pandémique.

Les leçons à retenir pour vivre avec le virus

Quels peuvent donc être les objectifs des campagnes vaccinales à venir ? Il faut bien entendu maintenir des rappels réguliers, avec des vaccins s'adaptant à la survenue de variants viraux échappant aux réponses immunitaires établies. Maintenir donc une forte couverture vaccinale afin de consolider l'état de sortie de pandémie et maintenir au minimum l'incidence des formes graves. Sur cette base, peut-on espérer éradiquer la maladie ? La réponse est clairement non. Aucune des caractéristiques du SARS-CoV-2, à commencer par l'intensité de sa transmission aérienne et le fort pourcentage de formes asymptomatiques, ne permet d'envisager une telle stratégie, sans parler de sa capacité de variation génétique forte et de l'établissement d'un éventuel réservoir animal secondaire.

Peut-on néanmoins envisager une élimination de la maladie, c'est-à-dire un maintien actif global de la circulation du SARS-CoV-2 sous son seuil épidémique ? Difficile, mais pourquoi ne pas en parler et en évaluer les exigences ? L'élimination de la rougeole en est un modèle : la transmission des deux virus est aérienne et très efficace. Le R_0 de la rougeole est supérieur à 12, celui des variants Omicron de 10... Cela exigerait une couverture vaccinale très importante, supérieure à 90 %, incluant les enfants – au moins en âge scolaire (5-11 ans) – ce qui n'a pas été réalisé. Le défi, même si ces exigences étaient atteintes, demeurerait double. Tout d'abord, les vaccins actuels ne bloquent pas suffisamment la circulation du SARS-CoV-2, la mémoire B induite est courte et la réponse T stérilisante limitée en intensité et mémoire par rapport à celle induite par virus réplicatif comme le vaccin rougeole. Une possibilité de combler ce handicap serait de combiner les vaccins ARN messager actuels avec un vaccin muqueux nasal stimulant la production d'IgA neutralisantes locales, bloquant ainsi la circulation virale. On combinerait ainsi protection systémique empêchant les symptômes de la maladie et protection muqueuse empêchant la transmission du virus. De tels vaccins muqueux anti-Covid-19 ont donné lieu à des études cliniques dont les résultats ne sont pas spectaculaires, mais ils n'ont pas été testés en association. Cela semble logistiquement compliqué, en vaccinologie il faut aller au plus simple, mais vaut d'être discuté. Alternativement, on peut envisager, lorsqu'ils seront disponibles – avec une vraie capacité d'adaptation rapide, ce qui est loin d'être le cas – un vaccin systémique induisant un très fort titre d'anticorps IgG neutralisants pouvant transsuder au niveau de la muqueuse nasopharyngée, offrant ainsi une protection mixte, maladie et transmission. Les vaccins sous-unités conjugués contre les pathogènes bactériens invasifs transmis par voie aérienne comme le méningocoque et *Haemophilus influenzae* b sont de cette nature. L'équivalent pour le Covid-19 correspond à des vaccins « protéine S purifiée » associée à un adjuvant de nouvelle génération. Il en existe maintenant sur le marché, assez peu utilisés, mais on pourrait envisager de prendre le relais avec ce type de vaccins, au moins en rappel. Enfin, le retard abyssal de la vaccination contre le Covid-19 dans une fraction importante de la population de la planète rend illusoire une élimination globale de la maladie qui exigerait une application globale de la vaccination.

Considérant ce bilan de l'impact de la vaccination, peut-on anticiper à quoi ressemblera la phase endémique qui s'ouvre, au moins dans nos régions en espérant une extension planétaire rapide des politiques vaccinales de contrôle ? Comment vivre avec le Covid-19 endémique ? Avec le recul actuel, le schéma de la sortie de la grippe espagnole semble le plus pertinent. Permanence de la circulation des variants actuels d'Omicron avec une oscillation autour du seuil épidémique. N'oublions pas que chaque jour, des personnes décèdent encore de Covid-19 en France. La menace persiste, insidieuse, et redémarrerait en cas de diminution de la couverture vaccinale.

Sur ce fond, on peut s'attendre à l'émergence régulière de variants génotypiques de virulence imprévisible, néanmoins contenus et contrôlés dans leur gravité par le maintien d'une immunité collective naturelle et vaccinale, même imparfaite. Cette évolution sous-entend un échappement immunitaire plus ou moins rapide rythmant des vagues dont on peut anticiper qu'elles deviendront progressivement saisonnières, plutôt hivernales, car on sait l'importance de la promiscuité en intérieur dans la dynamique de la transmission du SARS-CoV-2. Comme pour la grippe, des réajustements vaccinaux seront régulièrement nécessaires. Cela étant, ayons l'humilité de reconnaître que la versatilité génétique du SARS-CoV-2 peut mettre à l'épreuve toute tentative de rationalisation du futur du Covid-19.

La diversification et l'amélioration des performances des traitements antiviraux spécifiques aideront sans doute à gérer certains chaos de cette endémie, en particulier pour les patients immunodéprimés dont on sait maintenant qu'ils peuvent porter chroniquement le virus et de ce fait réunir, à leurs conditions de survenue, de nouveaux variants préoccupants.

La transition endémique étant l'hypothèse la plus probable, il faut dès maintenant définir clairement comment nous allons vivre avec le virus.

Fin de pandémie ne signifie pas fin des contraintes… et dans ce domaine, on attendrait plus d'engagement des autorités dans l'explication aux citoyens de ce que seront ces contraintes. Information, explications transparentes sont indispensables. Quels objectifs ? Quelle feuille de route ? Comment maintenir le cap ? Il y a plusieurs sujets : le réajustement de la surveillance est essentiel.

Chez l'homme tout d'abord. Le modèle actuel de diagnostic ouvert est insoutenable sur la durée en coût et ressources humaines, et les données sont difficiles à interpréter faute d'un cadre scientifique prospectif. Il faut structurer des modèles créatifs et proactifs de type « sentinelle » ciblés sur des catégories représentatives de la population, de manière prospective (*superspreaders*, *clusters*, « points chauds » de transmission). Intégrer le séquençage rapide et massif des échantillons, échanger et interpréter en temps réel les données associées à un suivi sérologique de la vaccination. C'est l'« épidémiologie digitale, génomique et moléculaire ».

Surveillance aussi des espèces animales sensibles au SARS-CoV-2 (muridés, mustélidés) pouvant constituer un réservoir secondaire « de tous les dangers ». Comme la peste, le Covid-19 devient un sujet éminemment environnemental, autre exemple typique du concept « une seule santé ». Les mesures barrières, en particulier le port du masque, demeurent indiquées dans des conditions à clairement définir. Cela sera modulé en fonction des études ciblées sur des modèles représentatifs. La place des antiviraux devra être mieux définie, au-delà du traitement immédiat des sujets très fragiles ou immunodéprimés. L'apparition de variants résistants est quasi obligatoire en cas de monothérapie. Le temps des anticoronavirus est maintenant venu. Mieux vaut s'y préparer ; au risque de les perdre vite, il faudra les utiliser à bon escient. Inutile de reparler de politique vaccinale…

PARTIE V

Nouveaux environnements humains, nouveaux défis médicaux

CHAPITRE 33

Émergence du concept d'émergence

Tentons de prendre du recul et d'analyser les « environnements pandémiques », le contexte dans lequel émergent les pandémies. L'espèce humaine est l'espèce animale la plus parasitée : 1 400 espèces de microbes et parasites y ont en effet été répertoriées. Une immense majorité de ces infections furent initialement des zoonoses, mémoires d'événements historiques d'émergence causés par des ruptures sociales, puis sont devenues endémiques, « incrustées » dans l'espèce humaine après des périodes variables de coadaptation. Les émergences contemporaines sont la répétition en accéléré d'une phénoménologie ancienne.

Les « tempêtes microbiennes », pour citer François Roger, résultent de causes écologiques, environnementales, anthropologiques, socio-économiques, de contacts plus fréquents entre homme et faune sauvage, et de l'accroissement exponentiel des échanges et des voyages intercontinentaux.

L'anticipation et le contrôle des émergences infectieuses nécessitent donc une approche globale et intégrée. La connaissance par les professionnels de la santé humaine et animale, de l'agriculture et de l'élevage, voire si possible par la population générale, des situations favorables à l'émergence et des mesures à prendre pour les éviter offre de véritables opportunités de faire pencher favorablement la balance coût-efficacité dans le contrôle des pandémies. Essayons d'évaluer ce qu'auraient représenté les investissements nécessaires à une prévention de la diffusion (voire de l'émergence) pandémique du Covid-19 : on arriverait sans doute à plusieurs centaines de millions de dollars ou d'euros. Mais le bilan réel, lorsqu'il pourra être établi, se comptera en trillions. Vertigineux…

Les déterminants des environnements pandémiques

Tentons donc de préciser les déterminants des « environnements pandémiques ». Au risque d'être un peu scolaire, tâchons de ranger ces déterminants en catégories : déterminants biologiques, humains, animaux – y compris les insectes –, environnementaux, nous amenant à revisiter le concept « une santé » et à aborder les impacts attendus des changements climatiques. Vaste programme…

Commençons par les déterminants biologiques fondamentaux de l'émergence infectieuse en tentant de mieux analyser les caractéristiques d'un événement d'émergence infectieuse, tel que théorisé par Josh Lederberg en 1992 à la demande de l'Académie nationale des sciences des États-Unis[1]. Prenons le cas d'une émergence virale en cas de zoonose. On peut définir trois stades au cahier des charges d'un saut d'espèce réussi[2] : la « tempête parfaite[3] », métaphore météorologique se référant à une situation où tous les paramètres temporels et spatiaux sont réunis pour qu'un ouragan de force maximale se développe. Un épisode accidentel de transmission d'un virus pathogène d'une espèce animale sauvage ou domestique à l'homme survient d'abord. Ce virus peut subir des sauts d'espèce successifs, depuis son hôte naturel, dit primaire, à des hôtes animaux secondaires avant de toucher l'homme. Le saut animal sauvage-animal domestique intermédiaire est redoutable car augmentant le risque de contact avec l'homme. À noter que le virus peut être peu, voire non pathogène chez l'hôte animal primaire, mais s'avérer redoutable chez l'homme, comme le VIH, issu de singes verts africains porteurs sains.

Cet événement de transmission interespèce vers l'homme peut ne pas donner lieu à une réplication virale significative. Le saut d'espèce avorte, on parle alors de *spill-over*, ou « débordement ». Le virus est entré dans une impasse infectieuse. Son adaptation à l'homme était insuffisante, la barre était trop haute, le cahier des charges trop exigeant. Fin de l'alerte… Elle passera le plus souvent inaperçue, il est probable que ces événements soient assez fréquents et leur recherche est importante dans les zones de forte probabilité de rencontre animal-homme. Il est intéressant, à cette étape fondatrice d'une éventuelle émergence, de considérer le rôle joué par la biodiversité. L'appauvrissement global des écosystèmes sur la planète – en particulier la diversité d'espèces animales – est souvent intégré sans plus de réflexion dans les causes de saut d'espèce. Le rôle de la biodiversité est certes indiscutable, mais il est dual. C'est dans les écosystèmes vivants complexes où la biodiversité est la plus riche que ces événements de « débordement » présentent le risque le plus élevé. C'est logique car les chances de rencontres inter-espèces, y compris avec l'homme, sont d'autant plus élevées que la biodiversité y est forte[4].

Inversement, la biodiversité des zones où s'effectuent des « débordements » est aussi garante de la survenue d'un nombre important de transmissions avortées dues à des espèces réfractaires au virus causal, bloquant ainsi une extension locale par la multiplication d'impasses à sa transmission.

Il se peut cependant que l'événement de débordement soit suivi d'une capacité de réplication efficace du virus animal chez l'homme, ouvrant ainsi une deuxième étape où s'établit une chaîne de transmission locale générant une « flambée » (*outbreak*) géographiquement localisée, comme ce fut le cas des épisodes d'infection par le virus Ebola en Afrique centrale depuis 1977. Quelques centaines de cas lors de chaque épisode, certes impressionnant par un taux de létalité élevé atteignant 50 %, mais ne donnant pas lieu à une véritable épidémie définie par un nombre élevé de cas et une extension géographique inhabituelle. Il fallut attendre 2014-2015 en Afrique de l'Ouest pour assister à une véritable épidémie, en zone rurale puis urbaine, touchant plusieurs dizaines de milliers de patients. Pour apprécier le potentiel épidémique de ce filovirus il faut mieux analyser les paramètres dynamiques permettant la transition de « flambée » à épidémie, nous y reviendrons.

Le passage à l'épidémie, voire à la pandémie, la troisième étape, va nécessiter la combinaison d'une naïveté immunitaire globale de la population planétaire, d'une transmissibilité interhumaine efficace du virus assurant un R_0 supérieur à 1, une adaptation optimale du virus à son hôte humain, éventuellement optimisée par la survenue de mutations virales adaptatives. À cela vient s'ajouter de nos jours l'extraordinaire capacité de dissémination planétaire d'un pathogène émergent par les transports aériens intercontinentaux. Il a suffi de voir en mars 2020 à quel point les « métastases » de la pandémie de

Covid-19 étaient calquées sur la carte des grands « hubs » aériens. Ce n'était plus le rythme des trains et gares de la pandémie de grippe russe de 1889...

N'oublions cependant pas la transmission féco-orale et la transmission par des vecteurs arthropodes, en particulier le moustique, vecteur de virus émergents récents comme Zika et le chikungunya, ou réémergents, comme la dengue.

Diverses variables peuvent affecter le processus d'émergence à chaque étape : le type et l'intensité des contacts entre réservoir (donneur du virus) et receveur (nouvel hôte), les barrières opposées par l'hôte à l'infection (cellulaires, tissulaires, d'organe), combinées aux facteurs viraux permettant la réplication efficace du virus dans son nouvel hôte, les déterminants de la transmission efficace de nouvel hôte à nouvel hôte (mode de contamination et éventuel vecteur).

Des paramètres pour le saut d'espèce ?

Au-delà de ces considérations un peu générales, il faut se demander si la capacité de saut d'espèce et de transmission interhumaine obéit à des paramètres dont la reconnaissance permettrait une meilleure analyse du risque, voire son anticipation.

Trois de ces paramètres apparaissent quasi intuitivement. Tout d'abord l'importance de la fréquence des contacts homme-faune sauvage, le dernier maillon de la chaîne animale aboutissant au saut d'espèce pouvant être un animal sauvage acquis illégalement pour « domestication » ou consommation, nous reviendrons sur l'importance de la lutte contre le trafic d'animaux sauvages. Ensuite, le degré de parenté des espèces porteuses primaires et intermédiaires avec l'homme. Si la chaîne de transmission concerne des mammifères, les chances de sauts d'espèce successifs réussis rapprochant le virus de l'hôte humain pour le saut d'espèce ultime seront augmentées par la sélection de clones viraux capables de faire face à des hôtes dont les récepteurs et les systèmes de défense immunitaire sont proches de ceux de l'homme. C'est le cas pour les stratégies de résistance virale aux interférons de type 1 qui sont la première barrière immunitaire innée à l'infection virale chez les mammifères, nous l'avons déjà évoqué pour le SARS-CoV-2.

Concernant le virus Ebola et les bêta-coronavirus des SRAS, MERS et Covid-19, la chauve-souris en est indiscutablement le réservoir primaire et les réservoirs secondaires sont respectivement les grands singes africains, la civette palmiste – un félidé asiatique – et les camélidés de la péninsule Arabique. Si, à ce jour, il n'est toujours pas démontré si le Covid-19 est dû à une transmission directe chauve-souris-homme ou *via* un animal intermédiaire, il n'en demeure pas moins que ces épidémies restent « une affaire de famille » entre mammifères, ce qui n'est pas une bonne nouvelle – en comparaison du risque de grippe aviaire – quant à la probabilité de récurrence de sauts réussis de nouveaux bêta-coronavirus vers l'homme. Des recherches avancées sur la biologie comparée des récepteurs aux bêta-coronavirus chez les mammifères, ainsi que des particularités des réponses immunitaires à ces virus chez ces différentes espèces – en particulier la chauve-souris – sont une priorité absolue. Cette adaptation facilitant le saut vers l'homme d'un virus animal pourrait être illustrée par la capacité du SARS-CoV-2 de contrer la production d'interféron de type 1, stratégie « anti-immunitaire » qu'il aurait développée chez la chauve-souris qui, contrairement à l'homme et à d'autres mammifères, produit ce type d'interférons à un niveau relativement peu élevé, mais de manière constitutive, c'est-à-dire sans nécessité d'induction par la reconnaissance d'une infection virale. Pour faire un parallèle, c'est un mécanisme similaire à l'acquisition et au maintien de la résistance aux agents antibactériens sous la pression de la présence de faibles niveaux d'antibiotiques dans l'environnement de ces bactéries hors de l'écosystème humain. Le parallèle est osé mais vise à montrer à quel point la plasticité génétique des pathogènes est clé dans leur survie, qu'ils soient bactéries ou virus.

Sur ces considérations, nous en venons tout naturellement à notre troisième paramètre qui est celui de la fréquence de mutations – voire de capacité de recombinaison des génomes viraux lors de co-infections chez des hôtes animaux permissifs (virus grippal chez le porc, coronavirus chez la chauve-souris). Tous deux sont des moteurs essentiels de leur capacité d'adaptation. Cette évolution génomique intervient sans doute dans la chaîne de sauts interespèces aboutissant éventuellement à l'homme et offrant au virus une aptitude (*fitness*) optimale lors de cet événement de débordement. Pour des virus ARN comme les coronavirus présentant un fort taux de mutation du fait de la faible fidélité de leur ARN polymérase (10^{-3}/nucléotide/génération), en comparaison de virus ADN comme les herpèsvirus (10^{6}/nucléotide/cycle de réplication), cette forte capacité d'évolution, susceptible de générer rapidement de nouveaux génotypes donnant lieu à l'extrême, chez le VIH, à des « quasi-espèces » virales, est un puissant moteur d'émergence de « variants » génotypiques sélectionnés chez l'homme infecté pour leur aptitude infectieuse accrue. Dans la pandémie en cours, on a pu assister à l'émergence successive de tels variants du SARS-CoV-2. Partant de la souche originelle (« variant chinois »), on a vu apparaître cinq variants successifs dont Omicron et ses sous-variants BA. Au-delà des inquiétudes de santé publique, en particulier sur leur transmissibilité progressivement accrue et le risque que ces variants peuvent à terme faire peser sur l'efficacité vaccinale, cette émergence d'« épidémies dans l'épidémie » offre en temps réel une fantastique opportunité d'étudier l'évolution en marche. Plusieurs observations méritent d'être faites : ces variants successifs ne présentent pas d'augmentation très significative de leur pouvoir pathogène intrinsèque, c'est-à-dire de leur capacité de rendre plus malade un individu infecté. Ils présentent par contre un accroissement majeur de capacité réplicative et de leur transmissibilité semblant être d'abord et avant tout liée à une augmentation progressive de l'affinité de la protéine de spicule virale S pour le récepteur ACE2. Cela montre que le moteur majeur de l'évolution virale n'est pas nécessairement l'augmentation de la pathogénicité, mais plutôt l'augmentation de la transmissibilité, c'est-à-dire de la recherche de nouvelles cibles naïves afin d'assurer une augmentation maximale de la masse virale globale. La génétique de la transmissibilité des pathogènes reste un sujet ouvert et tout à fait fascinant.

R_0 représente le nombre moyen d'infections secondaires produites lorsqu'un individu infecté est introduit dans une population où l'ensemble des individus sont immunologiquement naïfs, donc sensibles à l'infection en question. Il synthétise le potentiel de transmission d'un agent infectieux par un individu malade, durant toute la période de son infection, au début d'une épidémie :

- $R_0 > 1$: marque la survenue d'une situation épidémique ;
- $R_0 < 1$: marque l'extinction de l'épidémie ;
- au total, $R_0 = p \times c \times D$, où « p » est la probabilité de transmission de l'infection au cours d'un contact, « c » est le nombre moyen de

contacts par unité de temps (en personnes par jour) et « D » est la durée moyenne (en jours) de la phase infectieuse.

Dans les infections à R_0 très élevé, on trouve la rougeole (12-18), la tuberculose (10). Dans les R_0 moyens, on trouve les infections à virus Zika (3,3 à 6) et le chikungunya (4,1), tenant compte de la transmission par un insecte vecteur dont la densité est suffisante pour assurer repas sanguin et piqûre de sujets sains à un rythme soutenu. Le R_0 du VIH a été calculé à 3,5, ce qui semble élevé, mais rend compte de la chronicité, donc de la longue période de contagiosité des patients infectés avant que l'utilisation large des thérapeutiques vienne casser ce taux de reproduction de base.

Paradoxalement, le R_0 de la grippe saisonnière est plutôt dans les valeurs basses (1,5), celui des grippes pandémiques était plus élevé (2-3) et celui du SARS-CoV-2 a été évalué selon la période et les régions entre 2 et 4, voire 10 pour les variants récents de type Omicron.

CHAPITRE 34

L'homme : celui par qui l'émergence infectieuse arrive

Sans tomber dans une idéologie simplificatrice, culpabilisante et misanthropique, il faut bien reconnaître que l'homme, par son empreinte croissante sur la planète, est présent à chaque étape de la mécanique de l'émergence infectieuse, depuis le saut d'espèce jusqu'à l'éventuelle extension pandémique.

Les paramètres humains sont nombreux, variablement impliqués selon l'émergence. Ici encore, une analyse précise, scientifique de cette implication, voire de cette responsabilité humaine est indispensable afin d'identifier le fil des événements et mettre en place des mesures préventives rationnelles dans le futur.

La recherche des mécanismes menant à l'émergence infectieuse. Que s'est-il passé à Wuhan ?

Cela n'est pas aussi facile et l'analyse de l'événement fondateur du saut du SARS-CoV-2 de son réservoir animal primaire indiscutable, la chauve-souris, à l'homme reste obscur, quelle que soit la mauvaise volonté des autorités politiques chinoises à collaborer sur ce sujet. Savent-elles elles-mêmes ? Transmission directe de la chauve-souris à l'homme à l'occasion d'études épidémiologiques menées dans des grottes du Yunnan au sud-est de la Chine ou dans des régions avoisinantes où vivent de nombreuses et diverses communautés de chauves-souris porteuses de bêta-coronavirus ? Contamination accidentelle d'un membre du personnel scientifique ou technique au laboratoire lors de manipulations de chauves-souris porteuses, de culture de virus isolés de ces animaux ou d'inoculation de ces virus à des animaux de laboratoire ? Probablement, dans ce cas, dans un laboratoire de l'Institut de virologie de Wuhan, ville épicentre de l'épidémie. Nous ne disposons pas encore, après des milliers de prélèvements et de séquençage des génomes viraux correspondants, d'une séquence strictement identique au premier variant humain identifié en décembre 2019. On s'en rapproche cependant progressivement comme le montre un travail très récent des Instituts Pasteur du Laos et de Paris[5]. Un virus issu de chauve-souris a en effet montré 98 % d'identité génomique avec le SARS-CoV-2, mais pas 100 % et ne présentant pas de séquence codante pour le site de clivage de la furine si caractéristique de ce virus. On ne peut cependant pas éliminer deux possibilités empêchant de montrer une évidence directe de transmission accidentelle chauve-souris-homme. Un escamotage de séquences dans les banques de données, ou la circulation à bas bruit dans la population humaine d'une souche de séquence très proche, moins pathogène et se cachant derrière les cas de grippe saisonnière, puis la sélection de variants mieux adaptés à l'homme générant le SARS-CoV-2. Mais dans ce dernier cas, pourquoi l'explosion à Wuhan ? L'hypothèse d'un animal réservoir secondaire n'est pas non plus exclue. On a initialement incriminé le pangolin, déplaçant l'événement fondateur – le « cas 0 » – sur un marché aux poissons de Wuhan. Le trafic d'animaux sauvages, dont la viande est traditionnellement très prisée par les Chinois, reste en effet actif en dépit des interdictions. L'hypothèse était séduisante, calquée sur la responsabilité très probable de la civette palmiste lors de l'épidémie de SRAS en 2002-2003. Une recherche intensive du SARS-CoV-2 chez le pangolin, en particulier dans ses territoires d'élection d'où l'essentiel du trafic est organisé, c'est-à-dire le nord du Cambodge et du Laos, n'a pas abouti. On ne peut donc dans l'immédiat pas trancher entre une transmission directe chauve-souris-homme ou indirecte *via* un réservoir animal secondaire. Il faut souligner le travail d'enquête d'épidémiologie écologique et moléculaire réalisé par les scientifiques chinois de toutes disciplines dans cette recherche. Aboutira-t-elle ? Les zones à explorer sont immenses et les autorités chinoises, qui ont fait du Covid-19 une affaire de sécurité nationale et développent un roman national glorifiant le succès de leur politique zéro Covid, n'encouragent pas la transparence. Ces attitudes entretiennent inutilement la défiance et alimentent des théories complotistes qui trouvent là un terreau favorable, comme la fabrication par recombinaison génétique ou synthèse nucléotidique du SARS-CoV-2 à des fins de guerre biologique. Peu crédible, compte tenu du traumatisme qu'a été le SRAS pour la Chine. Moins invraisemblable, l'hypothèse d'une fuite accidentelle d'un laboratoire – en l'occurrence à Wuhan – à l'occasion d'expériences de gain de fonction (GOF), dont nous avons déjà parlé et dont nous avons souligné les dangers en dépit du discours scientifique qui les inspire. Il s'agit d'obtenir l'adaptation « forcée », en laboratoire, de bêta-coronavirus à un mammifère le plus proche possible de l'homme, afin d'en identifier les conditions génétiques : dans l'hypothèse où ce serait là l'origine de la transmission à l'homme, cela suppose qu'il y aurait eu un accident de contamination de laboratoire qui n'aurait pas été immédiatement identifié ou révélé.

Dans la discussion qui fait encore rage : transmission directe chauve-souris-homme dans la nature, infection par contact ou consommation d'un animal réservoir secondaire sur un marché, il me semble que l'hypothèse d'une contamination de laboratoire, qu'il s'agisse de la manipulation d'une souche sauvage ou d'une souche modifiée, à la suite des expériences de « gain de fonction », est tout aussi vraisemblable. La grande fréquence des formes asymptomatiques de l'infection par SARS-CoV-2 chez les sujets jeunes – ce qui correspond à la grande majorité des personnels scientifiques et techniques des laboratoires – va dans ce sens.

Ce point est majeur, non pour incriminer et chercher des responsabilités dans une perspective légale, mais simplement pour renforcer à l'avenir la prévention de tels accidents dont la survenue est possible, voire probable. La fuite accidentelle à partir d'un laboratoire risque de prendre une place significative dans l'identification des « environnements pandémiques ». Faut-il pour autant diaboliser les laboratoires ? Certainement pas, mais il faut les sécuriser. Or la pandémie de Covid-19 va, en toute probabilité, augmenter considérablement les moyens financiers mis à disposition pour développer le niveau de « préparation » aux pandémies. Des milliards de dollars, euros, yuans, roupies et autres vont être investis par les États, conduisant à une multiplication des laboratoires, institutions et personnels, de par le monde, travaillant sur des virus pathogènes potentiellement responsables de pandémies. Nous parlons ici en particulier de structures de niveau de sécurité BSL3 et BSL4. Un gros point faible risque d'être la formation des personnels scientifiques et techniques impliqués dans ces recherches. J'ai pu voir dans de nombreux pays combien la formation des personnels scientifiques et techniques laissait à désirer, en particulier en matière de sécurité microbiologique. Dans certains pays, les salaires de misère offerts aux techniciennes et techniciens ne garantissent pas le recrutement de personnels correctement formés. Ce n'est pas le cas en Europe, et dans les pays occidentaux en général, où ces laboratoires spécialisés sont ultrasécurisés et nantis de personnels proprement formés et très professionnels, suivant des procédures de sécurité éprouvées. Il n'en est pas nécessairement de même sur le reste de la planète et cette course qui s'annonce à la *pandemic preparedness* n'est pas de bon augure. Ce serait un comble que les bonnes intentions affichées à l'occasion de la pandémie de Covid-19 enrichissent le spectre des « environnements pandémiques ».

On voit donc, à la lumière de SARS-CoV-2, à quel point l'identification du « cas 0 » est complexe, mélangeant épidémiologie, écologie, sociologie, éthologie animale, éthique scientifique, sciences de l'information et… politique.

Repérer des environnements favorables aux pandémies ?

Peut-on néanmoins dessiner des « environnements pandémiques », des conditions environnementales favorables à la survenue d'émergences infectieuses au-delà de l'alerte que nous venons de formuler ?

Difficile, car ces conditions sont variées et le risque est d'ailleurs partagé par les régions à hauts et faibles revenus.

Dans les régions à faibles revenus, on peut sans risque avancer la pauvreté et la crise alimentaire amenant des conduites à risques de rapprochement d'espèces animales sauvages, comme les incursions forestières et la déforestation, pour y substituer une culture intensive changeant les écosystèmes et rapprochant animaux réservoirs primaires de pathogènes et animaux domestiques, voire homme. C'est la problématique principale des zoonoses. Mais des ruptures dans la chaîne du froid et un usage totalement incontrôlé des antibiotiques facilitent aussi l'émergence d'infections d'origine alimentaire comme des salmonelloses multirésistantes. Paradoxalement, la crise de l'antibiorésistance est particulièrement délétère dans les pays pauvres où des antibiotiques de dose et nature souvent invérifiables sont vendus hors du contrôle des pharmaciens et des médecins, souvent sur les marchés ou dans les épiceries de village. Dans nos études cliniques en Afrique subsaharienne, nous avons souvent du mal à trouver des enfants qui n'ont pas récemment reçu des antibiotiques.

La concentration croissante de populations paupérisées à la périphérie de mégapoles dont la population augmente massivement fait clairement de cet environnement urbain une zone à gros risque d'émergences infectieuses dans le futur. Parmi les vingt mégapoles mondiales dont la population se situe entre 15 et 45 millions d'habitants, onze se situent dans des pays à bas revenus à un niveau très variable de développement économique. Les facteurs de risque sont multiples : éducation défaillante, insalubrité, urbanisation « sauvage » hors standards minimaux d'hygiène, insuffisance des systèmes d'évacuation et de retraitement des eaux usées, difficulté croissante d'accès à l'eau potable, pollution environnementale, air saturé de microparticules diesel ou issues de la combustion domestique du bois, première cause de pneumopathies graves du nourrisson et de l'enfant. N'oublions pas la flambée de la tuberculose multirésistante et des maladies sexuellement transmissibles comme la syphilis et le sida. Enfin, les zones urbaines des régions intertropicales sont soumises à des « cycles urbains » de maladies infectieuses à transmission vectorielle beaucoup plus délétères que les « cycles ruraux ». C'est particulièrement le cas pour la dengue et la fièvre jaune. S'ajoute à ces facteurs un système de santé souvent précaire, tant en matière de prévention que de traitement en dépit de l'engagement extraordinaire de volontaires locaux, représentant de quartiers, souvent des femmes. Tout cela sur un fond de gouvernance défaillante jusque souvent au sommet de l'État. La désorganisation des services, à quelque échelon qu'elle se situe, est un risque fatal d'explosion d'une émergence infectieuse et un garant de l'absence d'un contrôle efficace.

Si la population urbaine globale était de 3,3 milliards en 2007, les projections anticipent 6,3 milliards en 2050, essentiellement dans les pays à bas revenus où, en 2020, la courbe de la croissance de la démographie urbaine a croisé celle de la démographie rurale et s'envole depuis lors[6]. La planète s'urbanise et les grandes métropoles deviennent des environnements à risque pandémique, car étant dotées de grands nœuds de communication aériens intercontinentaux, elles portent le triple risque de réception, d'amplification et de dissémination des maladies transmissibles.

On a vu ainsi la nouvelle dynamique acquise par l'épidémie d'Ebola en 2014-2015, lorsque pour la première fois de son histoire le virus a touché une grande métropole, Conakry. Une accélération de la dynamique épidémique sans commune mesure avec les *clusters* forestiers des quatre décennies précédentes. Heureusement – si l'on peut dire –, Conakry n'est pas un grand « hub » du transport aérien international. Le monde aurait peut-être eu à faire face à sa première pandémie Ebola.

Les régions industrialisées à haut PIB ne sont pas exemptes de risque d'émergences infectieuses. On peut d'ailleurs remarquer que les trois pandémies d'infections dues à des bêta-coronavirus ont émergé de Chine et de la péninsule Arabique, qui ne sont pas vraiment des territoires à bas revenus.

Certaines émergences peuvent tirer avantage du développement de l'agriculture et de l'élevage intensifs couplés à la croissance de l'alimentation industrielle qui peuvent subir des ruptures dans la sécurité microbiologique à l'occasion de défaillances dans les contrôles, plus rarement de ruptures dans la chaîne du froid, ces dernières survenant plutôt dans le réfrigérateur du consommateur. Épidémies de listérioses à partir de produits laitiers ou de charcuterie, épidémies de salmonelloses à partir de viandes rouges ou de volaille, voire à partir de produits laitiers pour les nourrissons, comme récemment observé en France. Ces émergences sont rares, sans transmission interhumaine significative et demeurent de ce fait limitées en nombre de patients, même si l'extension peut être importante du fait de l'espace de distribution national, voire international des produits concernés. Elles donnent néanmoins lieu à un tapage médiatique et à une défiance du consommateur préjudiciables à ces industries. L'avenir est en partie aux « circuits courts ». Cette tendance qui répond à l'évolution de notre société qui a soif de naturel et tend à rejeter les circuits longs de distribution, gros consommateurs d'énergie carbonée, ne devra pas faire l'impasse sur la nécessité plus complexe, compte tenu de l'émiettement des circuits de production-distribution, d'un schéma de sécurité microbiologique et de traçabilité adapté à cette situation nouvelle et sans doute pas exempte de douloureuses surprises qu'il vaut mieux anticiper.

L'échelle de l'émergence d'origine alimentaire peut cependant brutalement changer, même dans nos régions. C'est ce qui arriva en Europe en 2011. De début mai à début juillet, une brutale épidémie de syndrome hémolytique et urémique (SHU) frappa en ces quelques semaines l'Allemagne du Nord de façon prédominante avec environ 4 000 cas et plus de 50 décès[7]. Avant, pendant et quelque temps après, plusieurs pays européens furent aussi touchés, mais avec un nombre bien moindre de cas rapportés et de décès. La situation s'avéra vite assez dramatique en Allemagne car la maladie due à un *Escherichia coli* dit « entéro-hémorragique » (EHEC) donne lieu dans ses formes graves à une diarrhée sanglante, une anémie hémolytique, une insuffisance rénale et des troubles de la conscience confinant au coma. Le profil de la maladie devint rapidement préoccupant avec de nombreux patients admis en réanimation dans un état comateux avec sévère insuffisance rénale, causant plus d'une cinquantaine de décès et envoyant bon nombre de ces patients en hémodialyse, voire ultérieurement en transplantation rénale. La souche responsable, un *E. coli* de sérotype O104:H4, était connue pour causer des cas sporadiques de cette maladie car cette souche produit deux toxines apparentées à la toxine de *Shigella dysenteriae 1*, le bacille de Shiga maintenant quasi disparu qui causait encore il y a quelques décennies des épidémies catastrophiques de dysenterie pédiatrique dans les régions déshéritées de la planète comme le Bangladesh. Ces toxines, Stx1 et 2, ont un mode d'action similaire à celui d'une toxine végétale redoutable, la ricine, qui arrête la biosynthèse protéique sur le ribosome. Elles se lient à un récepteur glycolipidique très représenté sur l'épithélium intestinal et l'endothélium des microvaisseaux rénaux et cérébraux, expliquant la pathologie de la maladie du fait de la mort des cellules engagées par les toxines. Cette maladie était habituellement rapportée sous forme de petites épidémies chez des patients ayant consommé de la même source de la viande bovine souvent « processée » et insuffisamment cuite car mal décongelée en son cœur. Les mauvaises langues appelèrent ces infections « syndrome du McDo », c'est pour cela que les hamburgers sont maintenant cuits « comme de la semelle ». Ces infections étaient souvent dues à un EHEC d'un autre sérotype, O157:H7. Les bovins en sont porteurs asymptomatiques dans leur tube digestif et la viande est accidentellement contaminée au moment de l'équarrissage, qui est un geste complexe. Cette fois-ci, la plupart des malades étaient des femmes, plutôt végétariennes. On était donc en *terra incognita*. Il s'avéra rapidement que toutes les victimes avaient consommé des salades de pousses de certains végétaux très prisés comme le fenugrec, une protéagineuse utilisée depuis l'Antiquité comme herbe médicinale. L'enquête épidémiologique d'une extraordinaire complexité – qui fit même, dans sa hâte initiale, quelques victimes innocentes comme le « concombre espagnol » – finit par démontrer avec une quasi-certitude que ce fenugrec était importé d'Égypte, d'une région où l'on utilisait comme engrais du lisier bovin et humain.

La morale de cette histoire ? Tout peut arriver en matière d'émergence infectieuse, même dans nos régions tempérées et économiquement développées. L'Allemagne, au système de santé pourtant réputé, fut même un temps débordée faute de suffisamment de postes d'hémodialyse. Il faut donc être prêt à tout et tout n'est pas viral...

Une autre preuve ? Qui aurait pu anticiper l'émergence dans un hôtel ultramoderne de Philadelphie en 1986, à l'occasion d'un congrès d'anciens combattants, d'une épidémie gravissime chez ces patients, pour beaucoup âgés, d'une pneumonie atypique causée par *Legionelle pneumophila* vaporisée par le système d'air conditionné dont cette bactérie apprécie les conditions régnant dans les tuyauteries et les tours de refroidissement. La maladie des légionnaires, une nouvelle émergence sur une liste en voie d'allongement rapide à cette époque, montrait que les environnements architecturaux modernes recelaient des complexités où pouvaient se nicher des pathogènes adaptés à ces conditions. On a vu d'ailleurs que les hôpitaux, bâtiments complexes par excellence, n'étaient pas épargnés, comme ce fut le cas de l'Hôpital européen Georges-Pompidou à Paris, peu de temps après son ouverture.

Enfin, nous partageons, régions à fort PIB et régions à faible PIB, des conditions communes comme la pauvreté qui est un facteur puissant d'inégalité devant le risque infectieux[8]. Environ 20 % des enfants européens vivent sous le seuil de pauvreté et il ne manque pas de travaux montrant, par exemple, que la couverture vaccinale est dangereusement basse par rapport à la couverture requise, corrélée, bien entendu, au niveau de couverture sociale des parents[9]. Est-il besoin de rappeler que nous vivons en direct avec la poursuite de la pandémie de Covid-19, à quel point les populations les plus défavorisées ont payé un prix bien plus lourd à la maladie ? Les raisons en sont multiples : surpopulation des habitations, donc difficulté d'adhésion aux mesures barrières, difficulté d'accès aux soins, à la vaccination, « malbouffe » entraînant une prévalence plus élevée d'obésité, de diabète et de maladies cardiovasculaires – facteurs de risque accru de développer des formes graves de la maladie –, difficultés d'appréhension de la gravité de la situation, par éducation insuffisante ou barrière linguistique. Vuillermé le disait déjà à propos du choléra en 1832 ! Rien n'a vraiment changé, malheureusement...

CHAPITRE 35

L'homme toujours : croissance de la population mondiale et des échanges

La croissance soutenue de la population mondiale augmente, à tous niveaux, le risque d'émergence pandémique. Au vu des paragraphes précédents, on réalise à quel point la densité humaine impose une empreinte croissante sur la planète, ce que l'on appelle aujourd'hui un peu facilement l'« anthropocène ». Les millénaires à venir diront si l'« homme roi » de la planète, adoubé par la révolution industrielle, laissera une véritable trace géologique. On peut en tout cas s'attendre à ce que l'amputation massive des grands domaines forestiers, la montée des eaux et les changements climatiques aux différentes latitudes laissent des cicatrices indélébiles que pourront interpréter nos descendants comme marqueurs de la période où *Homo sapiens* s'est emparé du destin de la terre et y a joué à son jeu favori : apprenti sorcier…

Les projections récentes anticipaient une population humaine de près de 8 milliards en 2025 – nous y sommes dès 2022 – et de plus de 9 milliards en 2050. Rappelons qu'elle était de 1 milliard en 1800, 1,7 milliard en 1900 et 6 milliards en 2000. Elle a été multipliée par 4 au cours du XXe siècle, qui a pourtant vu mourir 25 millions d'individus lors de la Première Guerre mondiale, 100 millions lors de la grippe asiatique et 75 millions lors de la Seconde Guerre mondiale, sans parler des 25 millions de morts dus aux famines organisées par le régime stalinien et les probables 50 millions de morts de la famine causée par le « Grand Bond en avant » de la Chine maoïste dans les années 1960 ; 400 millions au bas mot si l'on ajoute les famines qui ont touché les populations des pays en voie de développement tout au long du siècle, dues à des catastrophes climatiques, écologiques, agricoles et politiques, ainsi que la saignée des maladies infectieuses et parasitaires. Que malgré ces pertes immenses, on ait observé une telle accélération de l'expansion de la population humaine est sans conteste l'effet du paradigme de santé publique du XXe siècle.

Nous avons envisagé le risque d'émergence lié au mode de vie urbain et en particulier à la surpopulation et à la ségrégation sociale des mégapoles des régions à PIB moyen ou bas. Essayons maintenant de nous concentrer sur ce que l'on pourrait considérer comme les deux moteurs principaux des pandémies, en relation étroite avec la croissance de la population planétaire : la quête de nourriture, à l'origine d'événements de saut d'espèce, et les transports intercontinentaux, en particulier le transport aérien.

Risques liés à la quête alimentaire : Nipah, Ebola

Examinons deux cas d'école : l'émergence du virus Nipah en Malaisie en 1998-1999, et la grande épidémie d'infection à virus Ebola en Afrique de l'Ouest en 2014-2015.

Septembre 1998, apparition dans le centre de la Malaisie, dans le village de Sungai Nipah, de cas humains d'encéphalites associées à des infiltrats pulmonaires, avec un taux de mortalité très élevé de 39 %. Sur les 283 cas qui seront rapportés jusqu'en mai 1999, 109 décéderont. Ces cas sont survenus exclusivement chez des éleveurs de porcs. Une réplique de cette émergence surviendra courant 1999 dans un abattoir de porcs de Singapour, pointant clairement le porc comme source du virus ayant permis la contamination humaine. Le virus fut identifié au cours de l'épidémie par les virologues de l'équipe de Paul Chua à l'Université de Malaisie à Kuala Lumpur, un remarquable pathologiste spécialiste de la neurovirulence virale[10]. Le virus Nipah fut identifié par des méthodes classiques. On ne disposait pas encore à cette époque des méthodes de séquençage profond de nouvelle génération qui permirent l'identification ultrarapide du SARS-CoV-2. Ce virus baptisé Nipah, du nom du village d'origine de l'épidémie, est un paramyxovirus proche du virus Hendra qui avait causé quelques années auparavant, en 1994, des cas sporadiques d'encéphalite équine et humaine en Australie. Plus de 1 million de porcs furent abattus afin de prévenir l'extension de l'épidémie. Un désastre économique pour la Malaisie et une autre illustration, s'il en était besoin, de la pertinence du concept de « santé unique » pour l'homme et le monde animal.

Quelle était la source de la contamination des porcs ? Quels événements avaient amené cet animal à devenir porteur d'un virus mortel pour l'homme en tant que réservoir probablement secondaire comme pour la grippe ? Le réservoir primaire de ce type de virus était la chauve-souris – encore elle. Plus précisément dans ce cas l'espèce *Pteropus vampyrus* ou grande roussette de Malaisie, ou encore grand renard volant. Le nom anglais est cependant plus évocateur : *fruit bat*, la chauve-souris frugivore. Dans quel contexte le virus Nipah fit-il son premier saut d'espèce de la chauve-souris au porc ? C'est là qu'intervient l'homme. À des fins de production alimentaire, particulièrement d'agrumes, de dattes et de mangues, un modèle d'économie rurale agricole intensif s'était mis en place dans les décennies précédentes, fondé sur la déforestation, parfois massive, de la forêt tropicale au profit de la plantation de vergers, palmeraies (la Malaisie est devenue un des premiers producteurs mondiaux d'huile de palme) et mangueraies, tout cela jusqu'à l'orée des villages. Une aubaine pour les chauves-souris *Pteropus* frugivores qui, abandonnant leurs territoires de prédilection, les grands arbres de la forêt tropicale et les zones marécageuses, vinrent s'établir dans ces jardins d'Éden nouvellement offerts à leur gourmandise. Ces chauves-souris sont très adaptables et peuvent parcourir 50 kilomètres en une seule nuit. À noter qu'elles sont de possibles porteuses de bêta-coronavirus… Mais il nous manque le porc. Le même modèle de développement agricole a amené à intensifier dans certains villages l'élevage du porc, une activité économique répandue dans tout le Sud-Est asiatique. Élevage porcin intensif s'ajoutant à une culture fruitière intensive : les conditions étaient réunies pour l'émergence du virus Nipah à Sungai Nipah[11]. Chauve-souris, porc, homme : en deux coups, le saut d'espèce était joué. L'expansion ne fut heureusement pas pandémique, mais Nipah joue dans la cour des grands candidats à l'émergence pandémique.

Décembre 2013, premier rapport de cas d'infections par le virus Ebola dans le sud-est de la Guinée Conakry. En quelques mois, l'épidémie dépasse en surface territoriale et en nombre de cas ce qu'avaient été les successions de *clusters* d'infections par ce virus en Afrique centrale depuis les années 1970. La transmission du filovirus Ebola se fait par contact direct avec le sang, les sécrétions et les selles des patients, heureusement pas par voie aérienne. Une large partie de l'Afrique de l'Ouest va être touchée. Lorsque l'épidémie cessera en mars 2016, on déplorera officiellement 28 646 cas dont 11 310 décès, soit une mortalité de 39,5 %. Ce taux de mortalité effrayant n'était pas nouveau pour cette maladie devenue mythique. Ce qui était nouveau était l'explosion à grande échelle en Afrique de l'Ouest, touchant pour la première fois plusieurs pays limitrophes : Guinée, Liberia et Sierra Leone, mais aussi, quoique avec très peu de cas, Nigeria, Mali et Sénégal. Mais plus encore, pour la première fois, Ebola quittait l'Afrique et des cas étaient rapportés aux États-Unis, en Espagne, au Royaume-Uni et en Italie. Certes cette tendance pandémique était maîtrisée car les cas hors Afrique étaient des rapatriements médicalisés de personnels de santé accidentellement infectés, mais tout de même l'alerte fut chaude et montra une dynamique pandémique possible pour Ebola. C'est ce risque pandémique qui réveilla les pays du Nord, après une période de grande confusion initiale, amenant à proposer des moyens d'intervention massifs afin de contrôler et finalement d'éteindre cette épidémie. C'est sans doute à l'occasion de cet épisode dramatique – à la suite de l'alerte du SRAS une décennie auparavant – que s'est véritablement construite une approche multidisciplinaire globale de prévention des pandémies virales émergentes, intégrant en particulier l'utilisation d'un vaccin dans le temps de l'épidémie. Mais intéressons-nous ici au facteur humain dans l'origine de l'émergence et de l'extension inédite de cette épidémie.

• Acte 1. La Guinée fut l'épicentre de l'épidémie, à la suite du cas index de saut d'espèce survenu en forêt, probablement dans le contexte d'une exacerbation de l'épizootie chez les animaux porteurs, grands singes et chauve-souris, en compétition alimentaire à la suite d'une saison sèche de durée exceptionnelle. Pour ces mêmes raisons d'insécurité alimentaire causée par la crise climatique puis économique et sociale, dans ce contexte rural, les intrusions forestières humaines s'accrurent et donnèrent lieu à un *bush hunting* intensif : une chasse aux grands singes, en dépit de son interdiction. En période d'épizootie Ebola, il ne fallut pas longtemps pour que des chasseurs ou leurs familles se contaminent à l'occasion du dépeçage des animaux.

• Acte 2. On assiste à une extension locale, puis locorégionale de la maladie, touchant le Sierra Leone et le Liberia voisins. D'abord rurale dans un environnement d'habitats dispersés, l'épidémie devient rapidement urbaine : dès lors, elle est hors de contrôle. Le contexte socio-économique et politique attisa bien entendu tous les paramètres de la dynamique de l'épidémie naissante : l'extrême pauvreté de la population dont le revenu moyen est de 1 euro par jour, la précarité – voire l'inexistence en certains endroits – des systèmes de santé combinant des insuffisances qualitative et quantitative des personnels médicaux et paramédicaux, des infrastructures inexistantes ou délabrées par la guerre civile et par l'échec des politiques de développement, le manque cruel de stocks d'équipements et de matériel (masques, gants, seringues jetables, protections).

S'y ajoutèrent de puissants déterminants socio-anthropologiques : manque de confiance des populations dans les médecins, les étrangers, recours à des guérisseurs, négation de l'existence d'un agent contagieux, non-respect des mesures de base d'isolement, retours hôpital-domicile de patients en incubation, malades cachés, poursuite des rites funéraires à haut risque de contamination. Pour la première fois peut-être les sciences humaines se trouvèrent propulsées en première ligne de la prise en charge d'une épidémie. Rappelons-nous le contexte : 40 % de mortalité par fièvre hémorragique et choc infectieux… Il devint en effet urgent de comprendre les comportements humains, sociaux et culturels en tant que moteurs épidémiques, en particulier les attitudes hostiles aux mesures de prévention : isolement, puis vaccination. Durant cette crise de plusieurs mois, on vit aussi émerger, au sein même du personnel soignant et des scientifiques présents sur le terrain et à distance, des controverses concernant l'éthique de la recherche clinique en période de crise, la sécurité des approches préventives et thérapeutiques[12], l'équité scientifique Nord-Sud (appropriation des échantillons par certaines équipes et pays, partage des données, publications, formation, durabilité des interventions[13]), recherche du scoop scientifique, etc.

Risques liés aux transports de masse : le SRAS, prémice de Covid-19

Autre exemple de l'effet des activités humaines, les transports aériens de masse confèrent une dynamique pandémique à une épidémie naissante.

Février 2003, hôtel Métropole, Hong Kong : le docteur Liu Jianlun, pneumologue, débarque de Guangzhou (Canton), province de Guandong, sur la façade maritime sud de la Chine, où le SRAS vient d'émerger sous la forme d'une pneumonie atypique de mortalité élevée. Il a suivi certains de ces patients car cette nouvelle pathologie circulait depuis novembre 2002 dans sa province. Il vient assister au mariage d'un neveu. Il est lui-même malade, mais s'est autorisé à partir car sa radio pulmonaire était normale. Il descend dans cet hôtel de 600 chambres de Kowloon où séjournent de nombreux voyageurs en transit. Hong Kong est encore à cette époque le premier « hub » aérien en Asie. Il contamine sept clients au neuvième étage où est située sa chambre. On a incriminé l'air conditionné, mais la contamination fut probablement due à des quintes de toux et des vomissements dans le couloir de l'étage. Les sept clients contaminés prennent l'avion le lendemain matin pour diverses grandes métropoles, en particulier Hanoï, Toronto et Singapour.

Trente pays en tout furent touchés. Liu Jianlun mourut quinze jours plus tard dans un hôpital de Hong Kong. Le mal était fait : une maladie jusqu'alors confinée à la Chine du Sud, probablement du fait de sa faible infectiosité comparée à la grippe, prenait en une nuit un élan qui allait lui donner une dimension pandémique du fait de l'accès d'un patient à un nœud majeur du trafic aérien international. L'OMS, par un traçage précis de l'origine des contaminations, a rétrospectivement calculé que la chaîne de contamination initiée par Liu, « patient 0 » du SRAS pandémique, avait conduit au développement de 4 000 cas, soit la moitié du nombre total de cas de SRAS répertoriés… C'est pourquoi l'hôtel Métropole a été baptisé « *ground 0* » de la pandémie de SRAS. C'est aussi à partir de ce moment que s'est consolidée la notion de « superdisséminateur » (*superspreader*).

Même si la crise pandémique n'a duré que huit mois et n'a causé « que » 8 096 cas et 774 décès, le SRAS, du fait de sa diffusion intercontinentale explosive et de son taux élevé de mortalité, fut un véritable électrochoc soulignant la vulnérabilité potentielle de la planète devant une émergence infectieuse. À peine deux ans après la vague de paranoïa bioterroriste qui avait suivi les attentats du 11 septembre à New York, on s'apercevait que la planète n'avait pas besoin d'apprentis sorciers bioterroristes pour se faire peur : la nature s'en chargeait très bien. Ne parlons pas des 11 milliards de dollars du coût estimé de cet épisode, c'est bien peu en regard de ce que sera la note abyssale de Covid-19 lorsque la pandémie sera résolue. L'alerte du SRAS fut en tout cas l'occasion de renforcer la coopération internationale en ces temps d'accroissement soutenu des transports intercontinentaux et d'introduire une solide révision du Règlement sanitaire international[14].

Cette histoire s'inscrit dans le prolongement d'un phénomène largement connu depuis le XIXe siècle : la transmission pandémique du choléra par l'activité croissante du transport maritime. Mais ce qui venait de se passer à Hong Kong témoignait d'un changement d'échelle. Depuis le début du XXIe siècle et jusqu'au coup de frein brutal de Covid-19, le trafic aérien international a en effet atteint des niveaux étourdissants, liés notamment au tourisme et au commerce. 2006 : 2,6 milliards de passagers, 2014 : 3,3 milliards, 2018 : 4,3 milliards ! Le monde est connecté, pour le meilleur et pour le pire. Les contaminations sont dues généralement à des patients en incubation ou pauci-symptomatiques, ce qui leur a permis de voyager. Les cas importés peuvent demeurer sporadiques comme la fièvre de Lassa en Allemagne en 2003[15]. Au-delà de ces cas de fièvres hémorragiques sporadiques et sans véritable lendemain, auxquels s'ajoutent les infections à virus Ebola transportées en Europe et aux États-Unis lors de l'épidémie d'Afrique de l'Ouest, certaines infections peuvent s'implanter dans une région limitée comme le chikungunya dans la province de Ravenne en Italie à partir de 2007, généralement grâce à la présence sur place d'un moustique vecteur compétent comme *Aedes albopictus*[16]. Dans certains cas cependant, des infections aéroportées peuvent s'étendre largement sur de nouvelles zones et y demeurer de manière endémique comme l'infection à chikungunya en Amérique latine et aux Caraïbes[17], ou l'infection par le virus Zika au Brésil et plus largement en Amérique du Sud. Avec la dengue, la mobilité des arboviroses est facilitée par la mobilité géographique de deux espèces de moustiques vecteurs : *Aedes albopictus* et *Aedes aegyptii*[18].

Ce risque lié aux transports internationaux doit être pris à bras-le-corps[19]. La capacité dont dispose aujourd'hui un sujet infecté de transporter en une nuit « son » agent infectieux à l'autre bout de la planète a totalement changé la donne et exige des services sanitaires nationaux et internationaux une réactivité maximale, à l'échelle du risque, afin de tuer dans l'œuf le risque pandémique. On est malheureusement encore assez loin du compte aujourd'hui.

Proactivité, communication, transparence et coordination sont les mots clés. Or l'un des éléments vitaux dans cette proactivité est l'identification la plus rapide possible de l'existence d'une entité émergente suffisamment saillante par rapport au bruit de fond de pathologies contemporaines équivalentes pour attirer l'attention et conduire les services médicaux à mettre en route les enquêtes pertinentes à l'aide d'outils de diagnostic microbiologique adaptés. Tout cela doit être réalisé de manière transparente, à l'abri des pressions extérieures, en particulier politiques, qui ne peuvent être que délétères à un stade où la vitesse de réaction et d'intervention est vitale, vu le risque. C'est à cette aune que se mesure la bonne gouvernance et la qualité médico-scientifique des intervenants.

Qu'est-ce qui donne son souffle à une pandémie ?

Concluons ce chapitre par une réflexion sur la dynamique du développement initial d'une épidémie, les facteurs humains qui la sous-tendent et les moteurs qui relancent et accélèrent son extension, jusqu'à en faire, dans certaines circonstances, une pandémie. Trois paramètres de base permettent de mieux comprendre cette dynamique de l'épidémie. Ils servent de base aux modélisations, qu'elles soient rétrospectives ou prospectives. Le but des modélisations prospectives est de bâtir des scénarios plausibles sur la base d'un nombre limité de paramètres précoces. Leur mise en œuvre dans le cas du Covid-19 a permis d'élaborer des scénarios sur lesquels purent s'appuyer les politiques sanitaires, évitant ainsi un « pilotage sans visibilité[20] ». Cette approche avait commencé à se structurer au moment du SRAS, puis de la pandémie de grippe porcine H1N1 en 2009[21]. Disons cependant que même les experts s'accordent sur le point que ces modélisations ne sont valables qu'à échéance de deux semaines. Attention donc à ne pas s'emballer, mais admettons aussi qu'à la vitesse à laquelle évolue une pandémie naissante, garder en permanence une visibilité réajustée à 15 jours est un atout major pour un pilotage « au plus près » par les autorités sanitaires.

Que l'on parle de l'événement initial – le saut d'espèce – d'une zoonose émergente ou des multiples événements qui vont amener à sa progression éventuellement planétaire à partir du foyer initial, on va chercher la « source » de l'épidémie. Il s'agit du cas index, le fameux « patient 0 ». Pour le Covid-19, le premier patient chinois ne fut jamais identifié, vinrent ensuite tous ceux – plus ou moins identifiés selon les lieux – qui furent la source de l'épidémie, en France, un des premiers pays européens touchés, ou dans d'autres régions atteintes dans la même période, comme la Lombardie. La dynamique sous-tendant la multiplication des sources correspond clairement aux transports aériens intercontinentaux. C'est une sorte de mécanique fondatrice.

Mais il lui faut des relais, des sites géographiques clés d'implantation et d'extension, locale puis régionale. Autrement dit, des sites qui permettent à l'épidémie de « prendre ». On parle de « hubs géo-épidémiologiques » : ce sont eux qui vont alimenter la formation de *clusters* qui donnent son souffle à l'épidémie, on l'a clairement vu en France avec les *clusters* alsaciens et le *cluster* de l'Oise qui ont été fondateurs dans l'implantation de l'épidémie, en France et possiblement dans des régions transfrontalières. Pour la Lombardie, le match de la Ligue des champions entre l'Atalanta Bergame et Valence, le 19 février 2020, fut l'événement fondateur. C'est là que le « vent soufflant sur les braises », la pandémie accéléra brusquement, au point où Bergame fut surnommée « le Wuhan italien ».

Un troisième élément est nécessaire, c'est le « superdisséminateur » (*superspreader*), déjà évoqué : il s'agit d'un ou de plusieurs patients qui, issus de ces « hubs-*clusters* », vont activement contaminer de nombreux sujets encore non infectés. Les caractéristiques de ces superdisséminateurs ne sont pas toujours clairement définies, mais le risque de transmission augmente avec leur mobilité et les possibilités élevées de rencontrer d'autres individus, l'étroitesse des contacts avec les personnes rencontrées pour des raisons professionnelles, par exemple, ou le portage de quantités anormalement importantes de virus.

Tous ces aspects subtils de la dynamique des épidémies et pandémies commencent seulement à être identifiés, analysés et modélisés. Ils constituent ce que Charles Nicolle appelait le « génie des maladies infectieuses ».

CHAPITRE 36

Les insectes vecteurs d'émergences infectieuses

Les maladies à transmission vectorielle nous sont familières, qu'elles soient parasitaires, virales ou bactériennes. Parasitaires : paludisme (plasmodium transmis par les moustiques anophèles femelles) ; maladie du sommeil (trypanosomes transmis par la mouche tsé-tsé), leishmanioses (leishmania transmise par les phlébotomes) et autres filarioses. Virales : fièvre jaune (flavivirus transmis par les moustiques *Aedes*). Bactériennes : maladie de Lyme (*Borrelia* transmise par des tiques), peste bubonique (*Yersinia pestis* transmise par des puces), typhus exanthématique (*Rickettsia* transmise par le pou du corps). Les insectes, en particulier le moustique, sont de loin les premiers animaux tueurs de la planète.

Des maladies tropicales

La plupart de ces pathologies, exception faite de la maladie de Lyme, sont des infections tropicales, ce qui explique la naissance, dès le début du XXe siècle, d'une « médecine tropicale ».

Le réservoir des pathogènes peut être l'homme – c'est le cas pour le paludisme, la fièvre jaune, le typhus – ; un animal domestique comme le chien pour la leishmaniose, ou les bovins pour la maladie du sommeil ; un animal sauvage, enfin, comme les rongeurs sauvages pour la peste, ou les cervidés pour la maladie de Lyme. La combinaison agent infectieux-animal vertébré réservoir-insecte vecteur constitue un cycle infectieux spécifique consolidé par une longue coévolution et adaptation, que l'on nomme « système vectoriel ». L'homme n'est alors qu'une victime collatérale accidentellement introduite dans un système préexistant.

Une parfaite adaptation du pathogène à l'homme peut simplifier le cycle et le réduire à homme-vecteur-homme. Le profil physiopathologique peut même se modifier et se simplifier en cycle de transmission homme-homme sans nécessité vectorielle comme lors du passage de la peste bubonique à la peste pulmonaire.

Un système vectoriel est donc un système complexe dont la robustesse s'est forgée par effet de sélection naturelle dans le cycle sauvage, permissif ou non pour l'infection humaine.

Ce système vectoriel ne peut s'analyser que dans un cadre multidisciplinaire qui caractérise l'entomologie moderne devenue écologique, éthologique, climatique, génétique et moléculaire. C'est une discipline passionnante dont la pratique montre à quel point des perturbations mineures dans l'équilibre d'un système peuvent aboutir à l'interruption du cycle infectieux ou au contraire à son emballement, éventuellement à son déplacement géographique. Les paramètres hygrométriques, thermiques et nutritionnels sont particulièrement critiques pour les vecteurs arthropodes comme les moustiques. Ils peuvent l'être aussi pour les vertébrés réservoirs dont la prolifération ou la disparition, liées à des événements climatiques (réchauffement, refroidissement, sécheresse, inondations), ou éthologiques, comme l'apparition ou la disparition d'un prédateur ou une épizootie, peuvent déséquilibrer dans un sens ou un autre le fonctionnement d'un système vectoriel et éventuellement le rapprocher ou l'écarter des populations humaines. Cette modulation écologique des systèmes vectoriels a sans doute joué un rôle fondamental dans l'épidémiologie de la peste noire médiévale, sa disparition, puis ses répliques successives, jusqu'à l'extinction de cette seconde pandémie en Europe à la fin du XVIIIe siècle. Deux cents espèces de rongeurs et lagomorphes sont susceptibles d'être porteuses, le plus souvent asymptomatiques, de *Yersinia pestis* et les puces assurant le cycle infectieux de ce système vectoriel ont une capacité de changer d'espèce réservoir dans le cadre du cycle rural de la maladie. Elles sont aussi capables de sauter du rat des champs au rat des villes et d'initier ainsi un cycle urbain éventuellement amplifié par l'apparition de formes pulmonaires. Nous avons discuté ces points au chapitre 23.

Paradoxalement, la disparition d'une population réservoir dominante aurait pu, à certaines périodes, pousser la maladie vers les zones urbanisées à plus forte densité humaine. C'est dans l'écologie qu'il faut chercher les moteurs de la dynamique des maladies à transmission vectorielle. L'épidémie de peste de Madagascar, fin 2017, a braqué les projecteurs sur les causes environnementales de résurgences toujours possibles de cette maladie mythique[22].

Plus près de nous la maladie de Lyme est un système vectoriel adapté à nos latitudes qui repose essentiellement sur la triade *Borrelia burgdorferi*, un spirochète, son réservoir, en général porteur sain, un cervidé, comme le chevreuil/un vecteur, la tique Ixodes, ectoparasite des cervidés[23]. Il n'est pas étonnant que la maladie ait été décrite pour la première fois à Lyme, sur la côte est des États-Unis, dans le Connecticut, quand on connaît la grande proximité, voire l'intrication dans ces régions de l'habitat suburbain et des forêts. Les tiques ne sont pas nécessairement acquises par l'homme par contact direct avec les cervidés, mais plutôt par contact avec des ronces auxquelles se sont récemment frottés les animaux porteurs. La maladie de Lyme s'est développée au cours des décennies récentes en Europe, au même titre que l'encéphalite à tiques, du fait de la renaissance des forêts qui a fait suite aux mesures prises dans les années 1980 en réponse à la déforestation causée par les pluies acides. Cette reforestation indispensable s'est accompagnée d'une expansion massive des zones d'habitations périurbaines, causant une fragmentation et une interpénétration des domaines forestiers et des zones habitées, créant des interfaces favorables, d'autant que la population des cervidés, faute de prédateurs, s'est considérablement accrue et la population des tiques derechef. Faut-il s'en plaindre ? Certes oui, mais la prévention de la maladie est simple : il faut simplement vérifier, au retour de sorties en forêt, si l'on n'est pas rentré accompagné de ces compagnons inopportuns, et de procéder alors à leur simple excision. Ce que nos amis américains appellent le *tick check* est un cérémonial incontournable après toute promenade en forêt – et les fonctionnaires des Eaux et Forêts le savent parfaitement. Les tiques sont assez « compétentes », c'est-à-dire capables d'héberger de nombreuses espèces bactériennes et virales, éventuellement pathogènes comme *Borrelia* et *Rickettsia*, mais aussi le virus de l'encéphalite à tiques, venu des grandes forêts de l'Est européen et se rapprochant dangereusement de nos frontières[24]. Les tiques sont maintenant collectées dans les environnements forestiers comme possibles vecteurs d'infections émergentes, et leur contenu microbien est analysé par séquençage de nouvelle génération afin d'y trouver des signatures génomiques de pathogènes connus ou encore inconnus[25]. L'épidémiologie génomique a de beaux jours devant elle dans la chasse à l'émergence infectieuse, nous y reviendrons.

Rôle et compétence des vecteurs

L'étude de la compétence vectorielle est un domaine de pointe de l'entomologie moderne. Il est clair que la capacité d'emport d'un pathogène par un insecte vecteur est un élément clé du succès du système vectoriel.

La compétence vectorielle est d'abord une cohérence entre génome du vecteur et génome du pathogène « vectorisé ». Toutes les espèces de moustiques ne sont pas capables de véhiculer les *Plasmodium* ou le virus de la fière jaune. Il existe donc un socle de conditions génétiques, physiologiques et métaboliques assurant la permissivité et donc la compétence de ces insectes piqueurs à transmettre le pathogène emporté. Cette compétence ne se résume pas à un simple transport – si protégée que soit la cargaison –, le pathogène doit trouver dans son vecteur attitré des conditions favorables à sa multiplication voire, pour un parasite comme *Plasmodium*, une capacité du moustique de permettre la fécondation des gamétocytes mâles et femelles, aspirés d'un humain porteur, dans son intestin et de les faire maturer et multiplier en sporozoïtes infectieux après accumulation dans ses glandes salivaires avant la piqûre, engageant ainsi un cycle infectieux chez un nouvel hôte humain. Ce socle de base n'est cependant pas suffisant. Certains virus et parasites sont pathogènes pour l'insecte arthropode piqueur qui les reçoit et les transmet. L'insecte doit donc développer des mécanismes de défense immunitaires lui permettant de survivre à ce portage. Les senseurs et effecteurs immunitaires des insectes arthropodes piqueurs comme le moustique sont encore mal connus. Il existe clairement des senseurs des virus proches des systèmes d'alarme retrouvés chez les mammifères, ils s'appellent siARN, JAK-STAT, TOL, IMD[26], surtout capables de reconnaître les acides nucléiques, en particulier l'ARN constituant les génomes viraux comme ceux de la dengue, du chikungunya, de l'encéphalite japonaise, du West Nile, de la fièvre jaune et du Zika. Pour ce qui concerne les effecteurs, on a identifié une cuticule de chitine agissant comme une protection physique à la surface intestinale contre les pathogènes aspirés avec le repas sanguin. Des peptides antimicrobiens cationiques perforant les membranes lipidiques des pathogènes, des hémocytes – cellules proches des monocytes et polynucléaires des mammifères – patrouillent dans l'hémolymphe du moustique afin d'éliminer toute menace apparaissant dans le corps de l'arthropode au-delà de la barrière intestinale, si elle a pu être franchie. Cette immunité est de type inné, il n'y a pas chez les insectes d'immunité acquise de type adaptative, donc pas de lymphocytes B ou T, pas d'anticorps, pas de machinerie générant de la diversité dans ces systèmes immunitaires « primitifs ». Le détail de ces effecteurs et les mécanismes précis de transmission des signaux de danger émis par les senseurs aux effecteurs sont encore mal connus.

Mais il y a plus encore : les symbiontes microbiens. Ils participent au développement des larves, ainsi qu'à la maturation et à l'homéostasie du système immunitaire inné du moustique[27], lui permettant de répondre vite et efficacement à l'irruption de pathogènes, en particulier viraux, à partir d'un repas sanguin.

Les moustiques possèdent un microbiote intestinal – les exosymbiontes – acquis horizontalement au stade larvaire à partir de l'environnement. Ce microbiote intestinal est important pour le développement larvaire, en particulier par son apport nutritionnel et en vitamines. Cependant, sa composition varie et son rôle semble marginal dans la maturation et la régulation de l'immunité innée.

Des bactéries établies de façon stable au sein même des cellules de l'insecte – les endosymbiontes – semblent jouer ce rôle essentiel. L'espèce dominante est *Wolbachia pipientis*, une bactérie passionnante, descendant phylogénétiquement des entérobactéries, mais dont le génome a été réduit de 80 % par cette longue coévolution intracellulaire qui l'a rendue dépendante de son hôte… et réciproquement. *Wolbachia* est très largement répandue comme endosymbionte. Elle est présente à faible densité chez 40 % des populations d'insectes, y compris les principales espèces de moustiques vecteurs de pathogènes humains comme *Aedes albopictus*, *Culex pipiens* et *Culex quinquefasciatus*. *Wolbachia* est transmise verticalement *via* les œufs de la mère à sa progéniture. Son effet sur leur immunité innée est complexe : elle maintient un état de veille, mais n'induit pas la réponse immunitaire en cas d'irruption d'un pathogène aspiré au cours d'un repas sanguin ; au contraire, elle la régule négativement et joue donc un rôle atténuateur de ses excès délétères. De ce fait, les moustiques sont des vecteurs compétents pour le portage sain de virus pathogènes humains. Leur système immunitaire en contrôle la réplication, ce qui permet une survie à peu près normale du moustique, mais n'en stérilise pas le portage. « On a toujours besoin d'un plus petit que soi » : monsieur de La Fontaine aurait pu réemployer cette maxime s'il avait titré l'une de ces fables « Le virus, le microbe et le moustique »…

Les moustiques demeurent donc globalement compétents dans leur système vectoriel. Cependant, des travaux récents montrent que l'infection artificielle de lignées de moustiques par une souche de *Wolbachia* étrangère, amenant à une substitution endosymbiotique, stimule efficacement la stérilisation virale, élimine le portage et inhibe ainsi la compétence vectorielle[28]. Cette approche a été validée sur le terrain. Elle est d'autant plus prometteuse qu'un processus appelé « incompatibilité cytoplasmique » facilite le remplacement de la souche endogène par la souche exogène dans la nature, ce qui amplifie naturellement l'incompétence vectorielle globale des moustiques. Un bel exemple de contrôle biologique « naturel » des populations vectorielles[29]. Les mécanismes de cette stérilisation virale sont eux aussi complexes, impliquant non seulement le réajustement à un plus haut niveau de la réponse innée, mais aussi des facteurs métaboliques. Une des interrogations concerne la durabilité de cette élimination de la compétence vectorielle. En effet, la nature a en règle générale tôt fait de reprendre ses droits…

CHAPITRE 37

Changement climatique et émergence infectieuse : éloge de la complexité

Toutes nos anticipations laissent penser que les effets des changements climatiques, en particulier du réchauffement de la planète, seront majoritairement défavorables pour la santé du vivant. La rupture d'équilibre d'un écosystème stabilisé par une longue coévolution de ses diverses composantes a peu de chances d'être favorable. On peut certes ergoter que des hivers plus cléments dans les hautes latitudes pourraient diminuer l'incidence de la mortalité des infections saisonnières, qu'un réchauffement accompagné d'une sécheresse accrue dans les régions intertropicales pourrait affecter les systèmes vectoriels, mais cette vision anthropocentrique ne tient pas si l'on prend en compte le concept d'« une santé unique » du vivant dans des écosystèmes totalement partagés.

En cas d'augmentation de fréquence des événements climatiques majeurs comme les canicules, les inondations, les tempêtes, les incendies forestiers massifs, où sont les bénéfices sanitaires possibles ? Sans parler de la diminution des productions agricoles, du niveau des pêches, de la perte de bétail et de volaille, des migrations liées à l'élévation du niveau marin, au rationnement hydrique, à l'instabilité sociopolitique qui en découlerait. Les changements climatiques sont une menace pour le vivant, qui pourrait prouver le contraire ? Certes le vivant est résilient et pourrait surmonter un certain niveau de variation, mais jusqu'à quel point ? Pouvons-nous prendre ce risque ? Il y a du pari pascalien dans cette question car il est encore difficile de modéliser avec certitude l'ampleur des effets possibles.

Des effets à l'échelle planétaire

Nous nous focaliserons ici sur l'impact du changement climatique sur l'émergence infectieuse. Nous garderons pour plus tard l'impact global sur les écosystèmes microbiens terrestres et aquatiques et leurs conséquences indirectes sur la santé humaine, animale et végétale.

L'accord des scientifiques est quasi unanime : l'émission de gaz à effet de serre liée aux activités humaines entraîne un changement climatique qui va s'accentuant faute d'accord sur la mise en œuvre effective des mesures drastiques qui s'imposent.

La récente augmentation moyenne de température en grande partie liée à cet effet de serre est une expression délétère de l'anthropocène. Les écosystèmes sont fragiles et des variations même faibles de paramètres comme la température peuvent les déséquilibrer. Les modélisations du Groupe d'experts intergouvernemental sur le climat (GIEC/IPCC) prévoient une augmentation moyenne de la température dans une fenêtre de 1,5 à 5,8 °C d'ici à 2100[30].

Ces données ont été enrichies et confortées depuis les modélisations initiales de la fin du XXe siècle par un extraordinaire apport multidisciplinaire intégrant sous forme d'analyses multiparamétriques un grand nombre de données : représentation des océans, état de la surface terrestre, des calottes glaciaires marines et montagneuses, aérosols, chimie atmosphérique, cycle du carbone, dynamique de la végétation, tout cela à très haute résolution spatio-temporelle. Un exemple frappant est la découverte du rôle majeur de la température de surface océanique dans la survenue de tempêtes, de cyclones et de phénomènes comme El Niño prenant sa source dans la ceinture équatoriale de l'océan Pacifique. Une conséquence majeure est El Niño Southern Oscillation (ENSO), un phénomène climatique et océanique reliant El Niño et les oscillations australes de la pression atmosphérique. Or il s'avère que ces fluctuations rythment les fluctuations atmosphériques de l'hémisphère Nord, affectant ainsi le climat de l'Amérique du Nord et de l'Eurasie, autant que de l'hémisphère Sud, surtout de la région Pacifique. Les modifications des masses d'air et de la pluviométrie qui en sont la conséquence sous-tendent sécheresses, désertification, salinisation et réchauffement global de surface des eaux. Un cercle vicieux effrayant.

Avant la prise de conscience de la réalité du changement climatique, les épidémiologistes s'étaient assez peu intéressés à l'impact du climat sur la santé, en particulier au niveau populationnel, exception faite des canicules et des effets de la pollution en lien avec l'élévation thermique.

L'étendue des conséquences reste débattue en matière de santé humaine et animale. Quelle est la nature des effets véritablement attendus ?

L'impact principal sera-t-il le plus fort dans les latitudes nord ou sud ?

Conséquences pour le vivant

Les études ont des limites, la plupart sont empiriques et réalisées dans des pays à haut PIB. Ces projections sur les évolutions sanitaires sont sujettes à de nombreuses incertitudes et leur rationalisation est indispensable, grâce à des approches expérimentales, si délicates soient-elles. La plupart des effets anticipés sont en tout cas négatifs.

Chaque observation susceptible de conforter ce lien entre changement climatique et extension ou augmentation de l'incidence d'une maladie infectieuse est immédiatement battue en brèche, non qu'elle reflète le déni systématique d'un possible lien, mais simplement parce que le nombre de paramètres confondants est ingérable. Premier exemple : l'encéphalite virale à tiques en Suède a crû en incidence après une succession d'hivers plus chauds dans les vingt dernières années[31], mais l'interprétation en a été immédiatement contestée[32]. L'augmentation de l'incidence du paludisme sur les hauts plateaux africains rapportée au réchauffement global[33] a été âprement débattue[34]. Même la responsabilité évoquée du changement d'amplitude et de fréquence des oscillations d'El Niño dans la survenue d'épidémies de choléra au Bangladesh fut fort discutée[35], nous y reviendrons.

Il est en effet très difficile de trier entre les paramètres humains, environnementaux et les modifications climatiques de court terme.

L'élément dominant est l'échelle géographique de l'étude : dès que l'échelle s'élargit, la signification des résultats diminue.

Dans son rapport intitulé *Global Burden of Diseases*[36], l'OMS a tenté de prendre date au tournant du XXIe siècle et d'évaluer l'impact des changements climatiques sur la (ré)émergence des maladies infectieuses. C'est un exercice statistique acrobatique en trois étapes : estimation de la ligne de base de la charge en maladies entre 1961 et 1990, spécification à partir des données de la littérature de l'accroissement du risque de pathologies par unité d'augmentation de température ou d'autres variables climatiques, estimation par région de la distribution des effets des changements climatiques sur la santé des populations. Résultat : l'estimation de la charge supplémentaire de pathologies associée aux changements climatiques entre le bloc 1961-1990 et l'année 2000 était de 160 000 décès et 5 500 000 années de vie en bonne santé perdues (ou DALY, *disabilitated adjusted life-years,* mesure de l'espérance de vie corrigée de l'incapacité) pour cause de paludisme, malnutrition, diarrhées, canicules et inondations. L'exercice fut jugé conservateur, limité aux effets de santé quantifiables. Il concluait en tout cas que l'on pouvait raisonnablement attribuer au réchauffement global qui a débuté vers 1975 une proportion non négligeable des décès dus au paludisme et à la malnutrition.

Les modifications climatiques vont indiscutablement changer l'incidence, la transmission saisonnière et la distribution géographique de certaines maladies à transmission vectorielle : paludisme, dengue, fièvre jaune, encéphalites virales (moustiques), bilharziose (cercaires aquatiques), leishmaniose (phlébotomes femelles), maladie de Lyme (tiques), onchocercose (simulie).

Entrons cependant dans la complexité des modélisations : de l'évolution du paludisme en regard du réchauffement climatique. Deux types d'approches sont proposés : les modèles statistiques empiriques rendent compte des interactions entre changements de température et précipitations. Ils sont affaiblis par les difficultés de prédiction à long terme des précipitations[37]. Les modèles basés sur des données biologiques dépendent des possibilités de documenter clairement la relation mathématique entre température et efficacité de transmission avec une variable d'ajustement pour les précipitations. Plusieurs modèles projettent une expansion géographique limitée de transmission du paludisme dans les prochaines décennies[38] et des changements plus marqués pour la fin du siècle[39]. L'exposition au paludisme en Afrique serait accrue de 16 à 28 % d'ici à 2100[40]. Les modèles initiaux sont surtout basés sur des données biologiques concernant les effets connus de la température sur la réplication virale chez les moustiques vecteurs. L'élévation thermique, jusqu'à un certain seuil, accélère la réplication virale chez le moustique et raccourcit le temps nécessaire au moustique pour devenir vecteur efficace d'infection, augmentant ainsi la probabilité de transmission[41].

Les études combinant modèles biologiques et statistiques indiquent un risque d'augmentation substantielle de la dengue[42], nous y reviendrons.

Une seule santé : relier la santé humaine, la faune et la flore

En dépit des difficultés de l'exercice visant à démontrer un lien de causalité entre changements climatiques et modification du profil, de la distribution géographique, de l'augmentation d'incidence, voire de l'émergence de nouvelles maladies infectieuses, l'étude du sujet montre de toute façon à quel point sont liées la santé de l'homme, celle de la faune domestique et sauvage et celle de la flore. « Une seule santé », encore et toujours…

Prenons le cas des ravageurs, essentiellement des insectes, prédateurs des cultures et des produits agricoles stockés. Le réchauffement, les changements hygrométriques et de composition en gaz de l'atmosphère déséquilibrent des écosystèmes fragiles impliquant plantes-champignons-insectes ravageurs et ceux qui s'en nourrissent. Les changements de couverture végétale – déforestation et désertification – rendent plantes et animaux qui s'en nourrissent plus sensibles aux effets destructeurs des ravageurs qui prolifèrent et étendent leur habitat, subissant une insécurité alimentaire qui les fragilise, entre autres aux infections.

Plus encore, en zones pastorales, des conditions de sécheresse accrue entraînent une réduction des points d'eau amplifiant les risques d'interaction entre faune domestique et faune sauvage, favorisant les sauts d'espèce d'agents infectieux. En Afrique de l'Est, on observe un accroissement de la transmission aux bovins domestiques, par les gnous, de la fièvre catarrhale maligne due au rhadinovirus, un herpèsvirus des ruminants dont les gnous sont porteurs sains. Les animaux aquatiques sont aussi concernés. Le syndrome ulcératif épizootique, une infection fongique touchant les poissons d'eau douce d'Afrique australe, a augmenté en fréquence et en gravité ces dernières années, sous l'effet de l'accroissement thermique et des précipitations[43].

Le changement climatique peut affecter trois cibles principales : les agents infectieux eux-mêmes s'adaptant génétiquement aux nouvelles conditions climatiques éventuellement associées à un gain global d'adaptation correspondant à de nouveaux génotypes plus virulents, plus transmissibles, chez leurs hôtes ou leurs vecteurs. Une autre cible peut être la répartition, l'abondance, l'éthologie, la dynamique et la structure génétique des populations de vertébrés réservoirs – animaux sauvages ou domestiques – influant sur les capacités amplificatrices et disséminatrices d'un pathogène. La troisième cible possible est la répartition, l'abondance, l'éthologie, la dynamique et la structuration génétique des populations d'arthropodes vecteurs. Cette dernière cible est sans conteste la plus rapidement réactive aux changements climatiques, réchauffement, précipitations, sécheresse.

La saisonnalité, le climat et autres facteurs d'émergence épidémique

L'impact du changement climatique sur l'émergence ou la réémergence épidémique fait partie de ces corrélations établies pour lesquelles il reste difficile de désigner un mécanisme causal car au paramètre climatique s'ajoutent toujours d'autres paramètres, dont certains sont d'ailleurs indirectement liés aux variations climatiques, par exemple le confinement hivernal qui facilite la transmission interhumaine des virus grippaux et autres virus respiratoires comme le virus respiratoire syncytial (VRS) et d'innombrables espèces et sérotypes viraux responsables de rhinopharyngites chez le nourrisson et l'enfant (adenovirus, alpha-coronavirus, rhinovirus, etc.). Cela rend difficile le déchiffrage du principe de saisonnalité infectieuse.

Cette saisonnalité est en effet la résultante de nombreux paramètres. La température ambiante certes car chaque virus possède sa « zone de confort » que l'on peut définir au laboratoire comme les deux températures entre lesquelles le virus se réplique efficacement dans des cultures cellulaires, sachant néanmoins qu'il doit avant tout être adapté à la température de son hôte humain (entre 36,8 et 37,2 °C pour la température systémique), mais aussi, dans le cas d'un virus respiratoire, à la température inférieure de 2 à 4 °C régnant dans les voies aériennes supérieures, sachant par ailleurs que la thermosensibilité de ces virus les rend incapables de se répliquer efficacement au-delà de 39 °C, d'où l'importance de la fièvre comme moyen de défense antivirale.

Outre la capacité réplicative chez son hôte, la transmissibilité d'un virus est aussi affectée par le degré hydrométrique, la taille des gouttelettes qui le véhiculent, la durée de sa survie sur des supports biotiques comme les mains ou abiotiques. On a vu à quel point ces paramètres physico-biologiques étaient mal connus et mal maîtrisés dans le contexte de la pandémie de Covid-19. La saisonnalité dépend aussi très probablement d'un équilibre subtil entre la variabilité génotypique du virus, donc l'importance de sa dérive antigénique par rapport au niveau qualitatif, et la durée d'immunité de groupe des populations concernées. Cette complexité est mieux appréhendée dans la grippe saisonnière, mais on a aussi observé lors de la pandémie H1N1 de 2009 que les personnes âgées qui avaient été en contact dans les décennies précédentes avec ce sérotype, contrairement aux jeunes générations, étaient moins touchées et faisaient des formes moins graves.

Cela montre l'inextricable complexité de cette propriété de saisonnalité, donc la difficulté de faire des prévisions, voire des modélisations fiables.

Mais quittons la saisonnalité et revenons à une vision plus holistique du climat sur la dynamique des maladies infectieuses. Il est impossible d'échapper à une interrogation de fond sur le rôle possible du réchauffement climatique sur le destin des maladies infectieuses. Si l'on raisonne et modélise en termes simples, prenant en compte exclusivement l'accroissement thermique et la thermosensibilité des pathogènes, en particulier viraux, on peut imaginer un effet dual : certains pathogènes plutôt « thermophiles » par rapport à la zone de confort moyenne des pathogènes humains vont proliférer et l'on verra augmenter l'incidence des infections dont ils sont responsables, alors que d'autres plutôt « thermophobes » vont disparaître et avec eux les maladies correspondantes. Cela bien entendu avec des variations selon les latitudes considérées. Mais il faut encore compter avec la complexité multiparamétrique de l'interface homme-animaux-microbes-environnement. Les pathogènes font partie d'un écosystème et c'est dans la variation de leur écosystème particulier sous l'effet du changement climatique qu'il faudra envisager les modélisations. En outre, à ne considérer exclusivement que la « thermophilicité » ou la « thermophobicité » d'un pathogène, on oublie l'extraordinaire capacité d'adaptation du monde microbien aux changements environnementaux, en particulier chez les virus.

Il faut donc se méfier des arguments à l'emporte-pièce, délivrés dans l'émotion du moment. Le sujet est trop sensible. On a beaucoup entendu par exemple que le réchauffement climatique et les désordres des écosystèmes, en particulier l'appauvrissement de la biodiversité, étaient cause des pandémies virales émergentes.

Oui, sans doute, mais pas systématiquement. Identifier et affronter avec sang-froid et rationalité les diverses situations pouvant causer l'émergence est essentiel si l'on veut mettre en place un plan d'action crédible fondé sur des données et des preuves scientifiques qui seul permettra de remporter ce combat vital pour l'avenir de notre planète.

La richesse de la biodiversité animale, nous l'avons dit, est également corrélée à la fréquence d'émergences infectieuses au sein du monde animal et est en fait source d'événements de saut d'espèce, car elle augmente les risques statistiques de collision entre espèces animales porteuses de pathogènes variés, souvent de façon asymptomatique. L'homme, lorsqu'il s'aventure dans ces écosystèmes animaux sauvages, est une victime collatérale de ce flux constant de transmission microbienne interespèces. C'est le cas de la répétition temporelle en des sites variés de *clusters* d'infections par le virus Ebola.

La réduction de biodiversité animale peut cependant aussi participer à la facilitation de l'émergence si elle touche avec prédilection des espèces résistantes à un pathogène donné et supprime ainsi des impasses potentielles pour la circulation du pathogène.

En revanche, la réduction de la biodiversité végétale est un puissant facteur de facilitation de certaines émergences en créant des circuits courts inhabituels de transmission de pathogènes de la faune sauvage à la faune domestique, rapprochant ainsi le risque de saut d'espèce vers l'homme. L'exemple en est l'émergence du virus Nipah déjà évoquée.

Mais revenons au risque du réchauffement de la planète et des désordres climatiques qui lui sont associés dans la dynamique des émergences infectieuses, ne serait-ce que pour souligner encore la complexité des situations et la nécessité d'approches rigoureuses permettant d'en dénouer les fils.

CHAPITRE 38

Le choléra : maladie environnementale et climatique d'avenir

Si anachronique que cela puisse paraître, le choléra, maladie historique s'il en est, n'est pas éteint et il a même de beaux jours devant lui. Il illustre à la perfection comment environnement et climat rythment certaines réémergences infectieuses.

Nous avons déjà souligné l'influence des premières pandémies cholériques sur le développement d'un concept intégré de santé publique au XIXe siècle. Dans un anthropocentrisme fort compréhensible, les populations européennes traumatisées et le corps médical initialement impuissant n'ont vu dans ces pandémies successives que l'infection humaine et sa transmission due aux eaux contaminées par les selles de patients. La trajectoire continentale est-ouest était bien connue, l'armée anglaise des Indes, dès le début du XIXe siècle, avait noté la quasi-endémicité de cette maladie ponctuée par des épidémies brutales et dramatiques pouvant faire des centaines de milliers de morts. Il devenait de plus en plus clair que le berceau du choléra était surtout le golfe du Bengale, plus précisément le delta du Gange. Une maladie « estuarienne ».

On ne s'était cependant que peu préoccupé, au fil des sept pandémies dont la dernière est toujours en cours, des déterminants de la réémergence régulière de la maladie. On avait bien trouvé *Vibrio cholerae* dans l'environnement côtier des zones épidémiques, mais on avait conclu à une contamination marine par des effluents infectés par les déjections des patients. C'était l'inverse…

Une microbiologiste environnementale américaine, Rita Colwell de l'Université du Maryland, pionnière de la microbiologie marine, l'a démontré.

Le cycle environnemental du vibrion cholérique

Elle a observé tout d'abord dans la baie de Chesapeake que l'habitat naturel des vibrions comme *Vibrio parahemolyticus*[44] et *Vibrio cholerae*[45] – des vibrions « marins » – était les eaux estuariennes plutôt alcalines et de salinité intermédiaire existant dans l'écotone, la zone de transition entre deux écosystèmes, dans ce cas : eau fluviale et eau océanique. Le concept d'un cycle environnemental de *V. cholerae* alternant des périodes de prolifération intense (isolement et culture facile), initiant les épidémies, et des périodes de dormance, correspondant à des micro-organismes vivants mais incultivables, fut difficile à imposer du fait de l'impossibilité de démontrer la réalité de ces formes dormantes. Le succès de la culture obtenue en utilisant des eaux similaires à celles des estuaires contaminés, en particulier en concentration saline optimale, permit de confirmer ce changement de paradigme[46]. Aujourd'hui, en combinant PCR et séquençage de nouvelle génération, on aurait pu identifier le génome de ces formes dormantes. C'est l'occasion néanmoins de souligner à quel point les microbiologistes de l'environnement ont été pionniers dans une discipline désormais baptisée « culturomique », qui consiste tout simplement à cultiver les bactéries incultivables.

Soyons plus précis afin de bien percevoir l'exigence des conditions d'équilibre d'un écosystème. Les conditions idéales de croissance de *V. cholerae* dans l'environnement associent une température au moins supérieure à 17 °C, idéalement plus, un pH alcalin (7 à 10), une salinité inférieure à 3 % de NaCl car ce micro-organisme est halotolérant, expliquant le besoin d'une eau océanique diluée par de l'eau douce, d'où le tropisme pour l'écotone estuarien. De là le lien avec le climat : c'est dans les périodes suivant immédiatement des pluies chaudes torrentielles que se constituent les conditions estuariennes optimales de croissance de *V. cholerae*, donc dans les suites immédiates de la mousson dans le delta du Gange. C.Q.F.D. ? Non, pas encore ! Les mouvements massifs d'alluvions fluviaux déclenchés par les pluies torrentielles apportent dans ces zones estuariennes une masse de nutriments faisant le bonheur du zooplancton local, en particulier d'un microcrustacé, le copépode, qui prolifère soudain massivement. Or *V. cholerae* est un saprophyte du copépode pélagique – des eaux de surface – avec lequel il vit une symbiose mutualiste. Les copépodes adultes mesurent, au plus, 2 millimètres. Ils se développent dans tous les milieux aquatiques, eaux salées et douces. Ils constituent de 60 à 80 % de la biomasse zooplanctonique. La variété d'espèces adaptées aux différents écosystèmes qu'ils habitent est immense. Ils partagent un tégument composé essentiellement de chitine, un polymère linéaire polyosidique composé de glucosamine et de N-acétyl-glucosamine, en fait assez proche chimiquement de la cellulose.

V. cholerae est donc un ecto-symbionte des copépodes, il ne s'établit pas à l'intérieur des cellules, il en colonise les œufs, la bouche, le tube digestif et en est en gros le seul occupant, s'y installant sous forme d'un biofilm. Son adhérence à la chitine lui permet la colonisation externe et interne du microcrustacé. L'association à la chitine induit l'expression et l'activation d'une chitinase, enzyme facilitant la colonisation puis la dispersion des œufs. C'est sans doute un déterminant évolutif de cette symbiose. Elle va d'ailleurs faciliter la colonisation massive des espèces marines se nourrissant par filtrage de l'eau (huîtres, moules coquillages, mais aussi crabes, voire poissons). Cela amplifie la dispersion de *V. cholerae* et contribue aux contaminations humaines primaires, à la suite de leur consommation.

Symbiotique chez le zooplancton, virulent chez l'homme, et sensible au changement climatique

L'interaction de *V. cholerae* avec la chitine est un modèle écologique du succès de l'interaction d'une bactérie avec un substrat influençant puissamment diverses propriétés qui vont définir le mode de vie du micro-organisme. Pour *V. cholerae*, l'avantage sélectif que lui apporte la symbiose répond à la disponibilité d'une réserve de nutriments et d'une capacité d'adaptation aux gradients environnementaux de ces nutriments, une tolérance au stress et une protection contre des prédateurs. Cette situation de gain de valeur sélective (*fitness*) va reposer sur des réponses cellulaires physiologiques et métaboliques comme l'induction de la compétence, c'est-à-dire la capacité d'acquisition d'ADN bactérien étranger, source certes de nucléosides, mais aussi de capacité de variation génotypique par transfert horizontal de gènes hétérologues pouvant fournir de nouvelles fonctions adaptatives, voire les nouveaux biotypes qui ont caractérisé son évolution au cours des pandémies, passant du biotype « classique » à la souche « El Tor » identifiée en Égypte au début du XXe siècle, et pouvant même donner lieu à l'émergence de nouveaux sérotypes comme O139[47], ce qui explique sans doute l'énorme pangénome mosaïque de *V. cholerae*. Plus formidable encore, on a pu montrer que *V. cholerae* exprime un système de sécrétion – appareil de sécrétion de type 6 (T6SS) – dont la fonction première est de tuer au contact les bactéries environnantes. Ce système prédateur éclaire la colonisation exclusive du copépode par *V. cholerae*. Mais mieux encore, il a été récemment montré que ce T6SS fait partie d'un régulon, c'est-à-dire d'un ensemble de gènes répondant à une même influence externe, en l'occurrence celle qui induit le phénomène de compétence en présence de chitine[48]. Prédateur et consommateur d'ADN hétérologue : beautés de la sélection naturelle… Mais il y a plus encore, la perception de la chitine par *V. cholerae* induit sa chimiotaxie – mouvement orienté vers une source de nutriments –, guidant ainsi cette bactérie très mobile, stimule son entrée en phase de croissance, sa formation de biofilms et globalement la régulation de son interaction symbiotique avec le zooplancton. La chitine est donc au centre de la biologie de *V. cholerae* dans sa vraie vie, sa vie environnementale[49]. Les flambées épidémiques dont nous avons vu le contexte climatique sont donc dues à la création de conditions entraînant à la fois la prolifération du zooplancton et de son saprophyte *V. cholerae* qui, par passage dans des animaux aquatiques consommés par l'homme ou par contamination des eaux consommées dans les zones côtières et portuaires, initie un *cluster* épidémique qui va s'étendre en fonction de la densité de population et des conditions d'hygiène locales.

Dès lors, si le mode de vie naturel de *V. cholerae* est d'alterner dormance et réactivation en réponse à des changements climatiques, pour quelle raison est-il plutôt un symbionte mutualiste chez le zooplancton et un des pires pathogènes de l'homme ? On sait que la diarrhée massive du choléra est liée à la conjonction d'une capacité de coloniser la surface de l'épithélium de l'intestin grêle et d'y produire une toxine redoutable, la toxine cholérique, qui bloque les canaux de réabsorption de l'eau et des électrolytes comme le sodium, le chlore et le potassium[50]. Il n'y a pas de chitine à la surface de l'intestin humain, contrairement à celle du copépode, et inversement, quelle pourrait être la fonction de la toxine cholérique codée par un prophage – un phage inséré dans le chromosome bactérien – dans la symbiose environnementale ? Il est urgent de pouvoir modéliser au laboratoire le cycle environnemental de *V. cholerae*. Quel est le rôle des facteurs de pathogénicité dans l'environnement si la pression sélective sur cette espèce pathogène ne s'est effectuée que marginalement chez l'homme ?

Prédire les émergences épidémiques du choléra ?

Les paragraphes précédents ont montré à quel point des pathogènes dont le cycle de vie naturel est environnemental, comme le vibrion cholérique, voient leur réémergence régulière calquée sur des événements climatiques comme le réchauffement et la pluviosité saisonnière. Ce type de pathogènes promet donc d'être parmi les premiers affectés par le réchauffement climatique et les événements météorologiques extrêmes qui l'accompagnent, comme la multiplication des épisodes pluvieux d'exceptionnelle intensité. De plus, pour un pathogène dont le cycle environnemental est océanique avec une prépondérance dans les eaux pélagiques des grands estuaires, on peut pointer sur un planisphère de nombreuses zones à risque en particulier en régions intertropicales, mais pas uniquement. Peut-être n'est-ce pas un accident si en 1991, pour la première fois dans son histoire, le choléra a débarqué sur la façade ouest du continent sud-américain, au Pérou.

Peut-on prédire dans le temps et l'espace les prochaines émergences du choléra, hors de son berceau historique du golfe du Bengale ? L'analyse précise et l'identification des paramètres principaux d'induction du mode prolifératif de *V. cholerae* dans son cycle environnemental tels qu'ils viennent d'être décrits permettent de se projeter, y compris à l'échelle globale de la planète, par observation satellitaire des événements pluviométriques exceptionnels et par analyse spectroscopique des images recueillies de l'espace (*remote sensing*), de pouvoir déduire avec précision la température de surface de l'eau – pertinente du cycle pélagique de la bactérie –, son pH, sa densité en zooplancton et sa concentration en chlorophylle. Le relevé de ces paramètres essentiels permet d'établir par analyse « par composants principaux » des cartes côtières révélant des « *ecological niche models* (ENM) », c'est-à-dire des zones agrégeant des conditions similaires et optimales pour le développement de *V. cholerae*. Ces *suitability maps*, ou « cartes de vulnérabilité », pointent clairement les zones à risque d'émergence du choléra[51]. On y trouve l'Amérique du Sud : côte péruvienne à l'ouest, côtes colombienne et vénézuélienne au nord (l'estuaire du Maroni en Guyane française n'est pas à exclure), l'estuaire du Santos-Bertioga et du Rio de la Plata à l'est. L'Amérique du Nord avec la baie de Chesapeake. Puis les façades intertropicales ouest et est de l'Afrique et le golfe du Bengale attendu, le golfe du Siam, les deltas du Mékong et de l'Irrawaddy, pour l'Asie. Le devenir épidémique attendu de réémergences dans ces zones dépendrait bien entendu des conditions sanitaires locales.

Les modélisations climatiques montrent une corrélation étroite entre le réchauffement climatique et le phénomène ENSO déjà mentionné, naissant dans le Pacifique et régissant le climat de l'ensemble de la planète, en particulier les courants chauds et froids océaniques. Sur ces bases, les modélisations montrent un véritable bouleversement des courants marins avec un déplacement des courants chauds océaniques vers les latitudes nord, donc un chamboulement à venir des « cartes de vulnérabilité », déplaçant le risque de choléra vers l'hémisphère Nord – Amérique du Nord et Europe – et vers l'hémisphère Sud – Amérique du Sud et Océanie. Science-fiction ? Non, science tout court : à bon entendeur…

Le sujet n'est d'ailleurs pas réservé à *V. cholerae*, d'autres vibrions marins sont concernés, de même que la dynamique de circulation de bactéries pathogènes multirésistantes au sein d'écosystèmes et de cycles de circulation impliquant effluents de stations de traitement des eaux, agriculture de plaine et rivières.

CHAPITRE 39

Changements écologiques et climatiques : vers un bouleversement des systèmes vectoriels

L'impact des changements écologiques et climatiques ne se limite pas au risque d'émergence des pathogènes environnementaux : il concerne aussi les infections transmises par des insectes vecteurs. Ces changements sont à l'origine de l'extension de populations vectorielles vers des territoires nouveaux, particulièrement vers le nord où une élévation même modeste des températures moyennes peut permettre à une espèce de moustique adaptée à des latitudes intertropicales, voire sud-européennes, d'entreprendre une migration septentrionale. S'y ajoutent d'autres facteurs, notamment climatiques – sécheresse et précipitations massives – et écologiques – parcellisation des domaines forestiers, voire déforestation. À ces éléments de base se combinent des éléments de mobilité liés aux flux d'échanges touristiques et commerciaux qui, comme les pathogènes, peuvent véhiculer leurs insectes vecteurs. La migration géographique des populations vectorielles sera sans doute dans les décennies à venir l'une des conséquences les plus visibles des changements climatiques sur l'épidémiologie globale des maladies infectieuses, élargies à la santé animale.

Un exemple frappant est culicoïdes, un moucheron piqueur en route vers le nord, vecteur de divers sérotypes d'un arbovirus * responsable

---

* Arbovirus (*arthropod-borne virus*) : virus ayant pour vecteur les arthropodes se nourrissant de sang (moustiques, tiques, etc.).

de la fièvre catarrhale ovine (FCO, maladie de la langue bleue), une infection dévastant les populations ovines et pouvant se transmettre aux caprins et même aux bovins. Longtemps restreinte au Bassin méditerranéen et à l'Europe du Sud, elle progresse dangereusement depuis 1998 vers l'Europe du Nord, le réchauffement climatique ayant entraîné un mouvement vers le nord des populations de culicoïdes et amené de nouvelles espèces d'insectes piqueurs plus « populeuses » à être impliquées dans le cycle de transmission. La maladie n'est pas transmissible à l'homme, mais le bilan n'en est pas moins dramatique pour les éleveurs du fait des abattages et des restrictions des exportations d'animaux et de viande. De vastes campagnes de vaccination obligatoire sont en cours, mais de nouveaux sérotypes apparaissent : musique familière... Voilà un autre aspect du concept « une seule santé » : quand les épizooties servent de modèles pour les maladies transmissibles humaines.

Voyons néanmoins les liens que l'on peut actuellement établir entre changements écologiques, climatiques et émergences d'infections humaines à transmission vectorielle.

Les systèmes vectoriels comportent trois composantes essentielles : un agent infectieux, un hôte vertébré réservoir et un vecteur. C'est aux interfaces de ces trois composantes que les effets des changements écologiques et climatiques se feront sentir. L'impact sur la biologie des vecteurs en sera probablement le moteur essentiel, la réponse la plus directe au changement climatique (réchauffement, précipitations, sécheresse), en combinaison avec les modifications des environnements forestiers.

Quelles dynamiques internes aux populations des vecteurs transportant les virus peuvent être affectées, particulièrement par l'élévation des températures moyennes ?

D'abord une modification de la répartition géographique du vecteur, remontée vers le nord – inverse dans l'hémisphère Sud – ou vers des altitudes supérieures. Accroissement de la densité, encore qu'il n'y ait pas de corrélation obligatoire entre densité vectorielle et incidence de la maladie. Effets indirects par impact sur les autres populations vectorielles, leurs compétiteurs et prédateurs et les agents entomopathogènes. Allongement de la longévité du vecteur en réponse à des variations parallèles de l'humidité. Paradoxalement, l'accentuation de ces paramètres climatiques dans les régions actuellement endémiques pourrait diminuer l'incidence des infections à transmission vectorielle par désadaptation du cycle vectoriel, causant une véritable « inversion éthologique vectorielle ». Changement de la saisonnalité de la transmission du pathogène par le vecteur par modification du rythme et de la saisonnalité des précipitations et par l'éventuel rallongement ou raccourcissement du cycle de développement des vecteurs modifiant le nombre annuel de générations.

Plus subtiles encore seraient les conséquences des dérèglements climatiques sur la structure génétique des populations vectorielles, impliquant une augmentation de la variabilité génétique portant un risque d'augmentation de résistance aux insecticides, le raccourcissement de la durée d'incubation du pathogène dans le vecteur, facilitant sa transmission, la transmission verticale possible du pathogène de génération en génération dans une population vectorielle devenant un réservoir naturel du pathogène.

On voit donc à la fois la large gamme de paramètres possiblement affectés par les changements climatiques au sein des populations vectorielles. On réalise tout autant la multiplicité et la complexité de ces paramètres, donc le casse-tête des modélisations permettant d'anticiper les possibles évolutions. Ces sujets devraient prendre une place prépondérante dans la recherche en entomologie.

L'exemple du virus West Nile

Un exemple de ce risque infectieux lié aux changements climatiques et écologiques est l'extension actuelle des infections, parfois compliquées d'encéphalites mortelles, par le virus West Nile. C'est un flavivirus apparenté à ceux de la fièvre jaune, de l'encéphalite japonaise, de la dengue ainsi qu'au virus Zika. De nombreuses espèces d'oiseaux peuvent être porteuses du virus, certaines asymptomatiques, d'autres malades. Cela concerne des oiseaux migrateurs comme des passereaux familiers, donc toutes les conditions sont réunies pour rapprocher le virus des mammifères comme le cheval, qui est l'animal le plus sensible à l'infection avec l'homme. Cependant, pour que le cycle se maintienne chez l'oiseau ou que le virus soit accidentellement transmis à un animal ou à l'homme, il faut un insecte vecteur piqueur. C'est en général le moustique *Culex pipiens*. Le bassin originel de cette maladie était l'Afrique intertropicale, la péninsule Arabique et l'Asie du Sud mais, au cours de ces dernières décennies, elle s'est déplacée vers le nord, touchant par exemple l'ensemble du Bassin méditerranéen. Mais c'est surtout l'invasion de l'Amérique du Nord qui est frappante par sa rapidité et son intensité. La maladie était en effet absente des États-Unis jusqu'à 1999, mais depuis cette date, partie du Queens, à New York, elle a progressivement envahi l'ensemble du pays, qui déplore chaque année près de 200 cas d'encéphalite West Nile. La menace est donc là pour l'Europe. Les moustiques ont en effet de grandes capacités d'adaptation, y compris à de nouvelles conditions climatiques et nutritionnelles, comme déjà souligné.

Difficile de ne pas incriminer le changement climatique, tant la corrélation est forte, même si le lien de causalité n'a pas été formellement établi. Voyons tout de même ce que l'accroissement thermique et les accidents climatiques associés peuvent apporter au moustique, particulièrement à *Culex pipiens*[52]. Il est fort probable que l'accroissement thermique augmente l'incidence de la maladie due au virus West Nile, élargisse sa distribution et altère sa saisonnalité, étendant son activité à l'hiver[53]. Par ailleurs, l'accroissement des épisodes pluvieux massifs entraîne un risque d'accroissement des populations de moustiques en milieu urbain par multiplication des gîtes propices au développement des larves[54]. L'élévation de la température, même limitée, peut affecter la réplication du virus dans le vecteur et ainsi augmenter sa compétence et son potentiel infectieux. Enfin, les vents associés aux événements pluvieux ont pour effet de disperser les moustiques.

Les moustiques en France

La France métropolitaine est particulièrement vulnérable, du fait de sa position géographique comportant une façade sud méditerranéenne, et en raison de ses riches échanges avec des pays et territoires où sévissent de façon endémique des arboviroses tropicales comme la dengue, chikungunya et Zika. L'extension de l'épidémie à la métropole nécessiterait cependant la présence de l'ensemble du système vectoriel incluant, outre des patients porteurs du virus au retour d'une zone endémique, le moustique piqueur vecteur. Dans le cas de ces arbovirus, le vecteur est un moustique du genre *Aedes*, surtout *A. aegypti* et *A. albopictus*. Le premier demeure géographiquement limité aux régions intertropicales. En revanche, le second, le fameux « moustique tigre », présent sporadiquement en Italie et sur la Côte d'Azur, a entamé depuis deux décennies une remontée vers le nord. Ce moustique originaire d'Asie est particulièrement robuste et adaptable à une large gamme de conditions environnementales, y compris la température, ses œufs étant assez résistants à la dessiccation. La ponte dans des recoins de cave au sein des habitations les rend indétectables. C'est sans doute cette robustesse et cette adaptabilité qui ont facilité l'invasion de notre territoire puisqu'il est présent jusqu'en Alsace et dans le nord de la Bretagne. L'autonomie de vol moyenne d'un moustique tigre étant d'environ 300 mètres, il est probable que les transports routiers et ferroviaires ont joué un rôle décisif dans l'extension du domaine de ce moustique, expliquant par ailleurs des sauts par-dessus certains départements.

On peut cependant se demander si, comme pour *Culex pipiens*, le réchauffement climatique n'est pas, même partiellement, en cause dans cette extension soudaine, un effet de seuil ayant peut-être conforté son adaptation à un environnement qui demeure tempéré. Quoi qu'il en soit, le système vectoriel des arbovirus est potentiellement opérationnel en France. Il ne manque que l'importation du virus. Elle s'est produite en 2015 dans une banlieue résidentielle de Nîmes. À partir d'un cas index identifié par Santé publique France comme un patient de retour de Polynésie française, le Centre national de référence des arboviroses identifia une souche de dengue de sérotype 1. Sept personnes furent touchées dans le petit périmètre de la résidence concernée. Des mesures de désinsectisation furent rapidement prises et ce *cluster* ne s'étendit pas. Ce fut tout de même la preuve quasi expérimentale que le système vectoriel de l'arbovirose pouvait fonctionner en France métropolitaine comme dans les territoires ultramarins[55].

Depuis lors, plus d'une centaine de cas similaires ont été rapportés en France métropolitaine. Sommes-nous en train d'observer en temps réel la réapparition de la dengue dans l'Hexagone ? C'est malheureusement probable. Les épidémies de dengue n'étaient pas rares sur la façade méditerranéenne, au début du XXe siècle, en particulier dans les grandes agglomérations comme Marseille, causant à l'époque de nombreux décès. Le système vectoriel de la dengue est en quelque sorte « en rodage » dans notre pays. La veille entomologique et la lutte antivectorielle sont plus que jamais d'actualité en ces temps de changement climatique. Elles passent aussi par l'éducation dès l'enfance des populations exposées. La chasse aux gîtes larvaires est l'affaire de tous. Notre habitat est d'ailleurs très mal adapté, le réchauffement climatique et les événements pluvieux massifs fournissent de nombreuses opportunités de gîtes larvaires, ce qui ne laisse rien augurer de bon.

Des vaccins sont indispensables, mais la lutte antivectorielle doit aussi évoluer et innover. Il y a peu de chances que les insecticides chimiques classiques puissent faire partie de l'arsenal de lutte antivectorielle sur le long terme à une époque où la diversité des espèces d'insectes s'effondre et où le risque potentiel de ces molécules pour la santé humaine et animale est un fait sociologique et sanitaire de plus en plus sensible.

Le retour de la dengue dans l'Hexagone serait un échec de santé publique préventive et un traumatisme pour la population. Demandons à nos compatriotes de la Réunion le prix de l'épidémie historique de chikungunya qu'ils ont subie entre janvier et février 2006 : 225 000 cas rapportés dont 226 décès confirmés pour une population de 770 000 habitants[56].

CHAPITRE 40

« Une seule santé » : une matrice pour comprendre et prévenir les émergences infectieuses

Nous avons souvent fait référence, au fil des précédents chapitres, au concept « une seule santé ». Parce qu'il est aujourd'hui utilisé à tort et à travers, il est malheureusement devenu dans certains cas une « tarte à la crème ». Et pourtant il est essentiel et structurant pour la vision moderne des pandémies et d'autres aspects des dysfonctionnements des relations homme-animal-microbes, comme l'antibiorésistance.

La compréhension et le contrôle des maladies infectieuses émergentes, particulièrement les zoonoses provenant d'animaux sauvages ou domestiques, sont des exigences vitales dont la nécessité apparaît cruellement en ces temps de Covid-19. Est-il besoin d'insister sur la nécessité d'une approche multidisciplinaire engageant trois santés : humaine, animale et environnementale ? Au-delà de la multidisciplinarité, c'est l'intégration des sciences qui est essentielle et donc l'interaction soutenue des acteurs de ces trois médecines. Malheureusement, si solides que soient les communautés scientifiques de ces trois disciplines, elles se côtoient assez peu et tendent traditionnellement à opérer en silos. Ces archaïsmes, confortés par la séparation historique des lieux d'enseignement, de recherche et de pratique, ainsi que la différence de leurs tutelles ministérielles, sont particulièrement marqués en France. On retrouve clairement cet isolement disciplinaire dans les publications scientifiques, les journaux étant d'ailleurs le reflet des communautés scientifiques respectives[57].

Des programmes modernes d'enseignement et de recherche doivent donc maintenant impliquer des approches intégrées répondant au concept « une seule santé » (*one health*[58]).

En résumé, ce concept reconnu dès la fin du XIXe siècle et largement illustré par l'école pasteurienne ne fut que plus récemment théorisé, en particulier par l'Organisation internationale de la santé animale (OIE) : le terme « une seule santé » recouvre un concept global de la santé impliquant des approches collaboratives, multisectorielles et transdisciplinaires aux niveaux locaux, nationaux et internationaux, afin d'optimiser santé et bien-être en reconnaissant les interconnexions entre humains, animaux et plantes et leur environnement partagé.

Hommes et animaux partagent les mêmes écosystèmes et échangent des pathogènes : l'exemple des visons

En d'autres termes, hommes et animaux partagent les mêmes écosystèmes, donc y échangent potentiellement les mêmes pathogènes, à la suite des sauts d'espèces multiples. Plus largement, les populations humaines et animales sont soumises aux mêmes stress environnementaux, donc l'étude des unes bénéficie aux autres, ne serait-ce qu'en tant que modèles, sans même avoir à postuler un flux bilatéral de pathogènes ou de souches antibiorésistantes.

Nous avons décrit plusieurs modèles d'infections émergentes intégrant totalement homme et animal dans un même écosystème partagé. C'est le cas de la peste dont la rythmicité des réémergences épidémiques est largement dictée par l'évolution des populations de rongeurs porteurs de *Yersinia pestis* et éventuellement des espèces de puces vecteurs. C'est aussi le cas des infections par les virus Nipah, Ebola, SRAS, MERS et probablement SARS-CoV-2, exemples de courts-circuits éco-éthologiques.

Plus largement, l'extension de la multirésistance aux antibiotiques est un exemple de pression incontrôlée des antibiotiques sur les flores bactériennes humaines et animales, sans que l'on observe systématiquement de transmission entre homme et animaux. Un pool de gènes de résistance se crée cependant en attente de passage.

Le Covid-19 n'aura pas échappé à l'approche « une seule santé ». On peut cependant noter, avec trois ans de recul, que l'on n'est guère avancé dans la compréhension précise de la chaîne d'événements qui, partant de la chauve-souris généralement considérée comme réservoir primaire, a pu conduire à la pandémie causée par le SARS-CoV-2. Par contre le concept « une seule santé » est parti au cours de cette période sur certains chemins de traverse montrant à quel point l'environnement animal peut être en mesure de relancer la dynamique d'une pandémie en aidant à l'émergence de variants viraux. Dès le printemps 2020, on identifia une importante contamination de visons d'élevage par le SARS-CoV-2. Ayant débuté au nord des Pays-Bas, l'épizootie atteignit rapidement le Danemark voisin dont près de 300 fermes d'élevage sur les 1 140 existantes furent contaminées. Cette progression fulgurante donnant lieu à une très forte incidence de la maladie et à une mortalité élevée, les lésions pulmonaires observées chez les animaux infectés autopsiés ressemblant à s'y méprendre à celles observées chez l'homme[59]. De nombreux élevages furent ensuite touchés en Europe, mais sans commune mesure avec le Danemark, qui fut amené à abattre 17 millions de visons d'élevage ! La contamination initiale et la transmission de ferme en ferme reste mystérieuse. Les contaminations initiales furent sans doute dues à des éleveurs contaminés, mais l'extension de ferme à ferme n'est pas claire. Contaminations humaines successives ? Portage mécanique par des oiseaux sains comme les mouettes ? L'énigme reste totale. Il n'en demeure pas moins qu'issus de ce réservoir de virus en croissance exponentielle, naturellement marquée par l'apparition de variants viraux, certains de ces variants particulièrement transmissibles revinrent en boucle chez l'homme. Mauvaise surprise qui força à l'abattage massif de ces animaux : certains des variants, caractérisés par l'accumulation de mutations situées dans les séquences codantes de la protéine S, semblaient en effet montrer un échappement partiel mais significatif au pouvoir de neutralisation anti-SARS-CoV-2 de sérums de patients convalescents. Cet épisode montra que même si l'on restait toujours dubitatif sur l'événement initial de saut d'espèce qui avait donné lieu aux premiers cas de Covid-19 en Chine, un nouveau passage par la case « animal » pouvait relancer la dynamique de la pandémie.

La nécessité de l'expertise vétérinaire

Au-delà de cet épisode dramatique des visons, un problème plus sérieux encore se profile quant à l'avenir de la pandémie de Covid-19, illustrant s'il en était besoin l'exigence d'une approche « une seule santé ». Les mustélidés, hors élevages, représentent une part importante de la faune sauvage de nos régions sous forme de visons sauvages, furets et autres belettes. Ces petits prédateurs carnivores auxquels appartiennent aussi les suricates en Afrique australe sont très sensibles aux bêta-coronavirus – y compris SARS-CoV-2 – du fait d'un récepteur ACE2 très proche du récepteur humain. Ils sont donc un réservoir naturel potentiel au sein duquel une transmission virale rapide pourrait générer de nouveaux variants. Par ailleurs, dans ce va-et-vient permanent entre l'homme et l'animal, les muridés (rongeurs) pourraient aussi participer à la constitution d'un réservoir parallèle. Un groupe de l'Institut Pasteur a en effet publié en mars 2021 une observation selon laquelle des lignées de souris de laboratoire apparaissaient naturellement résistantes à l'infection par le SARS-CoV-2 initial ayant émergé en Chine, alors que les mêmes souris se révélaient sensibles à l'infection par les variants bêta et gamma[60] et que le variant bêta pouvait ensuite se transmettre par contact direct de souris à souris. Ce variant se caractérise par une substitution d'acides aminés N501Y dans le site de liaison à ACE2 de la protéine S du virus, un trait partagé avec plusieurs lignages viraux dont le variant Omicron qui présente en plus deux autres mutations caractéristiques de lignages adaptés à la souris. Ces arguments plaident pour la constitution de réservoirs animaux mustélidés et muridés susceptibles d'être des incubateurs de variants dont le comportement chez l'homme lors de sa réinfection éventuelle serait imprévisible. Il semble pour l'instant que la pression sélective globale pousse à l'émergence de variants à transmissibilité accrue sans augmentation de virulence intrinsèque, mais au prix d'une dérive antigénique qui affaiblit chaque fois un peu plus l'efficacité de l'immunité préétablie.

Ce modèle d'un continuum d'échange homme-animal couplé à l'émergence de variants est inquiétant et nécessite une attention toute particulière à ces réservoirs possibles, en particulier en milieux urbains et ruraux exposés. Voici donc un autre exemple frappant d'application du concept « une seule santé » au contrôle des épidémies, soulignant la complexité – y compris logistique – de leur contrôle. Au regard de cette urgente nécessité, on ne peut que s'étonner de la place trop discrète faite à nos collègues vétérinaires dans la stratégie globale du contrôle de Covid-19. Outre leur rôle clé dans le maintien de la sécurité alimentaire par le contrôle de la santé des animaux d'élevage, les vétérinaires sont responsables du contrôle des épizooties, qu'il s'agisse d'animaux domestiques ou sauvages. Leur expertise porte par exemple sur le suivi et le contrôle de la grippe aviaire, de la grippe porcine, de la fièvre aphteuse, de la fièvre catarrhale ovine, de la brucellose, des leptospiroses, de la peste bovine éradiquée par la vaccination, comme la variole chez l'homme. La plupart de ces affections sont virales, d'autres bactériennes, certaines sont transmises par des insectes vecteurs, enfin les prions, agents infectieux non conventionnels responsables de la maladie de la vache folle, ont été majoritairement un problème de vétérinaires. Ceux-ci ont l'expérience de l'analyse des chaînes de transmission, des mesures de prévention qui peuvent aller en désespoir de cause à des abattages massifs (grippe aviaire, fièvre aphteuse, vache folle), ma comparaison avec les épidémies humaines s'arrêtant en deçà – bien sûr – de ces mesures extrêmes qui restent un crève-cœur pour les éleveurs concernés comme pour les autorités sanitaires.

Les vétérinaires sont habitués de ce fait aux campagnes massives de vaccination d'élevages et en connaissent certaines limites. C'est en particulier le cas de la bronchite aiguë du poulet due à un coronavirus aviaire responsable d'une importante morbidité compromettant la santé de grands élevages de plusieurs dizaines de milliers d'animaux, suivie d'une mortalité massive. Les vétérinaires savent que lors de campagnes de vaccination de masse, ils ont connu des échecs dus à l'apparition successive de variants viraux échappant progressivement aux vaccins utilisés, l'échappement étant dû à l'apparition de mutations dans les séquences codantes de la protéine S du coronavirus responsable[61]. Des observations similaires ont été rapportées lors de campagnes de vaccination massive contre le virus Coxsackie A16 de la fièvre aphteuse, un entérovirus ARN proche du virus polio[62].

Un problème majeur est l'insuffisante considération des vétérinaires hors de leur domaine, donc leur insuffisante visibilité en regard de la santé globale. C'est un sujet largement discuté outre-Atlantique où l'on parle volontiers du « *life-boat test* » : qui fait-on monter en dernier dans les canots de sauvetage en cas de naufrage ? Le débat avait émergé au Canada lors de l'épidémie de SRAS en 2003[63].

En 2019, une étude aux États-Unis[64] montrait que 83,9 % des vétérinaires étaient des praticiens privés, dont deux tiers focalisés sur les animaux de compagnie. Seuls 3,7 % assuraient le service public vétérinaire dans les agences fédérales et locales. Le manque d'attractivité de ces carrières est donc un second handicap excluant paradoxalement les vétérinaires de l'approche « une seule santé » des pandémies. Il faut absolument augmenter le nombre de vétérinaires impliqués dans la santé animale globale, particulièrement dans les pays à bas revenu afin de renforcer la surveillance sanitaire de la faune sauvage et domestique dans les *hot spots* propices aux sauts d'espèces. Et aussi afin de mieux contrôler le trafic d'animaux sauvages.

CHAPITRE 41

Vers l'anticipation et le contrôle précoce des émergences ?

En 2006, le gouvernement du Royaume-Uni publia les résultats du Foresight Project[65] proposant une vision globale de l'évolution attendue des maladies infectieuses humaines, animales, végétales. Ce projet impliquant 300 experts et décideurs comportait des projections sur dix à vingt-cinq ans, surtout centrées sur le Royaume-Uni, l'Europe et l'Afrique. L'accent était mis sur les déterminants sociaux, économiques, biologiques et environnementaux.

La gamme de paramètres évalués prospectivement était très large, ce qui fait la valeur et l'exemplarité de cette étude : gouvernance et cohésion sociale, démographie et mouvements de population, conflits, technologie, innovation et leur gouvernance, changements dans l'agriculture et usage des terres, facteurs économiques (revenus, prospérité, emploi), tendance des marchés et du commerce, transport et tourisme, activités humaines et pression sociale. Sur ces bases, deux approches anticipatrices étaient proposées en priorité : étude de l'impact du réchauffement climatique sur l'émergence et l'extension des maladies infectieuses, et veille concernant l'émergence infectieuse, en particulier virale. Un peu attendu certes, mais c'était il y a vingt ans, montrant que l'incitation à une approche globale des émergences pandémiques ne date pas de Covid-19.

Anticipation ou repérage précoce des émergences infectieuses ?

La question de fond est de savoir s'il est effectivement possible d'anticiper les émergences infectieuses. Sont bien sûr incluses dans ce défi deux situations principales : les zoonoses émergentes par transmission directe animal-homme ou indirecte par un insecte vecteur et les autres infections émergentes. Pour ces dernières, la diversité des conditions de survenue peut sembler inextricable. Cependant, l'application des bonnes pratiques en matière de sécurité alimentaire, associant une surveillance sanitaire étroite des sources alimentaires, particulièrement la santé des animaux d'élevage (viande et lait), des abattoirs et autres sites de traitement secondaire (laiteries, fromageries, charcuteries), le contrôle étroit de la chaîne du froid, doivent permettre de prévenir les émergences infectieuses d'origine alimentaire, mais aussi d'offrir les outils du diagnostic rapide de la source d'une toxi-infection alimentaire émergente. Il s'agit le plus souvent de quelques cas sporadiques sans transmission secondaire, mais potentiellement délétères, y compris pour l'image et la confiance dans l'industrie responsable, si les victimes sont fragiles et donc menacées de complications graves (nourrissons, personnes immunodéprimées ou âgées). Les environnements hospitaliers sont aussi spécialement surveillés : traçage des bactéries multirésistantes par exemple. L'hygiène urbaine tient des mêmes principes avec des adaptations. La surveillance des eaux usées en amont et en aval des stations d'épuration s'avère efficace – on l'a vu au cours de la pandémie de Covid-19, le contrôle par PCR quantitative de la présence et de la densité de SARS-CoV-2 a permis d'anticiper l'accroissement du nombre de cas et *de facto* les tensions hospitalières. On peut imaginer dans le futur une généralisation de cette approche sur une batterie de virus vecteurs, voire sur le suivi de la circulation de souches bactériennes antibiorésistantes. L'établissement de sites sentinelles est en cours dans de nombreux pays dont la France[66]. Nous avons précédemment vu l'importance de ce suivi microbiologique moléculaire des eaux usées dans la surveillance de la circulation populationnelle des virus polio pathogènes issus de la souche vaccinale orale (VPO).

Prévoir les pandémies ?

D'où cette question clé que l'on peut formuler à deux niveaux : peut-on anticiper un saut d'espèce, ou à défaut l'identifier rapidement, afin de tuer dans l'œuf un départ d'épidémie – possible source de pandémie – en quelque point que ce soit sur la planète ?

Anticiper une émergence zoonotique à un quelconque point de la planète est plus qu'un défi, c'est une gageure. On le dit souvent : « on attendait la grippe aviaire, on a eu le Covid-19 ». Peut-on prévoir une « tempête parfaite » ?

Identifier au plus tôt un saut d'espèce – reconnaître le « cygne noir » – reste du domaine du défi, mais n'est plus une gageure. Les obstacles ne sont cependant pas nécessairement là où l'on pourrait les attendre. L'identification du « cygne noir » n'est plus vraiment un problème si l'on se place dans une perspective purement technologique. La technologie est là, sous réserve de disposer au plus tôt d'échantillons pertinents de cas suspects. Les outils du diagnostic sont disponibles, par exemple sous forme de micropuces sur lesquelles sont distribuées et fixées par impression des séquences génétiques caractéristiques de toutes les familles de virus connus (diagnostic génotypique), ou qui de la même façon comportent des batteries d'anticorps monoclonaux reconnaissant, comme pour les séquences génétiques, toutes les familles de virus (diagnostics immunologiques). Des virus totalement nouveaux, n'appartenant à aucune des familles représentées, pourront passer à travers les mailles de ce filet. Dans ce cas, le séquençage profond pourra être utilisé, permettant d'identifier une signature génomique étrangère inconnue au sein d'un échantillon suspect d'acides nucléiques humain ou animal, comme ce le fut pour SARS-CoV-2.

Ces approches technologiques de nouvelle génération ont totalement changé la donne du diagnostic rapide d'un événement infectieux émergent. Avec de tels outils, on aurait pu sans doute identifier très tôt le VIH, dès les premiers cas identifiés de sida.

Accélération du temps scientifique et réformes de la gouvernance

Grâce à l'incroyable accélération du temps scientifique, le diagnostic moléculaire rapide obtenu, il est possible d'identifier au sein du génome viral des séquences codantes de protéines de structure et d'enzymes clés du virus, puis d'identifier et de développer sur cette base des PCR diagnostiques. Et en clonant et exprimant ces gènes, on peut purifier les protéines correspondantes, produire des anticorps monoclonaux et ainsi développer des diagnostics sérologiques. La culture du virus restera néanmoins indispensable pour réaliser des tests de séroneutralisation et surtout des expériences d'infection dans des modèles cellulaires et animaux permissifs permettant de mieux comprendre la physiopathologie de la maladie et de tester dans des études précliniques les candidats vaccins et les molécules antivirales prometteuses.

Un élément important devra être pris en compte tout au long de ces processus complexes : la biosécurité. Elle va souvent nécessiter, dès le virus identifié, voire cultivé, de travailler dans des structures de niveau de biosécurité très élevées : BSL3 pour SARS-CoV-2, BSL4 pour les virus de fièvres hémorragiques comme Ebola, Crimée-Congo, Lassa ou Marburg. Ces exigences sous-entendent la disponibilité d'installations extrêmement exigeantes tant humainement que technologiquement… et financièrement. Les fameux laboratoires P4 sont l'objet de beaucoup de fantasmes. Ce sont surtout des installations hypersensibles. Les virus peuvent y entrer mais, contrairement aux techniciens et chercheurs, ils ne doivent jamais en ressortir…

La chaîne du diagnostic d'un pathogène émergent est maintenant établie et maîtrisée dans de nombreux pays. La mise à disposition de crédits massifs pour la préparation aux pandémies, à la suite du crash-test qu'a représenté le Covid-19, va renforcer et élargir ce dispositif à de nouveaux pays. Une coordination stimulée par des moyens croissants attribués à l'échange et au traitement de quantités massives de données incluant le séquençage – les big data –, l'introduction accrue du *machine learning* et de l'intelligence artificielle consolidant ce réseau international de surveillance.

Le vrai problème de l'identification précoce d'une émergence infectieuse est ailleurs aujourd'hui. Il se situe en amont, c'est un problème de gouvernance globale de la santé. Il faut détecter l'émergence clinique d'un nouveau syndrome infectieux, quelle que soit sa manifestation prédominante : respiratoire, neurologique, cardiovasculaire, intestinale, hémorragique. Cela nécessite la disponibilité d'une compétence médicale et vétérinaire mobilisable, à l'échelon régional, quelle que soit la position sur la planète. À cette compétence à identifier l'apparition du foyer d'une pathologie inhabituelle doit se combiner une remontée immédiate – même s'il y a doute – de l'information vers les autorités sanitaires nationales chargées de prendre les premières mesures et de faire immédiatement suivre l'information vers l'échelon international de la gouvernance, en l'occurrence l'OMS. Cela va dans le sens des révisions du Règlement sanitaire international après la pandémie de SRAS il y a vingt ans. Encore faut-il que les autorités locales et nationales jouent à fond le jeu de la réactivité et de la transparence. Cela n'a pas été le cas, pour des raisons variables, avec le SRAS, Ebola et le Covid-19. Nous avons largement abordé dans d'autres chapitres la précarité des systèmes de santé dans certaines régions particulièrement déshéritées de la planète et les méfaits du nationalisme, de l'opacité de la gouvernance et de la bureaucratie dans d'autres. C'est là que le bât blesse. C'est là que la gouvernance globale trébuche…

CHAPITRE 42

Anticiper un saut d'espèce ?

La barre est haute, c'est une gageure, mais il n'est pas interdit de rêver. Pour continuer la métaphore, le problème n'est plus seulement de repérer le cygne noir, mais d'anticiper où son parcours va le mener. Cela peut-il se généraliser, à l'échelle de la planète, dans le temps et dans l'espace ?

À ce stade, on se focalise essentiellement sur des « points chauds » qui concentrent les conditions de survenue de sauts d'espèces. Y identifier la présence de pathogènes potentiels au sein de réservoirs animaux domestiques et sauvages qui s'y côtoient (points d'eau, par exemple), traquer les rapports signalant des événements de contact entre humains et animaux, suivis possiblement de symptômes, voire de passage dans des structures de soin.

Cette mise en pratique du concept « une seule santé » exige bien entendu d'incroyables moyens techniques et une diversité d'expertises : médicale, vétérinaire, technologique, socio-anthropologique, entomologique et écologique. La formation de personnels locaux dans tous ces domaines est seule garante de la durabilité de cette veille ultra-exigeante. Les moyens et la formation (*capacity building*) doivent être durablement disponibles. Il ne s'agit pas d'effectuer des opérations coup de poing sans lendemain, ne contribuant qu'à alimenter les laboratoires du Nord en échantillons et articles à fort impact scientifique et médiatique. Ces actions doivent reposer sur la base de l'équité scientifique, et leur impact doit aussi être sérieusement évalué.

Prenons deux exemples qui montrent le potentiel et les limites de cette stratégie de veille vis-à-vis des sources potentielles des zoonoses.

PREDICT

La première est PREDICT Project, une campagne de détection de virus montée « à l'américaine » par USAID, l'agence des États-Unis pour le développement international, coordonnée en Afrique par l'Université Columbia à New York et l'Université de Californie à Davis. Ambitions affichées : anticiper ou combattre à leur source les premières étapes de l'émergence de zoonoses faisant peser une menace importante sur la santé publique et potentiellement un risque pandémique et développer une capacité globale d'anticipation et de prévention des zoonoses émergeant de pathogènes issus d'animaux sauvages *.

Vaste programme... La recherche a porté sur 1 407 pathogènes humains dont 58 % zoonotiques : 177 pathogènes émergents récents ont pu être identifiés dont 130 étaient zoonotiques[67]. Les points chauds surveillés étaient des zones de chasse, de rencontre et conflit entre bétail et faune sauvage, d'exploitation forestière ou de déforestation. Les cas de morbidité et mortalité à la suite des rencontres homme-animal étaient aussi recueillis. Des échantillons ont été prélevés chez 35 000 animaux ; 200 nouveaux virus ont été identifiés au sein de la faune sauvage : corona, boca, herpès, retro, adeno, rhabdovirus. Des pathogènes humains ont été retrouvés dans la faune sauvage et des pathogènes d'origine animale ont été retrouvés chez l'homme, traces très probables d'événements antérieurs de transfert (*spillover*), sans lendemain épidémique.

Le rendement des approches de diagnostic moléculaire au niveau des grandes familles virales a été exceptionnel. Diagnostic de pathogènes en possible « attente de saut d'espèce » voire de *spillover* passés, mais pas de détection anticipée d'un événement d'émergence sur la durée de l'étude.

Devant la masse d'informations, comment extraire les signaux pertinents du bruit de fond ?

Sur quel pathogène potentiel se focaliser ? Il faut certainement développer plus avant des algorithmes plus puissants d'évaluation, mais il

---

* « *Pre-empt or combat, at their source, the first stages of the emergence of zoonotic diseases that pose a significant threat to public health (potentially pandemic infection). Developing global capacity to anticipate and prevent emerging zoonotic diseases from wildlife pathogens.* »

faudrait surtout assurer la pérennité de la surveillance et mieux définir des paramètres d'anticipation de l'émergence d'un pathogène candidat au saut d'espèce.

Cette étude a malgré tout permis l'identification précoce de l'émergence d'un nouveau pathogène sur 3 cas de fièvres hémorragiques, dont 2 rapidement mortelles dans le Bas-Congo (RDC), 1 survivant et peut-être des formes asymptomatiques. Surtout, grâce à l'utilisation du séquençage profond, elle a conduit à l'identification d'un nouveau rhabdovirus, le Bas-Congo Hemorrhagic Fever Virus (BACV), dont la contamination se fait par les fluides corporels. Le réservoir n'ayant pas été identifié, empêchant un exercice d'« anticipation rétrospective ». Les rhabdovirus sont responsables de syndromes grippaux ou d'encéphalites comme la rage, mais pas jusqu'à présent de fièvre hémorragique[68].

Cette veille concernant l'émergence doit être consolidée, généralisée et intégrée en réseaux réactifs. Cela justifie les efforts actuels d'intégration par les grands organismes internationaux comme l'ONU et les organismes sanitaires internationaux, l'OMS et son équivalent pour la santé animale, l'OIE. À ces organismes se joignent de grandes fondations comme le Wellcome Trust et la fondation Bill & Melinda Gates.

Les spumavirus en attente de saut d'espèce ?

Un élément essentiel de cette politique de surveillance serrée, voire d'anticipation des émergences infectieuses, est la pérennité des actions sur le terrain.

À cet égard, le travail exemplaire et de longue haleine d'Antoine Gessain de l'Institut Pasteur et de ses collaborateurs en Afrique centrale mérite d'être présenté. Ils ont en effet engagé une surveillance pérenne du possible saut d'espèce et de l'émergence chez l'homme des spumavirus. Ces virus spumeux ont été décrits pour la première fois en 1954 comme des agents cytopathiques transmissibles sur des cellules dérivées de rein de singe macaque. Les spumavirus constituent un seul genre et sont considérés comme les plus anciens des virus ARN des vertébrés, ayant évolué en cospéciation avec les primates de l'Ancien Monde depuis 30 millions d'années. Ces rétrovirus dont la structure génomique ressemble au VIH et au SIV ont un tropisme pour les lymphocytes CD4,

CD8 et les monocytes, une autre propriété les rapprochant de VIH et SIV. Ces virus sont donc adaptés de longue date aux singes, qui en sont porteurs asymptomatiques. Dans ce contexte, ils sont candidats au saut d'espèce vers l'homme avec le risque de développement d'une infection éventuellement transmissible, de type syndrome d'immunodéficience acquise du fait de leur effet cytopathique.

Parmi 1 266 sujets testés, 13 ont été reconnus infectés par un spumavirus sur la base d'une PCR et d'une sérologie positive. Tous ces sujets racontaient une histoire de morsure de singe à l'occasion d'une lutte lors d'une chasse en forêt (*bush hunting*) et montraient d'ailleurs des cicatrices de morsure. Aucun signe pour l'instant de progression clinique d'une quelconque maladie. Les spumavirus sont dans une impasse, le cahier des charges du saut d'espèce menant à une zoonose n'a pas été rempli, mais jusqu'à quand ? La veille se poursuit…

Les travaux exemplaires cités dans ce chapitre illustrent le potentiel et les limites de l'exercice d'anticipation des émergences. Quoi qu'il en soit, la coordination de plusieurs stratégies devrait permettre, à l'avenir, de réduire au strict minimum le temps écoulé entre la survenue d'un événement de saut d'espèce et l'engagement d'une dynamique pandémique. Un suivi de la santé animale domestique et sauvage nécessitant un renforcement des compétences vétérinaires est essentiel pour permettre le dépistage de l'apparition ou de l'accélération d'une épizootie susceptible de transmission zoonotique aux populations humaines exposées. Des compétences médicales de dépistage le plus rapide possible d'un événement clinique atypique doivent être couplées à la surveillance vétérinaire. Nous avons déjà fortement insisté sur ce point, pivot du concept « une seule santé ».

PARTIE VI

Nouvelles frontières pour des microbes sans frontières

CHAPITRE 43

Le microbiote : nouveau paradigme et vision écosystémique de l'interface homme-microbes

Homo sapiens possède, comme tout animal, un second génome, son microbiote, c'est-à-dire l'assemblage complexe de micro-organismes avec lequel il cohabite depuis son apparition sur terre. Cela crée des liens et il n'est pas bon de les altérer.

Un déséquilibre croissant s'installe entre *Homo sapiens* et son microbiote affecté par des facteurs environnementaux caractéristiques du monde moderne.

Louis Pasteur et la question de la vie sans microbes

Venons-en tout de suite à Louis Pasteur. Comment y échapper dès lors que l'on s'intéresse aux concepts fondateurs de la microbiologie ? Il fut le premier avec Émile Duclaux à réfléchir à ce que serait un monde sans microbes, ou plutôt à ce que seraient l'homme et les animaux sans microbes. Dès 1885, il écrivait dans les *Comptes rendus de l'Académie des sciences* : « Souvent dans nos causeries du laboratoire, depuis bien des années, j'ai parlé aux jeunes savants qui m'entouraient de l'intérêt qu'il y aurait à nourrir un jeune animal, dès sa naissance, avec des matières nutritives pures. Par cette dernière expression [c'est-à-dire “matière nutritive pure”], j'entends désigner des produits alimentaires qu'on priverait artificiellement et complètement de microbes communs. Sans vouloir rien affirmer, je ne cache pas que j'entreprendrais cette étude, si j'en avais le temps, avec la pensée préconçue que la vie, dans ces conditions, deviendrait impossible. »

Louis Pasteur se « mouillait » – si l'on peut dire – et faisait le pari que sans microbes la vie des animaux, y compris l'homme, serait impossible. Louis Pasteur pouvait-il se tromper ?

Avant de répondre à cette brûlante question, un peu de sémantique : *axénique* qualifiera un environnement biologique exempt de tout micro-organisme, nous pourrions dire *stérile*. Un animal de laboratoire dépourvu de tout micro-organisme est appelé axénique. On peut obtenir ce type d'animal en accouchant par césarienne une femelle parturiente, puis en élevant les petits dans une enceinte stérile et ainsi de suite. *Gnotoxénique* est un terme plus générique définissant un environnement sans germe, ou dont la population microbienne est limitée et strictement contrôlée.

Vous aurez déjà anticipé que Louis Pasteur se trompait. Encore que… Dix ans après l'affirmation de Pasteur et Duclaux, deux chercheurs, George Nuttall, Britannique vivant aux États-Unis et venu travailler en Allemagne, et Hans Thier-Felder, à l'Université de Tübingen, réalisent l'expérience que Louis Pasteur aurait dû faire s'il en avait eu le temps. Mettant au point la première enceinte axénique contrôlée et procédant comme décrit ci-dessus, ils élevèrent des cobayes axéniques. À leur grande surprise, ces cobayes survivaient et, préoccupation principale de ces deux chercheurs, apparaissaient capables d'une digestion normale[1]. La vie macroscopique était donc possible sans vie microscopique associée ! Les microbes n'étaient pas vitaux pour les animaux. Le principe était indiscutablement acquis grâce aux expériences de Nuttall et Thier-Felder, mais cela ne préjugeait en rien de la qualité de vie de ces animaux, qui s'avérèrent rapidement faibles et dénutris. Si le monde microscopique n'était pas nécessaire, dans l'absolu, à la vie macroscopique, il en assurait néanmoins la qualité et dans ce différentiel qui restait à définir résidaient les secrets de la symbiose homme-microbes.

Du fantasme de la vie « sans germes » à la connaissance du microbiote

Il faudra attendre un demi-siècle pour que se précisent les effets positifs de cette symbiose sur le développement harmonieux et la santé des individus.

En attendant, ces cinquante ans avaient été bien remplis. Les microbes n'avaient pas bonne presse en cette première moitié du XXe siècle qui avait vu la science microbiologique naissante se polariser – à juste titre – sur les microbes pathogènes en développant l'essentiel des principes et outils de leur contrôle. De là à rêver d'un monde sans microbe, il n'y avait qu'un pas. Certains le franchirent, ignorant les travaux initiaux de Louis Pasteur qui avaient démontré que de « bons microbes » étaient essentiels à la fermentation, donc à la vinification et à la brasserie…

James A. Reyniers, à l'Université Notre-Dame dans l'Indiana, et un ingénieur de génie, Philip C. Trexler, développèrent de toutes pièces une véritable industrie des enceintes axéniques revisitant, améliorant et amplifiant considérablement les travaux de Nuttall et Thier-Felder, fondant ainsi la gnotobiologie moderne[2].

Ce qui n'était initialement qu'une technologie sophistiquée devint vite une science. Leurs travaux eurent un double impact : ils firent progresser dans diverses espèces animales élevées en conditions axéniques (chien, chat, poulet, singe) la connaissance du rôle du microbiote dans le développement et le maintien de fonctions physiologiques essentielles. Ils permirent aussi la mise au point d'enceintes stériles – ou à contenu microbien contrôlé – vite indispensables au développement de secteurs de pointe de la médecine, souvent accompagnés d'un affaiblissement des défenses immunitaires payé d'une sensibilité extrême à des infections souvent gravissimes. Pour ne citer que les principaux : les isolateurs pour nouveau-nés prématurés au sein desquels la diffusion d'air filtré crée des conditions de quasi-axénie ; les isolateurs pour grands brûlés, les enceintes stériles pour patients en aplasie médullaire du fait de chimiothérapies lourdes pour des leucémies, des lymphomes ou des cancers ou bien pour des patients transplantés médullaires ; enfin les enceintes stériles pour enfants atteints de déficits immunitaires génétiques en attente d'un traitement, les fameux « bébés-bulles » qui firent vite fantasmer le public tant ils symbolisaient l'ambition sans limite de cette nouvelle médecine qui naquit dans les décennies de l'après-guerre et dont l'existence même ne fut possible que grâce à la gnotobiologie et aux antibiotiques[3].

Il fallait un chantre de ce monde mystérieux de l'axénie, de cette vie macroscopique sans vie microscopique, de ce saut dans l'inconnu, ce fut le photographe Eugene Smith. Sa carrière ne le destinait pas à s'intéresser aux sciences, il avait été reporter de guerre au sein des unités de marines en opération dans le Pacifique. À la recherche de nouveaux sujets, il avait entendu parler des travaux poursuivis à l'Université Notre-Dame par Reyniers et Trexler, de ces « caissons sans germe ». Intrigué, il alla voir de lui-même en 1949 ce qui se passait dans ce laboratoire et en fit un magnifique photoreportage pour *Life Magazine*, qu'il appela « Life without germs ». Les photos eurent un franc succès auprès du lectorat de l'hebdomadaire et contribuèrent à construire le mythe d'une vie sans germe. Il sut capturer dans ses objectifs, sous des éclairages soignés, des clairs-obscurs mystérieux, des caissons, des scaphandres, des animaux, des techniciens en action à des moments clés des expériences, comme la sortie d'enceinte axénique d'un chat, d'une souris, voire d'un jeune singe. Moment magique du passage brutal de l'obscurité à la lumière, d'un monde sans germe ultraprotégé à un monde microbien inquiétant. Angoisse de la naissance, passage brutal de l'état fœtal protégé et aseptique au monde anxiogène des hommes et des microbes.

Mais derrière cet esthétisme appuyé, cette hagiographie technologique dont l'exagération allait renforcer le fantasme d'une vie sans germe, de vraies questions étaient posées par les chercheurs de l'Université Notre-Dame, des questions déjà soulevées par Pasteur, Nuttal, Thier-Felder et qui seraient bientôt reprises par d'autres : que serait le devenir de ces êtres vivants s'ils étaient maintenus de manière prolongée dans un environnement axénique ? Se développeraient-ils normalement ? Vivraient-ils plus vieux que des êtres vivants « conventionnels », c'est-à-dire dotés d'un microbiote acquis naturellement après leur naissance ? Si inversement ils passaient brutalement d'un monde aseptique à un monde septique, quel serait leur devenir ? Auraient-ils le temps et les moyens de s'adapter ? Seraient-ils submergés par les microbes ?

Les effets de l'absence du microbiote

Quel serait le prix à payer de soudain rompre un équilibre hôte-microbe bâti par une longue coévolution à travers les différents phyla de la vie, y compris chez les mammifères ?

Voyons donc de plus près ce qu'est véritablement la vie en conditions axéniques des animaux de laboratoire. Reyniers et d'autres avaient vite observé que les animaux axéniques, en dépit de leur capacité à vivre sans microbes, étaient fragiles et hypotrophiques, en comparaison d'animaux conventionnels. Ils mouraient précocement du fait de carences alimentaires. Ces carences étaient complexes, manque d'apport calorique et carence vitaminique (vitamine A, B12, K, acide folique). En fait la vie axénique ne pouvait être maintenue à long terme que par un apport calorique accru supérieur de 30 à 50 % à l'apport nécessaire à des souris conventionnelles et par l'addition d'un abondant cocktail vitaminique. Ces conditions remplies, les animaux survivaient et pouvaient même présenter une durée de vie prolongée par rapport aux animaux conventionnels, même si ces données restent discutées[4]. En effet, maintenus en enceinte stérile et proprement nourris, on peut imaginer que ces animaux soient protégés d'une bonne partie des aléas de la vie auxquels sont soumis les animaux vivant en liberté, en particulier les infections et les parasitoses. Par ailleurs, on ne dispose pas vraiment de données sur la capacité d'adaptation de ces animaux et donc sur son effet sur la survie d'individus élevés en conditions axéniques et brusquement libérés dans la nature. Avec quelle rapidité leur métabolisme, leurs défenses immunitaires, leur comportement même, pourraient-ils s'adapter à cette nouvelle situation, leur permettant ou non de survivre ?

Lorsqu'on observe attentivement des souris élevées en conditions axéniques et qu'on les compare à des souris conventionnelles de même âge et de même lignée, on peut noter des différences majeures, tant physiques et physiologiques, macroscopiques et microscopiques, que comportementales. Ces différences très significatives révèlent tout simplement, en négatif, le rôle essentiel joué par le microbiote, en particulier intestinal car il domine largement les autres microbiotes (cutané, oro-pharyngé, génital) par sa quantité et sa diversité. Outre la taille réduite des animaux axéniques, la vérification de leurs organes après sacrifice montre une minceur et une grande fragilité de la paroi intestinale avec un cæcum hypertrophique et dilaté par la présence d'une quantité importante de mucus largement due à une absence de résorption. Si l'on s'attarde sur le système immunitaire, la rate est plus petite, les ganglions sont atrophiques et les plaques de Peyer qui sont les structures lymphoïdes associées à la muqueuse intestinale sont atrophiques, voire invisibles. L'analyse histologique et les immunomarquages effectués sur les coupes de tissu intestinal montrent deux déficits majeurs : une très faible infiltration par des lymphocytes CD4 et CD8 dans la *lamina propria*, c'est-à-dire le tissu de soutien sous l'épithélium, contrairement à des animaux conventionnels[5], et une atrophie du réseau normalement très riche et efflorescent des capillaires vasculaires intestinaux[6].

Au niveau comportemental, les souriceaux nouveau-nés issus de mères axéniques présentent un net retard de maturation de leur barrière hémato-encéphalique, c'est-à-dire de la barrière capillaire qui protège le cerveau du passage de substances toxiques de la circulation sanguine vers le cerveau[7]. Ces mêmes nouveau-nés présentent des retards de développement des étapes tardives de maturation du cerveau se traduisant, en particulier, par des troubles du comportement : hyperactivité, diminution du seuil d'anxiété, conduites imprudentes[8]. Le microbiote intestinal est aussi essentiel à la maturation du système nerveux entérique[9].

Si l'on résume cette liste non exhaustive d'anomalies tenant largement à des retards développementaux dus à l'absence de stimuli produits par le microbiote, on dessine les contours larges d'une pathologie de l'axénie associant une insuffisance des fonctions digestives et métaboliques impactant sévèrement la nutrition et un retard de développement des organes, du système nerveux central et périphérique, du système immunitaire et du réseau vasculaire capillaire.

Pour ce qui concerne l'influence du microbiote intestinal sur la digestion et l'absorption des nutriments, elle est fonctionnellement essentielle. En effet, l'homme et les mammifères sont incapables d'hydrolyser les sucres complexes d'origine végétale comme les homopolyosides linéaires (amylose, cellulose, chitine) ou ramifiés (amylopectine). Il en est de même pour des hétéropolyosides ramifiés encore plus complexes. En deux mots, l'homme est incapable de digérer les sucres végétaux complexes car il n'a tout simplement pas les enzymes pour le faire. Ces sucres complexes sont réduits et simplifiés par des enzymes appartenant à certaines bactéries du microbiote, essentiellement dans le côlon. Les fragments linéaires simples, raccourcis, sont ensuite engagés dans les voies bactériennes de fermentation, produisant une gamme de métabolites biologiquement très actifs : les acides gras à chaînes courtes (AGCC) comme le butyrate et l'acétate. Le butyrate – produit de fermentation des clostridiales – représente par exemple 50 % de la ration calorique des colonocytes, les cellules constituant l'épithélium colique. Il semble aussi être un médiateur important des processus développementaux au niveau de différents organes, particulièrement dans la maturation de la barrière hémato-encéphalique. C'est par ces mêmes processus hydrolytiques médiés par des enzymes bactériennes que sont éliminés les motifs qui glycosylent lourdement et protègent le domaine protéique des mucines intestinales. En l'absence de bactéries, donc de leurs enzymes hydrolytiques, les mucines produites par les cellules caliciformes intestinales ne sont pas détruites et s'accumulent, donnant lieu à l'hyperplasie massive du cæcum des souris axéniques précédemment décrite. Les bactéries produisent par ailleurs une large gamme de vitamines.

Une précieuse symbiose microbes-hôte

Le microbiote intestinal représente donc un formidable modèle de symbiose microbes-hôte, symbiose de nature mutualiste puisque les bactéries trouvent dans le tractus intestinal – en particulier dans le côlon – des conditions de survie et de croissance tout à fait favorables du fait de la présence de nutriments, d'un pH, d'une température et d'une tension en oxygène très faible pour des espèces microbiennes à 99 % anaérobies. Inversement, l'hôte trouve dans ce microbiote, en particulier ses activités enzymatiques et ses métabolites bioactifs, une formidable source de nutriments et de signaux régulant des fonctions vitales, y compris développementales.

Le microbiote intestinal humain se construit progressivement dans les deux ou trois premières années suivant la naissance, le nouveau-né étant stérile. Après une période héroïque d'analyse de ce microbiote par la culture microbienne classique, il est apparu dans les années 1980 qu'une approche complémentaire d'analyse était nécessaire car la culture microbienne laissait un trou important (environ 40 %) constitué d'espèces difficilement cultivables, en particulier les nombreuses espèces anaérobies strictes et extrêmement sensibles à l'oxygène, y compris les archées. L'avènement de l'analyse 16S[10] permettant l'identification de taxa microbiens sur la base de différences dans les séquences variables du gène codant pour l'ARN ribosomal 16S des bactéries. C'est ainsi que Joël Doré en 1999 publia le premier catalogue exhaustif d'un microbiote intestinal humain[11]. Plus récemment les progrès du séquençage de nouvelle génération et de la bio-informatique ont permis la séquence de l'ensemble du métagénome, c'est-à-dire tous les gènes de l'ensemble des bactéries présentes dans les microbiotes intestinaux de centaines d'individus. Cette approche dite « *shot gun* » permet aussi de reconstituer des génomes individuels de bactéries constitutives du microbiote[12]. Les deux grands groupes constituant le microbiote intestinal sont les *Bacteroidetes* (bactéries à Gram négatif anaérobies) et les *Firmicutes* (bactéries à Gram positif anaérobies). Des groupes minoritaires comme les protéobactéries – dont les entérobactéries –, les actinobactéries et les archées, en particulier méthanogènes, jouent néanmoins un rôle important dans l'équilibre et les fonctions biologiques du microbiote intestinal. Le nombre d'espèces bactériennes qui le constituent est de l'ordre de 1 000. Il existe peu de similitude de composition microbienne entre individus, mais lorsque l'on compare les métagénomes, on observe un cœur commun d'environ 500 000 gènes, sur un total d'au moins 10 millions, qui sont partagés entre individus, mais n'appartiennent pas nécessairement aux mêmes espèces impliquées dans la symbiose. Le facteur majeur influençant la composition du microbiote est l'alimentation. L'introduction du diagnostic moléculaire (16S puis métagénomique) a permis d'élever le microbiote intestinal, dans son contexte symbiotique, au rang de déterminant de la santé en condition d'homéostasie et de maladie. Dans le contexte pathologique, une dysbiose est retrouvée, comportant généralement une réduction de la diversité des espèces présentes, en particulier de certains taxa bactériens ayant des fonctions régulatrices essentielles : anti-inflammatoire et hydrolytique. S'y ajoute, à des degrés divers, la présence de « pathobiontes », des espèces de bactéries qui au sein d'un microbiote sain restent à l'état de commensaux, mais – de manière opportuniste – expriment des propriétés pathogènes dans le contexte d'une dysbiose ayant perdu l'effet de barrière d'un microbiote sain.

Il est clair sur ces bases de biologie fondamentale que le concept de vie sans germe est, comme le proclamait Julian Huxley, une « absurdité biologique ». Cette association symbiotique vitale a d'ailleurs été qualifiée de « holobionte » par Eugene Rosenberg en Israël en travaillant essentiellement sur le microbiote symbiotique du corail méditerranéen.

L'holobiote : une évolution commune entre l'organisme et son microbiote ?

Ce concept de l'« holobiote », « hologénome » ou « superorganisme »[13], n'est pas totalement nouveau et se trouve bien dans la ligne du transhumanisme défini par Huxley. Rosenberg va cependant plus loin en postulant que les organismes supérieurs sont indissociablement liés à leur microbiote avec lequel ils forment une unité de sélection unique dans laquelle l'holobiote-hologénome répond en bloc à la pression sélective de l'environnement, moteur de l'évolution. Cette liaison homme-microbe pour le meilleur et pour le pire, Charles Darwin l'aurait sans doute adorée. Si cette hypothèse est vraie, le moteur de l'évolution humaine serait à deux vitesses. L'une ultralente, l'évolution eucaryote, l'autre ultrarapide, l'évolution procaryote, celle des bactéries de son microbiote, qui procède par sélection de nouvelles espèces bactériennes mieux adaptées et qui bénéficie de la survenue, chez des espèces déjà établies, de mutations apparaissant à relativement haute fréquence, ou de transferts horizontaux de gènes, pouvant améliorer l'adaptation de micro-organismes aux changements environnementaux et stresseurs potentiellement délétères auxquels fait face l'individu porteur de ce microbiote. Le microbiote senseur, intégrateur et effecteur des dangers environnementaux serait alors un mécanisme intégré d'adaptation rapide et plus ou moins réversible. Dès lors, la question de fond serait : partageons-nous, hommes (animaux) et microbes, les mêmes besoins de réponse adaptative aux mêmes stress environnementaux ? Notre symbiose est-elle si parfaitement mutualiste que nous aimerions le croire, au point que nous ne fassions qu'un avec nos microbes ?

La question est assez vertigineuse et se pose d'ailleurs plus en termes de métagénome du microbiote – c'est-à-dire du pool global de gènes disponibles dans notre microbiote, au moins 100 fois le nombre de nos gènes – qu'en termes d'assemblage d'espèces bactériennes. Quoi qu'il en soit, alors que venait d'être publiée en 2001 la première séquence d'un génome humain par le Human Genome Sequencing Consortium mené par Craig Venter, Stanley Falkow avait affirmé de façon provocatrice que le génome humain ne serait complet que lorsque seraient connus les génomes des bactéries composant le microbiote humain. Il plaidait alors pour un Human Second Genome Project[14]. Ses vœux furent exaucés en 2010 avec la publication des métagénomes des microbiotes intestinaux d'une centaine d'individus par le consortium européen MétaHit coordonné par l'INRAE[15]. La question du superorganisme reste cependant entière. Les microbiologistes des plantes – en particulier Marc-André Selosse – le discutent car, sur un espace donné, plusieurs espèces partagent la même rhizosphère, c'est-à-dire le même environnement bactérien tellurique associé à leurs racines[16]. Cette question doit être traitée expérimentalement, ce qui est difficile car les échelles de temps de l'évolution des mammifères et des bactéries sont sans commune mesure et chez les eucaryotes, les mécanismes d'évolution génomique sont multiples, en particulier génétiques et épigénétiques. La symbiose insecte-microbiote intestinal, par exemple chez la drosophile, semble s'imposer pour une telle approche car la différence d'échelle de temps est réduite et les phénotypes traçables chez la mouche sont définis ou relativement faciles à établir. Si le concept de superorganisme est prouvé chez la mouche, compte tenu de son importance, ce qui est bon pour le microbe et la mouche devrait être bon pour l'homme…

CHAPITRE 44

Maladies de la symbiose et épidémies postmodernes non transmissibles

Si l'on part du postulat de l'« holobiome » discuté dans le chapitre précédent, qui fait du microbiote un organe supplémentaire diffus intégré à notre « soi eucaryote », agissant en senseur, intégrateur et effecteur rapidement réactif aux variations environnementales, on en déduit tout naturellement que des altérations de ce microbiote seront la cause de maladies.

C'est un concept révolutionnaire de l'interface homme-microbes. Les variations environnementales subies par le microbiote et répercutées à son hôte sont largement liées à l'irruption des modes de vie modernes comme l'hygiène au sens large et les dérèglements nutritionnels induits par l'introduction ces dernières décennies d'une alimentation industrielle totalement déséquilibrée en regard des modes alimentaires traditionnels. S'y ajoutent des effecteurs environnementaux globaux contemporains constituant un « exposome » auquel le microbiote ne peut qu'être sensible.

On qualifie les maladies répondant à cette situation inédite dans l'histoire humaine de « maladies épidémiques postmodernes non transmissibles ». C'est un paradigme sans précédent, en comparaison de celui sur lequel s'est construit le modèle de santé publique du XXe siècle, c'est-à-dire de maladies infectieuses transmissibles liées à un micro-organisme pathogène, en général unique. Que la présence de micro-organismes

– les pathogènes – soit cause de maladies, la révolution pasteurienne nous en avait convaincus et cette idée avait entraîné plus d'un siècle de développement de vaccins, sérothérapies et antibiotiques de tous genres. Se pouvait-il que l'absence de certains micro-organismes – les *missing microbes*[17] (« microbes manquants ») – soit elle aussi responsable de maladies d'une autre nature que les maladies infectieuses classiques ?

Le coût sanitaire de la modernité : un appauvrissement en microbes

En résumé, y aurait-il un coût caché de la modernité en matière de santé ? La gamme de maladies « postmodernes » considérée est large et domine la médecine moderne, d'autant que leur schéma évolutif est surtout marqué par la chronicité. Il s'agit de l'obésité, du diabète, des maladies cardiovasculaires, allergiques, comme l'asthme et l'atopie, des maladies auto-immunes et inflammatoires, de certains cancers et certaines maladies neurodégénératives.

De quoi souffrent les « microbiotes modernes » ? Essentiellement d'une diminution de leur richesse et de leur diversité, s'intégrant dans le cadre plus large de la réduction de biodiversité caractéristique de l'anthropocène. Cette réduction brutale de diversité des écosystèmes microbiens, particulièrement ceux engagés, comme les microbiotes, dans des symbioses « forgées » par des millénaires de coévolution avec leurs hôtes humains et animaux, ne peut rester anodine étant donné l'importance de ces symbioses dans le développement et la santé du monde animal et tout aussi végétal.

L'appauvrissement global en microbes, à la fois en richesse et en diversité d'espèces, donc en gènes et leurs produits respectifs, affecte directement les fonctions essentielles à l'équilibre des symbioses procaryotes-procaryotes (interactions des bactéries entre elles dans un écosystème) et procaryotes-eucaryotes (interactions bactéries-hôte). Essayons de reprendre les détails de la construction de ce nouveau paradigme car il est complexe et sensible.

De l'hypothèse hygiéniste à la prise en compte des fonctions du microbiote

Vers la fin du XXe siècle, à la suite de la régression massive des maladies infectieuses dans le monde industrialisé, on commença à noter l'augmentation régulière de l'incidence de l'asthme, de l'atopie et en général des maladies allergiques. On envisagea beaucoup d'hypothèses dont, bien sûr, l'accroissement de la pollution urbaine et industrielle. Leur rôle est certes indiscutable, mais il apparut très vite que d'autres facteurs méritaient d'être considérés. Ainsi commença à se construire l'« hypothèse hygiéniste », d'autant que l'incidence d'autres maladies augmentait en parallèle[18]. Parmi ces autres maladies apparaissaient les maladies dites « auto-immunes » : maladies inflammatoires chroniques de l'intestin comme la maladie de Crohn et la rectocolite hémorragique, ainsi que la sclérose en plaques ; certains cancers, comme le cancer colorectal ; le diabète de type I, l'obésité et le diabète de type II. Pour ces deux derniers, comme dans le cas des maladies allergiques, existaient des causes évidentes, en particulier l'oubli par les populations des pays industrialisés des régimes alimentaires traditionnels mûris par des siècles d'expériences individuelles et collectives, au profit de ce que l'on appelle aujourd'hui les régimes « occidentaux » ou plus vulgairement la « malbouffe » ou les régimes « McDonald's », c'est-à-dire des régimes déséquilibrés aux dépens des fibres et au profit de graisses et protéines animales associées à un excès de sucres d'absorption rapide. Mais, là encore, le compte en matière d'étiologies n'y était pas.

On commença donc à regrouper ces maladies d'évolution chronique en regard des maladies infectieuses, sous le terme de « maladies épidémiques postmodernes non transmissibles ». Cela entraîna une révolution en épidémiologie tant au niveau des concepts que des outils et méthodes d'analyse[19]. En 2002, Jean-François Bach, immunologiste à l'Inserm et à l'hôpital Necker à Paris, publia une revue qui tendait à consolider l'« hypothèse hygiéniste ». Il y montrait que les courbes d'incidence des maladies infectieuses classiques et celles des « maladies épidémiques chroniques non transmissibles » définies ci-dessus se croisaient, les premières diminuant de conserve pendant que les secondes augmentaient[20].

Ce croisement des courbes d'incidence est encore plus net lorsqu'on considère les pays en transition économique. Il était tentant de consolider à partir de toutes ces observations convergentes une « hypothèse », voire une « théorie hygiéniste », postulant que le recul brutal des maladies infectieuses dans le courant du XXe siècle, dû à l'association de l'hygiène individuelle, de celle de l'eau et des aliments, ainsi qu'aux antibiotiques et aux vaccins, rendait compte de ce changement rapide de profil des maladies dans les sociétés industrielles. En termes physiopathologiques, l'hypothèse initialement émise fut donc qu'en l'espace de deux à trois générations, au XXe siècle, ce recul des maladies infectieuses auxquelles l'espèce humaine avait été exposée durant des millénaires avait diminué la pression exercée sur le système immunitaire. De ce fait, celui-ci avait perdu ses repères, en particulier ses mécanismes régulateurs et réagissait de façon inadaptée à des antigènes ou à des allergènes caractéristiques du monde moderne. Une composante commune de ce dysfonctionnement était l'inflammation, que l'on retrouve dans toutes ces pathologies chroniques postmodernes, y compris l'obésité et le diabète.

La vision s'est cependant modifiée cette dernière décennie du fait de l'intense activité qui s'est développée autour de la thématique du microbiote, aidée par le développement à grande échelle du diagnostic moléculaire (16S et métagénomique) chez des milliers d'individus sains ou dans le contexte des pathologies chroniques postmodernes considérées. Ces travaux ont aussi été marqués par une étude soigneuse du développement – on parle maintenant de maturation – du microbiote du nourrisson puis de l'enfant, dans les deux ou trois premières années de vie, jusqu'à une stabilisation de ce microbiote qui sera ensuite maintenu à l'identique à l'âge adulte dans les conditions normales. Ces travaux ont fait apparaître qu'un retard de maturation du microbiote du nourrisson lié, par exemple, à un accouchement par césarienne ou à un traitement antibiotique lourd et prolongé pouvait se solder par une plus grande sensibilité au développement de l'asthme ou de l'obésité à un âge plus avancé. Cette période très sensible est maintenant régulièrement identifiée comme « les 1 000 jours après la conception ». L'idée sous-jacente est que les développements embryonnaire et fœtal sont deux étapes essentielles du développement durant la période *in utero*, mais que le nouveau-né n'a pas encore franchi l'ensemble de ses étapes développementales, croissance physique, maturation hormonale, développement psychomoteur. Les deux années suivant la naissance sont donc essentielles au développement harmonieux de l'enfant et représentent une période particulièrement sensible à des stress environnementaux de toutes natures, y compris microbiens. Chez l'adulte, les maladies chroniques postmodernes mentionnées sont souvent accompagnées d'un appauvrissement en diversité du microbiote intestinal. Dans tous les cas des espèces bactériennes, possibles clés de ces événements pathologiques, commencent à être identifiées. Ce peut être par perte d'espèces à fonctions anti-inflammatoires comme *Faecalibacterium prauznitzii* et l'enrichissement en bactéries pro-inflammatoires comme des entérobactéries dont *Escherichia coli* dans la maladie de Crohn[21]. La prolifération des bactéries de ce dernier type, maintenant appelées « pathobiontes », est normalement contrôlée par les mécanismes intrinsèques de régulation de l'équilibre du microbiote[22]. Ces pathobiontes se développent donc à l'excès lorsque ces fonctions de barrière du microbiote se dégradent par l'établissement d'un déficit en quantité et diversité d'espèces. Locale ou globale, cette prolifération des pathobiontes va leur permettre d'exprimer un potentiel de virulence réprimé en d'autres circonstances. Ces fonctions de « virulence conditionnelles », il est urgent de mieux les préciser. Elles participent majoritairement au processus inflammatoire commun à toutes les maladies citées, mais pas que… Certains mécanismes moléculaires restent à définir, de même que la liste des espèces qui peuvent se qualifier pour la catégorie « pathobiontes » est loin d'être exhaustive. Certaines espèces, curieusement, n'appartiennent pas à l'écosystème bactérien intestinal, mais oral. Dans cet écosystème oral, elles peuvent vivre à l'état de commensalisme ou exprimer une pathogénicité définie, surtout dans le cadre d'inflammations chroniques appelées « parodontopathies ». Elles ont de plus ou moins jolis noms : *Parvimonas micra*, *Porphyromonas gingivalis*, *Fusobacterium necrophorum*… Cette « décompartimentalisation » d'écosystèmes établis est fascinante. Soulignons aussi que les pathobiontes ne sont pas uniquement des procaryotes. Certains micro-organismes fongiques sont de plus en plus incriminés.

L'ensemble de ces anomalies est regroupé sous le terme de « dysbiose ». Au-delà des études corrélatives, il faut maintenant démontrer le rôle pathologique, établir les liens de causalité. Des observations similaires sont faites dans le cadre du cancer du côlon[23].

Le risque accru d'asthme chez l'enfant a été associé au retard d'apparition dans le microbiote intestinal d'un certain nombre d'espèces clés, signant ainsi son immaturité[24].

L'« hypothèse hygiéniste », sans renier la proposition initiale du rôle possible de la réduction d'exposition du système immunitaire aux pathogènes infectieux, envisage de plus en plus une variante, celle de la perte des « vieux amis[25] ». En l'absence de ces « vieux amis », c'est-à-dire ces bactéries, champignons et peut-être certains virus avec lesquels *Homo sapiens* a établi une symbiose multimillénaire, le développement et le fonctionnement d'un certain nombre de propriétés physiologiques essentielles sont affectés. Il semble aussi qu'un des moments critiques de cette « programmation » soit la période postnatale. Essentiellement les deux ou trois premières années de vie où un phasage précis s'est sans doute mis en place entre l'apparition de certaines populations microbiennes par « successions écologiques » et le développement, la maturation de certains organes et systèmes comme le réseau vasculaire, le système immunitaire et les phases finales de connexions interneuronales importantes pour la régulation comportementale et l'acquisition de fonctions cognitives.

Deux moments critiques émergent dans cette période, la naissance, première expérience avec le monde microbien où le nouveau-né hérite d'espèces composant la flore vaginale et intestinale de sa mère, et le sevrage où, quittant l'alimentation maternelle, l'enfant se trouve progressivement exposé à la diversité du monde microbien de son environnement. Des évolutions modernes comme la césarienne où le nouveau-né est essentiellement exposé à une flore restreinte, surtout cutanée, l'utilisation de laits maternisés stérilisés, l'utilisation des antibiotiques perturbent le double processus de maturation du microbiote et d'aspects clés du développement propre de l'enfant. Plusieurs questions se posent dès lors.

Ces dysbioses répondent chez l'enfant à des retards d'assemblage des espèces bactériennes appelées à s'associer pour composer le microbiote « adulte ».

Chez l'adulte, elles répondent à des perturbations dues à des facteurs possiblement génétiques, mais surtout comportementaux (alimentation, prise de médicaments, maladies intercurrentes, tabagisme) et à des stress environnementaux, comme des xénobiotiques. Dans une perspective médicale et dans un contexte d'« holobiome », le microbiote apparaît donc, en son rôle de senseur, intégrateur et effecteur des perturbations endogènes et exogènes, comme un des éléments cruciaux dans l'engagement global vers une médecine personnalisée.

Des microbes aux populations microbiennes complexes. Les transplantations fécales

Mais ces dysbioses sont-elles toujours pathogènes et responsables des maladies qu'évoquent des données le plus souvent corrélatives ? La question a déjà été soulevée, replaçons-la dans une perspective plus vaste, en particulier épistémologique. Un état écologique alternatif comme une dysbiose n'est pas obligatoirement synonyme de potentialité pathogène, d'autant que ces systèmes ont de forts potentiels de résilience. C'est toute la problématique de la causalité qui avait été envisagée dès la fin du XIXe siècle en Allemagne par Robert Koch et son école en proposant les fameux « postulats de Koch » nécessaires à confirmer le lien de causalité entre une bactérie pathogène suspectée et la survenue de la maladie. Ces postulats doivent urgemment être revus à l'aune, non pas d'une bactérie suspecte, mais d'une population bactérienne complexe suspecte (perte d'espèces utiles et gain de pathobiontes). C'est ce que nous avons proposé sous le nom de « postulats écologiques de Koch[26] ». Ce lien de causalité, pour chaque situation, sera apporté avec plus ou moins de difficulté par l'association d'études expérimentales et d'études cliniques si possible interventionnelles.

Sans rentrer dans les détails, l'approche expérimentale repose largement sur le transfert d'échantillons fécaux de patients à des souris axéniques. Sous réserve d'un établissement efficace et d'une colonisation stable du microbiote transplanté, la comparaison avec de mêmes souris axéniques recevant un transplant fécal de sujets en bonne santé pris pour contrôles permet la recherche chez ces souris de symptômes cliniques et/ou de paramètres biologiques caractéristiques de la maladie étudiée. Un brillant exemple est celui du lien de causalité entre microbiote intestinal et obésité. Il fut très tôt montré par l'équipe de Jeff Gordon aux États-Unis. Elle observa que le transfert de selles de souris rendues génétiquement obèses par une mutation dans le gène de la leptine – le neuromédiateur de la satiété – à des souris minces rendait ces dernières obèses. Cette expérience princeps établissait la capacité d'un microbiote dysbiotique de causer de lui-même l'obésité chez les souris minces receveuses du transfert fécal. Deux explications probablement complémentaires à ce phénomène qui fit beaucoup de bruit : le microbiote fécal des souris obèses peut mieux extraire l'énergie de la ration alimentaire des animaux receveurs et sans doute aussi créer un état d'inflammation chronique de bas niveau caractéristique de l'obésité[27]. Au-delà de ce pas essentiel, la transplantation d'échantillons fécaux de sujets obèses à des souris axéniques minces montre chez ces souris transplantées une tendance à évoluer vers l'obésité, dont témoigne l'augmentation de leur résistance à l'insuline, un marqueur de l'obésité et des états prédiabétiques. On peut accepter à ce stade que le lien de causalité a été établi. Il serait bien entendu encore plus satisfaisant de pouvoir démontrer que le transfert fécal de sujets minces à des sujets obèses diminue l'obésité. C'est beaucoup demander à ce stade, même si une diminution prometteuse de la résistance à l'insuline est effectivement observée.

Des approches similaires sont envisagées dans à peu près toutes les situations évoquées en matière de pathologies postmodernes émergentes.

Nous nous restreindrons à l'asthme de l'enfant. Une étude épidémiologique prospective citée plus haut[28] menée sur la cohorte pédiatrique CHILD au Canada, comparant des enfants nés par césarienne à des enfants accouchés par voie vaginale, a confirmé la plus grande incidence d'asthme chez les premiers, ainsi qu'une perte de diversité de leur microbiote intestinal portant en particulier sur quatre espèces systématiquement absentes. Le transfert fécal de ces enfants à des souris axéniques appartenant à une lignée sensible à l'asthme a montré la survenue accrue de symptômes asthmatiques par rapport au transfert de selles d'enfants accouchés par voie vaginale. À l'inverse, les symptômes asthmatiques des souris axéniques transplantées par les selles d'enfants nés par césarienne régressaient quand on leur apportait les bactéries manquantes.

Ces résultats établissent clairement un lien de causalité entre l'appauvrissement du microbiote intestinal du nouveau-né issu de césarienne et la survenue de l'asthme. Des interventions sont en cours, visant à enrichir le microbiote de l'enfant né par césarienne dès sa naissance par un microbiote diversifié, non dysbiotique, voire par addition des bactéries manquantes. Cela illustre la révolution conceptuelle et technologique que doivent réaliser les approches probiotiques pour mériter leur place en médecine.

Vers une médecine personnalisée

Inutile de multiplier les exemples. Dans toutes les pathologies mentionnées, des études similaires intégrant approches expérimentales et études cliniques sont en cours et tendent à valider la pathogénicité éventuelle des dysbioses observées, et le profil de ces dysbioses dominées par une perte plus ou moins massive de diversité et l'éventuelle prolifération de pathobiontes. Se pose alors la question des mécanismes d'action expliquant que l'installation d'une dysbiose, en particulier tôt dans la vie, puisse rompre un équilibre poussant d'un développement harmonieux à des retards développementaux, voire faisant basculer à terme les sujets affectés de la santé vers la maladie. Cette situation illustre à merveille la notion de personnalisation qui s'impose inéluctablement en médecine. Sur le plan physiopathologique, la perte d'espèces microbiennes reflète une perte de fonctions régulatrices médiée par des effecteurs microbiens, molécules de la structure microbienne ou métabolites qui dans des conditions normales agissent comme des signaux physiologiques effecteurs ou régulateurs, leur absence ou leur affaiblissement perturbant les fonctions physiologiques. Cela peut se faire directement sur les cellules et organes cibles ou *via* la production ou non-production de molécules médiatrices de l'hôte comme des cytokines, des chimiokines, des neuromédiateurs ou des hormones. Cette biologie moléculaire et cellulaire de la symbiose microbiote-hôte est en cours et doit aider à la rationalisation des approches cliniques interventionnelles, voire des thérapeutiques à venir, car les actions de prévention ou de traitement ne seront pas nécessairement basées sur l'addition de bactéries manquantes mais sur l'administration des effecteurs et régulateurs d'origine bactérienne identifiée. Un autre thème essentiel est celui de la programmation de pathologies par des dysbioses, en particulier celles apparaissant chez le nourrisson, éventuellement résorbées, mais laissant une « trace » qui se manifestera plus tardivement. C'est le cas de l'obésité, dont l'incidence s'accroît de 22 % chez les enfants et adolescents ayant reçu un traitement antibiotique lourd et prolongé dans les mois suivant la naissance[29]. Soit la dysbiose persiste en fait *a minima* mais suffit à induire progressivement le désordre métabolique, soit la rupture même temporaire de signaux régulateurs laisse en place un dysfonctionnement dans les mécanismes de signalisation physiologiques dont on peut penser qu'ils sont épigénétiques et se transmettent sinon sur un mode intergénérationnel, au moins durant une certaine partie de la vie du sujet. Toutes ces questions sont caractéristiques de cette médecine devenant personnalisée et environnementale comme nous l'avons suggéré plus haut, intégrant paramètres génétiques de l'hôte, mode de vie et facteurs environnement, le microbiote jouant un rôle de « courroie de transmission ».

Il ne faut pas oublier enfin que cette médecine a besoin de biomarqueurs sensibles et spécifiques afin de diagnostiquer, voire anticiper, ces états pathologiques créés ou accentués par des dysbioses. Cette recherche justifie les études physiopathologiques et la recherche d'un lien de causalité qui seules fourniront ces biomarqueurs fiables, qu'ils soient des microbes spécifiques ou des molécules effectrices.

Une perte globale de diversité microbienne ?

Pouvons-nous consolider la notion d'appauvrissement de notre microbiote et entre-t-il dans un processus plus global de réduction de la biodiversité microbienne à l'échelle de la planète ?

À l'échelle d'*Homo sapiens*, nous avons abordé les facteurs associés à la modernité rendant fort probablement compte de l'érosion de la diversité de notre microbiote : hygiène individuelle, de l'eau et des aliments, antibiothérapie, césarienne… L'eau, avant la mise en place de son traitement en amont des systèmes de distribution, était sans doute une grande pourvoyeuse de richesse et de diversité microbienne.

Dans des chapitres précédents traitant de la crise de l'antibiorésistance, nous avons insisté sur l'usage inconsidéré des antibiotiques – voire délirant lorsqu'il n'était pas justifié par une indication médicale ou vétérinaire. Les antibiotiques – devenus polluants environnementaux – ont donc pris une place non seulement à la source de l'antibiorésistance, mais probablement aussi à l'origine d'une perte de diversité du monde microbien auquel nous sommes indissociablement liés. Une étude publiée en 2012 alertait déjà sur la restriction de diversité du microbiote intestinal humain. Comparant des habitants d'Amérique du Nord, des populations amérindiennes d'Amazonie et des habitants du Malawi, les auteurs avaient montré, par exemple, que la diversité des espèces du microbiote intestinal, particulièrement chez les jeunes enfants, était deux fois plus faible en Amérique du Nord qu'en Amazonie[30].

La perte de biodiversité microbienne risque donc de concerner non seulement l'homme et l'animal mais aussi des écosystèmes terrestres et océaniques. Un bilan global de l'évolution de cette biodiversité est en cours. Nous ne sommes sans doute que l'un des marqueurs d'une crise globale d'évolution pernicieuse, mais qui pourrait à terme se révéler comme une autre catastrophe environnementale dans le cadre des activités et de l'empreinte croissante de l'homme sur la planète.

Les dysbioses ont malheureusement de beaux jours devant elles. Il est temps de réagir et de protéger nos microbes. Ce sera le défi, le paradoxe des décennies à venir : sauver en même temps microbes et antibiotiques.

CHAPITRE 45

Faisons un cauchemar : le monde soudain privé de microbes

Poussons à son extrême, bien au-delà de la réduction de la biodiversité microbienne, un scénario catastrophe. Celui de la disparition pure et simple des microbes, au moins bactéries et archées. Imaginons, non la bactérie Andromède hypervirulente et résistante de Michael Crichton débarquant de l'espace et envahissant la planète, mais un bactériophage tueur de bactéries, un *super-serial-bacterial-killer* (SSBK) d'un spectre tellement large et d'une bactéricidie tellement efficace qu'il assurerait en un court laps de temps une éradication réglée incontrôlable des bactéries et archées dans tous les écosystèmes de la planète, qu'ils soient terrestres ou océaniques. Une telle catastrophe nous révélerait brutalement – par la négative – le rôle majeur des bactéries dans l'équilibre du vivant[31].

La seule conséquence favorable, *a priori*, serait la disparition des maladies infectieuses d'origine bactérienne. L'élimination de la « face visible » du monde microbien. Encore que… Demeureraient en fait les infections fongiques et virales. Ces dernières pourraient même être aggravées par l'absence de bactéries, tant il est maintenant évident que le microbiote exerce un effet protecteur contre les infections, y compris virales, directement par l'établissement d'une barrière à la colonisation des surfaces muqueuses par d'autres pathogènes et indirectement par la stimulation des fonctions innées et adaptatives du système immunitaire[32].

La « face cachée » du monde microbien se révélerait cependant très rapidement par l'émergence d'une catastrophe écologique massive et globale du fait du rôle des bactéries dans l'équilibre des fonctions physiologiques fondamentales assurant croissance, développement et survie des êtres vivants, qu'il s'agisse de la flore ou de la faune.

La rupture brutale d'une symbiose construite par 3 milliards d'années de coévolution créerait une situation de rupture sans précédent. Peu de solutions d'échappement existeraient sur le court terme, sauf « miracle » d'activation de voies alternatives imprévues ou de solutions palliatives apportées par la recherche en situation d'urgence[33]. Il n'est cependant jamais interdit de rêver, au moins pour certains écosystèmes particulièrement robustes et résilients...

Pour ce qui concerne le monde végétal, on assisterait à un arrêt des processus de symbiose permettant la fixation d'azote essentielle à la synthèse des acides aminés végétaux. Cela porterait sur les deux formes de cette symbiose plantes-microbes : la rhizosphère, c'est-à-dire les bactéries telluriques proches des racines, et la symbiose nodulaire propre aux plantes légumineuses (lentilles, haricots, pois, fèves, soja) riches en protéines végétales et base alimentaire majeure dans de nombreuses populations. Cette symbiose nodulaire est assurée par des espèces bactériennes du genre *Rhizobium* qui stimulent la formation de nodules aux dépens des racines dans lesquelles les bactéries saprophytes se développent. Les conséquences de la dégénérescence globale de la flore seraient multiples avec à court terme une crise alimentaire dramatique et des conséquences en chaîne faciles à imaginer au niveau géopolitique.

Des interventions compensatoires seraient possibles sous forme d'un « plan B » établi en urgence pour nourrir la planète – mais serait-ce réaliste en regard de l'ampleur de la catastrophe ?

Abandon de la culture des légumineuses pour un « tout-céréales » (blé, riz) dont la fertilisation est plus facile, mais au prix d'une utilisation massive d'engrais azotés produits chimiquement (ammoniac et nitrates).

Développement rapide de plantes génétiquement modifiées fixant l'azote[34]. En dehors de l'impossibilité probable de produire assez d'engrais azotés pour satisfaire les nécessités alimentaires de l'ensemble de la planète, on imagine le désastre écologique irrémédiable infligé au sous-sol des régions concernées, si tant est qu'il y ait un espoir de retour.

Le désastre ne serait pas moins grand du côté de la faune, en particulier des animaux domestiques, avec une perte de la capacité des ruminants à hydrolyser et fermenter la cellulose, la crise de production de lait et de viande aggravant s'il en était besoin la crise alimentaire globale. La fourniture aux animaux de cocktails d'enzymes cellulolytiques et fermentaires de substitution pourrait assurer un remplacement partiel des enzymes absentes, mais à un coût exorbitant de production par génie génétique car les bactéries productrices auraient disparu. De toute façon, d'où viendraient l'herbe ou le foin ? Cette approche substitutive ne serait évidemment pas abordable pour les pays les plus pauvres où le bétail serait frappé en masse de malnutrition et subirait des pertes importantes comme très probablement la volaille, source principale de protéines animales sur la planète. Sans oublier la survenue d'une crise majeure de l'eau potable – déjà en cours du fait des changements climatiques – et s'empirant irrémédiablement du fait de la pollution massive des nappes phréatiques par les engrais délivrés *larga manu* pour fertiliser un humus devenu stérile.

S'ajouterait aux décès animaux l'arrêt de la décomposition des cadavres ainsi que des végétaux morts. Ces cadavres ne sentiraient plus mauvais cependant. Piètre consolation… Plus encore, cette absence de décomposition naturellement effectuée dans la nature, surtout par les bactéries, réduirait très fortement la chaîne de recyclage des nutriments, intensifiant d'autant le dérèglement de la chaîne alimentaire globale.

Les eucaryotes monocellulaires (amibes) et multicellulaires (champignons) et certaines espèces d'insectes, sous réserve qu'elles ne soient pas elles-mêmes affectées, pourraient en partie assurer ce recyclage, mais jusqu'à quel point ? Il est impossible de l'anticiper.

Pour achever d'aggraver la situation, la biodégradation naturelle des polluants dans l'environnement effectuée par les bactéries serait perdue, avec un impact majeur, particulièrement dans les environnements industriels, sur la qualité de l'eau, les stations d'épuration perdant une grande partie de leur capacité d'assainissement. Un accroissement massif de la génotoxicité environnementale serait à craindre avec des conséquences sanitaires évidentes comme l'infertilité, l'accroissement des maladies génétiques et des cancers. La remédiation en serait extrêmement complexe.

En résumé, il est possible de définir deux scénarios principaux :

• Un scénario « pessimiste » menant à un collapsus total de la vie végétale et animale. L'étiolement des forêts et la destruction de la flore microbienne océanique, surtout les cyanobactéries, amenant une accumulation massive de CO_2 accélérant rapidement le réchauffement climatique.

• Un scénario « optimiste » menant à un appauvrissement massif, difficilement réversible, en richesse et diversité des espèces vivantes. Survie quelques siècles de poches d'être vivants. Mais l'effet sur les grands équilibres populationnels de la disparition brutale de nombreuses espèces d'insectes vivant d'une symbiose bactérienne intestinale fixatrice d'azote est imprévisible. Le poids à court et moyen terme de la précarité de la santé des espèces survivantes (dénutrition, chute de fécondité, maladies virales, cancers) est aussi imprévisible.

Pour finir, ne négligeons pas le chaos social, les tensions et désordres planétaires liés à la pénurie massive en aliments et en eau potable.

C'était un cauchemar, réveillons-nous, il n'y aura probablement jamais de bactériophage SSBK s'attaquant à l'ensemble du monde procaryote et aux archées, mais la science-fiction aide souvent à la réflexion, à l'anticipation et éventuellement à l'action car la réalité peut dépasser la fiction.

La réalité d'aujourd'hui ce sont les changements climatiques, en particulier le réchauffement global de la planète. Et si c'était cela le « cauchemar microbiologique » à venir ?

CHAPITRE 46

Changement climatique et perturbation des écosystèmes microbiens de la planète

Si le scénario catastrophe provocateur imaginé précédemment est irréaliste, il a néanmoins le mérite de nous faire percevoir l'importance des microbes et des écosystèmes microbiens qu'ils constituent naturellement dans le grand cycle de la vie animale et végétale. Outre les agressions subies par les écosystèmes microbiens dans le contexte des grands chambardements écologiques et de la pollution environnementale par une large gamme de molécules, dont bien sûr les antibiotiques, une autre menace, peut être pire encore, plane sur le monde microbien : le changement climatique. Il est temps de prendre conscience de l'existence et de l'importance du monde microscopique et des menaces climatiques pesant sur lui. Prenons un peu de recul.

De l'importance du plus petit que soi : les microbes, acteurs essentiels du monde vivant

Après qu'Antoni van Leeuwenhoek eut pour la première fois observé et décrit, au XVIIe siècle, l'existence d'un monde microscopique, il fallut près de deux siècles pour que ce « monde invisible » prenne enfin sa place dans le grand ensemble du « monde vivant ». Les travaux de

Louis Pasteur ont permis de donner, si l'on peut dire, une « visibilité à ce monde invisible », non seulement par son observation, mais surtout par la démonstration de son importance fonctionnelle dans les grands domaines du vivant, qu'il s'agisse de systèmes sains ou malades.

On peut espérer qu'il ne faudra pas deux autres siècles pour apprécier à quel point les grands changements environnementaux et climatiques en cours influencent les équilibres des écosystèmes microbiens. On voit en effet se construire de puissants argumentaires sur l'influence de ces changements sur le monde macroscopique, humain, animal, végétal, sur leur santé, leur résilience, leur diversité. En revanche, le monde microbien demeure, au mieux, périphérique à ces grands débats[35].

On ne pourra faire l'économie de l'y inclure, y compris comme paramètre des modélisations soutenant les politiques de remédiation, tant il est consubstantiel du vivant, et tant il pèse fonctionnellement sur tous les écosystèmes. Ses altérations attendues, parfois déjà observées, participent aux changements en cours, les orientent et les accentuent.

Depuis 1975, William Broecker et de nombreux autres spécialistes de tous pays alertent sur le changement climatique, en particulier le réchauffement climatique n'épargnant aucune zone. Dans un rapport de 2021, l'OMS l'a même reclassé comme « risque numéro 1 » pour la santé humaine et comme en d'autres circonstances, il frappera plus fortement les contrées et populations les plus défavorisées.

Le réchauffement et plus largement le changement climatique sont dus à l'augmentation constante de l'accumulation de gaz à effet de serre, en particulier du dioxyde de carbone (CO_2), due aux activités humaines accroissant d'un côté la production de ces gaz par l'utilisation forcenée des sources d'énergie fossiles et de l'autre par la destruction croissante des puits de carbone comme les grands espaces forestiers intertropicaux.

Dans des chapitres antérieurs, nous avons brossé une courte histoire du changement climatique et de ses effets sur les microbes pathogènes et leurs possibles insectes vecteurs. Élargissons notre champ de vision et de réflexion.

Nous avons vu à l'occasion du scénario catastrophe décrit au chapitre précédent à quel point d'intimité les microbes étaient associés à la santé humaine, animale, végétale, à l'équilibre biologique des sols et des océans. Les microbes sont une sorte de fil conducteur dans la compréhension du concept « une seule santé » ; la santé humaine

– pour rester brièvement anthropocentrique – dépend directement de l'altération des écosystèmes microbiens associés à l'homme, mais aussi indirectement des autres, ne serait-ce que pour sa sécurité alimentaire et son approvisionnement en eau potable.

Rappelons simplement que les microbes sont les acteurs essentiels du bon fonctionnement de grands cycles indispensables au vivant comme les cycles géochimiques de l'azote, du carbone, du phosphore, des gaz à effet de serre – production et consommation – comme le CO_2, le méthane (CH_4) et l'oxyde nitreux (NO_2). Certains sont des symbiontes essentiels à la croissance végétale, céréales, légumineuses pour ce qui concerne l'alimentation de base.

Ce que le climat fait aux microbes. Vers une nouvelle science de l'invisible

Il est donc essentiel d'étudier l'évolution du monde macroscopique et microscopique en réaction au changement climatique, non en parallèle, mais de façon totalement intégrée. Avant de rentrer dans le vif du sujet, rappelons-nous l'incroyable vulnérabilité de l'agriculture d'une majorité des terres cultivables de la planète. Soyons conscients de la précarisation croissante de l'agriculture dans les régions pauvres, en particulier intertropicales, dont l'économie est hautement dépendante.

La vulnérabilité aux insectes ravageurs et aux microbes phytopathogènes est responsable de pertes supérieures à 40 % des ressources vivrières mondiales. La résurgence du criquet pèlerin en Afrique (2003-2004) a concerné 12 millions d'hectares dans vingt pays et a coûté 500 millions de dollars. L'insécurité alimentaire se répercute sur les villes, accroissant la précarité sociale, donc le risque infectieux. Elle diminue aussi la qualité des aliments et *de facto* la sécurité sanitaire par la présence incontrôlée de champignons et de bactéries pathogènes, de mycotoxines, mais aussi de pesticides à bas prix, donc plus toxiques. De tels produits alimentaires perdent par ailleurs toute valeur à l'exportation. Les épizooties ne connaissent pas les frontières : fièvre aphteuse, encéphalopathie spongiforme bovine, peste porcine, grippe aviaire ont causé et pour certaines causent encore des pertes économiques se comptant en milliards de dollars. C'est sur cette toile de fond qu'il faut réfléchir aux dégâts attendus du changement climatique et non par le prisme de nos économies de nantis. Les pays à bas revenus, faute de capacité d'adaptation, seront les premiers touchés en matière d'approvisionnement en eau et aliments.

De quoi parle-t-on finalement ?

Le climat change donc le monde microscopique va changer : joli truisme, mais que contient-il réellement ?

Jusqu'à quel point les écosystèmes microbiens vont-ils évoluer ? Quelle forme prendra cette évolution car il y aura évolution plus qu'extinction. Les microbes sont résilients, peut-être les plus résilients des organismes vivants : ils ont traversé depuis 3 milliards d'années des catastrophes climatiques de toutes natures. Les écosystèmes vont-ils s'appauvrir ou s'enrichir en quantité et diversité ? Les tendances seront-elles globales ou très dépendantes de la nature et de la localisation des écosystèmes ? Les pathogènes deviendront-ils plus ou moins pathogènes ? Leur distribution géographique se modifiera-t-elle ? Dans quelle mesure les symbiontes continueront-ils à assurer leurs fonctions mutualistes ? Les questions sont multiples, sans en oublier deux autres : qu'est-ce qui, dans les évolutions à venir, dépendra *stricto sensu* des changements climatiques ou répondra essentiellement à d'autres activités humaines : pollution environnementale, usage incontrôlé d'antibiotiques, de pesticides, etc. ? Quel espace-temps utilise-t-on pour la surveillance de l'évolution d'écosystèmes modèles, comment développe-t-on une biologie expérimentale, en laboratoire, permettant de déchiffrer les paramètres de l'évolution d'un écosystème microbien en regard d'un accroissement thermique ou de modifications géochimiques caractéristiques d'événements climatiques ? Quelle sera la fiabilité de ces modèles expérimentaux et pourra-t-elle prendre une place de choix dans le paramétrage des modélisations ? *Quid* enfin de l'expérimentation *in naturo* ? Quels problèmes techniques et éthiques ?

Le programme est énorme, mais vital. C'est une nouvelle science essentiellement multidisciplinaire qui émerge, elle devrait attirer les jeunes chercheurs dont la sensibilité écologique s'est extraordinairement accentuée récemment. Cette écologie expérimentale doit être intensifiée en France et en Europe. Renforcement des filières académiques, création de stations dans des zones représentatives d'écosystèmes critiques. La rationalité scientifique se doit d'encadrer ce mouvement qui laisse aussi sa place aux sciences humaines.

Quelques exemples : écosystèmes microbiens du sol, milieux urbains, milieux marins

Voyons quelques exemples des problèmes posés dans cette équation « changements climatiques – écosystèmes microbiens – impact humain, animal et environnemental ».

Le postulat de base est le suivant : les changements de température, d'humidité, d'acidité, de tension en oxygène, de concentration en électrolytes, nutriments et leurs flux altèrent la composition et l'activité métabolique d'un écosystème microbien[36]. Les écosystèmes microbiens du sol jouent un rôle essentiel par leur activité symbiotique avec les plantes, en particulier en tant que fixateurs d'azote, ainsi que plus globalement dans les cycles du carbone et de l'azote. Ils sont les garants de la sécurité alimentaire. Leur dégradation nécessiterait en remplacement l'utilisation massive d'engrais nitrés.

Les « effecteurs environnementaux » du changement climatique : élévation thermique, concentration accrue de CO_2 et d'azote, inondations ou au contraire sécheresses prolongées modifient les écosystèmes microbiens du sol. Le simple réchauffement du sol entraîne un changement de sa composition microbienne combinant une réduction de la diversité d'espèces présentes, l'apparition de nouvelles espèces et la surcroissance de certaines d'entre elles, signant un déséquilibre dynamique modifiant progressivement l'activité métabolique de la communauté microbienne sous stress thermique[37]. Des travaux sont nécessaires afin de préciser sur des temps longs la persistance du processus d'altération ou l'apparition de signes de résilience. Par ailleurs, les prélèvements sont le plus souvent relativement superficiels (moins de 20 centimètres de profondeur) et les analyses suivies en profondeur sont indispensables, d'autant que ces écosystèmes telluriques profonds sont essentiels à la régulation globale du cycle du carbone, en particulier la balance production-capture de CO_2. Les études ont par ailleurs concerné essentiellement bactéries et champignons, mais très peu le virome tellurique à l'exception de bactériophages.

Enfin, ces travaux reposent généralement sur une analyse moléculaire, éventuellement métagénomique, permettant d'anticiper les flux métaboliques générés, mais l'analyse effective de ces flux est difficile car une grande majorité des bactéries, allant parfois jusqu'à 90 %, sont incultivables. L'approche culturomique dans ces contextes est très lourde. On voit donc bien que l'analyse de ces écosystèmes microbiens telluriques sous tension thermique est très exigeante, dans l'espace et dans le temps, d'autant qu'elle doit être couplée avec la preuve de l'impact des modifications microbiennes sur la végétation partageant l'écosystème, sur leurs capacités de détoxification de substances polluantes, etc. Mais ce suivi est devenu vital.

Il faut considérer que l'élévation thermique est aussi associée à une sécheresse accrue entraînant une porosité des sols d'autant plus préoccupante que la survenue d'accidents climatiques comme les orages violents et les inondations vont imposer de nouvelles contraintes avec leur prix de modifications géochimiques, particulièrement du pH dont les effets sur les écosystèmes microbiens telluriques restent à définir.

Un autre souci majeur est le devenir des écosystèmes microbiens du pergélisol en temps de réchauffement de la planète n'épargnant ni latitude, ni altitude. Le pergélisol (*permafrost* en anglais) se définit comme une zone où le sol demeure en permanence gelé sur une période d'au moins deux ans. Il représente environ un quart de la surface totale des sols de la planète. Ces terres sont colonisées par des écosystèmes microbiens riches en bactéries, champignons et protozoaires psychrophiles, c'est-à-dire capables de survivre et de se multiplier à basses températures[38]. Le pergélisol contient une forte concentration de matières organiques végétales, animales et microbiennes[39] dont la biodégradation est ralentie du fait des basses températures affectant la cinétique des réactions enzymatiques nécessaires à leur décomposition. Le dégel progressif du pergélisol offre des conditions très favorables à la décomposition de ces matières organiques, y compris à des espèces bactériennes méthanogènes, libérant des quantités massives de CO_2 et CH_4[40]. On considère que la moitié du potentiel de production de gaz à effet de serre telluriques réside dans le pergélisol. Comment évolueront ces écosystèmes bactériens psychrophiles avec le dégel ? Quel danger de réémergence de pathogènes humains, animaux, végétaux recèle ce pergélisol en constante fonte ? La recherche s'intensifie, ponctuée de fascinantes découvertes d'archéomicrobiologie, mais aussi d'inquiétantes réémergences comme cette épidémie récente de charbon chez des rennes dans les territoires arctiques russes[41].

Même si l'idée de l'effet du changement climatique sur les écosystèmes microbiens urbains est moins intuitive que les effets de ceux impactant les écosystèmes telluriques, ils représentent un risque important. Il suffit d'observer les métropoles situées en zone intertropicale, soumises à une combinaison de précipitations massives et de températures hors norme. Ces effets sont particulièrement nets sur les constructions et les ouvrages de génie civil. Ces altérations annoncent des tendances menaçant les métropoles du Nord soumises aux changements climatiques. Parmi les risques en rapport avec des modifications d'écosystèmes microbiens, trois valent d'être mis en avant. D'abord l'accroissement de l'effet corrosif des biofilms microbiens dans les tuyauteries de tous calibres[42]. Ensuite, le béton qui est sensible aux acides organiques et inorganiques produits par des bactéries, des champignons et des algues. Ces acides ont un puissant effet corrosif sur la structure du béton[43]. Cette « maladie du béton » met particulièrement en danger les ouvrages de génie civil comme les ponts. L'effet conjugué du ruissellement et des inondations vient en synergie aggraver ces altérations en amplifiant les effets chimiques, en particulier la baisse du pH. Enfin, le réchauffement climatique et les accidents météorologiques menacent aussi l'équilibre des écosystèmes microbiens des stations d'épuration des eaux usées. Glissement de composition en diversité et richesse pouvant causer des changements drastiques de leurs capacités biologiques de traitement, particulièrement de détoxification[44]. L'anticipation de ces effets est vitale afin d'engager des stratégies de résilience.

Comme un leitmotiv, il est clair que l'effet du changement climatique sur l'environnement urbain des populations défavorisées sera plus appuyé. La « ville de demain » devra prendre en considération ces éléments de risque déjà évidents pour qui veut bien les voir.

Les océans, enfin, représentent près de 70 % de la surface du globe et les écosystèmes microbiens marins sont, comme les grandes zones forestières, un déterminant majeur de l'équilibre entre production et absorption de CO_2. Une partie importante de l'absorption du CO_2 revient aux cyanobactéries présentes à différentes profondeurs. Le réchauffement climatique, là comme ailleurs, devrait altérer leur richesse et leur biodiversité. Par ailleurs, ce sont surtout les écosystèmes des grandes profondeurs qui assurent le rôle de « puits de carbone », or nos connaissances de ces écosystèmes augmentent rapidement pour les zones de surface, mais l'exploration des profondeurs est bien entendu plus complexe… quoique indispensable. La santé des coraux dépend d'une symbiose avec un écosystème microbien complexe comportant des archées, des bactéries, dont des cyanobactéries, des champignons, virus et algues[45]. Ces communautés microbiennes sont éminemment sensibles à leurs conditions environnementales, en particulier à la pollution et au réchauffement océanique, avec un accroissement préoccupant du « blanchiment » des massifs, en d'autres termes la mort des coraux[46]. Ils sont donc un sensible marqueur de la santé des océans, tout en étant un extraordinaire conservatoire de la biodiversité.

On voit donc les défis qui nous attendent et la complexité de la feuille de route. La France, qui bénéficie d'une formidable diversité naturelle, climatique, d'une exceptionnelle façade maritime et de territoires ultramarins, est un laboratoire à ciel ouvert de l'analyse de l'impact des changements climatiques sur le monde microscopique en interaction avec le monde macroscopique. Profitons de cette situation exceptionnelle de notre pays pour en faire un centre majeur de l'étude de l'évolution et de la résilience du monde vivant micro et macroscopique.

PARTIE VII

En guise de conclusion et de perspectives. Que nous a appris la pandémie de Covid-19 sur nos forces et nos faiblesses ? Comment consolider un paradigme de santé publique du XXIe siècle ?

CHAPITRE 47

Fin de la pandémie ! Et maintenant ?

6 mai 2023 : l'OMS déclare officiellement la fin de l'urgence de santé publique de portée internationale[1]. Elle avait été déclarée le 30 janvier 2020 avec un certain retard. Après un an de surveillance planétaire étroite, le Comité d'urgence de l'OMS a considéré qu'il était temps de sonner la fin de la pandémie.

766 millions de cas cumulés, 7 millions de décès et 13,3 milliards de doses de vaccins plus tard, quel soulagement ! « Cette tendance globale à la baisse a permis à la plupart des pays de revenir à la vie telle qu'ils la connaissaient avant le Covid-19 », précise la déclaration. C'est effectivement la formulation la plus simple d'une fin de pandémie, nous l'avons discutée à plusieurs reprises. La situation est maintenant assez homogène sur l'ensemble de la planète pour permettre cette décision.

En fait, de même que l'OMS avait attendu le bon vouloir de la Chine pour déclarer l'état de pandémie, elle a dû à nouveau attendre les résultats de l'incroyable revirement sanitaire de la Chine pour déclarer la fin de l'état de pandémie. En effet, le 7 décembre 2022, les autorités chinoises ont effectué en une nuit un virage à 180 degrés, passant de leur stratégie « zéro Covid » à une levée en bloc – dans le pays et à ses frontières – de toutes les restrictions imposées depuis des mois, à la suite de la flambée d'Omicron qui s'était joué des barrières impitoyables aux frontières du fait de son extraordinaire transmissibilité. Cette décision était motivée par des raisons économiques certes, mais aussi par l'expression croissante de la colère d'une population urbaine physiquement et psychologiquement épuisée par un confinement devenu inhumain dans les grandes villes et profondément choquée par la mort atroce de dix habitants dans l'incendie de leur immeuble du Xinjiang dont les issues de secours avaient été scellées pour éviter la circulation d'éventuels porteurs de virus. Cet événement funeste cristallisait soudain tous les excès de la politique « zéro Covid ». Un tour de passe-passe s'appuyant sur un argumentaire simple – cette nouvelle maladie causée par Omicron, ce virus venu de l'étranger, est une simple rhinite, une « grippette » –, et sur une stratégie imparable – on ne teste plus, les pneumopathies ne sont pas des Covid-19 et on n'en déclare pas les décès. C'est casser le thermomètre pour ignorer la fièvre, à l'échelle d'une population largement infectée. L'immunité de groupe fut atteinte en quelques semaines, mais on ne saura sans doute jamais de quel prix s'est payé ce retournement sanitaire, en particulier chez les personnes âgées, en général peu vaccinées.

Fin de la pandémie, mais pas du virus. Un bilan douloureux

Alors, fin du Covid-19 ? Certainement pas : c'est seulement la fin de l'état de pandémie. « La semaine dernière, le Covid-19 a coûté la vie d'une personne toutes les trois minutes », s'est empressé d'ajouter le directeur général de l'OMS en conférence de presse, assortissant son propos d'un *mea culpa* inédit : « De nombreuses erreurs ont été commises, notamment un manque de coordination, d'équité et de solidarité, ce qui signifie que les outils et technologies existants n'ont pas été utilisés au mieux pour lutter contre le virus. Nous devons nous promettre, ainsi qu'à nos enfants et petits-enfants, que nous ne ferons plus jamais ces erreurs. Cette expérience doit tous nous changer pour le mieux. Cela doit nous rendre plus déterminés à réaliser la vision qu'avaient les nations lorsqu'elles ont fondé l'OMS en 1948 : le niveau de santé le plus élevé possible pour tous. » Comme un air de « der des ders » : on connaît la suite… Peut-on vraiment faire confiance à ces nations ?

Pour la France, le bilan est d'environ 28 millions de cas et 168 000 décès (137 000 à l'hôpital et 30 000 en EHPAD) selon Santé publique France, mais le virus est toujours là, même si le taux de reproduction R_0, en juin 2023, est de 0,72, donc inférieur au seuil épidémique de 1. On déplore encore environ 1 000 cas quotidiens, partie émergée de l'iceberg car on ne teste quasiment plus, 8 540 personnes hospitalisées dont 480 en réanimation, soit 10 % des capacités d'accueil dans cette spécialité. On meurt encore de Covid-19 en France – environ 10 décès par jour – mais on n'en parle plus... C'est cela la fin d'une pandémie, et la résilience qui s'est établie fait occulter ces chiffres. Vont-ils constituer le bruit de fond d'une endémie dont il est encore trop tôt pour dresser le profil ?

Il n'est cependant pas interdit de réfléchir sur la base des éléments égrenés tout au long de cet essai sur les tensions en santé publique : 55 millions de Français ont reçu au moins une dose de vaccin anti-Covid 19 ; sur ce chiffre plus de 10 millions ont reçu quatre doses. Ces scores vaccinaux ne sont pas idéaux mais, combinés au fort taux d'attaque de la maladie naturelle, survenant souvent sous des formes mineures chez les sujets vaccinés, une immunité collective s'est établie qui protège globalement des formes graves et freine indiscutablement la circulation virale, même si elle ne l'arrête pas totalement, pour des raisons que nous avons largement évoquées. Certes ce tableau de bord est rassurant, mais la durée de la protection immunitaire par la maladie naturelle et la vaccination est relativement courte et le virus qui circule – même à bas bruit – n'a pas perdu sa capacité de muter et générer de nouveaux variants. Il le fait d'ailleurs, obligeant à régulièrement réajuster le vaccin. Donc, sans vouloir jouer les Cassandre, une reprise épidémique est probable dans les mois à venir dont l'intensité est imprévisible. La seule solution à notre disposition, hormis les mesures barrières dont l'application est difficile, est le maintien de la surveillance épidémiologique et la prévention vaccinale. Il est urgent que les autorités sanitaires offrent à la population une feuille de route claire insistant sur la mise à jour régulière de la vaccination à un rythme qui restera à définir probablement annuel.

CHAPITRE 48

Les leçons de la pandémie de Covid-19

Avec un peu de recul, passé trois ans de Covid-19, on peut conclure que, en dépit de débuts très chaotiques, la France s'est plutôt bien sortie de cette pandémie. Une mortalité globale dans la moyenne européenne, un système de soins qui a tenu, surtout dans les premiers mois, grâce à des personnels de soins exemplaires de compétence et de dévouement, une campagne de vaccination globalement réussie en équité et efficacité et qui aura largement participé à la sauvegarde de l'hôpital, avec les confinements et les mesures barrières sur lesquels il y aura cependant à redire. Une résilience économique indiscutable et relativement inattendue à laquelle aura aussi largement contribué la campagne vaccinale en raccourcissant le temps pandémique, en association à une approche économique, elle aussi inattendue : le « quoi qu'il en coûte ». Cette approche économique que n'ont pas partagée d'autres pays européens est intéressante car elle présente un modèle inédit de gestion de prévention des désastres économiques et sociaux d'une pandémie, situation pour laquelle il n'existait pas d'expérience avec les crises pandémiques antérieures. Elle doit maintenant être évaluée scientifiquement sur ses effets de court, de moyen et de long terme en comparaison des « pays contrôles » qui ne l'ont pas adoptée. Si une telle approche s'est révélée indubitablement positive sur le court terme, il est clair qu'elle comporte un risque d'endettement qui pourrait peser sur le long terme – mais de quel poids spécifique, quand s'enchaînent inflation et guerre en Europe ?

Ce bilan plutôt positif doit cependant être nuancé par le chaos qui a présidé à l'entrée du pays dans la crise. Quand il fut clair que la transmission aérienne du SARS-CoV-2 était redoutablement efficace, d'autant qu'une grande partie de la contagion provenait de patients asymptomatiques ou pauci-symptomatiques, l'épisode ubuesque des masques, l'entrée tardive en confinement, sa sortie trop laxiste en matière de mise en place et de respect des mesures barrières (particulièrement le suivi et l'isolement des sujets infectés) ont créé un flottement vite traduit en défiance de la population vis-à-vis des autorités[2]. Certains pays européens, en particulier nordiques, ont mieux maîtrisé l'impact en matière de morbi-mortalité en imposant un confinement plus précoce alors que leur système sanitaire n'était pas encore en tension. La confiance dans les autorités restera un élément clé de la sociologie du contrôle pandémique.

Un bilan complexe et beaucoup de questions

Faut-il parler de « Covid long » ou de séquelles de la maladie, éventuellement actives, restant à éclaircir ? L'avenir permettra de compléter ce nouveau chapitre de la médecine qu'a ouvert le Covid-19. Notre pays sort globalement psychologiquement secoué par ce traumatisme. On avait glosé sur le stress psychologique comme sur le stress socio-économique d'une pandémie, mais on ne l'avait jamais ressenti « pour de vrai ». Le choc a été rude pour les plus socialement défavorisés et pour certaines tranches d'âge comme les adolescents et les étudiants. Dans ce secteur, le Covid-19 a été un révélateur impitoyable de carences chroniques dans notre pays, comme la déshérence, faute de moyens, de la médecine scolaire et universitaire, y compris dans leur disponibilité pour assurer une alerte et un suivi psychologique en période de crise. En avril 2022, Santé publique France tirait la sonnette d'alarme sur un sujet qui avait déjà fait l'objet de données partielles et d'éditoriaux : le nombre d'hospitalisations d'adolescents et de jeunes adultes aux urgences pour syndromes mentaux et tentatives de suicide connaissait une dangereuse augmentation depuis 2020[3], allant jusqu'à 40 % chez les jeunes filles. La courbe avait certes commencé de croître avant la pandémie, mais cette dernière a clairement accéléré cette terrible tendance. Elle soulignait la grande vulnérabilité de nos jeunes, connue sans doute, mais fallait-il cette crise pour en faire prendre enfin conscience et aussi révéler du même coup les inacceptables insuffisances de moyens alloués à la psychiatrie en France ? C'est généralement vers 14 ans que se révèlent les pathologies psychiatriques qui se cristalliseront à l'âge adulte. Espérons que ces cris d'alarme au sujet de la santé mentale de nos jeunes seront entendus.

Regardons comme nos adolescents, soi-disant rebelles, ont largement adhéré à la vaccination contre le SARS-CoV-2. N'ont-ils pas montré plus de compréhension et de civisme que beaucoup d'adultes ? Sans doute, et ils méritent bien pour cela qu'en retour le pays s'intéresse à leur vulnérabilité mentale.

Les carences de la santé publique et de la recherche

Il ne faudrait pas cependant que ce bilan, mitigé ou satisfaisant à certains égards, soit l'arbre qui cache la forêt. Notre pays souffre de carences en matière de santé publique et de recherche biomédicale qui nous ont relégués au second plan en termes de contributions décisives au contrôle global de la pandémie.

Prenons quelques domaines clés.

En épidémiologie moléculaire, examinons le couplage entre l'épidémiologie et le séquençage massif d'isolats viraux qui s'est avéré essentiel dans le dépistage ultraprécoce des variants préoccupants (VOC). Nous avons été à la peine, derrière les pays scandinaves comme le Danemark, sans doute derrière les Pays-Bas et l'Allemagne, et surtout loin du Royaume-Uni, leader incontesté du domaine car doté depuis des décennies de structures académiques en pointe dans l'intégration de l'épidémiologie avec la biologie moléculaire, les sciences humaines et les sciences de l'information. C'est en des lieux académiques comme l'Imperial College, la London School of Tropical Medicine and Hygiene, l'University College, Oxford, le Sanger Center à Cambridge que se conçoivent ces approches de pointe qui diffusent ensuite avec beaucoup de fluidité vers les autorités sanitaires et le terrain grâce à des rouages bien huilés. Ces approches de pointe étant couplées à des modélisations mathématiques dont le Royaume-Uni a été aussi promoteur, se basant en particulier sur l'étude ciblée et prospective de populations d'effectif limité représentatives de situations particulières de transmission d'un agent infectieux. Cette approche proactive et anticipatrice est plus rigoureuse et informative que le recueil global passif de données à partir de la population générale, approche devenant intenable sur le long terme du fait de sa lourdeur en coût et logistique. Ce n'était pourtant pas faute d'avoir, en France, une capacité de séquençage et d'analyse bio-informatique de données massives, servie par des scientifiques de haut niveau à l'Institut Pasteur, dans les grands organismes (Inserm, CNRS) et certains centres hospitalo-universitaires, mais ce potentiel est resté ignoré, négligé et fragmenté au profit d'une approche centralisée et bureaucratique, opérationnelle certes, mais plus lourde, plus lente et sans réelle créativité en l'absence de connexion suffisante avec le milieu académique, seul capable d'insuffler originalité et nouveauté. Le Conseil scientifique réuni autour du président de la République durant la crise a fait un énorme travail et, grâce à des personnalités éminentes, a réussi à inspirer un pilotage rationnel de la conduite des opérations, y compris par des modélisations de grande qualité. Mais que de compétences ignorées par ce modèle hypercentralisateur ! C'est peut-être ici l'occasion de souligner à quel point la faiblesse de la représentativité de scientifiques au sein de nos élites législatives et exécutives maintient au sommet de notre État une situation d'« illettrisme scientifique » : on y perçoit mal l'importance de soutenir la recherche scientifique et la nécessité de l'intégrer effectivement à tous les échelons et dans tous les domaines touchant le progrès de la Nation. La campagne de l'élection présidentielle de 2022 a illustré ce point jusqu'à la caricature. Pas un candidat, pas une candidate n'a abordé ce thème, voire prononcé ce mot, à tel point que l'Académie des sciences s'en est émue.

Faiblesse du développement thérapeutique : recherche et développement à redresser

Le second domaine de faiblesse fut celui du développement thérapeutique. Aucune molécule originelle spécifique anticoronavirus – oublions la pantalonnade de la chloroquine – n'a émergé d'un laboratoire académique ou industriel français. Une science s'est construite ces dernières décennies dans le domaine de la recherche de molécules antimicrobiennes innovantes, en particulier des antivirus. Comme discuté à d'autres chapitres, le modèle nécessite d'intégrer des approches de pointe en virologie moléculaire et cellulaire, en biologie structurale de haute résolution, bénéficiant largement de techniques de pointe comme la cryotomomicroscopie électronique fournissant à quelques angströms de résolution la structure d'une possible cible virale, des capacités colossales en bio-informatique, le *machine learning* et l'intelligence artificielle, mais aussi une expertise de pointe en chimie thérapeutique permettant d'offrir des gammes de structures moléculaires capables de s'intégrer dans des cibles correspondant le plus souvent au site catalytique d'une enzyme clé du virus d'intérêt. Cela se fait aussi dans le contexte de capacités de criblage à haut débit de librairies de composants chimiques, éventuellement modifiés, améliorés par la chimie thérapeutique afin de présenter la meilleure complémentarité possible avec la cible. Nous ne disposons pas de la conjonction de ces moyens sur un même site dédié, en milieu académique. Et pour ce qui est de nos grands laboratoires industriels, il y a belle lurette que cette recherche a été délocalisée et sous-traitée dans d'autres pays mieux équipés et bénéficiant de moyens financiers sans commune mesure. Il n'y a pas de mystère...

Malgré des tentatives de rattrapage, la France reste très en retard sur l'Allemagne et le Royaume-Uni, par exemple pour l'acquisition de cryotomomicroscopes électroniques de pointe comme les Titan Krios. Il en existe deux à l'Institut Pasteur depuis 2018.

Mais ne doit-on pas poser la question différemment ? Rattrapage ou pas, la France est-elle en mesure de redresser à elle seule sa souveraineté en recherche et développement de molécules anti-infectieuses, en particulier antivirales ? Et ce en dépit des politiques erratiques de nos grands industriels délocalisant à tour de bras cette R&D en Amérique du Nord, la souveraineté industrielle n'étant pas la préoccupation majeure de leurs actionnaires ? Et l'État, direz-vous ? Il s'agite, le paracétamol (Doliprane) sera de nouveau fabriqué en France d'ici à deux ans... Pas de quoi triompher.

Mais soyons objectifs : quel pays membre de l'Union européenne a amené sur le marché au cours de ces trois années de crise un anti-coronavirus décisif ? Je suis depuis longtemps convaincu que l'Union européenne devrait devenir « l'unité de base » de notre réflexion en matière de souveraineté thérapeutique. J'en suis d'autant plus convaincu lorsque je vois la capacité extraordinaire de mobilisation des États-Unis en situation de crise. Il est tout aussi clair qu'en Chine les investissements dans ce domaine sont énormes, qu'il s'agisse de la recherche universitaire ou industrielle, orientée vers la médecine allopathique, mais aussi la médecine traditionnelle chinoise à laquelle sont dédiées plusieurs universités. Tout bon *group leader* en Chine rêve d'obtenir un brevet avant de rêver de publier un article dans CNS (*Cell*, *Nature*, *Science*). Après être devenue la première usine du monde, la Chine veut devenir la première pharmacie du monde. Elle en est encore loin si l'on en juge par son incapacité à proposer jusqu'à présent un médicament ou un vaccin innovant contre le SARS-CoV-2. Soyons néanmoins avertis de cette ambition affichée. Il nous faut donc, comme la Reine rouge de Lewis Carroll, courir encore plus vite sur le sol qui défile sous nos pieds afin de ne pas reculer. L'Europe est mise au défi sur deux fronts. Elle a montré avec Airbus sa capacité de relever brillamment le défi aéronautique. Pourquoi pas le défi pharmaceutique ?

L'échec des « vaccins français » contre le Covid-19

En ce qui concerne la France, un constat similaire peut être fait pour la vaccination anti-Covid-19. L'Institut Pasteur, côté académique, et Sanofi, côté industriel, ont tous deux échoué dans le développement d'un vaccin « innovant », entendant par cette épithète la capacité de développer dans un espace de temps bref un vaccin – éventuellement de technologie nouvelle – offrant une protection par la double capacité de stimuler un titre élevé d'anticorps neutralisants et une réponse T stérilisante significative.

Cela est à comparer avec des succès remarquables : celui de BioNTech en Allemagne avec sa plateforme de vaccins ARNm ayant servi d'appui à Pfizer aux États-Unis pour développer son vaccin anti-SARS-CoV-2, celui de Moderna, toujours aux États-Unis dans ce même domaine, celui du centre de vaccinologie de l'Université d'Oxford en association avec AstraZeneca utilisant la technologie des virus adéno-recombinants non réplicatifs.

Je dois avouer mon immense déception, tant pour l'échec du vaccin candidat de l'Institut Pasteur que pour celui de Sanofi, car je croyais beaucoup dans les deux approches. Je pense tout simplement que l'un comme l'autre n'ont pas réussi l'épreuve impitoyable imposée par la pression temporelle mise sur les développeurs de candidats vaccins contre le Covid-19. Pour simplifier, il fallait, « montre en main », que le candidat vaccin soit prêt en trois mois afin d'entrer en essais cliniques. Qu'entend-on par « prêt » ? Tout : construction des vaccins candidats sur la base de la séquence de la protéine S connue vers la mi-janvier 2020 – on savait heureusement depuis le SRAS de 2003 que cette protéine de spicule était l'antigène protecteur dominant de SARS-CoV –, validations précliniques chez l'animal (souris, cobaye, singe), sélection du candidat le plus prometteur et production selon les conditions de « bonnes pratiques médicales » (GMP) pour une entrée en phase clinique courant avril. Du jamais-vu dans le monde de la vaccination où le temps de développement d'un nouveau vaccin, sans même compter le temps dédié aux études cliniques, se compte en années. Dans un tel scénario, le moindre maillon faible dans la chaîne est synonyme d'échec. Et l'on ne parle pas encore à ce stade du « taux d'attrition » de candidats prometteurs sortis des phases précliniques et échouant aux phases cliniques car causant des effets secondaires ou ne stimulant pas une réponse immunitaire suffisante.

Tout cela pour expliquer la pression phénoménale sous laquelle se sont déroulées les phases initiales, néanmoins décisives.

L'Institut Pasteur avait conçu depuis le début des années 2000 une plateforme pour le développement rapide de vaccins dans le cas d'émergence virale pandémique. La base en était le vaccin contre la rougeole, un vaccin vivant atténué, l'un des meilleurs dont nous disposions par sa bonne tolérance et sa remarquable efficacité tant par son niveau de protection, de 95 % après deux doses, que par sa durée de protection pour la vie. Virus vivant atténué et relativement réplicatif, contrairement aux adénovirus utilisés comme base pour le SARS-CoV2 ou le virus de la stomatite vésiculeuse murine pour Ebola, il stimule une excellente réponse B avec de forts taux d'anticorps neutralisants et une puissante réponse cellulaire T stérilisante, doublés d'une solide mémoire immunitaire[4]. Cette plateforme avait été validée avec succès, y compris en études cliniques pour les virus Zika, chikungunya et Lassa[5]. Associé à deux firmes pharmaceutiques, Thémis et Merck, la première assurant l'articulation avec la seconde, l'Institut Pasteur était prêt[6].

Malheureusement, le virus de la rougeole présente des difficultés techniques quand il s'agit de choisir le site optimal d'expression d'un gène recombinant et, pour ce qui concernait la protéine S, une difficulté supplémentaire de choix d'exprimer la protéine clivable ou non clivable, affectant son accumulation à la surface du virus avec des effets sur son ciblage et sa réplication chez l'hôte humain vacciné. Autant de paramètres complexes à anticiper aux phases précliniques. Sous la pression du temps, les conditions d'un choix optimal n'ont pu être réunies et la souche qui partit en essai clinique s'avéra trop faiblement immunogène chez les volontaires.

Pouvait-on faire mieux en trois mois avec les moyens disponibles ? Probablement pas. Aurait-on pu faire mieux avec plus de moyens ? Sans doute et cela pose une question plus fondamentale qui ne concerne pas uniquement l'Institut Pasteur : celle de l'adéquation entre une ambition et les moyens mis à son service. Au XXIe siècle, la vaccinologie ne peut pas être considérée comme l'activité périphérique d'une institution qui, avec le temps – particulièrement depuis la révolution de la génétique moléculaire qui y est née dans les années 1950 et a valu à Lwoff, Monod et Jacob le prix Nobel en 1965 –, s'est profondément transformée et concentrée avec succès sur la biologie fondamentale Cette mutation l'a cependant progressivement éloignée du développement d'applications médicales qui avait marqué les premières décennies de son existence – au premier chef la conception de vaccins, raison de sa création par Louis Pasteur en 1887. Grâce à son expertise fondamentale unique dans le domaine de la microbiologie et de l'immunologie, l'Institut Pasteur est un pôle unique de référence pour les maladies infectieuses et la santé publique, en France et aussi dans le monde grâce au réseau international des Instituts Pasteur. Cependant, lorsqu'on en vient au développement de vaccins ou de molécules thérapeutiques, les résultats ne sont pas à la hauteur des attentes car les moyens de soutenir un tel effort ne sont pas au rendez-vous. Si l'on veut que l'Institut Pasteur renoue avec sa tradition de vaccins innovants, il faut qu'il soit doté d'une véritable filière de recherche en vaccinologie allant de la biologie fondamentale sur laquelle les développements puissent s'appuyer – mémoire immunitaire, biologie des adjuvants, ingénierie des vecteurs, chimie, biologie synthétique – jusqu'à la conception de candidats vaccins, leurs études précliniques et la transition vers les phases cliniques. Cela nécessite un schéma clair, une forte interface médicale et des personnels scientifiques et techniques dédiés. Or la vaccinologie n'attire pas les jeunes chercheurs prometteurs. Elle est souvent perçue comme une science appliquée alors qu'elle ne peut vivre sans biologie fondamentale et qu'elle soulève des sujets de recherche passionnants, sans parler de ses objectifs puissamment humanitaires comme la santé des enfants, en particulier dans les régions les plus défavorisées. À l'occasion du Covid-19, la vaccinologie a démontré sa haute valeur ajoutée scientifique et technologique et fait émerger des figures de premier plan. L'Institut Pasteur ne pourra cependant pas s'engager seul et c'est là que le bât blesse. S'il devient le noyau d'une renaissance vaccinologique, ce qui est possible, il faut que ce soit dans le cadre d'un soutien national, fédérant les efforts des divers opérateurs nationaux, facilitant l'intégration et la globalisation de l'action, ainsi que l'attribution de moyens financiers dédiés sans précédent.

Un mot aussi sur l'échec de Sanofi à s'adapter au rythme imposé par la pandémie. Le vaccin prévu, même s'il était classique dans sa conception – protéine S purifiée associée à un puissant adjuvant fourni par GSK – en regard de l'ARNm ou des vaccins viraux recombinants, garantit une très forte réponse anticorps neutralisante, possiblement même au niveau muqueux, comme le font les vaccins conjugués polyosidiques (méningocoques, *Haemophilus influenzae*). La réponse T stérilisante devrait aussi être importante de même que la mémoire grâce à l'adjuvant utilisé. Une série de problèmes dans le dosage de la protéine et la réalisation des études cliniques a relégué en queue de peloton cette approche pourtant prometteuse. Difficile de faire l'exégèse de cet échec affectant un industriel dont la réputation n'est plus à faire en vaccinologie. Difficile néanmoins de ne pas se poser des questions et voir comment retisser des liens étroits entre cet industriel et le tissu académique français qui se sont beaucoup trop relâchés. Ce pont recherche académique-recherche industrielle est à reconstruire si nous voulons garder une marge importante d'innovation.

Certes les vaccins ARNm ont « tué le match », mais s'ils sont pour l'instant incontournables en rapidité de développement et versatilité pour le contrôle d'une pandémie virale, ils ne recouvrent pas

– et de loin – le spectre d'application de la vaccinologie, et la biologie de synthèse offre d'autres options dans d'autres situations.

Tout est à rediscuter, une vision nouvelle est nécessaire, sans oublier d'élever notre regard vers l'horizon européen.

La difficulté de réaliser des essais cliniques en France

Un quatrième point faible qui s'est confirmé sous la pression de l'urgence du contrôle de Covid-19 est la difficulté croissante et de plus en plus démotivante de réaliser en France des études cliniques, essentiellement les phases II et III qui sont clés pour l'enregistrement d'un nouveau produit. Les chercheurs académiques et industriels, cliniciens, cliniciens-chercheurs s'en plaignent depuis des années et malgré cela la situation ne semble qu'empirer. « Les essais cliniques se délocalisent à l'étranger, nous sommes moins attractifs, en particulier pour les grands essais internationaux » devient un leitmotiv. Or il est essentiel pour la qualité des équipes scientifiques, médicales et pour la qualité des soins et leur visibilité nationale et internationale de maintenir une forte activité d'essais cliniques et thérapeutiques. N'oublions pas l'importance de ces études rigoureusement contrôlées dans l'apprentissage par les jeunes personnels de santé de la « médecine par la preuve » (*evidence-based medicine*). On a vu le flottement des convictions d'une partie – même si minoritaire – du corps médical, lors du déplorable épisode de la chloroquine proposée sans preuve dans le traitement de Covid-19. Le sujet est d'autant plus critique que la méthodologie des études cliniques et thérapeutiques est en plein bouleversement. Il ne s'agit pas seulement du spectacle sidérant qu'ont montré les essais cliniques des vaccins anti-SARS-CoV-2 marqués par un télescopage et un continuum des trois phases classiques doublés d'une priorisation des dossiers permettant de littéralement réduire de quelques années à quelques mois, sans en réduire la qualité et la fiabilité. Il s'agit aussi d'approches méthodologiques innovantes permettant, entre autres, d'alléger le poids parfois démotivant de ces études pour les volontaires qui y participent. Deux exemples d'innovation : les *masters protocols* utilisant une étude et une plateforme unique pour évaluer plusieurs traitements candidats pour une même maladie et les « essais numériques » déléguant, grâce à l'utilisation de technologies numériques, une partie significative du suivi par le patient-volontaire lui-même à son domicile, retrouvant ainsi disponibilité et flexibilité. Nous y reviendrons dans le chapitre suivant. Ne prenons pas le risque de manquer ces tournants qui, au contraire, pourraient être des opportunités de relance.

Mais où sont finalement les handicaps ? La France n'est pas dépourvue d'atouts : des centres d'investigation clinique (CIC) associés à l'Inserm et bénéficiant de personnels dédiés compétents, un accès possible à des programmes de soutien financier comme le programme hospitalier de recherche clinique (PHRC), un promotorat clair, un encadrement éthico-légal clair dans le cadre de la loi Huriet-Sérusclat garantissant en théorie des délais raisonnables d'initiation des études[7].

Alors, qu'est-ce qui ne va pas ? Les facteurs sont multiples, mais on peut en dégager un principal, un peu attendu : « le mal français », les complexités et les longueurs bureaucratiques. Formulaires excessivement longs et inutilement exigeants, longueur à chaque « guichet » des procédures décisionnelles, casse-tête interinstitutionnel de la propriété intellectuelle et des échantillons recueillis au cours des études, arrêts incompréhensibles en cours d'instruction des dossiers créant des situations ubuesques où les auteurs de l'étude sont amenés à rendre leur financement car la date limite de l'utilisation des fonds est dépassée, sans même parler de l'accroissement global des coûts induits par ces retards, par exemple la nécessité de payer des personnels recrutés pour un essai quand le feu vert de début de l'étude tarde à arriver. On ne parle pas de jours ou de semaines de retard, mais de mois et parfois d'années avec le stress et la frustration que cela représente pour les équipes.

Il y a d'autres facteurs : la difficulté croissante de trouver des volontaires pour certaines études, un phénomène à mettre en rapport avec une diminution du nombre des donneurs de sang, et qui témoigne peut-être d'une érosion des comportements altruistes dans notre société pressée et individualiste. La crainte souvent tacite d'effets secondaires – le Médiator a laissé des traces –, qui alimente une sourde défiance chez tous les protagonistes. Enfin sans doute cet autre « mal français » du silo : la difficulté culturelle de comprendre que l'on peut faire plus et mieux ensemble – en synergie – qu'individuellement.

Un système médical à repenser pour promouvoir une médecine de prévention

À côté des faiblesses de notre recherche biomédicale, en particulier appliquée, révélées par les limites à nos capacités d'apporter des réponses innovantes dans le contrôle du Covid-19, il convient aussi d'identifier des faiblesses, fractures et archaïsmes de fond qui dépassent les analyses superficielles et les solutions de court terme généralement proposées par les politiques.

Toute réforme de fond de notre système de santé, en particulier la revalorisation des carrières médicales et paramédicales et la fin de l'« hôpital usine », ne peut se concevoir sans un changement radical du paradigme de notre médecine – essentiellement, culturellement, curative –, mettant enfin l'accent sur la prévention.

Cela contribuerait naturellement à alléger la pression sur l'hôpital. Ce n'est pas une simple affaire de nombre de lits et de personnels formés, même si l'offre de soins est un paramètre incontournable. La solution est dans la complémentarité des approches. Il faut rééquilibrer le préventif et le curatif et cesser de privilégier l'un aux dépens de l'autre.

Un premier pas consiste à revaloriser le prestige de la médecine préventive et de la santé publique en général dans la population et surtout chez les étudiants s'orientant vers des carrières de santé, qu'elles soient médicales ou vétérinaires. Dans le cursus médical, les postes de santé publique sont encore trop souvent choisis en dernier par les internes en médecine. Dans la culture médicale française, contrairement à d'autres pays, c'est le curatif qui « tient le haut du pavé ». Est-ce pour cela que nous sommes parmi les plus gros consommateurs de médicaments ?

Le concept de « médecine personnalisée » qui considère que la maladie est la résultante d'une équation à trois variables, la sensibilité génétique, le mode de vie et l'exposition à l'environnement, peut être prise comme paradigme de la refondation de la médecine préventive et de la médecine en général. L'émergence de la médecine environnementale, le concept d'« exposome », levier insuffisamment exploré de la maladie[8], est dans l'air du temps pour une jeunesse dont la sensibilité à la cause environnementale restera un marqueur générationnel. Cette « médecine personnalisée », voire « de précision », faisant appel à des biomarqueurs ultrasensibles et précoces d'anticipation d'une maladie ou de sa rechute, crée un contexte de modernité avec son usage des big data et de l'intelligence artificielle qui ne peut que la rendre attirante pour les nouvelles générations de professionnels médicaux et paramédicaux. Cette médecine préventive personnalisée doit s'étendre à toutes les composantes du tissu médical : médecine de ville, médecine scolaire et universitaire, médecine du travail.

Valoriser la santé publique, associer les vétérinaires

Il faut désenclaver et renforcer les moyens et le prestige de nos organismes de santé publique, accroître leur visibilité nationale et internationale. La place de Santé publique France est sur un campus universitaire multidisciplinaire, en interaction avec des biologistes, des mathématiciens, statisticiens, informaticiens, modélisateurs, mais aussi des écologistes, démographes, climatologues et spécialistes des sciences de l'information et des sciences humaines et sociales. C'est aux interfaces créées par des rencontres quotidiennes, parfois aléatoires, qu'émergent des projets pluridisciplinaires innovants. Cela pourrait être le noyau fondateur d'une entité multidisciplinaire d'intervention, d'enseignement et de recherche, cœur de la première grande École de santé publique française de niveau et de visibilité internationaux.

N'oublions pas que le concept « une seule santé » est devenu matriciel de tout projet ambitieux en santé publique. Nous en avons vu les contours, résumons-les et explorons leurs implications en matière de formation des futurs professionnels de la santé publique. Le concept « une seule santé » intègre santé humaine, animale et environnementale dans une entité unique où hommes et animaux partagent les mêmes écosystèmes, échangent des pathogènes éventuellement résistants aux agents anti-infectieux, et plus largement sont soumis aux mêmes influences environnementales : l'étude de l'un bénéficie donc à l'autre et *vice versa*. C'est pourquoi la mise en place d'une culture « une seule santé » est fondamentale en médecine humaine et vétérinaire et la création de passerelles apparaît dès maintenant vitale.

L'implication des vétérinaires dans l'anticipation et le contrôle des émergences infectieuses est sous-estimée, pour ne pas dire ignorée dans le monde médical. Leurs compétences sont de ce fait essentiellement appliquées à la santé animale, alors qu'ils contribuent largement, quoique indirectement, à la santé humaine du fait de leurs responsabilités dans la sécurité alimentaire : santé du bétail, des élevages de volailles, épidémiologie et biosécurité, contrôle des épizooties comme la grippe aviaire, la grippe porcine. N'oublions pas qu'ils ont éradiqué la peste bovine par la vaccination, ainsi que la fièvre aphteuse, la maladie de la vache folle, etc.

Habitués aux campagnes massives de vaccination, ils en connaissent les exigences et certaines limites. L'importance des vétérinaires est donc sous-estimée en santé publique globale et comme pour la médecine, le nombre de vétérinaires qu'elle attire est insuffisant. Il faut augmenter le nombre de vétérinaires impliqués dans la santé animale globale, en particulier à ses interfaces avec la médecine humaine. Ce point est encore plus critique dans les pays à bas revenus afin de renforcer la surveillance sanitaire de la faune sauvage et domestique. Nous avons parlé de la pérennisation de la surveillance des « points chauds » propices aux sauts d'espèces. Le durcissement du contrôle du trafic des animaux sauvages nécessite aussi une amplification des moyens humains et financiers.

On en revient à la nécessité, en médecine humaine et vétérinaire, d'améliorer la visibilité et l'attractivité de ces carrières de santé publique qui ressortissent beaucoup du service public actuellement passablement et injustement bousculé.

Il est urgent de créer des filières communes d'enseignement et de pratique entre cursus médical et vétérinaire. Cela commence à se faire dans certaines universités comme à Lyon, mais demeure très insuffisant. Idéalement, ne faudrait-il pas songer à regrouper écoles vétérinaires et écoles de médecine sur les mêmes sites, si possible sur ou fortement connectés à des campus universitaires multidisciplinaires ? Il faut enfin encourager fortement le recrutement de médecins, de vétérinaires, sans oublier les pharmaciens au sein des grands organismes de recherche si l'on veut accroître la pertinence médicale des recherches qui y sont menées.

CHAPITRE 49

La science à l'épreuve du Covid-19 : à la recherche du temps (scientifique) retrouvé

Le Covid-19 a douloureusement rappelé qu'en dépit des progrès majeurs dans la prise en charge quotidienne des maladies infectieuses, le péril viral demeurait, dominé par le risque pandémique de zoonoses survenant dans des populations immunologiquement naïves. Le sida avait été, il y a quarante ans, une terrible alerte. Il avait montré l'urgence de l'identification de l'agent causal, de la mise au point de tests diagnostiques facilement accessibles, de l'identification précise des modes de contamination et des populations les plus à risque, tous paramètres indispensables à la mise en place raisonnée de mesures de protection des populations les plus fragiles et de barrières efficaces à la circulation du nouvel agent.

Du fait de la difficulté de contrôler strictement la circulation virale, le sida avait par ailleurs rapidement fait apparaître la nécessité de développer un vaccin, malheureusement encore indisponible à ce jour en dépit d'efforts colossaux. La nécessité aussi de développer des molécules antivirales efficaces, ce qui fut brillamment réalisé avec la mise au point des trithérapies, mais il fallut attendre quinze ans : entre-temps, le sida avait envahi la planète…

La réduction du « temps scientifique » est donc un impératif, mais ce n'est pas le seul enseignement. Le sida nous avait appris en son temps que la bonne gouvernance et la bonne éducation sanitaire étaient des facteurs critiques du contrôle précoce d'une pandémie. Quarante ans plus tard, lorsque le Covid-19 nous a touchés, l'amnésie fut flagrante.

Nouvelles approches vaccinales et thérapeutiques

Le Covid-19 a montré que la combinaison de nouvelles approches vaccinales soutenues par des plateformes technologiques performantes et bien dotées, ainsi que l'accélération des procédures d'études cliniques et d'enregistrement, permettaient une mise à disposition de vaccins en moins d'un an, un progrès extraordinaire qui rendit la vaccination opérationnelle dans le temps de la pandémie.

La nécessité d'approches médicales intégrées est apparue d'autant plus évidente que le Covid-19 a fait redécouvrir une évidence : les infections sont plus graves chez les sujets âgés et chez les sujets fragiles, non seulement les sujets immunodéprimés, mais aussi des sujets atteints de comorbidités – obésité (13 % de la population mondiale d'après l'OMS), diabète, maladies respiratoires et cardiovasculaires. En fait, ces maladies « postmodernes » sont largement associées aux changements drastiques de nos modes de vie et de nos habitudes alimentaires en l'espace de quelques décennies : sédentarité, régimes déséquilibrés trop riches en lipides, glucides et sel, en aliments préparés industriellement, aussi sans doute des éléments environnementaux qui restent à préciser. Ainsi apparaissent des facteurs de risques directs sur la santé humaine globale, mais aussi indirects par augmentation de sensibilité aux infections, particulièrement à leurs formes graves, voire mortelles. Ce sont donc environ 15 millions de Français qui furent exposés au risque de formes de Covid-19 de mauvais pronostic, ce qui a totalement bouleversé la donne en termes de politique de prévention. On touche ici à un infléchissement important : la médecine se personnalise et prend en parallèle une dimension environnementale exigeant l'identification des mécanismes de cette sensibilité accrue aux infections chez ces patients. À la clé, au-delà de la prévention incontournable, on peut envisager l'émergence de thérapeutiques innovantes, indépendamment de l'agent infectieux impliqué.

Nouvelle place de la génétique

La génétique s'est aussi confirmée comme un facteur de risque. Environ un quart des formes sévères de Covid-19 ont pu être associées à des traits génétiques, des mutations essentiellement localisées sur le chromosome X, expliquant la plus grande incidence de ces formes graves chez l'homme. Ces mutations portent sur des gènes impliqués dans la reconnaissance du virus *via* son ARN simple brin, comme *TLR7*[9], et dans la régulation de la réponse antivirale de première ligne assurée par les interférons de type 1 qui empêchent la réplication intracellulaire des virions. Ces anomalies peuvent concerner une diminution de la production de ces interférons de type 1[10], ou la perte progressive, avec l'âge, du contrôle de la production d'autoanticorps anti-interféron de type 1[11]. L'essentiel de ces travaux revient à deux chercheurs français et à leurs équipes, Jean-Laurent Casanova et Laurent Abel à l'Institut Imagine à Paris et à l'Institut Rockefeller à New York. Ils illustrent deux points fondamentaux : au cours de l'évolution d'une maladie infectieuse, on peut souvent observer un spectre de formes cliniques allant du portage asymptomatique à des formes gravissimes voire mortelles. Ces dernières, quels que soient les modèles étudiés – tuberculose, infections à herpèsvirus et maintenant Covid-19 –, répondent à des mutations mendéliennes transmissibles situées au sein de gènes codant pour des facteurs clés de la reconnaissance ou de la réponse aux agents pathogènes. L'existence de ces mutations, hétérozygotes et surtout homozygotes, altérant l'expression ou la fonction d'un élément clé de la réponse immunitaire permet au pathogène de proliférer de manière incontrôlée, causant une forme grave de la maladie. L'exploration de ces facteurs génétiques identifie parfois un élément clé jusqu'alors inconnu de la protection contre ce pathogène.

L'autre élément illustré par ces études est la confirmation que l'expression symptomatique d'une maladie, en particulier infectieuse, répond bien à la triade combinant génétique, habitudes de vie et environnement. C'est dans la dissection de cette triade que réside la compréhension du concept de « médecine personnalisée » ou de « précision ».

Une mobilisation collective et des stratégies innovantes : un nouveau paradigme vaccinal

La mobilisation sans précédent de la communauté scientifique à l'occasion de la pandémie de Covid-19 a clairement été un accélérateur du progrès des sciences biomédicales. Elle a permis l'émergence ou le développement décisif de stratégies médicales innovantes dans un temps record[12].

Ce fut bien sûr le cas pour les nouveaux vaccins : ARNm et vecteurs viraux recombinants. Les approches classiques tels l'inactivation virale, les protéines purifiées, les vaccins vivants atténués – certains diront les « vaccins pasteuriens » – semblaient dépassées, du moins pour ce type d'infections dues à un virus caractérisé par une protéine de surface immunodominante comme la protéine S du SARS-CoV-2 ou la glycoprotéine du virus Ebola. Dépassées aussi en durée de mise au point et de production. En résumé, il semble que les nouvelles approches se soient pour l'instant imposées comme incontournables pour la prise en charge rapide d'une pandémie virale. Nous avons vu le cheminement scientifique extraordinaire qui a amené la vaccination ARNm de la biologie fondamentale au marché du vaccin. Premier vrai succès de la biologie de synthèse en vaccination humaine, tolérance globalement satisfaisante ayant permis une bonne acceptabilité par une population mesurant bien l'équilibre risque-bénéfice, cela méritait bien un prix Nobel…

L'émergence de ces nouveaux vaccins a aussi cristallisé un modèle intégré associant la mise en place de plateformes dédiées comportant un noyau scientifique et technologique et un environnement médical, opérationnel, juridique, financier… et politique.

Les progrès se jugent à l'aune du modèle classique, « pré-Covid » de développement vaccinal : recherche fondamentale, suivie de recherche et développement, incluant les épreuves précliniques (immunogénicité, protection et tolérance en modèles animaux), production des lots cliniques vaccinaux humains selon les bonnes pratiques cliniques (GMP), phase 1 (tolérance et immunogénicité), phase 2 (continuation à plus grande échelle), phase 3 (protection) décision stratégique à l'issue de la phase 2 (*go/no-go*) de construire une ligne dédiée de production industrielle pouvant mener à la production en masse du vaccin en cas de succès confirmé de la phase 3 (protection et tolérance). Entre chaque phase, de longues étapes d'évaluation des résultats, attendant le feu vert pour l'étape suivante, jusqu'à l'enregistrement final et aux autorisations de mise sur le marché des autorités sanitaires. Temps minimal : trois à cinq ans. Coût global : environ 1 milliard d'euros/dollars.

En regard, voyons le nouveau paradigme : accélération spectaculaire des procédures à tous les niveaux. Mise au point, fabrication des lots GMP en deux ou trois mois pour engager immédiatement en parallèle et non plus de manière séquentielle les trois phases d'études cliniques. Mise en route au plus tôt, dans cette séquence télescopée inférieure à un an, de la production industrielle. Cette accélération fut rendue possible par un investissement massif d'argent public au niveau américain et à un moindre degré européen, pour un total de 15 milliards d'euros/dollars. Cet investissement public a permis aux industriels concernés d'investir dès le début des moyens humains et matériels de production des vaccins concernés, sans même savoir à ce stade précoce si ces vaccins candidats seraient efficaces. Ces approches économiques se sont doublées d'une priorisation des dossiers d'enregistrement par les agences sanitaires.

Il est important que cette dynamique de soutien se pérennise afin de consolider et améliorer les performances de ces plateformes vaccinales dans des domaines comme la tolérance, la mémoire immunitaire B et T, le réajustement aux nouveaux variants et l'insuffisante protection contre la circulation virale nécessitant des vaccins assurant une bonne protection muqueuse. La porte n'est donc pas fermée à des approches complémentaires.

Gardons-nous d'ailleurs de « mettre tous nos œufs dans le même panier ». Il faut laisser la porte ouverte à l'innovation. Les antigènes protecteurs ne sont pas toujours évidents d'emblée, contrairement aux protéines de surface majeures des virus ARN. Le temps de découverte d'un ou de plusieurs antigènes protecteurs d'un pathogène émergent peut être plus long s'il s'agit d'un pathogène bactérien ou d'un parasite. Des innovations existent pour accélérer cette étape. Elles combinent génomique du pathogène, biologie structurale et identification d'anticorps monoclonaux neutralisants, nous avons présenté ces nouveaux visages de la « vaccinogénomique ».

Ces nouvelles approches prennent en compte de façon croissante l'identification des épitopes T indispensables à une réponse cellulaire stérilisante dans les infections virales et à la garantie d'une solide mémoire.

Enfin, la vaccination ARNm n'est pas adaptée à la production d'antigènes complexes comme les polyosides bactériens dont la synthèse par le sujet vacciné nécessiterait l'injection et l'action coordonnées de dizaines d'ARNm différents. La vaccinologie est une science d'avenir… avis aux jeunes chercheurs.

Les moyens financiers considérables actuellement attribués à la préparation aux émergences doivent prendre en compte cette nécessité d'offrir une gamme large de plateformes possibles, en fonction de la nature du pathogène, sans même parler des vaccins muqueux.

Renaissance de l'immunothérapie passive, développement de nouveaux antiviraux

La pandémie de Covid-19 a aussi été l'occasion d'une « renaissance » de l'immunothérapie passive. Dans l'urgence, en l'absence de traitement et en l'attente de vaccins, la bonne vieille sérothérapie a retrouvé sa place de choix dans l'arsenal thérapeutique anti-infectieux. Bel hommage aux travaux d'Émile Roux et Emil von Behring au tournant du XXe siècle. Deux différences cependant reflétant un siècle de progrès en immunologie : les anticorps sont d'origine humaine, limitant le risque de réaction allergique au sérum équin, et les anticorps sont monoclonaux, isolés sur la base de leur capacité neutralisante du pathogène. À l'exception du palivizumab utilisé dans le traitement des formes graves de bronchiolites dues au virus respiratoire syncytial (VRS) chez le nourrisson prématuré, peu d'anticorps monoclonaux thérapeutiques étaient disponibles sur le marché. Dans la prise en charge de Covid-19, ils ont très vite été développés, souvent utilisés en combinaison (cocktail d'anticorps différents) chez les sujets développant des formes graves, puis le traitement s'est élargi, après la mise en route de la vaccination, à la prévention des formes graves chez les sujets immunodéprimés répondant mal au vaccin. Des modifications génétiques des anticorps ont permis de générer des formes stables pendant plusieurs mois. Le bilan de cette sérothérapie new-look est très positif. Malheureusement cette approche est régulièrement remise en cause par l'apparition de variants viraux échappant à ces anticorps.

La pandémie de Covid-19, contrairement à celle du SRAS il y a vingt ans, a enfin stimulé la mise au point de molécules d'activité spécifique anticoronavirus chez l'homme. C'est un progrès décisif pour la prise en charge de réémergences à venir, les bêta-coronavirus étant en tête de liste pour de prochaines zoonoses. Cela manquait vraiment dans l'arsenal antiviral. Un élargissement de la gamme d'antiviraux disponibles est vital, au même titre finalement que la diversification de la gamme des antibiotiques, des antifongiques et des molécules antiparasitaires.

L'impact d'antiviraux efficaces est plus important qu'on n'imagine. On peut ainsi anticiper trois effets complémentaires de l'usage de molécules antivirales efficaces, prenons l'exemple de la prise en charge thérapeutique du sida. On en attend certes une incidence curative individuelle, d'autant plus qu'administré précocement après la contagion. On en espère un effet préventif individuel, en cas de forte suspicion d'exposition au VIH. On peut aussi en attendre une véritable prophylaxie individuelle en administrant le traitement à des nouveau-nés de mères séropositives. Enfin, pour une infection à transmission sexuelle ou sanguine, outre son aspect de protection individuelle, en l'absence de vaccin, une combinaison thérapeutique conjuguée à une prévention efficace de la transmission permet d'assurer un effet de groupe contrôlant la circulation virale, comme le ferait un vaccin. C'est le cas du sida, mais aussi de l'hépatite C.

La liste des molécules antivirales s'est allongée au fil des dernières décennies, plus vite d'ailleurs que celle des nouveaux antibiotiques, antifongiques et antiparasitaires.

Des antiviraux efficaces ont été développés contre les herpèsvirus (HSV1 et 2, CMV), contre HBV et HCV, VIH et virus influenza, encore que l'efficacité de la ribavirine et de l'oseltamivir (Tamiflu) dans le traitement des formes graves de grippe reste à démontrer. Ils sont cependant conceptuellement intéressants car représentant les deux types principaux d'antiviraux auxquels on peut prétendre, le premier étant une molécule à large spectre de virus, car se présentant comme un nucléoside bloquant les ARN polymérases viraux dont le site actif est relativement conservé. Le second est ultraspécifique du virus influenza, car en inhibant la neuraminidase du virus grippal, il empêche sa sortie des cellules infectées. Le dilemme du développement des molécules antivirales innovantes est donc de trouver des molécules à large spectre « de type ribavirine » ou très spécifiques d'un système moléculaire propre à une espèce virale comme l'oseltamivir.

Lorsque apparurent les inhibiteurs de protéase, un tournant de la thérapeutique anti-VIH, on pensa que ces molécules pourraient être efficaces sur tous les virus nécessitant une protéase assurant la maturation de leurs protéines essentielles à partir d'un unique grand polypeptide. Cela ne s'est malheureusement pas confirmé et l'espoir de trouver dans ces anti-VIH des molécules capables d'être rapidement « repositionnées » contre le SARS-CoV-2 – qui dépend aussi d'une protéase – s'est vite évanoui. C'est donc dans cette difficulté d'obtenir des molécules antivirales à large spectre mais d'efficacité moyenne et des molécules de grande efficacité mais à spectre étroit que se situe le dilemme.

Et pourtant, il y a urgence, le SARS-CoV-2 nous l'a montré et le Paxlovid, combinaison de deux molécules, est un exemple de ce dilemme. Le nirmatrelvir est un inhibiteur spécifique bloquant irréversiblement le site catalytique de la protéase 3CL du SARS-CoV-2, combiné au ritonavir qui fait déjà partie des combinaisons anti-VIH en sa capacité – non directement antivirale – de réduire la dégradation hépatique de la vraie molécule antivirale, donc d'augmenter sa biodisponibilité.

Le trimatelvir était une molécule déjà mise au point et utilisée en pathologie vétérinaire pour le traitement de la péritonite à coronavirus du chat (F-ColV). Cela montre à quel point pathologie vétérinaire et humaine sont liées. Le Paxlovid est très efficace si le traitement est administré dans les trois jours après la contamination par SARS-CoV-2[13]. Grâce à ce double concours de circonstances, un traitement anti-Covid-19 efficace a pu être développé en moins d'un an, comme le vaccin. Un progrès en comparaison des quinze ans qui furent nécessaires pour développer des combinaisons antivirales efficaces contre VIH et HCV.

Il n'en demeure pas moins que si le Covid-19 s'installe à l'état endémique, il faudra développer d'autres molécules touchant d'autres cibles virales afin de conforter l'efficacité et surtout éviter l'apparition de mutants viraux chimiorésistants, un autre type de variants attendus si l'utilisation du Paxlovir se généralisait de façon incontrôlée.

Enfin, la liste des familles virales candidates à la prochaine pandémie est longue et correspond à des familles virales très diverses nécessitant des antiviraux spécifiques de systèmes enzymatiques qui leur sont propres. C'est le cas des flavivirus (dengue, fièvre jaune, HCV), des filovirus (Ebola, Marburg), des paramyxovirus (Nipah, Hendra), des togavirus (chikungunya), des arénavirus (Lassa), des bunyavirus (fièvre de la vallée du Rift, de Crimée-Congo), voire certains entérovirus (EV71) responsables d'encéphalites dramatiques. Vaste programme certes, mais faute de pouvoir anticiper le temps nécessaire au développement d'un vaccin dans le temps pandémique, quelle que soit la qualité des plateformes mises en place, il est indispensable de développer ces plateformes de découverte de molécules antivirales génériques et spécifiques des différentes familles virales citées. Un antiviral efficace « prépositionné » permettrait, en association avec des mesures barrières strictes, de contenir, voire étouffer dans l'œuf une pandémie naissante[14]. Cela nécessitera certes des dizaines de milliards de dollars ou d'euros d'investissements publics et privés à l'échelon international. En regard, simplement pour la France, le niveau des dépenses publiques engagées pour répondre aux effets sanitaires, sociaux et économiques de la pandémie est évalué à 424 milliards sur trois ans…

Le rôle de l'épidémiologie et de la modélisation

L'épidémiologie mathématique que l'on appelle plus simplement « la modélisation » a véritablement émergé aux yeux du public, des médias et même d'une bonne partie de la communauté médicale et scientifique, à l'occasion de la pandémie de Covid-19. Elle n'est certainement pas née à cette occasion, nous avons vu comment son génial précurseur, Daniel Bernoulli, l'avait introduite dès le XVIIe siècle pour calculer l'extension de durée de vie moyenne attendue de la généralisation de la variolisation. N'oublions pas non plus que lors de la pandémie de SRAS en 2002-2003, c'est la modélisation qui, après calcul du R_0 de la maladie et l'observation que les patients ne devenaient contagieux qu'en moyenne au cinquième jour quand apparaissaient les premiers symptômes, nécessitait rapidement l'hospitalisation, que les modélisations montrèrent qu'un isolement précoce des sujets infectés devait permettre de descendre au-dessous du seuil épidémique avec l'espoir – vite confirmé – d'arrêter la circulation virale et d'éradiquer le SRAS.

Dès le début de la pandémie de Covid-19 en Europe en février 2020, on a réalisé à quel point les données étaient parcellaires, alors même que les données et les connaissances sur la maladie émergente étaient encore insuffisantes. Ces données brutes étaient manifestement insuffisantes pour consolider rapidement une politique efficace de contrôle de la circulation virale. Les autorités sanitaires et politiques manquaient de bases décisionnelles et la population percevait mal l'importance de la menace, ou pire paniquait faute de données suffisantes et toujours en retard sur la réalité de la dynamique de progression.

C'est dans ces semaines d'incertitude que la modélisation mathématique de la dynamique de l'épidémie, basée sur des équations différentielles et des lignes géométriques, alimentée par des données parcellaires, mais constamment réactualisées, a permis de préciser la date de début de l'épidémie, l'incidence cumulée, mais aussi de définir des scénarios « optimistes » et « pessimistes » entre lesquels des décisions ont pu être prises, d'abord, bien sûr, les dates de début et de fin des confinements, leur étendue et stringence. Les modélisations produites par le groupe d'Imperial College ont été la référence, sans surprise pour ceux qui savaient les efforts que nos collègues britanniques mettaient depuis des années dans l'intégration de l'épidémiologie, des mathématiques et de la statistique[15]. En France, ce furent surtout les modélisations produites par le groupe de Simon Cauchemez à l'Institut Pasteur[16] qui, *via* le Conseil scientifique réuni auprès du gouvernement, ont guidé la politique sanitaire, qu'il s'agisse des interventions dites « non pharmacologiques » ou d'interventions thérapeutiques et vaccinales. Les modélisations du groupe de Samuel Alizon à Montpellier illustrèrent aussi l'importance des modélisations régulièrement mises à jour et affinées dans le pilotage d'une politique de contrôle[17]. Avec le recul, il s'avère que le choix des dates d'entrée en confinement a été un élément clé dans le contrôle des vagues pandémiques, particulièrement la vague initiale à l'occasion de laquelle on s'est beaucoup interrogé sur les raisons possibles des discordances observées entre les taux de morbidité et de mortalité entre pays européens. L'Europe du Nord, en particulier, présentait des taux plus faibles que l'Europe du Sud. Il semble qu'une grande partie du phénomène s'explique par la précocité du confinement. La question devient alors complexe car la décision de confiner repose sur de nombreux paramètres tenant autant à la dynamique de la vague pandémique qu'à la sociologie de la population qui la reçoit et à la gouvernance qui finalement prend la responsabilité et exécute la décision. Pour le paramètre dynamique, quel que soit le pays, la conclusion était : « le plus tôt sera le mieux ». Mais pour la population, était-ce acceptable ? En France, tous les regards étaient tournés vers l'hôpital, orientés par les autorités et les médias. L'hôpital, indicateur et « fusible ». Si le fusible est près de sauter, on confine : c'est ce qui advint.

Question sociologique : dans cette ambiance où à l'incompréhension se mêlait la défiance vis-à-vis d'autorités qui avaient plutôt cafouillé lors de leur entrée en scène, avec la pantalonnade des masques « manquants mais de toute façon inutiles » et la sortie, dans des conditions rocambolesques, de la ministre de la Santé, il y a peu de chances qu'une décision de confinement plus précoce – on parle de deux semaines – eût été comprise et acceptée par nos concitoyens en général et les acteurs économiques en particulier. Le Danemark a confiné alors qu'il n'avait encore qu'une dizaine de patients hospitalisés avec des taux de morbidité et de mortalité bien moindres, évitant la formation de ces gros *clusters* que nous avons payés très cher et qui ont épuisé nos personnels hospitaliers. Le prix de la défiance qui ne fait que croître entre État et citoyens ? Sans doute, pour partie. Le Covid-19 en aura été un terrible révélateur. Une analyse rétrospective apaisée de ces moments clés où se décide le sort d'une crise est indispensable, mais saurons-nous le faire ? Nous avons déjà la tête occupée par d'autres crises…

La place des sciences humaines et sociales dans la crise sanitaire

Importance des sciences humaines et sociales enfin, car elles ont montré, pour la première fois à cette échelle, qu'elles ne pouvaient plus être ignorées lors de telles crises. La matrice scientifique indispensable à la prise en charge d'une crise telle que la pandémie de Covid-19 ne peut en effet ignorer l'aspect humain de la crise, en particulier sa dimension socio-anthropologique.

L'épidémie d'Ebola de 2014-2016 avait montré ce rôle clé dans la prise en charge et le contrôle sanitaire d'une épidémie en phase dynamique d'extension. Défiance de la médecine – en particulier occidentale – et des médecins, refus des isolements loin des foyers, mobilité engendrée par l'insécurité alimentaire, rites funéraires immuables. L'identification de ces moteurs socio-anthropologiques de l'épidémie avait permis de consolider une politique de contrôle de la circulation virale qui avait, au-delà de l'identification de ces moteurs, nécessité la mise en place d'une solide communication pédagogique envers les populations menacées. Au fond, au début de la pandémie de Covid-19 dans nos régions et lors de la mise en place de la campagne de vaccination de masse, nous avons assisté, aux différences socio-économiques et culturelles près, à la même résurgence de peurs ancestrales face à la pandémie, de mouvements de défiance vis-à-vis des politiques, des vaccins, des raisons scientifiques dictant les principes fondamentaux des études cliniques et de l'interprétation de leurs conclusions. Sur ce fond d'inquiétude et d'incompréhension, s'est imposée une multitude d'informations, certaines non vérifiées, quand il ne s'agissait pas de *fake news* généreusement relayées par les médias sociaux. La pandémie s'est donc doublée d'une « infodémie » que les médias professionnels n'ont pas toujours maîtrisée.

Même si la situation s'est plutôt améliorée avec le temps et si le suivi médiatique de la campagne vaccinale fut généralement raisonné et scientifiquement bien étayé, il n'en demeure pas moins que la grande dissonance cognitive qui régna dans les premiers mois de la pandémie a fait le terreau de diverses théories complotistes dont le caractère nauséabond et anxiogène a sérieusement empoisonné le vécu de la crise sanitaire, sans revenir sur l'émergence de gourous autoproclamés qui ont contribué à accentuer les clivages entre nos concitoyens, exacerbant le déséquilibre de la perception de la nécessité de balancer liberté individuelle et intérêt collectif. Ce fut particulièrement le cas lors de la campagne vaccinale au pic de laquelle se sont exacerbées des positions radicalement antivaccinales, y compris au sein de populations inattendues sur ce terrain, comme certains personnels de santé. Il est important de comprendre les fondements de ces exceptions idéologiques avant de trop facilement les stigmatiser. Ce sont fort probablement, vus sous une perspective socio-anthropologique, amplifiés par le Covid-19, des révélateurs du malaise et du sentiment de déclassement social de certaines catégories de nos concitoyens. Ce syncrétisme qui s'est établi entre malaise social et malaise sanitaire est un cas d'école dont les sciences humaines, sociales… et politiques doivent s'emparer de toute urgence.

Un révélateur des inégalités

Cela nous amène à un second constat, la redécouverte à l'occasion de la pandémie des observations de Louis René Villermé il y a près de deux siècles, recitons-le : « Lorsque les maladies se développent, elles sont plus souvent mortelles chez les indigents que chez les riches. » Cette affirmation lapidaire s'est confirmée, le Covid-19 révélant, mais aussi aggravant l'iniquité sanitaire entre les populations, pas seulement entre Nord et Sud, mais au sein même de nos pays nantis. Au sein de nos villes, entre nos provinces. La mortalité due aux infections à SARS-CoV-2 peut varier du simple au triple entre des populations vivant dans des zones aisées et celles vivant dans des zones défavorisées. Ces différences sont encore plus marquées pour certaines catégories particulièrement exposées : sans-abri, migrants et réfugiés, exclus de la couverture sociale. Le Covid-19 a certes révélé et accentué les tensions de notre système sanitaire, en particulier hospitalier, mais a aussi montré l'iniquité dans l'accès au soin telle qu'elle s'est manifestée dans certains départements de la couronne parisienne.

C'est une autre manifestation du syncrétisme entre malaise social et malaise sanitaire. Un cocktail détonant qu'avait perçu Louis René Villermé et que Didier Fassin ne se lasse pas de dénoncer[18].

CHAPITRE 50

Épilogue en demi-teinte

Une parenthèse de trois ans s'est refermée le vendredi 5 mai 2023 : Tedros Adhanom Ghebreyesus, directeur général de l'OMS, annonçant la levée du niveau maximal d'alerte mondiale face à la pandémie de Covid-19. L'annonce est bien sûr prudemment assortie d'un bémol, nous l'avons analysée au chapitre 47. Des millions d'individus souffrent encore de la maladie sur la planète et certains en décèdent, le SARS-CoV-2 continue à circuler, son éradication est irréaliste et ses réservoirs animaux rendent son extinction spontanée impossible, la résurgence d'un variant très distant de l'actuelle souche Omicron et de ses récents variants n'est pas impossible et pourrait tout remettre en question. C'est néanmoins une décision réfléchie et courageuse, ayant sans doute pesé l'ensemble des paramètres de cette « balance bénéfice-risque » dont nous avons tellement parlé tout au long de cet ouvrage. Cette balance, il faut qu'elle s'inscrive comme un élément de notre intelligence collective. Chaque décision de notre vie quotidienne, consciemment ou non, est l'effet d'une analyse bénéfice-risque. Encore faut-il que cette analyse repose sur des critères rationnels et objectifs. Ces critères, particulièrement en période de crise, la science nous les propose, sachant néanmoins qu'elle ne propose pas de vérités figées, que les évidences d'aujourd'hui ne sont pas nécessairement celles de demain. Mais elles auront été énoncées avec rigueur et de bonne foi, permettant le choix le plus informé à ce moment donné.

Nous savons ainsi qu'une analyse bénéfice-risque, même optimale, ne peut en aucun cas déboucher sur un risque 0. Ne pas accepter cette part de risque résiduel, c'est se figer dans l'immobilisme. Alors oui, prenons le risque de penser que cette pandémie est terminée, sans oublier de garder en tête l'endémie qu'elle nous lègue, probablement pour les décennies à venir, donc les mesures de santé publique qui vont continuer à s'imposer, même allégées ; n'oublions pas non plus le chaos que cette pandémie laisse dans son sillage dans les systèmes sanitaires, en particulier des pays les plus pauvres. N'oublions pas les séquelles physiques et psychologiques, sociétales, sociologiques et économiques de ce nouveau chapitre de la médecine qu'écrit le Covid-19. N'oublions pas nos soignants, nos chercheurs, celles et ceux qui nous ont sortis de cette tourmente. N'oublions pas nos morts, parfois disparus dans une solitude inhumaine.

Oui, c'est tout cela une pandémie, nous l'avons réappris et vécu dans notre chair, dans nos esprits et malgré tout, le « monde d'après » dont nous avons tant débattu ne semble pas meilleur.

J'ai commencé ce livre dans la sourde angoisse de la pandémie naissante, je le termine avec sa clôture. J'ai essayé d'écrire ce troisième acte toujours bâclé des pandémies, pourtant c'est peut-être le plus important.

Oserai-je avouer que je quitte mes « microbes sans frontières » avec un mélange bizarre de soulagement et de nostalgie.

Notes et références bibliographiques

PROLOGUE

Des microbes et des hommes, pour le pire et pour le meilleur

1. Soper G. A., « The lessons of the pandemic », *Science*, 1919, 49 (1274), p. 501-506.
2. Sélosse M.-A., *Jamais seul*, Actes Sud, 2017.
3. Bary A. de, *Die Erscheinung der Symbiose*, Strasbourg, 1879.
4. Duclaux É., Pasteur L., *Comptes rendus de l'Académie des sciences*, 1885.
5. Metchnikoff E., *Études sur la nature humaine. Essai de philosophie optimiste*, Masson, 1903.
6. OMS, « Les 10 menaces pour la santé mondiale en 2019 selon l'OMS », *unric.org* (https://unric.org/fr/les-10-menaces-pour-la-sante-mondiale-en-2019-selon-loms/).

PARTIE I

L'établissement du paradigme de santé publique du XXe siècle

1. Smith R., *John Graunt, the Law of Decline and the Origins of Urban Historical Demography*, conférence à Gresham College, 29 novembre 2012.
2. Bernoulli D., « Essai d'une nouvelle analyse de la mortalité causée par la petite vérole, et des avantages de l'inoculation pour la prévenir », *Histoire de l'Académie royale des sciences*, vol. III (2), Imprimerie nationale, 1766.
3. Morange M., *Pasteur*, Gallimard, 2022.
4. Cavaillon J.-M., *Le Mauvais Air. Il était une fois les infections et les combattants de l'ombre*, EDP Sciences, 2022.
5. Foucault M., *Leçons sur la volonté de savoir*, Seuil, 1971.

6. Burnet MacFarlane Sir F., *Natural History of Infectious Diseases*, Cambridge University Press, 2e éd., 1953.
7. Fassin D., *Faire de la santé publique*, Éditions de l'École des hautes études de santé publique, 2e éd. révisée, 2008.
8. Valleron A.-J., « Une brève histoire de l'épidémiologie », *La Jaune et la Rouge*, 2011, 670.
9. Fontanet A., *L'Épidémiologie ou la Science de l'estimation du risque en santé publique*, Fayard-Collège de France, 2019.
10. Fumanelli L., Ajelli M., Merler S., Ferguson N. M., Cauchemez S., « Model-based comprehensive analysis of school closure policies for mitigating influenza epidemics and pandemics », *PLoS Comput. Biol.*, 2016, 12 (1), e1004681.
11. Kohn L., Christiaens W., « Les méthodes de recherches qualitatives dans la recherche en soins de santé : apports et croyances », *Reflets et perspectives de la vie économique*, 2014, LIII (4), p. 67-82.
12. Keck F., « Ebola, entre science et fiction », *Anthropologie et santé*, 2015, 11.
13. Sansonetti P., *Vaccins*, Odile Jacob, 2017.
14. Frost W. H. et coll., « Diphtheria in Baltimore : A comparative study of morbidity, carrier prevalence and antitoxic immunity in 1921-1924 and 1933-1936 », *Am. J. Hyg.*, 1936, 24, p. 568-586.
15. Wallinga J. et coll., « A measles epidemic threshold in a highly vaccinated population », *PLoS Med.*, 2005, 2 (11), e316.
16. WHO SAGE Committee, *WHO Weekly Epidemiological Record*, 2011, 86 (29), p. 301-316.
17. Lanzavecchia A. et coll., « Antigen-specific interaction between T and B cells », *Nature*, 1985, 314 (6011), p. 537-539.
18. Robbins J. B., Schneerson R., « Polysaccharide-protein conjugates : A new generation of vaccines », *J. Infect. Dis.*, 1990, 261, p. 821-832.
19. Del Giudice G. et coll., « Correlates of adjuvanticity : A review on adjuvants in licensed vaccines », *Semin. Immunol.*, 2018, 39, p. 14-21.
20. Grangeot-Keros L. et coll., « Les adjuvants aluminiques : le point en 2016 », *Rapport de l'Académie nationale de pharmacie*, mars 2016 (https://www.acadpharm.org/dos_public/Rapport_Adjuvants_aluminiques_VF_CORR_5.pdf).
21. Garçon N. et coll., « Development of RTS,S/AS02 : A purified subunit-based malaria vaccine candidate formulated with a novel adjuvant », *Expert Rev. Vaccines*, 2003, 2, p. 231-238.
22. Delany I. et coll., « Vaccines for the 21st century », *EMBO Mol. Med.*, 2014, 6, p. 708-720.
23. Van der Put R. M. et coll., « A synthetic carbohydrate conjugate vaccine candidate against Shigellosis : Improved bioconjugation and impact of alum on immunogenicity », *Bioconjug. Chem.*, 2016, 27 (4), p. 883-892, doi : 10.1021/acs.bioconjchem.5b00617.
24. Kabanova A. et coll., « Antibody-driven design of a human cytomegalovirus gHgLpUL128L subunit vaccine that selectively elicits potent neutralizing antibodies », *Proc. Natl. Acad. Sci. USA (PNAS)*, 2014, 111, p. 17965-17970.
25. Gros F., Hiatt H., Gilbert W., Kurland C. G., Risebrough R. W., Watson J. D., « Unstable ribonucleic acid revealed by pulse labelling of *Escherichia coli* », *Nature*, 1961, 190, p. 581-585 ; Brenner S., Jacob F., Meselson M., « An unstable intermediate carrying information from genes to ribosomes for protein synthesis », *Nature*, 1961, 190, p. 576-581.

26. Arber W., « Host-controlled modification of bacteriophage », *Annu. Rev. Microbiol.*, 1965, 19, p. 365-378.
27. Jackson D. A. et coll., « Biochemical method for inserting new genetic information in Simian Virus 40 : Circular SV40 DNA molecules containing Lambda phage genome and the galactose operon of *Escherichia coli* », *PNAS*, 1972, 69, p. 2904-2909.
28. Morrow J. F. et coll., « Replication and transcription of eukaryotic DNA in *Escherichia coli* », *PNAS*, 1974, 71, p. 1743-1747.
29. Rougeon F. et coll., « Insertion of a rabbit beta-globin gene sequence into *E. coli* », *Nucl. Acids Res.*, 1975, 2, p. 2365-2378.
30. Kourilsky P., *Mes années Pasteur*, Odile Jacob, 2023.
31. Ulrich A. et coll., « Rat insulin gene : Construction of plasmids containing the coding genes », *Science*, 1977, 196 (4296), p. 1313-1319.
32. Hacein-Bey-Abina S. et coll., « Sustained correction of X-linked severe combined immunodeficiency by *ex vivo* gene therapy », *N. Engl. J. Med.*, 2002, 346, p. 1185-1193.
33. Venter C. et coll., «The sequence of the human genome », *Science*, 2001, 291 (5507), p. 1304-1351.
34. Karikó K., « *In vitro*-transcribed mRNA therapeutics : Out of the shadows and into the spotlight », *Mol. Therapy*, 2019, 27, p. 691-692.
35. Rossignol P., « Les travaux scientifiques de Joseph Pelletier », *Revue d'histoire de la pharmacie*, 1989, XXXVI (281-282), p. 135-152.
36. Laveran A., *Nature parasitaire des accidents de l'impaludisme. Description d'un nouveau parasite trouvé dans le sang des malades atteints de fièvre palustre*, Baillière et Fils, 1881.
37. Fischer E., « Synthesen in der Zuckergruppe II », *Ber. Dtsch Chem. Ges.*, 1894, 27 (3), p. 3189-3232.
38. Kaufmann S. H. E., « Paul Ehrlich, founder of chemotherapy », *Nature Reviews Drug Discovery*, 2008, 7, p. 373-383.
39. « Émile Duclaux, grand scientifique et grand humaniste » (Éditorial), *Bulletin de l'Association des anciens élèves de l'Institut Pasteur*, 2019.
40. Roussel A. et coll., Communication à la Société française d'histoire de la médecine, 1981.
41. Tofield A., « Gustav Mahler's "Maladie célèbre" : The life of a brilliant composer cut short by endocarditis from recurrent tonsillitis », *European Heart Journal*, 2019, 40, p. 3134-3135.
42. Chabbert Y.-A., Martin R., « Le miracle antibiotique vire au cauchemar », *Bull. Acad. Natl. Med.*, 1956, 140, p. 498-502.
43. Chabbert Y.-A., *L'Antibiogramme. Sensibilité et résistance bactérienne aux antibiotiques*, Tourelle, 1963.
44. Andremont A., Muller S., *Antibiotiques : l'overdose*, Fayard, 2017.

PARTIE II

Tensions socio-économiques, médicales et sociologiques sur le paradigme de santé publique du XXe siècle

1. Piot P., *Une course contre la montre. Mes combats contre les virus sida et Ebola*, Odile Jacob, 2015.
2. McDade J. E. et coll., « Legionnaires' Disease. Isolation of a bacterium and demonstration of its role in other respiratory disease », *N. Engl. J. Med.*, 1977, 297, p. 1197-1203.
3. Grmek M., *Histoire du sida*, Payot, 1989.
4. Barré-Sinoussi F., Chermann J.-C., Rey F., Mugeyre M.-T., Chamaret S., Gruest J., Dauguet C., Axler-Blin C., Vézinet-Brun F., Rouzioux C., Rozenbaum W., Montagnier L., « Isolation of a T-lymphotropic retrovirus from a patient at risk for acquired immunodeficiency syndrome », *Science*, 1983, 220 (4599), p. 868-871.
5. OMS/Unicef, *Joint Monitoring Program OMS/Unicef, Rapport 2000-2017 : Focus spécial sur les inégalités*, 11 juillet 2019 (https://www.coalition-eau.org/actualite/l-onu-publie-les-nouvelles-statistiques-mondiales-sur-l-acces-a-domicile-des-populations-a-l-eau-potable-a-l-assainissement-et-a-l-hygiene/).
6. OMS, *Selon un rapport de l'ONU, la faim dans le monde continue d'augmenter*, 11 septembre 2018 (https://www.who.int/fr/news-room/detail/11-09-2018-global-hunger-continues-to-rise---new-un-report-says).
7. Banque mondiale, *Près de la moitié de la population mondiale vit avec moins de 5,5 dollars par jour*, 17 octobre 2018 (https://www.banquemondiale.org/fr/news/press-release/2018/10/17/nearly-half-the-world-lives-on-less-than-550-a-day).
8. OMS-Banque mondiale, *La moitié de la population de la planète n'a pas accès aux services de santé essentiels*, 13 décembre 2017 (https://www.who.int/fr/news-room/detail/13-12-2017-world-bank-and-who-half-the-world-lacks-access-to-essential-health-services-100-million-still-pushed-into-extreme-poverty-because-of-health-expenses).
9. Rudd K. E. et coll., « Global, regional, and national sepsis incidence and mortality, 1990-2017 : Analysis for the global burden of disease study », *Lancet*, 2020, 395 (10219), p. 200-211.
10. Bouhamam N. et coll., « Précarité, couverture sociale et couverture vaccinale : enquête chez les enfants consultant aux urgences pédiatriques », *Arch. pédiatr.*, 2012, 19, p. 242-247.
11. Veyssier P., « Infections et personnes âgées », *Med. Mal. inf.*, 1997, 27, p. 48-52.
12. Weygand C. M., Goronzy J. J., « Aging of the immune system : Mechanisms and therapeutic targets », *Ann. Am. Thorac. Soc.*, 2016, 13 (suppl. 5), p. S422-S428.
13. Tancrède C. H., Andremont A. O., « Bacterial translocation and Gram-negative bacteremia in patients with hematological malignancies », *J. Infect. Dis.*, 1985, 152, p. 99-110.
14. Lewalle P. et coll., « Prophylaxie des infections postallogreffe : recommandations de la Société francophone de greffe de moelle et de thérapie cellulaire (SFGM-TC) », *Bull. Cancer*, 2019, 106 (1S), p. S23-S34.

15. Keane J. et coll., « Tuberculosis associated with infliximab, a tumor necrosis alpha-neutralizing agent », *N. Engl. J. Med.*, 2001, 345, p. 1098-1104.
16. Pène F. et coll., « Faire face à la menace infectieuse en réanimation : de la veille épidémiologique à l'innovation », Actes du séminaire de recherche translationnelle de la Société de réanimation de langue française (5 décembre 2017), *Méd. intensive réalité*, 2018, 27, p. 279-286.
17. Ellenberg E., « L'infection nosocomiale : relire l'histoire et penser au présent », *Santé publique*, 2005, 17, p. 471-474.
18. Sikora A., Zahra F., *Nosocomial Infection*, StatPearls Publishing, 2023.
19. OMS, *Ten Threats to Global Health in 2019*, 2019 (https://www.who.int/news-room/feature-stories/ten-threats-to-global-health-in-2019).
20. Larson H. et coll., « The state of vaccine confidence : Global insights through a global 67-country survey », *EBioMedicine*, 2016, 12, p. 295-301.
21. Sansonetti P., « Liberté, responsabilité, acceptabilité, les trois variables de l'équation vaccinale », *Diasporiques*, juin 2023.
22. Quélet S., Santé publique France, *Baromètres santé 2016 15-75 ans.*
23. Wakefield A. J. et coll., « Ileal-lymphoid-nodular hyperplasia, non-specific colitis, and pervasive developmental disorders in children », *Lancet*, 1998, 351 (9103), p. 637-641.
24. Sansonetti P., « Measles 2018 : A tale of two anniversaries », *EMBO Mol. Med.*, 2018, 10 (5), p. e9176.
25. Épidémiologie digitale, 2010 (https://www.campusbiotech.ch/fr/node/353).
26. OMS, *Rapport « Global Vaccine Safety Initiative »*, Institute of Medicine, 2011.

PARTIE III

Des tensions inquiétantes sur les antibiotiques et les vaccins

1. Rollo I. M., Williamson J., « Acquired resistance to penicillin and to neoarsphenamine in *Spirochetae recurrentis* », *Br. J. Pharmacol. Chemother.*, 1952, 7 (1), p. 33-41.
2. Zarantonelli M. L. et coll., « Penicillin resistance compromises Nod1-dependent proinflammatory activity and virulence fitness of neisseria meningitidis », *Cell Host Microbe*, 2013, 13 (6), p. 735-745.
3. Carlet J., Le Coz P., *Propositions du groupe de travail spécial pour la préservation des antibiotiques*, Ministère de la Santé, 2015.
4. Maier L., « Extensive impact of non-antibiotic drugs on human gut bacteria », *Nature*, 2018, 555 (7698), p. 623-628.
5. ECDC/EMEA Working Group, 2009.
6. OMS, *New Report Calls for Urgent Action to Avert Antimicrobial Resistance Crisis*, 2019 (https://www.who.int/news-room/detail/29-04-2019-new-report-calls-for-urgent-action-to-avert-antimicrobial-resistance-crisis).
7. O'Neill J., « Antimicrobial resistance : Tackling a crisis for the health and wealth of nations », *The Review on Antimicrobial Resistance*, décembre 2014.
8. Mohammed A., *Résistance aux antimicrobiens*, 2021 (https://www.who.int/fr/news-room/fact-sheets/detail/antimicrobial-resistance).

9. CDC, *Covid-19 & Antimicrobial Resistance*, 2020 (https://www.cdc.gov/drugresistance/covid19.html#:~:text=CDC%20experts%20are%20closely%20monitoring,antibiotic%20resistance%2C%20especially%20in%20hospitals).
10. Van Boekel T. P. et coll., « Global trends in antimicroblal resistance in food animals », *PNAS*, 2015, 112 (18), p. 5649-5664.
11. Kraemer S. et coll., « Antibiotic pollution in the environment : From microbial ecology to public policy », *Microorganisms*, 2019, 7 (6), p. 180.
12. Pollet J.-F., *L'Aquaculture, un élevage en eaux troubles*, CNED, 2018 (https://www.cncd.be/L-aquaculture-un-elevage-en-eaux-troubles).
13. Navrete P. et coll., « Oxytetracycline treatment reduces bacterial diversity of intestinal microbiota of Atlantic salmon », *J. Aquat. Anim. Health*, 2008, 20, p. 177-183.
14. Wang H. et coll., « Toxicity evaluation of beta-diketone antibiotics on the development of embryo-larval zebrafish (*Dario rerio*) », *Environm. Toxicol.*, 2014, 29, p. 1134-1146.
15. Larssson D. G. J. et coll., « Effluent from drug manufactures contains extremely high levels of pharmaceuticals », *J. Hazard Mater*, 2017, 148, p. 751-755.
16. Knapp C. W. et coll., « Evidence of increasing antibiotic resistant gene abundances in archived soils since 1940 », *Environ. Sci. Technol.*, 2010, 44, p. 580-587.
17. Mojica E. R., Aga D. S., « Antibiotics pollution in soil and water. Potential ecological and human health issues », *in Encyclopedia of Environmental Health*, Elsevier, 2011, p. 97-100.
18. Wistrand-Yuen E. et coll., « Evolution of high-level resistance during low-level antibiotic exposure », *Nature Communication*, 2018, 9 (1), p. 1599.
19. Köser C. U. et coll., « Whole-genome sequencing to control antimicrobial resistance », *Trends in Genetics*, 2014, 30, p. 401-407.
20. Barber M., « Staphylococcal infections due to penicillin-resistant strains », *BMC*, 1947, 2, p. 863-865.
21. Barber M., « Hospital infection yesterday and today », *J. Clin. Pathol.*, 1961, 14, p. 2-10.
22. Abraham E. P., Chain E., « An enzyme from bacteria able to destroy penicillin », *Nature*, 1940, 146, p. 837.
23. Doyle F. P. et coll., « Some novel, acid-stable penicillins », *Nature*, 1961, 191, p. 1091-1092.
24. Courvalin P., « La résistance des bactéries aux antibiotiques : combinaisons de mécanismes biochimiques et génétiques », *Bulletin de l'Académie vétérinaire de France*, 2008, 161 (1), p. 7-12.
25. Cattoir V., Leclercq R., « Les entérocoques résistants aux glycopeptides », *Méd. sci.* (Paris), 2010, 26 (11), p. 936-942.
26. Watanabe T. et coll., « Episome-mediated transfer of drug resistance in Enterobacteriaceae », *J. Bacteriol.*, 1964, 88, p. 922-928.
27. Blair J. M. et coll., « Molecular mechanisms of antibiotic resistance », *Nat. Rev. Microbiol.*, 2015, 13, p. 42-51.
28. Levy S. B., Marshall B., « Antibacterial resistance worldwide : Causes, challenges and responses », *Nat. Medicine*, 2004, 10 (suppl. 12), p. S122-S129.
29. Clayton W. H., Thien-Fah M., « Molecular mechanisms of biofilm-based antibiotic resistance and tolerance in pathogenic bacteria », *FEMS Microbiol. Rev.*, 2017, 41 (3), p. 276-301.
30. Touchon M. et coll., « Organised genome dynamics in the *Escherichia coli* species results in highly diverse adaptive paths », *PLoS Genet.*, 2009, 5 (1), p.e1000344.

31. Dowson C. G., Coffey T. J. et coll., « Evolution of penicillin resistance in *Streptococcus pneumoniae* : The role of *Streptococcus mitis* in the formation of a low affinity PBP2B in *S. pneumoniae* », *Mol. Microbiol.*, 1993, 9, p. 635-643.
32. Sommer M. O. A. et coll., « Functional characterization of the antibiotic resistance reservoir in the human microflora », *Science*, 2009, 325 (5944), p. 1128-1131.
33. Stokes H. W., Gillins M. R., « Gene flow, mobile genetic elements and the recruitment of antibiotic resistance genes into Gram-negative pathogens », *FEMS Microbiol. Rev.*, 2011, 35 (5), p. 790-819.
34. Falkow S., *Infectious Multiple Drug Resistance*, Pion Limited, 1975.
35. Stokes H. W., Hall R. M., « A novel family of potentially mobile DNA elements encoding site-specific gene-integration functions : Integrons », *Mol. Microbiol.*, 1989, 3, p. 1669-1683.
36. Mazel D., « Integrons : Agents of bacterial evolution », *Nat. Rev. Microbiol.*, 2006, 4, p. 608-620.
37. Gillings M. R. et coll., « Mobilization of a Tn402-like class 1 integron with a novel cassette array *via* flanking miniature inverted-repeat transposable element-like structures », *Appl. Environ. Microbiol.*, 2009, 75 (18), p. 6002-6004.
38. Osborn A. M. et coll., « Distribution, diversity, and evolution of the bacterial mercury resistant (mer) operon », *FEMS Microbiol. Rev.*, 1997, 19 (4), p. 239-262.
39. Walsh T. R., Toleman M. A., Poirel L., Nordmann P., « Metallo-beta-lactamases : The quiet before the storm ? », *Clin. Microbiol. Rev.*, 2005, 18 (2), p. 306-325.
40. Yong D. et coll., « Characterization of a new metallo-beta-lactamase gene, *bla* (NDM-1), and a novel erythromycin esterase gene carried on a unique genetic structure in *Klebsiella pneumoniae* sequence type 14 from India », *Antimicrob. Agents Chemother.*, 2009, 53 (12), p. 5046-5054.
41. Deshpande P. et coll., « New Delhi metallo 1 : Have carbapenems met their doom ? », *Clin. Infect. Dis.*, 2010, 51 (10), p. 1222-1228.
42. Muir A., Weinbren M. J., « New Delhi metallo beta-lactamase : A cautionary tale », *J. Hosp. Infect.*, 2010, 75 (3), p. 239-240.
43. Kumarasamy K. K. et coll., « Emergence of a new antibiotic resistance mechanism in India, Pakistan, and the UK : A molecular, biological, and epidemiological study », *Lancet Infect. Dis.*, 2010, 10 (9), p. 597-602.
44. Nordmann P. et coll., « Carbapenem resistance in *Enterobacteriacea* : Here is the storm ! », *Trends in Molecular Medicine*, 2012, 18 (5), p. 263-272.
45. Davies J., « Where have all the antibiotics gone ? », *Canadian J. Infect. Dis. Med. Microbiol.*, 2006, 17 (5), p. 287-290.
46. Courvalin P. et coll., « Aminoglycoside-modifying enzyme of an antibiotic-producing bacterium acts as a determinant of antibiotic resistance in *Escherichia coli* », *PNAS*, 1977, 74 (3), p. 999-1003.
47. Bassett E. J. et coll., « Tetracyclin-labelled human bone from ancient Sudanese Nubia (A.D. 350) », *Science*, 1980, 209 (4464), p. 1532-1534.
48. Duchêne S. et coll., « The recovery, interpretation and use of ancient pathogen genomes », *Curr. Biol.*, 2020, 30 (19), p. R1215-R1231.
49. Rascovan N. et coll., « Ancient *Yersinia pestis* genomes for tracing the origins and spreading of plague past epidemics », *Méd. sci* (Paris), 2016, 32 (8-9), p. 681-683.
50. D'Costa V. M. et coll., « Antibiotic resistance is ancient », *Nature*, 2011, 477 (7365), p. 457-461. Perry J. et coll., « The prehistory of antibiotic resistance », *Cold Spring Harb. Perspect. Med.*, 2016, 6 (6), p. a025197.
51. Kashuba E. et coll., « Ancient permafrost staphylococci carry antibiotic resistance genes », *Microb. Ecol. Health Dis.*, 2017, 28 (1), p. 1345574.

52. Petrova M. et coll., « Tn5045, a novel integron-containing antibiotic and chromate resistance transposon isolated from a permafrost bacterium », *Res. Microbiol.*, 2011, 162 (3), p. 337-345.
53. Aminov R. I., Mackie R. I., « Evolution and ecology of antibiotic resistance genes », *FEMS Microbiol. Lett.*, 2007, 271 (2), p. 147-161.
54. Hall B. G., Barlow M., « Evolution of the serine beta-lactamases : Past, present and future », *Drug Resist. Updat.*, 2004, 7 (2), p. 111-123. Hall B. G., Barlow M., « Revised ambler classification of beta-lactamase », *J. Antimicrob. Chemother.*, 2005, 55 (6), p. 1050-1051.
55. Cox G. et coll., « A common platform for antibiotic dereplication and adjuvant discovery », *Cell Chem. Biol.*, 2017, 24 (1), p. 98-109.
56. Payne D. J. et coll., « Drugs for bad bugs : Confronting the challenges of antibacterial discovery », *Nat. Rev. Drug Discovery*, 2007, 6 (1), p. 29-40.
57. Meunier B., « Does chemistry have a future in therapeutic innovation ? », *Angew. Chem. Int. Ed. Engl.*, 2012, 51 (35), p. 8702-8706.
58. OMS, *Résistance aux antibiotiques*, 2020 (https://www.who.int/fr/news-room/fact-sheets/detail/antibiotic-resistance).
59. Qin J. et coll., « A human gut mitochondrial gene catalogue established by metagenomic sequencing », *Nature*, 2010, 464 (7285), p. 59-65.
60. Lagier J.-C. et coll., « The rebirth of culture in microbiology through the example of culturomics. To study human gut microbiota », *Clin. Microbiol. Rev.*, 2015, 28 (1), p. 237-264.
61. Ma L. et coll., « Gene targeted microfluidic cultivation validated by isolation of a gut bacterium listed in human microbiome project's most wanted taxa », *PNAS*, 2014, 111 (27), p. 9768-9773.
62. Abida H. et coll., « Bioprospecting marine plankton », *Mar. Drugs*, 2013, 11 (11), p. 4594-4611.
63. Sunagawa S. et coll., « Ocean plankton. Structure and function of the global ocean microbiome », *Science*, 2015, 348 (6237), p. 1261359. Sunagawa S. et coll., « *Tara Oceans* : Towards global ocean ecosystems biology », *Nat. Rev. Microbiol.*, 2020, 18 (8), p. 428-445.
64. Ling L. L. et coll., « A new antibiotic kills pathogens without detectable resistance », *Nature*, 2015, 517 (7535), p. 455-459.
65. Liu C. et coll., « A cholesterol biosynthesis inhibitor blocks *Staphylococcus aureus* virulence », *Science*, 2008, 319 (5868), p. 1391-1394.
66. Horspool A. M. et coll., « Development of an anti-*Pseudomonas aeruginosa* therapeutic monoclonal antibody WVDC-5244 », *Front. Cell Infect. Microbiol.*, 2023, 13, p. 1117844.
67. Sutherland I. W., « The biofilm matrix, an immobilized but dynamic microbial environment », *Trends Microbiol.*, 2001, 9 (5), p. 222-227.
68. Beloin C. et coll., « *Escherichia coli* biofilms », *Curr. Top. Microbiol. Immunol.*, 2008, 322, p. 249-289. Lemon K. P. et coll., « Biofilm development with an emphasis on *Bacillus subtilis* », *Curr. Top. Microbiol. Immunol.*, 2008, 322, p. 1-16.
69. Henke J. M., Bassler B. L., « Bacterial social engagements », *Trends Cell Biol.*, 2004, 14 (11), p. 648-656. Reading N. C., Sperandio V., « *Quorum sensing* : The many languages of bacteria », *FEMS Microbiol. Lett.*, 2006, 254 (1), p. 1-11.
70. Parker C. T., Sperandio V., « Cell-to-cell signaling during pathogenesis », *Cell. Microbiol.*, 2009, 11 (3), p. 363-369.
71. Hérelle F. d', « Sur un microbe invisible antagoniste des bacilles dysentériques », *Comptes rendus de l'Académie des sciences*, 1917.

72. Sulakvelidze A. et coll., « Bacteriophage therapy », *Antimicrob. Agents Chemother.*, 2001, 45 (3), p. 649-659.
73. Eaton M. D., Bayne-Jones S., « Bacteriophage therapy : Review of the principles and results of the use of bacteriophages in the treatment of infections », *JAMA*, 1934, 103 (23), p. 1769-1776.
74. Dufour N. et coll., « Treatment of highly virulent extra-intestinal pathogenic *Escherichia coli* pneumonia with bacteriophages », *Crit. Care Med.*, 2015, 43 (6), p. e190-e198.
75. Clum-Cianflone N. F. et coll., « Fecal microbiota transplantation and successful resolution of multidrug-resistant-organism colonization », *J. Clin. Microbiol.*, 2015, 53 (6), p. 1986-1989.
76. Bikard D. et coll., « Exploiting CRISPR-Cas nucleases to produce sequence-specific antimicrobials », *Nat. Biotechnol.*, 2014, 32 (11), p. 1146-1150. Bikard D. et Barrangou R., « Using CRISPR-Cas systems as antimicrobials », *Curr. Opin. Microbiol.*, 2017, 37, p. 155-160.
77. Sansonetti P., *Vaccins*, *op. cit.*
78. Kumar P., « A perspective on the success and failure of BCG », *Front. Immunol.*, 2021, 12, p. 778028.
79. Lalor M. K. et coll., « BCG vaccination induces different cytokine profiles following infant BCG vaccination in the UK and Malawi », *J. Infect. Dis.*, 2011, 204 (7), p. 1075-1085. Dockrell H. M., Smith S. G., « What have we learnt about BCG vaccination in the last 20 years ? », *Front. Immunol.*, 2017, 8, p. 1134.
80. Garcia-Pelayo M. C. et coll., « A comprehensive survey of single nucleotide polymorphisms (SNPs) across *Mycobacterium bovis* strains and *M. bovis* BCG vaccine strains refines the genealogy and defines a minimal set of SNPs that separate virulent *M. bovis* strains and *M. bovis* BCG strains », *Infect. Immun.*, 2009, 77 (5), p. 2230-2238.
81. Kaufmann S. H. E. et coll., « Novel approaches to tuberculosis vaccine development », *Int. J. Infect. Dis.*, 2017, 56, p. 263-267.
82. Fonseca J. D. et coll., « The complex evolution of antibiotic resistance in *Mycobacterium tuberculosis* », *Int. J. Infect. Dis.*, 2015, 32, p. 94-100.
83. Rerks-Ngarm S. et coll., « Vaccination with ALVAC and AIDSVAX to prevent HIV-1 infection in Thailand », *N. Engl. J. Med.*, 2009, 361 (23), p. 2209-2220.
84. Barré-Sinoussi F., *Un vaccin contre le sida : rêve ou (bientôt) réalité ?*, séminaire au Collège de France, 15 janvier 2020 (https://www.college-de-france.fr/fr/agenda/seminaire/ultima-verba/un-vaccin-contre-le-sida-reve-ou-bientot-realite).
85. Draper S. J. et coll., « Malaria vaccines : Recent advances and new horizons », *Cell Host Microbe*, 2018, 24 (1), p. 43-56.
86. RTS,S Clinical Trials Partnership, « Efficacy and safety of RTS,S/AS01 malaria vaccine with or without a booster dose in infants and children in Africa : Final results of a phase 3, individually randomised, controlled trial », *Lancet*, 2015, 386 (9988), p. 31-45.

PARTIE IV

Le nouveau monde des maladies infectieuses

1. McMichael A. J., *Human Frontiers, Environments and Diseases : Past Patterns, Uncertain Futures*, Cambridge University Press, 2001.
2. Guilbaud A., Sansonetti P., *Le Retour des épidémies*, PUF, 2015.
3. Orth G., Sansonetti P., *La Maîtrise des maladies infectieuses. Un défi de santé publique, une ambition médico-scientifique*, EDP Sciences, 2006.
4. Nicolle C., *Destin des maladies infectieuses*, Félix Alcan, 1933, PUF, 1939.
5. Morse S. S., « Factors in the emergence of infectious diseases », *Emerg. Infect. Dis.*, 1995, 1 (1), p. 7-15.
6. Morens D. M. et coll., « What is a pandemic ? », *J. Infect. Dis.*, 2009, 200, p. 1018-1021.
7. Vallès X. et coll., « Human plague : An old scourge that needs new answers », *PLoS Negl. Trop. Dis.*, 2020, 14 (8), p. e0008251.
8. Bos K. I. et coll., « Eighteenth century *Yersinia pestis* genomes reveal the long-term persistence of an historical plague focus », *eLife*, 2016, 5, p. e12994.
9. Keynes J. M., « The emergence of modern Europe, 1500-1648 », *Britannica*, 1930 (https://www.britannica.com/topic/history-of-Europe/Prices-and-inflation).
10. Rosenberg C., « What is an epidemic ? AIDS in historical perspective », *Daedalus*, 1989, 118 (2), p. 1-17.
11. Thucydide, *Histoire de la guerre du Péloponnèse*, Robert Laffont, 1990, p. 270.
12. OMS, *Règlement sanitaire international et amendements*, 2023.
13. Lipsitch M. et coll., « Transmission dynamics and control of severe acute respiratory syndrome », *Science*, 2003, 300 (5627), p. 1966-1970.
14. Berche P., « Vie et mort de la variole », *Revue de biologie médicale*, 2022, 365, p. 49-62.
15. WHO-SAGE Committee, *WHO Weekly Epidemiological Record*, 2011.
16. Wallinga J. et coll., « A measles epidemic threshold in highly vaccinated population », *PLoS Med.*, 2005, 2 (11), p. e316.
17. Kuss J. J., « L'initiative mondiale pour l'éradication de la poliomyélite : un long chemin semé d'embûches », *Santé publique*, 2011, 23, p. 55-60.
18. Delpeyroux F. et coll., « Eradication of poliomyelitis and emergence of pathogenic vaccine-derived polioviruses : From Madagascar to Cameroon », *Médecine/Sciences* (Paris), 2013, 29 (11), p. 1034-1041.
19. Shulman L. M. et coll., « Molecular characterization of polio from environmental samples : ISSP, the Israeli sewage surveillance protocol », *Methods Mol. Biol.*, 2016, 1387, p. 55-107.
20. Parades C. F. et coll., « The growing threat of wild polio 1 and vaccine-derived cases in the Covid-19 era », *Lancet Infect. Dis.*, 2022, 22 (10), p. 1412-1414.
21. Valleron A.-J. et coll., « Transmissibility and geographic spread of the 1889 flu pandemic », *PNAS*, 2010, 107 (19), p. 8778-8781.
22. Soper G. A., « The lessons of the pandemic », *Science*, 1919, 49 (1274), p. 501-506.
23. Tautenberger J. K., et coll., « The 1918 influenza pandemic : 100 years of questions answered and unanswered », *Sci. Transl. Med.*, 2019, 11 (502), p. eaau5485.
24. Tumpey T. M. et coll., « Characterization of the reconstructed 1918 Spanish influenza pandemic virus », *Science*, 2005, 310 (5745), p. 77-80.

25. Tautenberger J. K. et coll., « The 1918 influenza pandemic », art. cit.
26. Sansonetti P., *Vaccins*, *op. cit.*, chapitre 21.
27. Morens D. M. et coll., « Influenza cataclysm », *N. Engl. J. Med.*, 2018, 379 (24), p. 2285-2287.
28. Keck F., *Signaux d'alerte*, Desclée de Brouwer, 2020.
29. Sansonetti P., *Tempête parfaite. Chronique d'une pandémie annoncée*, Seuil, 2020.
30. Wang H. et coll., « Probable limited person-to-person transmission of highly pathogenic avian influenza A(H5N1) virus in China », *Lancet Infect. Dis.*, 2008, 371 (9622), p. 1427-1434.
31. Herfst S. et coll., « Airborne transmission of influenza A-H5N1 virus between ferrets », *Science*, 2012, 336 (6088), p. 1534-1541.
32. Wain-Hobson S., « The irrationality of GOF avian influenza virus research », *Front. Public Health*, 2014, 2, p. 77.
33. OMS, *Avian Influenza A (H5N1) – Spain*, 2022 (https://www.who.int/emergencies/disease-outbreak-news/item/2022-DON420).
34. Faure Y., Astier M., « Grippe aviaire : le risque de pandémie humaine s'accroît », *Reporterre.net*, 2023 (https://reporterre.net/Grippe-aviaire-le-risque-de-pandemie-humaine-s-accroit).
35. De Wit E. et coll., « SARS and MERS : Recent insights into emerging coronaviruses », *Nature Rev. Microbiol.*, 2016, 14 (8), p. 523-534.
36. OMS, 2009 (https://www.who.int/emergencies/situations/influenza-a-(h1n1)-outbreak).
37. OMS, 2009 (https://www.science.org/content/article/who-finally-raises-swine-flu-alert-phase-6).
38. Charters E., Heitman K., « How epidemics end », *Centaurus*, 2021, 63 (1), p. 210-224.
39. Tran Kiem C. et coll., « SARS-CoV-2 transmission across age groups in France and implications for control », *Nature Commun.*, 2021, 12 (1), p. 6895.
40. Latinne A. et coll., « Origin and cross-species transmission of bat coronaviruses in China », *Nature Communications*, 2020, 11 (1), p. 4235.
41. Corey L. et coll., « SARS-CoV-2 variants in patients with immunosuppression », *N. Engl. J. Med.*, 2021, 385 (6), p. 562-566.
42. Montagutelli X. et coll., « SARS-CoV-2. Omicron emergence urges for one-health surveillance », *Embo. Mol. Med.*, 2022, 14 (3), p. e15558.
43. Akbarialiabad H. et coll., « Long COVID, a comprehensive systematic scoping review », *Infection*, 2021, 49 (6), p. 1163-1186.
44. Garfinkel M. et coll., « Survival of the Wealthiest ? », *EMBO J.*, 2020, 39 (23), p. e107227.

PARTIE V

Nouveaux environnements humains, nouveaux défis médicaux

1. Lederberg J. et coll., *Microbial Threats to Health in the United States*, National Academy Press, 1992.
2. Parrish, C. R. et coll., « Cross-species virus transmission of new epidemic diseases », *Microb. Mol. Biol. Rev.*, 2008, 72 (3), p. 457-470.

3. Sansonetti P., *Tempête parfaite*, *op. cit.*
4. Morand S., Figuié M., *Émergence de maladies infectieuses. Risques et enjeux de société*, Éditions Quae, 2016.
5. Temmam S. et coll., « Bat coronaviruses related to SARS-CoV-2 and infectious for human cells », *Nature*, 2022, 604 (7905), p. 330-336.
6. Alirol E. et coll., « Urbanisation and infectious diseases in a globalised world », *Lancet*, 2011, 11 (2), p. 131-141.
7. Karch H. et coll., « The enemy within us : Lessons from the 2011 European *Escherichia coli* O104:H4 outbreak », *EMBO Mol. Med.*, 2012, 4 (9), p. 841-848.
8. Fassin D., *De l'inégalité des vies*, Éditions du Collège de France-Fayard, 2020.
9. Bouhamam N. et coll., « Précarité, couverture sociale et couverture vaccinale : enquête chez les enfants consultant aux urgences pédiatriques », *Arch. pédiatrie*, 2012, 19 (3), p. 242-247.
10. Chua K. B., « Nipah virus outbreak in Malaysia », *J. Clin. Virol.*, 2003, 26 (3), p. 265-275.
11. Daszak P. et coll., « The emergence of Nipah and Hendra virus », in Collinge S. K., Ray C. (dir.), *Disease Ecology : Community Structure and Pathogens Dynamics*, Oxford Press, 2006.
12. Guilbaud A., Sansonetti P., *Le Retour des épidémies*, *op. cit.*
13. Costello A., Zumla A., « Moving to research partnerships in developing countries », *BMJ*, 2000, 321 (7264), p. 827-829.
14. Fiedler D. P., Gostin L. O., « The new International Health Regulations : An historic development for international and public health », *J. Law Med. Ethics*, 2006, 34 (1), p. 85-94.
15. Haas W. H. et coll., « Imported Lassa fever in Germany : Surveillance and management of contact persons », *Clin. Infect. Dis.*, 2003, 36 (10), p. 1254-1258.
16. Angelini R. et coll., « An outbreak of chikungunya fever in the province of Ravenna, Italy », *Euro Surveil.*, 2007, 12 (9), p. 12-14.
17. Khan K. et coll., « Assessing the origin and potential international spread of chikungunya virus from the Caribbean », *PLoS Curr.*, 2014, 6, p. 1-11.
18. Kraemer M. U. G., « The global distribution of the arbovirus vectors *Aedes aegypti* and *Ae. albopictus* », *eLife*, 2015, 4, p. e08347.
19. Findlater A., Bogoch I., « Human mobility and the global spread of infectious diseases : A focus on air travel », *Trends Parasitol.*, 2018, 34 (9), p. 772-783.
20. Colizza V. et coll., « Epidemic modeling in complex realities », *Comptes Rendus Biol.*, 2007, 330 (4), p. 364-374.
21. Kissler S. M. et coll., « Projecting the transmission dynamics of SARS-CoV-2 through the postpandemic period », *Science*, 2020, 368 (6493), p. 860-868.
22. OMS, *Disease Outbreak News, 2017-Madagascar*, 2017 (https://www.who.int/emergencies/disease-outbreak-news/item/15-november-2017-plague-madagascar-en).
23. Santé publique France, « Borréliose de Lyme » (https://www.santepubliquefrance.fr/maladies-et-traumatismes/maladies-a-transmission-vectorielle/borreliose-de-lyme/la-maladie/).
24. Données OMS, 2018.
25. Rossier F., « Le concept *one health*, une approche scientifique multidisciplinaire pour mieux prévenir les pandémies », *Le Monde*, 11 avril 2022.
26. Kumar D., Dong C., *Trends in Insect Molecular Biology and Biotechnology*, SpringerLink, 2018.
27. Ricci I. et coll., « Symbiotic control of mosquito borne disease », *Pathog. Glob. Health*, 2012, 106 (7), p. 380-385.

28. Caragata E. P. et coll., « Curious entanglements : Interaction between mosquitoes, their microbiota and arbovirus », *Curr. Opin. Virol.*, 2019, 37, p. 26-36.
29. Hoffmann A. A. et coll., « Successful establishment of *Wolbachia* in *Aedes* populations to suppress dengue transmission », *Nature*, 2011, 476, p. 454-457.
30. IPCC, *Climate Change 2001. Synthesis Report*, Cambridge Press, 2001.
31. Lindgren E. et coll., « Impact of climate change on the Northern latitude limit and population density on the disease transmitting European tick *Ixodes ricinus* », *Environ. Health Perspect.*, 2000, 108 (2), p. 119-123.
32. Randolph S. E., « The shifting landscape of tick-born zoonoses : Tick-borne encephalitis and Lyme borreliosis in Europe », *Philos. Trans. R. Soc. Lond. B Biol. Sci.*, 2001, 356 (1411), p. 1045-1056.
33. Loevinsohn M. E., « Climate warming and increased malaria incidence in Rwanda », *Lancet*, 1994, 343 (8899), p. 714-718.
34. Patz J. A. et coll., « Regional warming and malaria resurgence », *Nature*, 2002, 420 (6916), p. 627-628.
35. Rodo X. et coll., « ENSO and cholera : A nonstationary link relates to climate change », *PNAS*, 2002, 99 (20), p. 12901-12906.
36. McMichael A. et coll., *Global Burden of Diseases*, WHO Report, 2000.
37. Sutherst R. W., « Climate change and human vulnerability to vector-borne diseases », *Clin. Microbiol. Rev.*, 2004, 17 (1), p. 136-173.
38. Tanser F. C. et coll., « Potential effect of climate change on malaria transmission in Africa », *Lancet*, 2003, 362 (9398), p. 1792-1798. Thomas C. J. et coll., « Mixed lecture for changes in stable malaria distribution with future climate in Africa », *Trends Parasitol.*, 2004, 20 (5), p. 216-220.
39. Van Lieshout M. et coll., « Climate change and malaria : Analysis of the SRES climate and socio-economic scenarios », *Glob. Environ. Change*, 2004, 14 (1), p. 87-99.
40. Tanser F. C. et coll., « Potential effect of climate change on malaria transmission in Africa », art. cit.
41. Jetten T. H. et coll., « Model simulations to estimate malaria risk under climate change », *J. Med. Entomol.*, 1996, 33 (3), p. 361-371.
42. Hales S. et coll., « Potential effect of population and climate changes on global distribution of dengue fever : An empirical model », *Lancet*, 2002, 360 (9336), p. 830-834.
43. FAO, *Ce qu'il faut savoir sur le syndrome ulcératif épizootique (SUE). Brochure de vulgarisation*, 2009.
44. Kaneko T., Colwell R. R., « Incidence of *Vibrio parahaemolyticus* in Chesapeake Bay », *Appl. Microbiol.*, 1975, 30 (2), p. 269-274.
45. Huq A. et coll., « Ecological relationships between *Vibrio cholerae* and planktonic crustacean copecods », *App. Environ. Microbiol.*, 1983, 45 (1), p. 275-283.
46. Colwell R. R., « Global climate and infectious diseases : The cholera paradigm », *Science*, 1996, 274 (5295), p. 2026-2031.
47. Meibom K. L., « Chitin induces natural competence in *Vibrio cholerae* », *Science*, 2005, 310 (5755), p. 1824-1827.
48. Borgeaud S. et coll., « The type VI secretion system of *Vibrio cholerae* fosers horizontal gene transfer », *Science*, 2015, 347 (6217), p. 63-67.
49. Pruzzo C. et coll., « Global impact of *Vibrio cholerae* interaction with chitin », *Environ. Microbiol.*, 2008, 10 (6), p. 1400-1410.
50. Finkelstein R. A. et coll., « Pathogenesis of experimental cholera. Preparation and isolation of choleragen and choleragenoid », *J. Exp. Med.*, 1969, 130 (1),

p. 185-202. Lönnroth I. et coll., « Subunit structure of cholera toxin », *J. Gen. Microbiol.*, 1973, 76 (2), p. 417-427.
51. Escobar L. E. et coll., « A global map of suitability for coastal *Vibrio cholerae* under current and future climate condition », *Acta Tropica*, 2015, 149, p. 202-211.
52. Andersen L. K., Davis M. D., « Climate change and the epidemiology of tick-borne and mosquito-borne diseases : Update from the International Society of Dermatology climate change task force », *Int. J. Dermatolog.*, 2017, 56 (3), p. 252-259.
53. Paz S., « Climate change impacts on West Nile virus transmission in a global context », *Philos. Trans. R. Soc. Lond. B Biol. Sci.*, 2015, 370 (1665), 20130561.
54. Third National Climate Assessment, *Climate Change Impacts in the United States*, US Global Change Research Program, 2014.
55. Succo T. et coll., « Détection et investigation d'un foyer autochtone de dengue dans le sud de la France. 2015 », *Bulletin épidémiologique hebdomadaire*, 2016, 18-19, p. 328-334.
56. Losseran F. et coll., « Chikungunya disease outbreak, Reunion Island », *Emerg. Infect. Dis.*, 2006, 12 (12), p. 1994-1995.
57. Manlove K. R. et coll., « One health or three ? Publication silos among the one health discipline », *PLoS Biol.*, 2016, 14 (4), p. e1002448.
58. Atlas R. M., Maloy S. (dir.), *One Health : People, Animals, and the Environment*, ASM Press, 2014.
59. Boklund A. et coll., « Monitoring of SARS-CoV-2 infection in mustelids », *EFSA J.*, 2021, 19 (3), p. e06459.
60. Montagutelli X. et coll., « The B1.351 and P.1 variants extend SARS-CoV-2 host range to mice », *bioRxiv*, 2021 (https://www.biorxiv.org/content/10.1101/2021.03.18.436013v1.full.pdf+html).
61. Franzo G. et coll., « Evolution of infectious bronchitis virus in the field after homologous vaccination introduction », *Vet. Res.*, 2019, 50 (1), p. 92-101.
62. Schat K. A., Baranowski E., « Animal vaccination and the evolution of viral pathogens », *Rev. Sci. Tech.*, 2007, 26 (2), p. 327-338.
63. Leighton F. A., « Veterinary medicine and the life-boat test : A perspective on the social relevance of the veterinary profession in the twenty-first century », *Can. Vet. J.*, 2004, 45 (3), p. 259-263.
64. Ouedraogo F. B. et coll., « Non-veterinarian staff increase revenue and improve veterinarian productivity in mixed and companion animal veterinary practice in the United States », *J. Am. Vet. Med. Assoc.*, 2022, 260 (8), p. 916-922.
65. Hines A., Bishop P., *Thinking about the Future. Guidelines for Strategic Foresight*, Social Technologies, 2007.
66. Moulin L. et coll., « L'épidémiologie basée sur les eaux usées, un outil innovant pour le suivi sanitaire des populations : l'exemple du réseau Obépine, sentinelle de l'épidémie de Covid-19 », *Techniques, Sciences, Méthodes*, novembre 2021, numéro « Spécial Covid-19 », p. 21-28.
67. Woolhouse M. E. J. et coll., « Host range and emerging and reemerging pathogens », *Emerg. Infect. Dis.*, 2005, 11 (12), p. 1842-1847.
68. Grard G. et coll., « A novel rhabdovirus associated with acute hemorrhagic fever in Central Africa », *PLoS Pathog.*, 2012, 8 (9), p. e1002924.

PARTIE VI

Nouvelles frontières pour des microbes sans frontières

1. Nuttall G. H. F., Thier-Felder H., « Thierieshes Leben ohne Bakterien im Verdauungskanal », *Hoppe-Seyl 2. Biol. Chem.*, 1896, 21, p. 109-121.
2. Reyniers J. A. et coll., « A complete life-cycle in the "germ-free" bantam chicken », *Nature*, 1949, 163, p. 67-68.
3. Barnes R. D. et coll., « A "germ-free" human isolator », *Lancet*, 1968, 1 (7543), p. 622-623.
4. Gordon H. A. et coll., « Aging in germ-free mice : Life tables and lesions observed at natural death », *J. Gerontol.*, 1966, 21 (3), p. 380-387.
5. Macpherson A. J., Harris N. L., « Interaction between microbiota and the immune system », *Nat. Rev. Immunol.*, 2004, 4, p. 478-485.
6. Stappenbeck T. S. et coll., « Developmental regulation of intestinal angiogenesis by indigenous microbes *via* Paneth cells », *PNAS*, 2002, 99 (24), p. 15451-15455.
7. Braniste V. et coll., « The gut microbiota influences blood-brain barrier permeability in mice », *Sci. Transl. Med.*, 2014, 6 (263), 263ra158.
8. Heijtz D. et coll., « Normal gut microbiota modulates brain development and behavior », *PNAS*, 2011, 108 (7), p. 3047-3052.
9. De Vadder F. et coll., « Gut microbiota regulates maturation of the adult enteric nervous system *via* enteric serotonin networks », *PNAS*, 2018, 115 (25), p. 6458-6463.
10. Woese C. R., Fox G. E., « Phylogenic structure of theprokaryotic domain : The primary kingdoms », *PNAS*, 1977, 74 (11), p. 5088-5090.
11. Suau A. et coll., « Direct analysis of genes encoding 16S rRNA from complex communities reveals many novel molecular species within the human gut », *Appl. Environ. Microbiol.*, 1999, 65 (11), p. 4799-4807.
12. Qin J. et coll., « A human microbial gene catalogue established by metagenomic sequencing », art. cit.
13. Rosenberg E. et coll., « The role of microorganisms in coral health, disease and evolution », *Nat. Rev. Microbiol.*, 2007, 5 (5), p. 355-362.
14. Relman D. A., Falkow S., « The meaning and impact of the human genome sequence for microbiology », *Trends Microbiol.*, 2001, 9 (5), p. 206-208.
15. Qin J. et coll., « A human gut microbial gene catalogue established by metagenomic sequencing », art. cit.
16. Selosse M.-A., *Jamais seul. Ces microbes qui construisent les plantes, les animaux et les civilisations*, Actes Sud, 2017.
17. Blaser M., *Missing Microbes. How the Overuse Antibiotics Is Fueling Our Modern Plagues*, Henry Holt and Company, 2014.
18. Strachan D. P., « Family size, infection, and atopy : The first decade of the "hygiene hypothesis" », *Thorax*, 2000, 55 (suppl. 1), p. S2-S10.
19. Davey G. D., « Post-modern epidemiology : When methods meet matter », *Am. J. Epidemiol.*, 2019, 188 (8), p. 1410-1414.
20. Bach J.-F., « The effect of infections on susceptibility to autoimmune and allergic diseases », *N. Engl. J. Med.*, 2002, 347, p. 911-912.
21. Sokol H. et coll., « *Faecalibacterium prausnitzii* is an anti-inflammatory commensal bacterium identified by gut microbiota analysis of Crohn disease patients », *PNAS*, 2008, 105 (45), p. 16731-16736.

22. Round J. L., Mazmanian S. K., « The gut microbiota shapes intestinal immune responses during health and disease », *Nat. Rev. Immunol.*, 2009, 9 (5), p. 313-323.
23. Sobhani I. et coll., « Colorectal cancer-associated microbiota contributes to oncogenic epigenetic signatures », *PNAS*, 2019, 116 (48), p. 24285-24295.
24. Arrieta M. C. et coll., « Early infancy microbial and metabolic alterations affect risk of childhood asthma », *Sci. Transl. Med.*, 2015, 7 (307), 307ra152.
25. Rook G. A., Brunet L. R., « Old friends for breakfast », *Clin. Exp. Allergy*, 2005, 35 (7), p. 841-842. Guarner F. et coll., « Mechanisms of disease : The hygiene hypothesis revisited », *Nat. Clin. Pract. Gastroenterol. Hepatol.*, 2006, 3 (5), p. 275-278.
26. Vonaesch P. et coll., « Pathogens, microbiome and the host : Emergence of the ecological Koch's postulates », *FEMS Microbiol. Rev.*, 2018, 42 (3), p. 273-292.
27. Turnbaugh P. J. et coll., « An obesity-associated gut microbiome with increased capacity for energy harvest », *Nature*, 2006, 444 (7122), p. 1027-1031.
28. Arrieta M. C. et coll., « Early infancy microbial and metabolic alterations affect risk of childhood asthma », art. cit.
29. Cox L. M. et coll., « Altering the intestinal microbiota during a critical developmental window has lasting metabolic consequences », *Cell*, 2014, 158 (4), p. 705-721.
30. Yatsunenko T. et coll., « Human gut microbiome viewed across age and geography », *Nature*, 2012, 486 (7402), p. 222-227.
31. Maron P.-A. et coll., « Hight microbial diversity promotes soil ecosystem functioning », *Appl. Environ. Microbiol.*, 2018, 84 (9), p. e02738-17.
32. Sansonetti P., « War and peace at mucosal surfaces », *Nat. Rev. Immunol.*, 2004, 4 (12), p. 953-964.
33. Gilbert J. A., Neufeld J. D., « Life in a world without microbes », *PLoS Biol.*, 2014, 12 (12), p. e1002020.
34. Curatti L., Rubio L. M., « Challenges to develop nitrogen-fixing cereals by direct *nif*-gene transfer », *Plant Sci.*, 2014, 225, p. 130-137.
35. American Society for Microbiology, *Microbes and Climate Change. Science, People and Impact*, Rapport sur un colloque virtuel de l'American Academy of Microbiology du 5 novembre 2021, 22 avril 2022 (https://asm.org/reports/microbes-climate-change-science, – people, – impacts).
36. Woodcroft B. J. et coll., « Genome-centric view of carbon processing in thawing permafrost », *Nature*, 2018, 560 (7716), p. 49-54. Zhou J.. et coll., « Temperature mediates continental-scale diversity of microbes in forest soils », *Nat. Comm.*, 2016, 7, art. 12083.
37. Liang Y. et coll., « Long-term transplant simulating climate change with latitude significantly alters microbial temporal turnover », *ISME J.*, 2015, 9 (12), p. 2561-2572.
38. Graham D. E. et coll., « Microbes in thawing permafrost : The unknown variable in the climate change equation », *ISME J.*, 2012, 6 (4), p. 709-712.
39. Grosse G. et coll., « Vulnerability of high-latitude soil organic carbon in North-America to disturbance », *J. Geophys. Resear. : Biogeosci.*, 2011, 116 (G4).
40. Fofana A. et coll., « Mapping substrate use across permafrost thaw gradient », *Soil Biolog. Biochem.*, 2022, 175 (11), p. 108809.
41. Liskova E. et coll., « Reindeer anthrax in the Russian Arctic : Climatic determinants of the outbreak and vaccination effectiveness », *Front. Vet. Sci.*, 2021, 8, p. 668420.

42. Little B. J. et coll., « Microbially-influenced corrosion : Any progress ? », *Corrosion Sci.*, 2020, 170, p. 108641.
43. Conley S. et coll., « Methane emission from the 2015 Aliso Canyon blowout in Los Angeles, CA », *Science*, 2016, 351 (6279), p. 1317-1320.
44. Wu I. et coll., « Global diversity and biogeography of the bacterial communities in wastewater treatment plants », *Nat. Microbiol.*, 2019, 4 (7), p. 1183-1195.
45. Taylor M. W. et coll., « Sponge-associates microorganisms : Evolution, ecology, and biotechnological potential », *Microbiol. Mol. Biol. Rev.*, 2007, 71 (2), p. 295-347.
46. Lesser M. P. et coll., « Climate change stressors destabilize the microbiome of the Caribeean barrel sponge, *Xestospongia muta* », *J. Exp. Mar. Biol. Ecol.*, 2016, 475, p. 11-18.

PARTIE VII

En guise de conclusion et de perspectives. Que nous a appris la pandémie de Covid-19 sur nos forces et nos faiblesses ? Comment consolider un paradigme de santé publique du XXIe siècle ?

1. OMS, *Covid-19 : l'OMS déclare la fin de l'urgence sanitaire mondiale*, 6 mai 2023 (https://www.un.org/fr/delegate/Covid-19-l%E2%80%99oms-d%C3%A9clare-la-fin-de-l%E2%80%99urgence-sanitaire-mondiale).
2. Sansonetti. P., *Tempête parfaite, op. cit.*
3. Santé publique France, *Point mensuel santé mentale, avril 2022* (https://www.santepubliquefrance.fr/surveillance-syndromique-sursaud-R/documents/bulletin-national/2022/sante-mentale.-point-mensuel-avril-2022).
4. Gerke C. et coll., « Measles-vectored vaccine approaches against viral infections : A focus on chikungunya », *Expert Rev. Vaccines*, 2019, 18 (4), p. 393-403.
5. Frantz P. N. et coll., « Measles-derived vaccines to prevent emerging viral diseases », *Microbes Infect.*, 2018, 20 (9-10), p. 493-500.
6. Tangy F., Tournier J.-N., *L'homme façonné par les virus. Le Covid-19 et la découverte d'un vaccin français*, Odile Jacob, 2021.
7. Zannad F., Plétan Y., « Difficultés à la réalisation des études cliniques en France », Table ronde Inserm, Rencontres nationales de pharmacologie clinique, Giens, septembre 2000.
8. Slama R., *Leçon inaugurale*, chaire annuelle de Santé publique, Éditions du Collège de France-Fayard, 2021.
9. Asano T. et coll., « X-linkes TLR7 deficiency in about 1 % of men under 60 years old with life-threatening Covid-19 », *Sci. Immunol.*, 2021, 6 (62), eabl4348.
10. Zhang Q. et coll., « Inborn errors of type I IFN immunity in patients with life-threatening Covid-19 », *Science*, 2020, 370 (6515), eabd4570.
11. Bastard P. et coll., « Type I interferon autoantibodies are associated with systemic immune alterations in patients with Covid-19 », *Sci. Transl. Med.*, 2021, 13 (612), eabh2624.
12. Cauchemez S. et coll., *Frontiers in Public Health*, 2024. Sous presse.

13. Owen R. et coll., « An oral SARS-CoV-2 M^{pro} inhibitor clinical candidate for the treatment of Covid-19 », *Science*, 2021, 374 (6575), p. 1586-1593.
14. Torneri A. et coll., « A prospect on the use of antiviral drugs to control local outbreaks of Covid-19 », *BMC Med.*, 2020, 18 (1), p. 191.
15. Ferguson N. M. et coll., *Report 9. Impact of Non-Pharmaceutical Interventions (NPIs) to Reduce Covid-19 Mortality and Healthcare Demand*, Imperial College London, 2020.
16. Bosetti P. et coll., « Epidemiology and control of SARS-CoV-2 epidemics in partially vaccinated population : A modelling study applied to France », *BMC Med.*, 2022, 20 (1), p. 33.
17. Djidjou-Demasse R. et coll., « Épidémiologie mathématique et modélisation de la pandémie de Covid-19 : enjeux et diversité », *Revue francoph. Lab.*, 2020, 526, p. 63-69.
18. Fassin D., *Les Mondes de la santé publique*, Seuil, 2021.

Table

PARTIE V

Nouveaux environnements humains, nouveaux défis médicaux

DU MÊME AUTEUR
CHEZ ODILE JACOB

Vaccins, 2017.

Inscrivez-vous à notre newsletter !

Vous serez ainsi régulièrement informé(e)
de nos nouvelles parutions et de nos actualités :

https://www.odilejacob.fr/newsletter

Cet ouvrage a été composé
en ITC Galliard et en Whitney
par Nord Compo
à Villeneuve-d'Ascq (Nord).

N° d'édition : 4150-0763-X – N° d'impression : N25137231209
Dépôt légal : février 2024

Imprimé en France

PEFC 10-31-3532 / Certifié PEFC / Ce produit est issu de forêts gérées durablement et de sources contrôlées. / pefc-france.org